C语言从入门到精通

孙雅娟　严长生　主编

电子工业出版社
Publishing House of Electronics Industry
北京·BEIJING

内 容 简 介

本书讲解知识全面、重点突出，其中覆盖了基于 Visual C++ 6.0 环境的 C 语言开发中的各个方面，通过本书可以使 C 语言的初学者和大、中专学生轻松入门，并且全面了解 C 语言的应用方向并掌握重点内容，从而为进一步学习 C 语言提供坚实基础。本书内容包括 C 语言开发环境、数据类型、运算符、控制语句、输入与输出、数组、函数、指针、结构体与共用体、链表、编译预处理、文件、字符串处理、调试、软件测试、常用算法，以及 C 语言应用实例等。

本书最大的特点在于实例众多、图文结合、讲解到位、实践性强。适合初、中级 C 语言开发人员参考使用，对大、中专院校计算机专业的学生有很高的借鉴价值。

未经许可，不得以任何方式复制或抄袭本书之部分或全部内容。
版权所有，侵权必究。

图书在版编目（CIP）数据

C 语言从入门到精通 / 孙雅娟，严长生主编．—北京：电子工业出版社，2019.8
ISBN 978-7-121-37263-6

Ⅰ．①C… Ⅱ．①孙… ②严… Ⅲ．①C 语言－程序设计 Ⅳ．①TP312.8

中国版本图书馆 CIP 数据核字（2019）第 174518 号

责任编辑：祁玉芹
文字编辑：底　波
印　　刷：中国电影出版社印刷厂
装　　订：中国电影出版社印刷厂
出版发行：电子工业出版社
　　　　　北京市海淀区万寿路 173 信箱　邮编　100036
开　　本：787×1092　1/16　印张：30　字数：768 千字
版　　次：2019 年 8 月第 1 版
印　　次：2023 年 3 月第 2 次印刷
定　　价：99.00 元

凡所购买电子工业出版社图书有缺损问题，请向购买书店调换。若书店售缺，请与本社发行部联系，联系及邮购电话：(010) 88254888，88258888。
质量投诉请发邮件至 zlts@phei.com.cn，盗版侵权举报请发邮件至 dbqq@phei.com.cn。
本书咨询联系方式：qiyuqin@phei.com.cn。

为什么学习 C 语言

C 语言是目前应用最广泛的高级程序语言,在工程应用、软件开发和互联网建设中具有举足轻重的地位。在互联网领域,C 语言已经涉及网站建设、底层操作系统开发、多媒体应用、大型网络游戏设计等各个 IT 行业。在工业以及通信领域,C 语言是首选的工程软件设计语言。各种操作系统,如 UNIX、Linux 和 Windows 等的内核都部分或全部采用 C 语言编写。

由于 C 语言既可以实现图形化界面软件设计,又可以和硬件系统直接交互,因此,C 语言的应用非常广泛。手机程序设计、DSP 软件开发、单片机软件开发等都需要用到 C 语言。通信基站软件系统开发、航空航天器软件部件设计等也可以见到 C 语言的身影。程序员根据自己的工作需求和爱好,可以针对某些 C 语言的特定应用深入研究。

在当前软件开发领域,C 语言已成为一项程序员必须具备的基本技能,熟练掌握和利用 C 语言进行程序设计,程序员必能在 IT 领域占有一席之地。

为什么要写这本书

C 语言是伴随着计算机及互联网的发展而发展起来的,作为承接高级语言和低级语言的关键的程序设计工具,C 语言经历数十年而长盛不衰。但是,很多程序初学者由于不能掌握 C 语言的设计技巧,不能领会 C 语言蕴含的奇妙思想而放弃继续学习。根据调查,笔者总结出初学者在学习 C 语言的过程中存在的困惑。

- 概念理解模糊不清。
- 教材讲解晦涩难懂。
- 程序实例难以理解。
- 开发工具和开发环境无法下手。
- 实践机会和实践实例不切实际。

为了解决这些问题,笔者决定写这样一本书,通过这本书让初学者重燃学习信心,让初学者少走弯路,快速轻松地学会 C 语言编程。通过对笔者多年开发和配置经验的总结,让读者快速入门,学有所用。

本书特点

对于一些读者而言，读书是一件乏味的事，如果有一位教师带领着学习就不一样了，但是进入培训机构学习需要巨额的培训费用。为了解决这个问题，作者在本书配套资源中配备了如下内容：

电子教案（PPT）

本书是一本 C 语言基础教程，覆盖 C 语言全部知识点和工程应用中需要的软件测试与基本算法，所以本书可以作为高校教材，也可以作为工程技术人员速查手册。为了教学和读者使用方便，作者为本书制作了随书教学课件，并且配套的视频也是使用本电子教案讲解的，教师可以参考使用。

开发工具视频讲解

目前在 C 语言实际开发中，主流的开发工具是 Visual C++ 6.0，作者为这款开发工具录制了 140 分钟的视频，供读者学习。相信读者看完该视频后，一定受益匪浅，对以后的工作有所帮助。

软件测试技巧和代码编写规范

为了使工程技术人员读者能更快地理解和学习 C 语言，也为了高校学生学习 C 语言后能够很快地适应 C 语言在工作中的应用，本书还着重介绍了针对 C 语言的代码测试基本流程和 C 语言代码编写过程中需要注意的代码规范，以使读者能够更好、更快地了解和使用 C 语言。

本书适合哪些读者

- 从未接触过 C 语言的自学人员。
- 对程序设计有所了解，想专门学习 C 语言的工程技术人员。
- 各大、中专院校的在校学生和相关授课教师。
- 备考和应考计算机 C 语言二级考试、三级或四级上机考试的考生。
- 编程爱好者。

鸣谢

作者力图使本书案例功能全面，并尽量使用关键编程技术进行程序设计和简化程序代码。但由于水平有限，纰漏之处难免，欢迎广大读者、同仁批评斧正。

编者

目录

第1章 C语言开发环境简介 ... 1
1.1 C语言发展历史 ... 1
1.2 C语言的特点 ... 2
1.3 C语言的广泛应用 ... 3
1.4 Visual C++ 6.0 开发环境概述 ... 4
1.4.1 Visual C++ 6.0 开发环境安装 ... 4
1.4.2 Visual C++ 6.0 开发环境介绍 ... 8
1.5 Visual C++ 6.0 下创建开发项目 ... 10
1.5.1 Visual C++ 6.0 下创建工程项目 ... 10
1.5.2 Visual C++ 6.0 下 C 源代码创建 ... 13
实训1.1—— 一个经典的 C 语言程序 ... 15
1.6 疑难解答和上机题 ... 16
1.6.1 疑难解答 ... 16
1.6.2 上机题 ... 18

第2章 基本数据类型 ... 19
2.1 数据类型概述 ... 19
2.2 进制换算 ... 20
2.2.1 进位计数制概述 ... 20
2.2.2 二进制与其他进制转换 ... 21
2.2.3 八进制与其他进制转换 ... 22
2.2.4 十六进制与其他进制转换 ... 23
2.2.5 十进制与二进制的转换 ... 24
2.2.6 机器数及其在内存中存储格式 ... 25
2.3 常量 ... 26

  2.3.1 整型常量 26
  2.3.2 实型常量 27
  2.3.3 字符常量 28
  2.3.4 字符串常量 29
 2.4 变量 30
  2.4.1 变量与内存结构 30
  2.4.2 变量的定义 31
  2.4.3 整型变量 33
  2.4.4 实型变量 34
  2.4.5 字符变量 36
 2.5 枚举 36
  2.5.1 枚举的定义 36
  2.5.2 枚举变量的定义与使用 37
 2.6 疑难解答和上机题 39
  2.6.1 疑难解答 39
  2.6.2 上机题 41

第3章 运算符和表达式 44

 3.1 运算符与表达式的分类 44
  3.1.1 运算符的分类 44
  3.1.2 表达式的分类 46
 3.2 运算符的优先级与结合性 47
 3.3 赋值运算符与赋值表达式 49
 3.4 算术运算符与算术表达式 51
  3.4.1 算术运算符与数据类型 51
 实训 3.1——计算圆柱体体积 52
  3.4.2 模除运算符 53
  3.4.3 自增自减运算符 54
 3.5 关系运算符与关系表达式 57
 3.6 逻辑运算符与逻辑表达式 58
  3.6.1 逻辑与（&&）......58
  3.6.2 逻辑或（||）......59
  3.6.3 逻辑非（!）......60
 实训 3.2——判断闰年 61
 3.7 位运算符 62

实训 3.3——交换两变量的值	64
3.8 条件运算符	67
实训 3.4——分段函数计算	67
3.9 sizeof 运算符	69
3.10 强制类型转换	70
3.11 疑难解答和上机题	71
3.11.1 疑难解答	71
3.11.2 上机题	73

第 4 章 C 语言标准输入与输出 75

4.1 C 语言标准库函数概述	75
4.2 格式输出函数 printf	76
4.2.1 标准格式输出	76
4.2.2 格式输出控制	80
4.3 格式输入函数 scanf	82
4.3.1 标准格式输入	83
4.3.2 格式输入控制	86
4.4 字符输入/输出函数	87
4.4.1 putchar 函数	87
4.4.2 getchar 函数	88
实训 4.1——输出及格率	88
4.5 疑难解答和上机题	90
4.5.1 疑难解答	90
4.5.2 上机题	92

第 5 章 分支结构程序设计 93

5.1 结构化程序设计思想	93
5.2 简单的 if 语句	94
5.2.1 if 语句的定义	95
5.2.2 合理设计 if 语句	96
实训 5.1——求一元二次方程的实根解	97
5.3 多分支 if 语句	99
5.3.1 if-else 语句的结构	99
5.3.2 if-else 语句的应用	100

  5.3.3 if-else-if 语句的结构及应用 101
 5.4 嵌套 if-else 语句 104
  5.4.1 嵌套 if-else 语句的定义 104
  5.4.2 嵌套 if-else 语句的应用 106
 实训 5.2——求一元二次方程的复数根解 107
 5.5 switch 语句 110
  5.5.1 switch 语句的定义 110
  5.5.2 break 语句 112
  5.5.3 switch 语句的执行与应用 113
 实训 5.3——使用 switch 语句实现四则运算 114
 5.6 嵌套 switch 语句 116
  5.6.1 嵌套 switch 语句的定义 116
  5.6.2 嵌套 switch 语句的执行与应用 117
 5.7 疑难解答和上机题 119
  5.7.1 疑难解答 119
  5.7.2 上机题 120

第 6 章　循环结构程序设计 122

 6.1 循环语句的提出 122
 6.2 for 循环语句 123
  6.2.1 for 语句的定义 123
  6.2.2 for 语句的执行 124
  6.2.3 for 循环语句的应用 125
 6.3 for 循环嵌套语句 127
  6.3.1 for 循环嵌套语句的定义与执行 127
  6.3.2 for 循环嵌套语句的应用 128
 实训 6.1——打印九九乘法表 130
 实训 6.2——打印三位数水仙花数 131
 6.4 while 循环语句 133
  6.4.1 while 循环语句的定义 133
  6.4.2 while 循环语句的应用 134
 实训 6.3——记录键盘输入字符数 136
 6.5 do…while 循环语句 137
  6.5.1 do…while 循环语句的定义 137
  6.5.2 do…while 循环语句的应用 138

6.6 goto 语句 141
6.7 break 语句和 continue 语句 142
    6.7.1 break 语句 142
    6.7.2 continue 语句 143
6.8 疑难解答和上机题 144
    6.8.1 疑难解答 144
    6.8.2 上机题 147

第 7 章 数组 149

7.1 一维数组 149
    7.1.1 一维数组的定义 149
    7.1.2 一维数组赋值与引用 151
    7.1.3 一维数组的应用 155
实训 7.1——数列排序 156
7.2 二维数组 158
    7.2.1 二维数组的定义 158
    7.2.2 二维数组的赋值与引用 159
    7.2.3 二维数组的应用 162
实训 7.2——学员平均成绩计算 163
实训 7.3——输出杨辉三角 165
7.3 字符数组 167
    7.3.1 字符数组的定义 168
    7.3.2 字符数组的赋值与引用 168
    7.3.3 字符数组与字符串 170
    7.3.4 二维字符数组 172
7.4 疑难解答和上机题 174
    7.4.1 疑难解答 174
    7.4.2 上机题 176

第 8 章 函数 178

8.1 函数的定义 178
    8.1.1 函数的分类 178
    8.1.2 函数的定义 179
8.2 函数的调用与声明 181

8.2.1 函数的调用 182
实训 8.1——计算数学分段函数 184
8.2.2 函数的声明 186
实训 8.2——近似计算圆周率 pi 189
8.2.3 函数的参数 192
8.3 局部变量与全局变量 194
8.3.1 局部变量 194
8.3.2 全局变量 196
8.4 函数的嵌套调用和递归 198
实训 8.3——汉诺塔程序设计 200
8.5 数组作函数参数 202
8.6 疑难解答和上机题 205
8.6.1 疑难解答 205
8.6.2 上机题 206

第 9 章 指针 208

9.1 指针的引入 208
9.1.1 指针的定义 208
9.1.2 指针的引用 209
9.2 指针和地址 211
9.2.1 指针和地址的关系 211
9.2.2 指针和地址的区别 215
9.2.3 void 指针和空指针 217
9.3 指针与数组 218
9.3.1 指针与数组首地址 218
9.3.2 指针与数组名的区别 220
实训 9.1——指针转换数组中字母大小写 221
9.4 指针与函数 223
9.4.1 指针作函数参数 224
9.4.2 函数返回指针 227
9.4.3 指向函数的指针 228
9.5 指针与字符串 229
9.5.1 指针与字符串的关系 230
9.5.2 指针引用字符串 232
9.6 指针与二维数组 233

9.6.1 指针和二维数组的关系 233
9.6.2 指针数组 237
实训 9.2——输出 main 函数参数值 239
9.7 内存分配 241
9.7.1 指针与内存分配 241
9.7.2 malloc 函数 242
9.7.3 memset 函数 245
9.7.4 free 函数 245
实训 9.3——指针实现简单月历计算 246
9.8 疑难解答和上机题 249
9.8.1 疑难解答 249
9.8.2 上机题 250

第 10 章 结构体与共用体 251

10.1 结构体的定义 251
10.2 结构体变量 253
10.2.1 结构体变量的定义 253
10.2.2 结构体变量的初始化 254
10.2.3 结构体变量的引用 255
10.2.4 结构体数组 256
实训 10.1——身份证信息录入 258
10.2.5 结构体的嵌套 260
10.3 结构体指针 261
10.3.1 结构体指针的定义 262
10.3.2 结构体指针引用结构体成员 262
10.3.3 指向结构体数组的结构体指针 264
10.4 结构体变量的内存分配 264
10.4.1 动态分配结构体内存 265
10.4.2 结构体在内存中的存储结构 268
10.5 结构体指针作函数参数 270
10.5.1 结构体指针作函数参数的定义 270
10.5.2 结构体指针作函数参数的应用 271
10.6 共用体的定义 272
10.6.1 共用体的定义 272
10.6.2 共用体变量的定义与应用 273

10.7 共用体的内存结构 274
实训 10.2——教师学生信息卡设计 275
10.8 疑难解答和上机题 278
    10.8.1 疑难解答 278
    10.8.2 上机题 280

第 11 章 链表 281

11.1 什么是链表 281
11.2 结构体实现单链表 283
    11.2.1 单链表节点的结构体实现 283
    11.2.2 单链表的结构体实现 284
11.3 结构体实现双向链表 287
    11.3.1 双向链表节点的结构体实现 287
    11.3.2 双向链表节点的内存分配 290
11.4 链表节点的插入与删除 291
    11.4.1 单链表节点的插入 291
    11.4.2 双向链表节点的插入 292
    11.4.3 单链表节点的删除 293
    11.4.4 双向链表节点的删除 294
实训 11.1——新员工录入员工信息表 295
11.5 疑难解答和上机题 297
    11.5.1 疑难解答 297
    11.5.2 上机题 298

第 12 章 编译预处理 300

12.1 宏定义 300
    12.1.1 什么是宏定义 300
    12.1.2 宏定义的应用 303
实训 12.1——程序不同 Log 的打印 306
    12.1.3 宏定义的终止 307
12.2 文件包含 308
    12.2.1 头文件包含 308
实训 12.2——银行卡信息录入 309
    12.2.2 头文件中的函数声明 311

12.3 条件编译...312
　　12.3.1 #if…#else 和#endif 命令...312
　　12.3.2 #ifdef…#endif 和#ifndef…#endif 命令.........................314
12.4 疑难解答和上机题..316
　　12.4.1 疑难解答..316
　　12.4.2 上机题..317

第13章　文件..319

13.1 文件和文件指针...319
　　13.1.1 流和文件..319
　　13.1.2 文件指针..320
13.2 文件的打开和关闭..321
　　13.2.1 文件的打开..321
　　13.2.2 文件的关闭..324
13.3 文件的读写..325
　　13.3.1 字符处理函数 fgetc 和 fputc..326
实训 13.1——建立 readme 文件...328
　　13.3.2 字符串处理函数 fgets 和 fputs..331
　　13.3.3 数据段处理函数 fread 和 fwrite.......................................334
实训 13.2——项目信息录入与输出...335
　　13.3.4 标准格式读写函数 fprintf 和 fscanf.................................340
13.4 文件的定位..341
13.5 疑难解答和上机题..342
　　13.5.1 疑难解答..342
　　13.5.2 上机题..344

第14章　C 语言标准数学库函数.....................................345

14.1 平方根计算函数 sqrt..345
14.2 指数函数 exp 和 pow...346
　　14.2.1 指数函数 exp...347
　　14.2.2 指数函数 pow..347
14.3 取对数函数 log 和 log10...349
　　14.3.1 自然对数函数 log...349
　　14.3.2 10 为底的对数函数 log10..350

14.4 绝对值函数 abs 和 fabs 351
14.4.1 绝对值函数 abs 351
14.4.2 绝对值函数 fabs 352
14.5 三角函数 353
14.5.1 正弦函数 sin 和 asin 353
14.5.2 其他三角函数 354
14.6 取整函数 floor 和 ceil 356
14.6.1 取整函数 floor 356
14.6.2 取整函数 ceil 357
14.7 疑难解答和上机题 358
14.7.1 疑难解答 358
14.7.2 上机题 359

第 15 章 字符串处理 361

15.1 字符串复制函数 strcpy 361
15.1.1 库函数 strcpy 361
15.1.2 自定义函数 strcpy 363
15.2 字符串链接与比较函数 strcat 和 strcmp 364
15.2.1 字符串链接函数 strcat 364
15.2.2 字符串比较函数 strcmp 365
15.3 字符串长度与查找函数 strlen 和 strchr 366
15.3.1 字符串长度计算函数 strlen 367
15.3.2 字符串查找函数 strchr 368
15.4 字符串输入/输出函数 gets 和 puts 369
15.4.1 字符串输入函数 gets 369
15.4.2 字符串输出函数 puts 370
15.5 其他字符串处理函数 371
15.5.1 特定字符串比较函数 stricmp 371
15.5.2 字符串重设函数 strnset 372
15.5.3 字符串子串查找函数 strstr 373
实训 15.1——文章中字符串查找与替换 374
15.6 疑难解答和上机题 377
15.6.1 疑难解答 377
15.6.2 上机题 378

第16章　C语言调试 380

16.1　C语言开发入门 380
16.1.1　注释的编写 380
16.1.2　代码风格 383
16.2　C语言单步调试与跟踪 386
16.3　C语言断点调试与跟踪 388
16.3.1　设置调试断点 389
16.3.2　断点调试 391
16.4　查看动态内存 393
实训16.1——代码风格设计 395
16.5　疑难解答和上机题 398
16.5.1　疑难解答 398
16.5.2　上机题 399

第17章　软件测试 400

17.1　软件测试概述 400
17.1.1　什么是软件测试 400
17.1.2　软件测试模型、分类和流程 401
17.2　搭建软件测试环境 402
17.2.1　分析被测软件 402
17.2.2　搭建软件测试环境 404
17.3　软件测试过程 405
17.3.1　函数级软件测试 405
17.3.2　模块级软件测试 411
17.4　疑难解答和上机题 413
17.4.1　疑难解答 413
17.4.2　上机题 414

第18章　C语言常用算法 415

18.1　什么是算法 415
18.2　排序算法 416
18.2.1　起泡排序 417
18.2.2　选择排序 420
18.2.3　合并排序 423

    18.2.4 快速排序 ... 424
  18.3 查找算法 ... 426
    18.3.1 顺序查找算法 ... 427
    18.3.2 折半查找算法 ... 428
  18.4 二叉树 ... 430
    18.4.1 二叉树的结构 ... 430
    18.4.2 C语言实现简单的二叉树 ... 431
    18.4.3 二叉树的简单操作 ... 434
  实训 18.1——合并两个有序数组 ... 438
  18.5 疑难解答和上机题 ... 441
    18.5.1 疑难解答 ... 441
    18.5.2 上机题 ... 443

第 19 章 C 语言应用实例 ... 445

  19.1 C语言巧解问题实例 ... 445
    19.1.1 求 1 到 1000 之内的素数 ... 445
    19.1.2 巧解古代百钱买百鸡问题 ... 447
    19.1.3 巧解换钱币问题 ... 448
    19.1.4 求 1 至 20000 之间的平方回文数 ... 448
    19.1.5 验证卡布列克常数 ... 449
  19.2 C语言应用实例——计算数学公式 ... 452
    19.2.1 C语言实现三角函数 $\sin x$ 逼近 ... 452
    19.2.2 C语言实现三角函数 $\cos x$ 逼近 ... 453
    19.2.3 C语言计算排列组合 ... 454
  19.3 C语言编写万年历 ... 455
    19.3.1 万年历的实现流程 ... 455
    19.3.2 万年历程序设计流程 ... 457
    19.3.3 万年历程序编写 ... 457
    19.3.4 结果验证与代码完善 ... 461
  19.4 疑难解答和上机题 ... 461
    19.4.1 疑难解答 ... 461
    19.4.2 上机题 ... 463

第1章 C语言开发环境简介

C语言的编辑和调试都要在一定的环境下才能执行,C语言的可执行程序也是在C语言调试工具中编译和链接最终生成的文件。基于上述原因,本章将介绍如何创建C语言的开发工程项目,创建C语言源文件,以及如何进行C程序的编译和运行等。

本章学习重点:

- C语言的历史和特点
- Visual C++ 6.0 的安装
- Visual C++ 6.0 下创建工程项目
- Visual C++ 6.0 下建立 C 语言源文件
- Visual C++ 6.0 下 C 语言程序的运行

1.1 C语言发展历史

C语言是计算机程序设计语言的一种,它是伴随着计算机系统的发展而不断发展起来的。一个完整的计算机系统包括硬件和软件两部分,没有安装任何软件的计算机硬件设备又称为"裸机",这样的计算机仅是一个通了电的设备,什么也干不了,安装了软件之后,计算机系统才算完整,才能够顺利执行指定的运算和处理。

最早期的计算机是由一个个电子开关组成的,因此,最初的计算机语言是二进制语言,即使用0和1表示运算过程的语言。二进制语言是计算机硬件可以直接识别的语言,所以有人也称为"机器语言"。后来,随着计算机运算能力的提高,出现了使用符号代替二进制码的汇编语言。汇编语言需要通过某种流程将其翻译成二进制码才能执行,所以称为汇编语言。另外,汇编语言由各种符号组成,以代替二进制码,因此也有人称它为符号语言。汇编语言一般只能在一种类型的计算机上运行,因此也称为"面向机器的语言"。

二进制语言和汇编语言都是低级语言,虽然汇编语言比机器语言有了很大进步,但仍然无法满足计算机系统对程序设计的要求。此外,各种类型的计算机系统也越来越多,因此,为了脱离程序对机型的要求,有人提出了能够在任何机型上运行的"高级语言"。在高级语言中最典型、应用最广泛的就是 C 语言。

  C 语言的原型是 ALGOL 60（ALGOrithmic Language）语言，它是由计算机科学家、2005 年图灵奖获得者彼德·诺尔（Peter Naur）于 1960 年提出的。此后的近 20 年间，出现过多种高级语言，但随着计算机硬件系统的发展和对程序设计需求的不断提高，这些语言都没有被很好地继承下来。直到 1978 年，美国电话电报公司（AT&T）贝尔实验室正式发表了 C 语言这一引起软件业巨大变革的程序语言，同时，贝尔实验室的两名资深工程师 B.W.Kernighan 和 D.M.Ritchit 合作出版了著名的《The C Programming Language》一书。

  C 语言一经提出，就得到了广大程序爱好者和工程师的青睐，但是，最初的 C 语言并没有对语法结构和应用标准做严格的规定。因此，为了统一 C 语言的应用，1983 年，美国国家标准协会在最初的 C 语言版本上制定并发表了标准的 C 语言，即 ANSIC（American National Standard Institute C），这也是现在所使用的 C 语言的雏形。

1.2 C 语言的特点

  C 语言之所以能够在多种计算机高级语言中脱颖而出，成为最受程序员青睐的计算机程序设计语言，是与它本身许多独有的特点分不开的，具体来讲 C 语言具有如下特点。

1. 运算符丰富、任务实现灵活多样

  丰富的运算符，使 C 语言对同一个问题既可以使用这种方法实现，也可以使用另外一种方法实现。例如，将 a 和 b 之间的较大值存到 max 中，既可以使用 if 语句，也可以使用条件运算符实现，如下面的两段代码（有关这几条代码的含义将在后续章节中详细介绍）。

```
if(a>b)
    max=a;
else
    max=b;
```

或者

```
max = (a>b) ? a: b
```

2. 语言简洁紧凑、风格多样

  C 语言有 32 个关键字用于定义不同的数据类型、语句结构等，同时 9 种控制语句也使 C 语言在具体编写过程中实现风格多样、程序编写灵活。为了合理处理不同类型的数据，C 语言规定了整型（int）、实型（float 和 double）、字符型（char）等基本数据类型，在这些基本数据类型的基础上，派生出如数组、指针、结构体、共用体等复合数据类型，以满足对复合数据结构的应用需求。

3. 数据操作灵活、程序设计自由度大

  对于数据的使用，C 语言提供了一个非常独特的数据处理方式——强制类型转换。强制类型转换是针对物理内存存储结构进行的数据读取，它使得对数据的处理更加灵活，也更加适合各种不同场合的需求。C 语言并没有规定严格的程序开发流程，程序员可以根据自己的

意愿灵活设计和修改程序设计程式。

4. 直接访问内存地址、程序可移植性好

C 语言区别于其他高级语言的一个显著特点是，它可以直接访问物理内存地址。正是因为 C 语言有这样的功能，也有人称它为介于高级语言和低级语言之间的中间语言。指针的概念使 C 语言广受青睐，正是因为 C 语言具有指针这样一个特殊的数据类型，才使它广泛应用于各种低级计算机操作系统中。现在，几乎大部分操作系统和计算机系统都支持 C 语言开发的程序，如单片机、DSP、FPGA 等硬件小系统内核，普通计算机以及超级计算机运算系统等。

虽然 C 语言具有很多显著的特点，这些特点使它被广大程序员所追捧并延续至今，但是 C 语言本身也有缺陷和不足。最显著的一个缺点是 C 语言的语法结构限制不严格，一个典型的问题就是 C 语言没有对数组下标设置越界检查，这就要求程序员在编写程序时一定要小心谨慎。

1.3 C 语言的广泛应用

在现在的软件行业中，掌握 C 语言已经不是一项专有的能力，而是任何程序员都应该具备的基本素质和技能。在计算机语言行列中，C 语言能够达到这样的地位，跟它的广泛应用是分不开的。

1. 程序员的基本技能

C 语言是全国计算机等级考试的科目之一，也是上机题覆盖最广的考试语言。由此可知，它在软件领域的重要性。在软件和互联网刚刚兴起的 20 世纪 90 年代，掌握 C 语言是一个非常令人崇拜的素质体现，而随着互联网和软件行业的不断发展，C 语言已不再是曲高和寡的高级程序员所独有的技术，而逐渐成为每个程序员都必须具备的基本技能，没有 C 语言做基础，一个程序员将很难在软件行业生存下去。

2. C语言在单片机中的广泛应用

单片机是现代社会电子领域应用最广泛、最普通的简单计算机处理系统之一。简单的，如 8 位单片机和 16 位单片机，复杂的如 32 位单片机等，都能够在实际生活中找到它们的身影。

单片机早期的编程是使用汇编语言，但随着对单片机性能要求的提高和单片机本身处理能力的提升，使用汇编语言已很难满足程序设计需求，此时，作为唯一能够与硬件直接交互的高级语言，C 语言便被移植到了单片机上。目前应用较广泛的单片机 C 语言编译工具是美国 Keil 公司开发的 Keil C 系列的各种版本。

3. C语言在DSP中的广泛应用

DSP（Digital Signal Processor）是数字信号处理器的简称，是一种独特的微处理芯片。它不仅具有可编程性，而且具有很高的运行速度和很强的处理能力。DSP 现在广泛应用于科研、航天和家用电器等电子设备上，是当前极其流行的数字处理器件。

由于基于 DSP 的程序设计与普通单片机相比代码量更多、算法更复杂，因此，使用 C 语言编写 DSP 的程序则逐渐成为一种现实。目前，DSP 编写程序主要使用的编译工具是 CCS 和 Visual C++。

1.4 Visual C++ 6.0 开发环境概述

在 Windows 平台上，C 语言开发最早的编译与调试软件是 Turbo C，但随着软件的不断升级，微软公司推出了 Visual C++，并且到现在已经推出了多个版本。本节将详细介绍如何在 Visual C++ 6.0 下进行 C 语言开发。

1.4.1 Visual C++ 6.0 开发环境安装

Visual C++ 6.0 是微软公司在 2004 年推出的基于 Windows 平台的软件开发工具，它具有良好的人机交互界面和简易可操作性，支持标准 C 语言规范，已经成为当前 Windows 平台下软件开发的主流开发工具。

1. 获取Visual C++ 6.0安装软件

Visual C++ 6.0 安装软件主要分为中文版和英文版两个版本，读者可通过网络资源下载安装软件，也可以到书店或软件零售商处获得正版安装软件。下面以英文版为例，介绍 Visual C++ 6.0 的安装过程。

2. Visual C++ 6.0软件安装

双击安装目录下图标 SETUP.EXE，弹出"Installation Wizard for Visual C++ 6.0 Enterprise Edition"对话框，如图 1-1 所示。单击"Next"按钮，进入下一步操作。

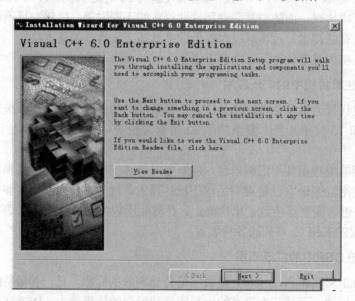

图 1-1　安装 Visual C++ 6.0 step1

打开"Installation Wizard for Visual C++ 6.0 Enterprise Edition"/"End User License Agreement"对话框，选择"I accept the agreement"单选按钮，如图1-2所示。单击"Next"按钮，进入下一步操作。

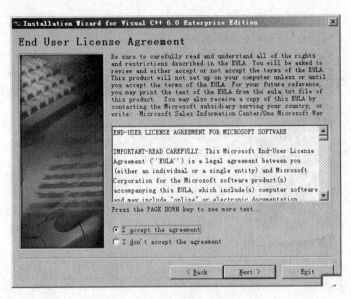

图1-2 安装Visual C++ 6.0 step2

在打开的"Installation Wizard for Visual C++ 6.0 Enterprise Edition"/"Product Number and User ID"对话框中，输入产品的ID number，如果安装的是正版软件，通常在软件外包装上会标示软件的Product Number，有些版本已经将序列号固化在软件中，因此无须输入。在"Your name"文本框和"Your company's name"文本框中分别输入用户的名称和公司的名称，如图1-3所示。单击"Next"按钮，进入下一步操作。

图1-3 安装Visual C++ 6.0 step3

在打开的"Installation Wizard for Visual C++ 6.0 Enterprise Edition"/"Visual C++ 6.0 Enterprise Edition"对话框中,选择"Install Visual C++ 6.0 Enterprise Editi"单选按钮,如图1-4所示,单击"Next"按钮,进入下一步操作。

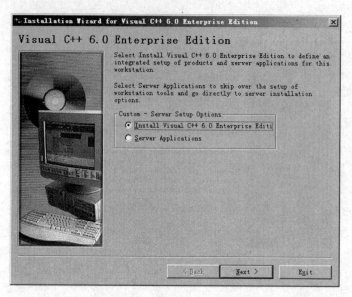

图1-4 安装Visual C++ 6.0 step4

在打开的"Installation Wizard for Visual C++ 6.0 Enterprise Edition"/"Choose Common Install Folder"对话框中,单击"Browse"按钮,选择要存储的目录,如图1-5所示。这里请注意,一定确保要安装的磁盘下具有足够的磁盘空间,否则程序安装将会失败。目录选择后,单击"Next"按钮,进入下一步操作。

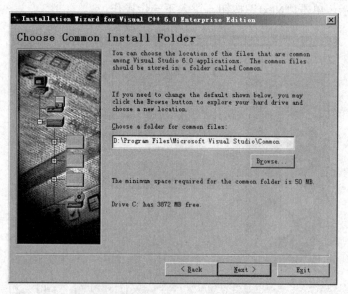

图1-5 安装Visual C++ 6.0 step5

当有其他应用程序在运行时,为保证安装过程顺利进行,软件将提示关闭其他所有应用程序，如图 1-6 所示。待其他应用程序关闭后，单击"继续"按钮进入下一步操作。

图 1-6　安装 Visual C++ 6.0 step6

软件安装过程中将会提示用户曾经输入的 Product ID，检查磁盘空间，搜索已安装的组件等过程，这些过程都是软件安装过程中自动执行的，可不必控制。当执行完上述操作之后，程序将打开"Visual C++ 6.0 Enterprise 安装程序"对话框，如图 1-7 所示。在该对话框中，单击"Typical"左侧按钮，进行典型安装，单击"Custom"左侧按钮，进行选择安装，此处选择典型安装。

选择典型安装后，将弹出"Setup Environment Variables"对话框，提示用户进行环境变量注册，选择不注册，如图 1-8 所示。单击"OK"按钮，进入下一步操作。

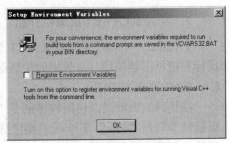

图 1-7　安装 Visual C++ 6.0 典型安装　　　　图 1-8　设置环境变量

随后，系统将检测磁盘空间，以验证是否有足够的空间完成安装。磁盘空间检测后，系统自动执行文件的复制等操作，如图 1-9 所示。

软件安装后，将弹出如图 1-10 所示的对话框，表明安装成功并结束。

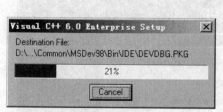
图 1-9　文件复制

图 1-10　安装成功

1.4.2　Visual C++ 6.0 开发环境介绍

软件安装完毕后，可以通过"开始"菜单打开 Visual C++ 6.0 软件。默认设置的 Visual C++ 6.0 软件界面由菜单栏、工具栏、工作空间、代码编辑空间和输出控制空间组成，如图 1-11 所示。

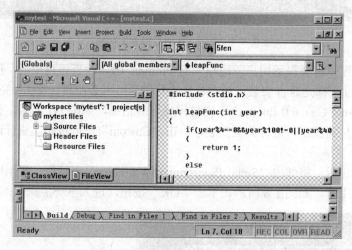

图 1-11　Visual C++ 6.0 工程界面

1. Visual C++ 6.0菜单栏介绍

Visual C++ 6.0 开发环境共有 11 个菜单项，默认设置通常只显示 3 个菜单项。可以通过鼠标右键单击菜单项，在弹出的快捷菜单中选择需要显示的菜单项，如图 1-12 所示为 Visual C++ 6.0 的菜单列表图。

在代码编辑阶段，使用较多的是"File""Edit"和"View"这 3 个菜单项。和一般的编辑软件类似，"File"菜单项主要包括项目工程的打开与关闭、工程与文件的保存、工作空间的控制及文件打印等；"Edit"菜单项主要包括文件的编辑、关键字查找及参数控制等；"View"菜单项主要包括窗口控制和源文件属性选择等。

在代码调试阶段，使用较多的是"Project""Build"和"Tools"这 3 个菜单项。"Project"菜单项主要包括工程的载入与激活、工程环境配置等；"Build"主要用于源代码的编译、链接、运行和调试等;"Tools"主要用于各种控制器的打开、执行和关闭,宏的编辑和使用等。更多的菜单栏功能,可以查阅微软官方网站的帮助和支持主页 http://support.microsoft.com/。

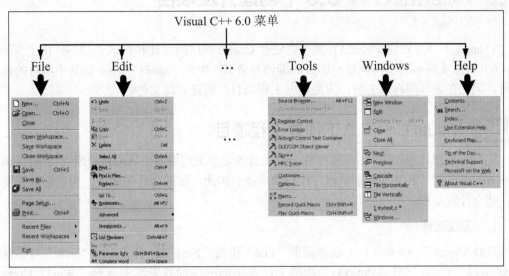

图 1-12　Visual C++ 6.0 菜单栏

2. Visual C++ 6.0菜单栏的快捷键

菜单的使用和操作可以通过单击鼠标打开,也可以通过使用快捷键实现,使用快捷键前应先查看并记住不同菜单的快捷键,可以通过查看菜单栏中各菜单项名称中的下画线字母来确定对应菜单项的快捷键。例如,要打开"Project"菜单项下的"Settings"子项,可以记录标注下画线的两个字母 P 和 S,使用快捷键时应将 Alt 键和对应字母组合使用,如打开菜单项"Project",可以在标准窗口下按组合键 Alt+P,此时打开快捷键"Project",按住"Alt"键不放,继续按"S"键,则可以打开如图 1-13 所示的"Project Settings"对话框。此外也可以通过按"Alt+F7"组合键打开此菜单列表。

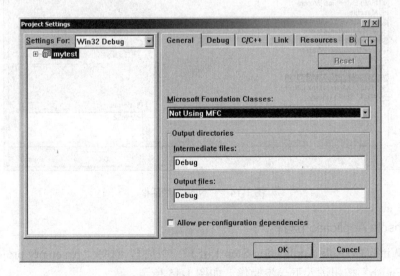

图 1-13　"Project Settings"对话框

1.5 Visual C++ 6.0 下创建开发项目

Visual C++ 6.0 软件安装之后，就可以进行 C 语言程序的设计和调试了，但是，由于 Visual C++ 6.0 可以支持多种不同计算机语言的编译与调试，并且 Visual C++ 6.0 是基于项目的软件环境，因此在编写源程序之前，应先建立工程项目，再建立源文件。

1.5.1 Visual C++ 6.0 下创建工程项目

完成一个项目的程序设计，需要有一个项目的名字来约束属于该项目的所有内容。Visual C++ 6.0 下提供了开发项目维护程序代码的功能。因此，在编写程序之前，应先创建开发项目，建立开发工程。

1. 工程选择

打开 Visual C++ 6.0 软件，选择菜单"File"中的"New"选项，打开"New"对话框，如图 1-14 所示。选择"Projects"选项卡，在下面的图标列表框中选择"Win32 Console Application"选项，在右侧"Project name"文本框中输入工程的名字，本例为"mytest"。在"Location"文本框中选择工程保存的路径，本例选择"D: \C_LANGUAGE\mytest"。选择"Creat new workspace"单选按钮，勾选"Platforms"文本框中的"Win32"复选框。上述过程执行后，单击"OK"按钮进入下一步。

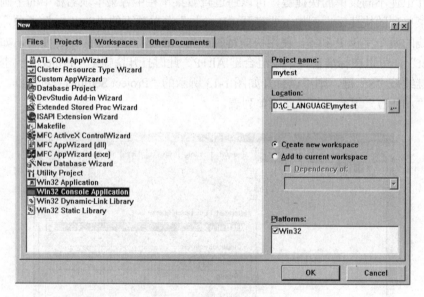

图 1-14 "New"对话框

2. Console Application 选择

打开"Win32 Console Application-Step 1 of 1"对话框，选择"An empty project"单选按钮，单击"Finish"按钮进入下一步操作，如图 1-15 所示。

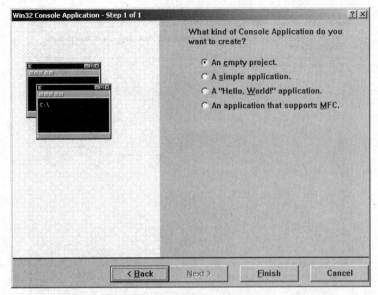

图 1-15 "Win32 Console Application-Step 1 of 1" 对话框

3. New Project Information 选择

"New Project Information"对话框用于显示所创建的工程信息，当上一步中选择"An empty project"单选按钮时，对话框中显示：

> \+ Empty console application.
> \+ No files will be created or added to the project.

当上一步骤中选择"A simple application"单选按钮时，表示要建立一个单一文件的应用程序，此时对话框中显示：

> \+ Simple Win32 Console application.
> Main: mytest.cpp
> Precompiled Header: Stdafx.h and Stdafx.cpp

当上一步骤中选择"A 'Hello, World!' application"单选按钮时，将建立一个单一文件的 Hello World 程序，此时对话框中显示：

> \+ Simple Win32 console application.
> \+ Prints "Hello, World!" to the console and then exits.
> Main: mytest.cpp
> Precompiled Header: Stdafx.h and Stdafx.cpp

当上一步骤中选择"An application that supports MFC"单选按钮时，将建立一个支持 MFC 的应用程序，此时对话框中显示：

> \+ Win32 Console application with MFC support.
> Main: df.cpp and df.h
> Precompiled Header: Stdafx.h and Stdafx.cpp
> Resources: Resource.h and df.rc

如图 1-16 所示为选择第一项按钮时"New Project Information"对话框显示的信息，本例中选择该按钮。单击"OK"按钮，完成工程创建。

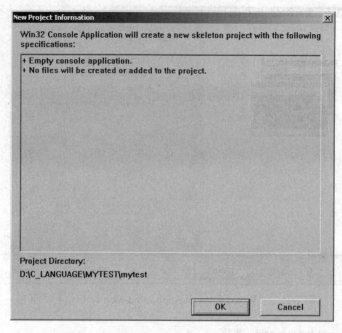

图 1-16 "New Project Information"对话框

工程创建后,将出现工程初始窗口,由于此时没有任何源程序文件被载入,因此,工程初始窗口中仅含有工作空间窗口和输出控制窗口,如图 1-17 所示。在所创建的工程中,包含 3 个文件夹,分别为"Source Files""Header Files"和"Resource Files"。"Source Files"文件夹中存放 C 代码源程序,"Header Files"文件夹中存放用户自定义头文件,"Resource Files"文件夹中存放程序中需要使用的资源文件,如表示数据的.txt 文件和图片文件等。

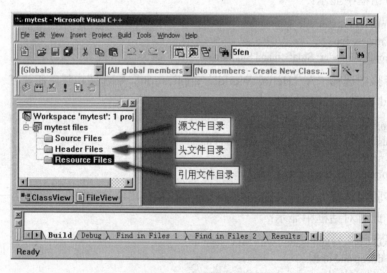

图 1-17 工程初始窗口

1.5.2　Visual C++ 6.0 下 C 源代码创建

C 语言源代码也叫源程序，是使用 Visual C++ 6.0 等代码编译和调试工具创建的程序文件，C 语言源程序以.c 结尾。此外，为了实现条件编译，C 源代码中还可以包含.h 文件，即通常所说的头文件。

1. 新建C语言源文件

选择菜单"File"中的"New"选项，打开"New"对话框。转到"Files"选项卡，在下面的图标列表框中选择"C++ Source File"选项，在右侧"File"文本框中输入工程的名字，此处输入"test.c"，如图 1-18 所示。单击"OK"按钮，完成 C 语言源文件创建。

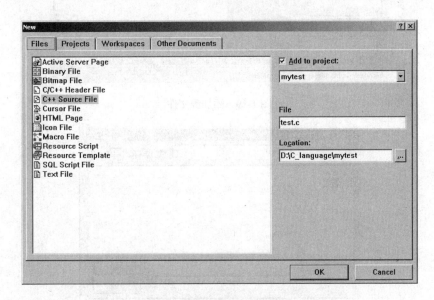

图 1-18　新建 C 语言源文件

2. 源文件编辑、保存和载入

新建源文件之后，就可以根据需要在编辑窗口中进行程序代码的编写。本例在编辑窗口中输入以下代码：

```
01    #include <stdio.h>
02    void main()
03    {
04        printf("Hello world!\n");
05    }
```

这里主要介绍程序的创建过程，暂不讨论代码的含义。代码编辑和设计后，可以选择菜单"File"中的"Save"选项或使用"Ctrl+S"组合键保存所编辑的源代码文件。

源文件保存完毕后，要将其载入到工程中才能继续下一步执行，具体方法为用鼠标右键单击"Workspace"工作空间中"Source Files"目录，在弹出的快捷菜单中选择"Add Files to Folder…"选项，进入下一步操作，如图 1-19 所示。

在打开的"Insert Files into Project"对话框中的"文件名"文本框中选择"test.c"文件，

如图 1-20 所示,单击"OK"按钮,结束操作。文件加载成功之后,将在"Source Files"目录左侧出现加号"+"标识,单击该"+"可以将"Source Files"目录进一步展开。

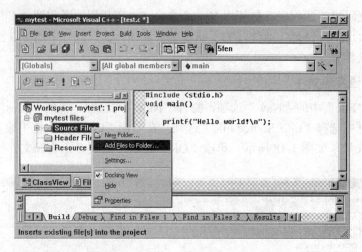

图 1-19 添加源文件

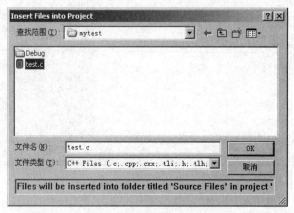

图 1-20 源文件选择

 Source Files 目录下可以添加多个.c 源文件,实际操作中,可根据不同需求添加不同的源文件。

3. 源文件编译、链接和执行

编辑完的 C 语言源代码并不能被直接执行,而是要通过一系列编译和链接等操作之后,生成可执行的.exe 文件才能被执行。

编译是指将 C 语言的源代码编译成汇编语言,为转换为二进制文件做准备。链接是将汇编语言文件转换为目标文件,目标文件是一种二进制文件,它也是可执行文件的源文件,可执行文件就是从目标文件中获取执行指令的。

选择菜单"Build"中的"Compile test.c"子项,选择菜单"Build"中的"Build mytest.exe"子项,源程序执行上述操作之后,将在工程创建所在的路径下建立多个文件,本例中保存在

D:\C_language\mytest 路径下，存在 4 个文件：Debug 文件夹、mytest.dsp 文件、mytest.dsw 文件和 mytest.ncb 文件。

Debug 文件夹用于程序编译、链接及运行时生成可执行文件、编译文件和链接文件。mytest.dsp(DeveloperStudio Project)是一个项目文件，采用文本格式存储。mytest.dsw(DeveloperStudio Workspace)是工作区文件，其特点与 mytest.dsp 文件类似，但工作区文件可以包含多个项目文件。mytest.ncb(no compile browser)文件是无编译浏览文件，当自动完成功能出现异常时可以删除该文件，文件编译后会自动生成。

选择菜单"Build"中的"! Execute mytest.exe"子项，则程序将执行 mytest.exe 文件，并在屏幕上输出结果：

Hello World!

实训 1.1—— 一个经典的 C 语言程序

为了使程序初学者更容易，也更有兴致地学习 C 语言，Microsoft 公司编写了一个非常简单，但又非常经典的 C 语言程序，即"Hello World"程序。

按照 1.5 节介绍，新建工程名为 HelloWorld，新建源代码名为 HelloWorld.c。

文件	功 能
HelloWorld.c	① 熟悉 C 语言编程环境 ② 测试 Hello World 程序

程序清单 1.1：HelloWorld.c

```
01   #include <stdio.h>              //头文件包含
02   void   main()                   //主函数入口
03   {                               //函数封装左括号
04       printf("Hello World\n");    //打印输出函数
05   }                               //函数封装右括号
```

程序第 1 行表示包含了头文件，其中#表示是条件编译选项，include 属于关键字，表明后面是要进行包含的内容。"<"和">"用于封装要包含的文件名，stdio.h 全称为 standard input and output header file，即标准输入/输出头文件。包含这个头文件的目的是函数体中调用了标准输出函数 printf。注意，关键字 include 和#之间不应有空格，和<之间应有一个或多个空格。

程序第 2 行是主函数的入口，void 是关键字之一，表明该函数是不返回值的函数。main 也是关键字之一，它也是主函数的名称，任何一个项目工程有且仅有一个主函数。关键字 main 后的对括号"（）"必不可少，main 和"（"之间可以有空格，也可以没有，为统一格式，本书一律不加空格。

程序第 3 行和第 5 行是一对大括号，用于表示主函数 main 的主体范围。注意，大括号一定要成对出现，否则程序编译将会出现错误。

程序第 4 行是函数的主体，目的是要输出字符串"Hello World"到屏幕上，其中 printf 属于关键字，是标准输出打印函数，即 print function。它在 stdio.h 文件中被声明，有关声明的概念后续章节将做详细介绍。

程序按照 1.5 节介绍，运行之后输出结果为：

Hello World

这是 C 语言的第一个程序，同时也是所有学习 C 语言的程序员几乎都会学到的程序。这个程序虽然简单，但仍然概括了 C 语言的很多特点。

新建一个工程，命名为 Hello Friends，并在工程中新建 C 程序源文件 HelloFriends.c，将文件加入到源文件目录中。修改程序，将 Hello World 改成 Hello Friends, Welcome to study C language，然后编译，链接并执行该文件，查看输出什么结果。

1.6 疑难解答和上机题

1.6.1 疑难解答

（1）为什么 C 语言使用英文编写？

解答：计算机语言大部分使用英文开发和编写是历史的偶然，也是必然。计算机最早诞生于二战时期，为战争而设计，同时，最先进的计算机系统大部分都存在于流行英文的欧美国家。因此，使用英文作为第一语言进行计算机系统及其软件系统的开发就成了顺其自然的事情。另外，英文共 26 个字母，更便于表达逻辑和关系运算的单词和字符，在这种前提下，使用英文作为开发语言成为一种必然。

（2）C 语言必须以.c 为文件后缀吗？

解答：对于 C 语言源文件而言，并没有限制其文件类型。众所周知，C 语言源文件仅是一种代码的载体，只要能够正确显示代码字符和代码结构的编辑工具，都可以查看 C 语言源文件，这样，就允许不同的编辑工具对 C 语言源代码进行编辑并保存为不同格式的文件。但当 C 语言源文件要进行编译和链接以及执行时，由于编译系统无法识别其他后缀名的 C 语言源文件，因此，必须使用后缀为.c 的源文件。

（3）除了 Visual C++ 6.0 外，还有其他 C 语言的编译工具吗？

解答：Visual C++ 6.0 是 Windows 环境下的一款 C 语言编程应用软件，它是 Microsoft 公司开发的一款针对 Windows 环境的编程工具。对于 Linux 系统，通常使用 GNU C 语言编译工具。另外，在一些小系统的 C 语言编程中，也有很多专用的编程应用软件，例如针对单片机编程的 Keil C，针对 DSP 的 Windows 编程工具 Visual DSP++、CCS 等。

（4）Turbo C 系列编译环境是否支持中文输入？

解答：早期的 C 语言编程环境 Turbo C 是由美国软件公司 Borland 公司开发并推出的，这款软件主要运行于 IBM-PC 系列微机上，由于早期的 IBM-PC 系列并不支持中文，因此，Turbo C 系列软件不支持中文输入。

（5）Visual C++ 6.0 是否支持中文输入？

解答：由于 Microsoft 公司在推出的一系列软件中针对中国市场的产品都增加了支持中文输入功能，因此，对于 Visual C++ 6.0，某些情况下可以使用中文，例如 printf 函数中可以使用中文作为部分打印信息，因此，出于容易理解的考虑，本书后续章节中大部分输出提示信息都使用中文，但这并不是一种推荐的方法。

（6）怎样打开一个已经建立好的 C 语言工程？

解答：打开 C 语言工程有多种方法。

方法一：若要打开的工程是上一次打开的工程，可以先打开 Visual C++ 6.0 软件，选择菜单"File"/"Resent Workspaces"命令，选择上一次打开过的工程即可。

方法二：打开 Visual C++ 6.0 软件，选择菜单"File"/"Open Workspace"命令，打开"Open Workspace"对话框，如图 1-21 所示。选择要打开的工程路径，再选择要打开的工程，单击"打开(O)"按钮即可打开工程文件。

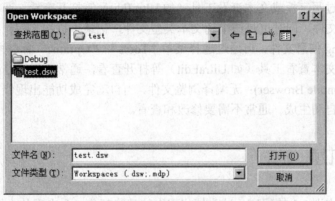

图 1-21 选择工程路径

方法三：打开 Visual C++ 6.0 软件，选择菜单"File"/"Open"命令，打开"打开"对话框，如图 1-22 所示。在"打开"对话框中，选择"文件类型"为"Workspaces(.dsw;.mdp)"，选择要打开的工程路径，再选择要打开的工程文件，单击"打开"按钮即可打开工程文件。

图 1-22 打开工程文件

方法四：若计算机已经成功安装了 Visual C++ 6.0，也可以直接选择到工程所在路径，双击打开工程文件。

（7） Visual C++ 6.0 工程文件有哪些？

解答：Visual C++ 6.0 工程中对某套已编辑好的代码执行编译、链接和运行后，可生成一系列工程文件，具体描述如下。

DSW(Developer Studio Workspace)：工程工作空间配置文件，记录工作空间的配置信息，纯文本文件，在新项目创建时软件自动生成，可通过写字板或文本查看工具（如 UltraEdit）等打开查看，通常不需要修改。

DSP(Developer Studio Project)：项目配置文件，记录一个项目的所有配置信息，纯文本文件，可通过写字板或文本查看工具（如 UltraEdit）等打开查看，通常不需要修改。

OPT(Options)：与 DSW 和 DSP 配合使用的配置文件，用于配置与工程项目相关的参数，该文件记录了与机器硬件有关的信息，因此，同一项目在不同的操作系统上的文件内容可能有所不同。可通过写字板或文本查看工具（如 UltraEdit）等打开查看，通常不需要修改。

PLG：日志文件，同时也是一个超文本类型文件，记录了每次工程执行的过程。编译时的 error 和 warning 信息文件，可通过选择菜单"Tools"/"Options"命令控制该文件的生成。可通过写字板或文本查看工具（如 UltraEdit）等打开查看，通常不需要修改。

NCB(No Compile Browser)：无编译浏览文件，当自动完成功能出现错误时可以删除此文件，文件编译时自动生成。通常不需要修改和查看。

1.6.2 上机题

（1） 修改实训 1.1 的程序，试去掉代码中的某些部分，会出现什么情况？
（2） 按照 1.5 节的介绍，新建一个工程和文件，打印长约 100 字的一段话出来。

第2章 基本数据类型

本章将介绍进制换算以及 C 语言的基本数据类型,掌握进制换算是理解计算机存储系统的理论基础,同时也是编写 C 语言程序的数据基础。C 语言的基本数据类型包括常量、变量以及枚举类型,基本数据类型是 C 语言程序的基本构成要素,同时也是编写 C 程序所必须了解的基础知识。

本章学习重点:
- 数据类型的分类
- 进位计数制及不同进制的转换
- 常量的类型
- 变量的定义及简单使用
- 枚举的定义及使用

2.1 数据类型概述

C 语言中的数据类型多种多样,按照其结构复杂度大致可分为基本数据类型、指针类型、空类型、文件类型和构造类型等,如图 2-1 所示为 C 语言数据类型结构图。

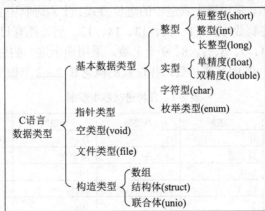

图 2-1 C 语言数据结构类型

C 语言中的基本数据类型按其值是否可改变分为常量和变量。在程序执行过程中其值不能被修改的量称为常量,其值可被修改的量称为变量。在程序中,常量可以不经定义而直接引用,而变量则必须先定义后使用,否则程序会因为无法识别该变量而报错。

基本数据类型按照数据表达方式可分为整型、实型、字符型和枚举类型,其中整型和实型按照数据在内存中所占存储空间大小又可以做进一步的划分,本章将重点讨论基本数据类型的相关内容。

除了基本数据类型,C 语言中还有指针类型、空类型及文件类型等特殊数据类型。其中,指针类型是 C 语言最重要的数据类型之一,同时也是 C 语言的特色之一。

除了上述数据类型外,C 语言中还有几种构造类型如数组、结构体和联合体等。这些类型是在基本数据类型及特殊类型的基础上构造而成的,是几种基本数据类型的组合。构造类型在工程设计中应用非常广泛,本书后续章节将对这些数据类型做详细介绍。

2.2 进制换算

进制换算就是数值在不同的计数制之间进行的等值或等价换算,数值在换算前后保持不变,只是表达方式不同而已。计数制是为不同的计数单位制定的标准。

2.2.1 进位计数制概述

通常,在我们日常生活中最习惯应用的是十进制,但实际应用中也会使用其他计数制,例如,十二进制(一打鸡蛋为十二个)、六十进制(60 秒为 1 分钟,60 分钟为 1 小时)等,这种逢几进一的机制称为进位计数制。与 C 语言关系最密切的几种计数制是二进制、八进制、十进制和十六进制。

二进制是只使用 0 和 1 的计数制,采用逢二进一的进位方式。由于可以使用 0 和 1 分别代表电路中的高电平和低电平,因此现代电子计算机数据存储机制大都采用二进制。由于二进制不易读写和计算,因此产生了八进制和十六进制计数制。八进制共有 0、1、2、3、4、5、6、7 八个数,采用逢八进一的进位方式。十六进制共有 0、1、2、3、4、5、6、7、8、9、A、B、C、D、E、F 十六个数,采用逢十六进一的进位方式。十六进制中字母部分不区分大小写,从 A 到 F 分别代表十进制数 10、11、12、13、14、15。另外还有日常生活中最常用的十进制,共有 0、1、2、3、4、5、6、7、8、9 十个数,采用逢十进一的进位方式。如表 2-1 所示为几种进制的基本规则,其中基数、数码和位权的概念在 2.2.2 节做详细描述。

表 2-1 几种进制基本规则

计数制	二进制	八进制	十进制	十六进制
符号表示	B	O	D	H
进位规则	逢二进一	逢八进一	逢十进一	逢十六进一
基数	2	8	10	16
数码	0、1	0、1、…、7	0、1、…、9	0、1、…、F
位权	2x	8x	10x	16x

2.2.2 二进制与其他进制转换

二进制数是由 0 和 1 组成的数字,下面介绍如何表示和计算二进制以及与其他进制的关系。

1. 二进制转换十进制

二进制转换十进制分成两部分进行,一部分是整数部分,另一部分是小数部分,转换方法如范例 2.1 所示。

范例2.1:将二进制数10010.11$_{(2)}$转换为十进制数

解析:通常将二进制数做这样的换算

$$10010.11_{(2)} = 1\times2^4+0\times2^3+0\times2^2+1\times2^1+0\times2^0+1\times2^{-1}+1\times2^{-2}= 18.75_{(10)}$$

算式中下标(2)和(10)称作基数,同时也是计数单位;2^x 称作位权;0 和 1 称作数码。计算时幂指数可由右向左按数码位置从 0 算起,如右边最低位数码 1 对应的位权幂指数为 0,由此我们计算得二进制数 10010.11$_{(2)}$ 相当于十进制数 18.75$_{(10)}$。

2. 二进制转换八进制

二进制到八进制的转换采用三位一体的计算方法,同样分为整数和小数两部分考虑。如下示例:

$$100111.01101_{(2)} = 47.32_{(8)}$$

二进制到八进制的转换方法为将二进制数整数部分从右到左(小数部分从左到右),按每三位划分为一组,最左边(右边)不够三位的补 0。如上述算式中 100111.01101→100/111/011/010,将每组对应的八进制数代替二进制数,得到 4/7/3/2,去掉分隔符,得到八进制数 47.32。二进制与八进制的对应关系请查阅表 2-2。

范例2.2:将二进制数1110100.101101$_{(2)}$转换为八进制数

解析:按照三位一体的方法,将二进制数从右到左每三位划分为一组。查表 2-2,将各组改为对应的八进制数,得到八进制数的结果。

计算流程如下:

$$1110100.101101_{(2)} \rightarrow 001/110/100/101/101_{(2)} \rightarrow 1/6/4/5/5_{(8)}=164.55_{(8)}$$

3. 二进制转换十六进制

二进制到十六进制的转换采用四位一体的计算方法,计算时同样整数部分与小数部分分开,如下示例:

$$100111.01101_{(2)} = 27.68_{(16)}$$

和二进制到八进制的转换方法类似,二进制到十六进制的转换方法为将二进制数整数部分从右到左(小数部分从左到右)按每四位划分为一组,最左(右)边不够四位的补 0。如上述算式中 100111.01101→0010/0111/0110/1000,将每组对应的十六进制数代替二进制数,得到 2/7/6/8,去掉分隔符,得到十六进制数 27.68。二进制与十六进制的对应关系请查阅表 2-2。

范例2.3：将二进制数1110100.101101$_{(2)}$转换为十六进制数

解析：按照四位一体的方法，将二进制数从右到左每四位划分为一组。查表 2-2，将各组改为对应的十六进制数，得到十六进制数的结果。

计算流程如下：

$$1110100.101101_{(2)} \to 0111/0100/1011/0100_{(2)} \to 7/4/B/4_{(16)} = 74.B4_{(16)}$$

表 2-2 进制转换表

二进制	八进制	十进制	十六进制
0000	0	0	0
0001	1	1	1
0010	2	2	2
0011	3	3	3
0100	4	4	4
0101	5	5	5
0110	6	6	6
0111	7	7	7
1000	10	8	8
1001	11	9	9
1010	12	10	A
1011	13	11	B
1100	14	12	C
1101	15	13	D
1110	16	14	E
1111	17	15	F

2.2.3 八进制与其他进制转换

八进制数由 0、1、2、3、4、5、6、7 这八个数组成，与二进制到其他进制的转换类似，八进制向其他进制的转换也有一定的规则,本书只讨论整数形式的八进制向其他进制的转换。

1. 八进制转换为十进制

八进制向十进制的转换也要按照位权和数码相乘再依次相加的方法。例如，下面的数制转换等式：

$$1270_{(8)} = 696_{(10)}$$

与二进制到十进制的转换类似，上式中八进制数 1270 到十进制的转换计算公式为：

$$1270_{(8)} = 1 \times 8^3 + 2 \times 8^2 + 7 \times 8^1 + 0 \times 8^0 = 696_{(10)}$$

算式中下标(8)和(10)称作基数，同时也是计数单位；8^x 称作位权；0、1、2 和 7 称作数码。计算时幂指数可自右向左按数码位置从 0 算起。如右边最低位数码 7 对应的位权幂指数为 0。由此我们计算得八进制数 1270 相当于十进制数 696。

2. 八进制转换为二进制

八进制数向二进制数的转换可以看作是二进制到八进制的逆运算。八进制到二进制的转换方法为将八进制数从右到左每位数字转换为 3 位二进制数,转换方法请参看表 2-2,并去掉最左边的 0 位。

范例2.4:将八进制数5361$_{(8)}$转换为二进制数

解析:将八进指数从右到左依次转换为二进制数,计算方法为

$$5361_{(8)} \to 101/011/110/001_{(2)} \to 101011110001_{(2)}$$

注意:转换时每位八进制数字一定写满 3 位数的二进制,如 1→001,而不能写成 1→01 或者 1→1。

3. 八进制转换为十六进制

八进制到十六进制的转换通常以二进制为中介,即先将八进制转换为二进制,然后再由二进制转换为十六进制。

范例2.5:将八进制754231$_{(8)}$转换为十六进制

解析:先将八进制数 754231$_{(8)}$ 转换为二进制

$$754231_{(8)} \to 111/101/100/010/011/001_{(2)} \to 111101100010011001_{(2)}$$

再将二进制转换为十六进制

$$111101100010011001_{(2)} \to 0011/1101/1000/1001/1001_{(2)} \to 3/D/8/9/9_{(16)} \to 3D899_{(16)}$$

2.2.4　十六进制与其他进制转换

十六进制数是 C 语言中主要的赋值方式之一,同时也是二进制在 C 语言中的主要表现方式,在后续章节的 C 语言内存讲解及程序调试过程中,它将会得到广泛使用。

1. 十六进制转换为十进制

十六进制向十进制的转换同样按照位权和数码相乘再依次相加的方法。例如,下面的数制转换等式:

$$13FB_{(16)} = 5115_{(10)}$$

与二进制、八进制到十进制的转换类似,十六进制数 13FB$_{(16)}$ 到十进制的转换计算公式为:

$$13FB_{(16)} = 1\times16^3+3\times16^2+F\times16^1+B\times16^0 = 1\times16^3+3\times16^2+15\times16^1+11\times16^0 = 5115_{(10)}$$

算式中下标(16)和(10)称作基数;16^x 称作位权;1、3、F 和 B 称作数码。计算时幂指数可自右向左按数码位置从 0 算起,计算得十六进制数 13FB 相当于十进制数 5115。

2. 十六进制转换为二进制

十六进制数向二进制数的转换可以看作是二进制到十六进制的逆运算,转换方法为将十六进制数从右到左每位数字转换为 4 位二进制数,转换方法请参看表 2-2,并去掉最左边的 0 位。

范例2.6:将十六进制数FB1A4$_{(16)}$转换为二进制

解析:将十六进制数从右到左每位转换为 4 位二进制数

$$FB1A4_{(16)} \to 1111/1011/0001/1010/0100_{(2)} \to 11111011000110100100_{(2)}$$

3. 十六进制转换为八进制

十六进制转换为八进制同样需要二进制做中介。

范例2.7：将十六进制数3C6D$_{(16)}$转换为八进制数

解析：先将十六进制数 3C6D$_{(16)}$转换为二进制

$$3C6D_{(16)} \rightarrow 0011/1100/0110/1101_{(2)} \rightarrow 11110001101101_{(2)}$$

再将其转换为八进制

$$11110001101101_{(2)} \rightarrow 11/110/001/101/101_{(2)} \rightarrow 3/6/1/5/5_{(8)} \rightarrow 36155_{(8)}$$

2.2.5 十进制与二进制的转换

十进制到二进制的转换分成两部分，一部分是整数部分的转换，另一部分是小数部分的转换。

1. 整数部分转换

整数十进制到二进制的转换采用除二取余再反向的方法，即将整数做除二取余运算，直到被除数为零，然后将余数反向顺序写出，就是整数部分的二进制表达。

范例2.8：将十进制数158转换为二进制数

解析：首先对 158 进行除二取余运算

158/2=79…0
79/2=39…1
39/2=19…1
19/2=9…1
9/2=4…1
4/2=2…0
2/2=1…0
1/2=0…1

等号右边是每次运算所得的商，省略号后面是本次运算的余数，将所得余数自下而上按顺序从左到右写出 10011110，这就是十进制数 158 的二进制表示。

2. 小数部分转换

小数部分十进制到二进制的转换采用乘二取整再顺序写出的方法，即将小数部分与2相乘，记录乘积的整数部分，将小数部分再与2相乘，记录乘积的整数部分，这样执行下去直到小数部分为 0 或满足要求精度。将所记录的整数部分按前后顺序从左往右写出，即得二进制形式。

范例2.9：将十进制数0.375转换为二进制数，要求精确到小数点后6位

解析：对二进制数 0.375 做乘 2 取整运算

0.375*2=0.700…0
0.700*2=1.400…1
0.400*2=0.800…0

0.800*2=1.600…1
0.600*2=1.200…1
0.200*2=0.400…0

将上述所记录整数部分顺序写出 0.010110，这就是小数 0.375 的近似二进制表达。

 十进制小数到二进制的转换经常遇到无限循环的情况，这时需要指定转换的精度，例如需要精确到小数点后 8 位，计算到二进制小数点后 8 位即可停止运算。

2.2.6 机器数及其在内存中存储格式

在计算机中，数据是以二进制形式存储的，而在内存中二进制数以字节为单位进行存储。通常，C 语言中会经常提到描述二进制数的两个概念 bit 和 byte，前者是一个二进制位 0 或 1，后者是指一个字节，表示 8 个二进制位。在内存中以二进制存储的数据称为机器数，机器数的存储有几种不同的表示方式，分别叫作原码、反码和补码。

1. 机器数

机器数的表示形式为用"0"表示正数，用"1"表示负数，其余位表示数值，通常把在计算机内存中正、负号数字化的数称为机器数。C 语言中的基本整型数据在计算机中通常用 32 位（即 4 个字节）来存储，2.4.1 节中将会讲解有关 32 位机的概念。

2. 原码

原码是计算机中数据存储方式之一，其表示形式为数值用绝对值表示，在数值的最高位用"0"和"1"分别表示数值的正和负。

范例2.10：写出+35和-35的原码表示形式（32位表示）

解析：首先确定数据的符号作为最高位，然后将数值转换为二进制数，以 32 位表示

[+35] 原码＝00000000000000000000000000100011
[-35] 原码＝10000000000000000000000000100011

注意：0 的原码有两种表示方式，即正 0 和负 0，分别为

[+0] 原码＝00000000000000000000000000000000
[-0] 原码＝10000000000000000000000000000000

3. 反码

反码在计算机中的表示方式为正数的反码与原码相同，负数的反码是其原码数值部分按各位取反，符号位不变。

范例2.11：写出+35和-35的反码表示形式（32位表示）

解析：首先分别写出两个数的原码，以 32 位表示

[+35]原码＝00000000000000000000000000100011
[-35]原码＝10000000000000000000000000100011

再将负数 35 的原码取反，得+35 和-35 的反码

[+35]反码＝00000000000000000000000000100011

[-35]反码=11111111111111111111111111011100

4. 补码

计算机补码的表示形式为正数的补码与原码、反码相同，负数的补码是其反码加1，符号位不变。

范例2.12：写出+35和-35的补码表示形式（32位表示）

解析：首先分别写出两个数的原码，以32位表示

[+35]原码=00000000000000000000000000100011
[-35]原码=10000000000000000000000000100011

再将负数35的反码加1，得+35和-35的补码

[+35]补码=00000000000000000000000000100011
[-35]补码=11111111111111111111111111011101

5. 0的反码和补码

在反码和补码表示中，0是一个比较特殊的数字，由于0可表示为正0和负0，因此0的原码和反码分别有两种表示形式，如下表示

[+0]原码=00000000000000000000000000000000
[-0]原码=10000000000000000000000000000000
[+0]反码=00000000000000000000000000000000
[-0]反码=11111111111111111111111111111111

而对于+0和-0的补码，有

[+0]补码=00000000000000000000000000000000
[-0]补码=00000000000000000000000000000000

可见0的补码表示是唯一的。

2.3 常量

在程序执行过程中，其值不发生改变的量称为常量，常量与数据类型结合又可分为整型常量、实型常量、字符常量和字符串常量。在程序中，常量可以不经说明直接引用。

例如，有如下语句：

```
i = 10;
```

该语句为赋值语句，表示将整型常量10赋给变量 *i*，其中数字10即为整型常量，属于正确引用，但由于变量 *i* 未经定义就进行引用，程序编译将会出现错误。

2.3.1 整型常量

常用的整型常量有八进制、十进制和十六进制三种。

1. 八进制常量

八进制常量必须以数字 0 开头，数码取值为 0～7。八进制数通常是无符号数，以下均是合法的八进制数：022，0110，0177777 等。以下均是不合法的八进制数：123(无前缀 0)，0492(含有非八进制数码)，-0127(出现了负号)等。

2. 十六进制常量

十六进制常量必须以 0X 或 0x 开头，其数码取值为 0～9，A～F 或 a～f。以下均是合法的十六进制数：0XB5，0X10，0XFFFF 等。以下均是不合法的十六进制数：B6(无前缀 0X)，0X3G(含有非十六进制数码)等。

3. 十进制常量

十进制常量没有前缀，其数码为 0～9。以下均是合法的十进制数：23，-70，65535，1024 等。以下均是不合法的十进制数：023(不能有前缀 0)，23D(含有非十进制数码)等。

不同进制的数可以以同一种格式输出，也可以以不同格式输出，范例 2.1 说明了不同进制常量的数值表示。

范例 2.13

OutputInteger.c

OutputInteger.c：整型常量中八进制、十进制和十六进制的输出格式分别为%o、%d 和%x，使用不同的格式，输出结果就是对应的表示形式，输出整数 521，0521 和 0x521 的几种表示方法。

（资源文件夹\chat2\ OutputInteger.c）

```
01    #include <stdio.h>                                  //头文件包含
02    main()
03    {
04         printf("%-4o, %-4o, %-4o\n", 521, 0521, 0x521);    //八进制输出
05         printf("%-4d, %-4d, %-4d\n", 521, 0521, 0x521);    //十进制输出
06         printf("%-4x, %-4x, %-4x\n", 521, 0521, 0x521);    //十六进制输出
07    }
```

上述代码第 4 行、第 5 行和第 6 行分别按八进制、十进制和十六进制输出三个不同的整型常量 521，0521 和 0x521，输出结果为：

```
1011  521  2441
521   337  1313
209   151  521
```

C 语言中，整型常量可用后缀加字母 "l" 或 "L" 表示长整型，如 034L 表示长整型八进制数 034。32 位机中，长整型和普通整型没有区别。

2.3.2 实型常量

实型也称为浮点型。C 语言中，实型常量也称为实数或者浮点数，并且实型常量只采用十进制表示形式。实型常量的表达方式有两种：小数形式和指数形式。

1. 小数形式

实数的小数形式由数字 0～9 以及小数点组成。其中，小数点前仅有零位时，数字 0 可省略，小数点后仅有 0 位时，数字 0 也可以省略。例如：0.391、14.0、.556、-33.等均为合法的实数。

2. 指数形式

实数的指数形式由十进制数码、阶码标志 e 或 E 以及阶码组成，其中阶码包括阶符和阶数两部分，阶符可为+或-，其中+可省略，阶数只能是十进制正整数或零，阶码不能省略。指数形式的一般表达方式为 a E n，其中，a 为十进制数，n 为阶码，如+5、-6 及+9 等均为阶码。

如实数 314159.26 可表示为 3.1415926E+5、3.1415926e5 或 314.15926E+3 等。其中，把 3.1415926E+5 这种形式称为"规范化的指数形式"，即十进制数码绝对值为大于 1 小于 10 的数。

实型常量可通过加后缀 f 或 F 表示，如 58f 和 785F 分别表示实型常量 58 和 785，其内存所占空间与整型常量 58 和 785 有所不同。

2.3.3 字符常量

字符常量是 C 语言程序中应用非常广泛的一类常量，通常它是用单引号引起来的一个字符，字符常量在内存中占一个字节的内存空间。

1. 普通字符

例如'm','n','@','+','?'都是合法字符常量。在 C 语言中，字符常量有以下特点。

（1）字符常量只能用单引号引起来，不能用双引号或其他括号。

（2）字符常量只能是单个字符，不能是字符串。

（3）字符可以是字符集中任意字符，但数字被定义为字符型之后就不能以原数值参与数值运算。如'0'和 0 是不同的，'0'是字符常量，但它仍能参与运算，不同的是需要将其转化为对应的 ASCII 码值 48。

例如下面的代码：

```
01    #include <stdio.h>              //头文件包含
02    main()
03    {
04        printf("%d, %d\n",0,'0');   //格式输出
05    }
```

程序输出：

```
0, 48
```

说明以整型格式输出时字符'0'将以其 ASCII 码值 48 输出。

2. ASCII 码

ASCII 码（American Standard Code for Information Interchange）是美国国家信息交换标准码。ASCII 码使用一个字节表示不同的字符，最多可以定义 256 个字符，目前已定义 128 个，其中包括字母、数字、标点符号、控制字符及其他特殊符号的数值。它是国际标准化组织 ISO

（International Organization for Standardization）批准的国际标准码。

ASCII 字符集共有 128 个字符，其中 96 个可打印字符，包括常用的字母、数字、标点符号等，其他 32 个为控制字符。ASCII 字符集及其编码见附表 1。

C 语言中常用的 ASCII 码是字母和数字集合，如 A 的 ASCII 值为 65，a 的 ASCII 值为 97。

3．转义字符

转义字符是一种特殊的字符常量。转义字符以反斜杠"\"开头，后跟一个或几个字符。转义字符具有特定的含义，不同于字符原有的意义，故称"转义"字符。例如，在 hello 程序中 printf 函数中用到的"\n"就是一个表示换行的转义字符。常用的转义字符及其含义参见表 2-3。

表 2-3 转义字符表

转义字符	含 义	ASCII 值
\0	空字符(NULL)	00H
\n	换行符(LF)	0AH
\r	回车符(CR)	0DH
\t	水平制表符(HT)	09H
\v	垂直制表(VT)	0B
\a	响铃(BEL)	07
\b	退格符(BS)	08H
\f	换页符(FF)	0CH
\'	单引号	27H
\"	双引号	22H
\\	反斜杠	5CH
\?	问号字符	3F
\ddd	任意字符	三位八进制
\xhh	任意字符	二位十六进制

转义字符中最常用的是换行符"\n"，在很多输出语句中将使用它进行打印换行。

2.3.4 字符串常量

C 语言中，字符串常量是由一对双引号引起来的字符序列，每个字符串都以'\0'作为结束标志。字符串常量在内存中存储时，系统在字符串的末尾自动添加字符串结束符'\0'。因此，在 C 语言程序中，n 个字符的字符串常量，在内存中占有 n+1 个字节的存储空间。

例如，字符串"Hello"包含 5 个字符，而在内存中占 6 个字符，系统在字符串结尾会添加结束符"\0"。需要特别注意的是，对于单个字符和字符串的区别，范例 2.14 说明了这种区别。

范例 2.14　　Charstringdifferent.c 这里通过 sizeof 运算符解释单个字符时字符常量和字符串常量在内存中所占字节数的差别。

Charstringdifferent.c　　（资源文件夹\chat2\Charstringdifferent.c）

```
01    #include <stdio.h>        //头文件包含
02    main()
03    {
```

```
04        printf("char 数据类型长度: %d\n",sizeof((char)'a'));//格式输出
05        printf("string 数据类型长度: %d\n",sizeof("a"));
06    }
```

sizeof 是 C 语言中用于获取对象内存字节数的特殊运算符，这里分别获取了字符"a"和字符串"a"在内存中所占字节数。程序第 4 行和第 5 行分别通过 sizeof 运算符获取字符"a"和字符串"a"的内存字节数，在获取字符所占内存空间时使用了强制类型转换。程序运行输出结果为：

```
char 数据类型长度 1
string 数据类型长度 2
```

字符'a'和字符串"a"在内存中的逻辑存储如图 2-2 所示。

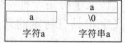

图 2-2　字符'a'和字符串"a"

范例 2.14 代码中 printf 函数内的说明字符串"char 数据类型长度:"和"string 数据类型长度:"使用了中文作为说明字符串。在 Visual C++ 6.0 编程环境中，避免使用中文字符串，应尽量使用英文和拼音来表达。本书为便于读者理解，均使用了中文，读者在实际编写程序时应尽量避免这类情况。

2.4　变量

变量可分为整型变量、实型变量和字符型变量等，整型变量按照有无符号分为有符号整型（signed）和无符号整型（unsigned）两类，按照所表达的数值范围和占内存字节数可分为短整型（short int）、基本整型（int）和长整型（long），某些系统还支持长长整型（long long）。同时，各类型又分有符号和无符号两类。实型变量主要有两种形式：单精度浮点型（float）和双精度浮点型（double）。

2.4.1　变量与内存结构

对于整型变量而言，通常的操作系统默认都是有符号类型，如果定义无符号类型，需在前面加 unsigned。

1. 计算机操作系统位长

计算机的内存结果是以字节为单位进行信息存储，每个字节都有一个唯一的数字标识，通常将这个标识称为地址或物理地址。地址有长有短，从 1 字节到 8 字节不等，计算机操作系统按照内存地址的长度可分为 8 位机、16 位机、32 位机和 64 位机等。

8 位机指内存地址为 1 字节数，地址值通常使用十六进制数表示，如 0xFB，0x12 等。通常较简单的单片机采用 8 位地址方式，称为 8 位机。

目前最常用的是 32 位机，即地址长度为 32 bit，共 4 字节，例如，0x0012ff65，0x001B56FF。32 位机的取址范围为 0x00000000～0xFFFFFFFF，共 4 GB 内存。通常 C 语言中会使用其中一部分，如无特别说明，本书程序全部基于 32 位机。

2. 32位机计算机操作系统

32 位机中,短整型(short)在内存中占 2 字节,基本整型(int)在内存中占 4 字节,长整型(long)在内存中占 4 字节等。64 位机中还有长长整型(long long),在内存中占 8 字节。单精度浮点型(float)在内存中占 8 字节,双精度浮点型(double)在内存中占 16 字节。字符型变量可分为有符号和无符号两种类型,有符号字符型(char)和无符号字符型(unsigned char)在内存均占 1 字节。如表 2-4 所示为不同类型变量在内存中所占字节数。

表 2-4 数据类型内存结构表

类型说明符	数的范围	分配字节数
char	−512~511	1 字节
short	−32768~32767	2 字节
int	−2147483648~2147483647	4 字节
long	−2147483648~2147483647	4 字节
unsigned short	0~65535	2 字节
unsigned int	0~4294967295	4 字节
unsigned long	0~4294967295	4 字节
float	3.4E−38~3.4E+38	4 字节
double	1.7E−308~1.7E+308	8 字节

C 语言中可通过运算符 sizeof 获取数据类型内存字节数。

范例 2.15

MemoryTypeByte.c

MemoryTypeByte.c 使用运算符 sizeof 获取不同数据类型在内存中所占的字节数,然后通过输出打印,由此可以直观地显示各种数据类型的内存字节数。

(资源文件夹\chat2\MemoryTypeByte.c)

```
01    #include <stdio.h>
02    main()
03    {
04        printf("%d   %d   %d \n", sizeof(short), sizeof(int), sizeof(long));    //格式输出
05        printf("%d   %d\n", sizeof(float), sizeof(double));    //输出 float、double 型内存字节数
06        printf("%d", sizeof(char));                             //输出 char 型内存字节数
07    }
```

程序中第 4 行、第 5 行和第 6 行分别使用了 sizeof 运算符,用于获取对象在内存中所占字节数,对象可以是变量、常量、指针、结构体等,后续章节将对该函数的应用做详细介绍。执行上述代码,输出结果为:

```
2   4   4
4   16
1
```

2.4.2 变量的定义

C 语言规定,变量必须先定义后使用,未经定义的变量在使用时会提示错误而导致程序编译无法通过,合理定义变量和利用变量,将对程序的执行效率产生重要影响。

1. 怎样定义变量

变量在使用前需要先定义，其定义的一般形式有两种：

```
类型说明符 变量名；
类型说明符 变量名表列。
```

类型说明符是指要定义的变量类型，如整型变量的类型说明符为 int、short 或 long 等。如定义整型变量 i, j, k，可以这样定义：

```
int    i;
int    j;
int    k;
```

C 语言中，这种表达叫作语句，分别表示定义 3 个 int 型的变量 i, j, k。语句是 C 语言中的基本程序结构，并且必须以";"作为语句的结束符，分号不可省略。

也可以将定义放在同一个语句中：

```
int    i, j, k;
```

变量名也称为用户标识符，变量名的定义应遵循一定的规则。

（1） 由字母、数字和下画线组成。

（2） 变量名不能和关键字相同。

（3） 第一个字符必须是字母或下画线。

关键字是由 C 语言规定的具有特定意义的字符串，通常也称为保留字。用户定义的变量等标识符不应与关键字相同。C 语言的关键字主要分为类型说明关键字和流程控制关键字两类，如表 2-5 所示为关键字表。

对每个关键字的详细说明，请参看附表 2，本书将在后续章节中依次讲解每个关键字的作用和用法。同时，最新的 C 语言语法版本中，将 bool 也列为关键字之一。

用户定义的变量名（用户标识符）不得与关键字相同，同时必须满足上述另外两个条件，如下列变量名均是非法的变量名 3i，int，ysl@163.com，_myname!，bool 等。

表 2-5 关键字表

分　　类	功　　能	关键字名称	个　　数
类型说明关键字	基本数据类型	void char int float double	5
	匹配类型	short long signed unsigned	4
	复合类型	struct union enum typdef sizeof	5
	存储类型	auto static register extern const volatile	6
流程控制关键字	条件分支语句	if else switch case defalut	5
	循环语句	for do while	3
	跳转控制	return continue break goto	4

2. 变量赋初值

在定义变量的同时，还可以进行赋值操作，称作变量赋初值，如下定义：

```
int    i = 10;
int    a = 0;
```

像这种在定义变量的同时赋予其一定值的操作称为变量赋初值。等价于下面语句：

```
int     i;
int     a;
i = 10;
a = 0;
```

当在一条语句中定义多个变量时，可以使用逗号表达式作如下定义方法：

```
int     i = 10, j = 100, k = 1000;
```

关于逗号表达式的概念将在第 3 章中予以介绍，需要注意的是，不能使用如下方法给不同变量赋相同的值：

```
int     i = j = k = 0;
```

但可以在定义之后进行赋值操作，如：

```
int     i, j, k;
i = j = k = 0;
```

此外，对于单个变量的赋值，可以在定义时进行，也可以在定义之后进行。

2.4.3 整型变量

前面已经讲过，整型变量按照在内存中所占字节长度分为短整型（short）、基本整型（int）、长整型（long）等，其中 short、int 和 long 称为类型说明符。C 语言系统通过这些关键字判断不同类型的变量，从而为其分配相应的内存空间。

范例 2.16 IntegerVariableDefine.c

IntegerVariableDefine.c 分别定义 short、int 和 long 型的整型变量，打印输出各个变量的值，并输出各种整型变量在内存中所占字节数。

（资源文件夹\chat2\ IntegerVariableDefine.c）

```
01    #include <stdio.h>
02    main()
03    {
04        short i = 10;                //定义 short 型变量 i
05        int j = 10;                  //定义 int 型变量 j
06        long k = 10;                 //定义 long 型变量 k
07        printf("%4d    %4d    %4d \n", i, j, k);    //输出 i,j,k 的值
08        printf("%4d    %4d    %4d\n", sizeof(i), sizeof(j), sizeof(k));
09    }
```

程序第 4 行、第 5 行和第 6 行分别定义 3 种类型的变量 i、j 和 k 并赋初值。程序第 7 行输出 3 个参数的值，第 8 行分别输出 3 个参数的内存长度。程序运行输出结果为：

```
10      10      10
2       4       4
```

虽然变量 i、j 和 k 的值相同，但它们在内存中的存储结构却不尽相同，如图 2-3 所示为不同变量类型在内存中的结构示意图。

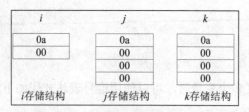

图 2-3 整型变量内存结构

需要注意的是，在内存中数值以二进制形式存放，并以十六进制形式显示，所以对于十进制数 10，在内存中会以十六进制 a 显示。

变量在使用前应先定义，若未定义就使用某变量，程序编译时将出现错误，若去掉第 4 行程序，在编译时将出现如下错误：

D:\chapt2\shang\ IntegerVariableDefine.c(6) : error C2065: 'i' : undeclared identifier

错误原因是使用了未定义的标识符 i。因此，在使用变量前一定记住先定义该变量，这是程序初学者经常犯的错误。

变量在使用前除了先定义，还要赋初值。赋值方式可以先定义后赋值，也可以在定义的同时赋初值。若使用了未经赋值的变量，将出现不可预期的结果。

范例 2.17　InitialVariable.c 定义整型变量 i、j 和 k，未给变量 i 赋值便使
InitialVariable.c　用该变量，输出 i、j 和 k 的值，检查使用未赋值变量的输出结果。
（资源文件夹\chat2\ InitialVariable.c）

```
01    #include <stdio.h>
02    main()
03    {
04        short i;                                    //定义 short 型变量 i
05        int j = 10;                                 //定义 int 型变量 j
06        long k = 10;                                //定义 long 型变量 k
07        printf("%4d  %4d  %4d  %4d \n", i, j, k, i+j+k);   //输出 i,j,k 的值
08    }
```

程序第 7 行最后一个输出格式控制用于输出表达式 i+j+k，用以验证未赋值参数参与运算后的输出结果。程序输出结果为：

```
-13108        10        10       -13088
```

程序输出了无法预料的结果-13108 和-13088，这是由于变量 i 未经赋值便进行了引用，通常称这种不确定值为垃圾值。为避免这类垃圾值影响程序正确结果，一般在变量定义时赋初值 0，如无特别说明，本书后续章节都将遵循这一约定。

2.4.4 实型变量

实型变量分为单精度型（float）和双精度型（double）两类。单精度型变量占 4 个字节，精确位数为 7 位有效数字；双精度型变量占 8 个字节，精确位数为 16 位有效数字。实型变量的定义和整型变量类似，如：

```
float    p1, p2, p3;
double x1, x2, x3;
```

分别表示定义单精度型变量 p1, p2, p3 和双精度型变量 x1, x2, x3。

范例 2.18

RealTypeVariable.c 分别定义 float 型和 double 型的变量，为两变量赋相同的值，并打印输出，检查两者输出值的差别。

RealTypeVariable.c

（资源文件夹\chat2\ RealTypeVariable.c）

```
01    #include <stdio.h>
02    main()
03    {
04        float i;                              //定义 float 型变量 i
05        double j;                             //定义 double 型变量 j
06        i = 3.14159265358979323846;
07        j = 3.14159265358979323846;
08        printf("i=%.10f    j=%.10f\n", i, j); //输出 i,j,k 的值
09    }
```

程序第 4 行和第 5 行分别定义了 float 型和 double 型变量 i 和 j，程序第 6 行和第 7 行分别对这两个变量赋初值以验证不同类型的精度。程序运行输出：

i = 3.1415927410   j = 3.1415926536

程序第 8 行输出语句中%.10f 格式为输出小数点后 10 位数字。导致出现不同结果的原因是 float 型和 double 型的精确度不同。

实型变量在内存中的数据存储格式分符号位、指数位和尾数位 3 部分。符号位表示数字的正负，指数位表示数字的指数大小，尾数部分表示小数点后能够精确的位数。如图 2-4 所示为 float 型和 double 型变量在内存中的存储形式。

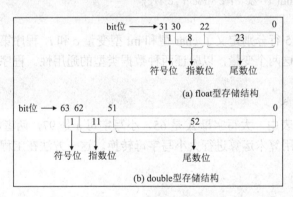

图 2-4　实型变量存储结构

图 2-4（a）所示表示 float 型变量在内存中的存储结构，最高位为符号位，前 23 位（第 0 到第 22 位）为尾数位，中间 8 位（第 22 到第 30 位）为指数位。图 2-4（b）所示表示 double 型变量在内存中的存储结构，最高位为符号位，前 52 位（第 0 到第 51 位）为尾数位，中间 11 位（第 52 到第 62 位）为指数位。

需要说明的是，在计算机中数据以二进制存储，因此上述各位值同样以二进制形式存储在计算机中，并且以规范化的指数形式存放。float 型中，23 位二进制可表示十进制小数部分

7位，double 型中，52位二进制小数可表示十进制小数部分 16 位。

因此，float 型只能精确到小数点后 7 位，其中第 7 位采用四舍五入，而 double 型则能精确到小数点后 16 位，能够准确输出所表达数据。

2.4.5 字符变量

字符变量在内存中占 1 个字节，类型说明符为 char。与整型变量和实型变量的定义类似，字符变量的定义格式为：

```
char    a;
```

表示定义了一个字符变量 a，变量 a 可以被赋予任何字符常量和整型值。由于字符变量只占用 1 个字节，因此只能存放 1 个字符数据。在内存空间中，字符是以 ASCII 码值存放的，例如字符'a'在内存中存放的是其 ASCII 码值 97。正因为字符在内存中的这种存储模式，通常也把字符变量当作取值在 0~127 之间的整型量看待，并且字符变量也可以参与算数运算。

范例 2.19
CharacterVariableCalc.c   分别定义整型和字符变量，以整型和字符型打印输出，检查输出结果。
（资源文件夹\chat2\ CharacterVariableCalc.c）

```
01    #include <stdio.h>
02    main()
03    {
04        char   c = 'A';                        //定义 char 型变量 c
05        int    i = 32;                         //定义 int 型变量 i
06        printf("c=%d   i =%d\n", c, i);
07        printf("c=%c   i+c = %c\n", c, i+c);
08    }
```

程序第 4 行和第 5 行分别定义了 char 型和 int 型变量 c 和 i，程序第 6 行和第 7 行分别按不同的输出格式输出这两个变量，以验证两种数据类型的通用性。程序运行输出：

```
c = 65 i = 32
c = A  i+c = a
```

因为在 ASCII 码表中，大写字母 A 是 65，小写字母 a 是 97，两者相差 32，程序正是利用这一规律实现了使用算术运算进行大小写字母转换。这一方法在工程应用中被广泛采用。

2.5 枚举

枚举是基本数据类型之一，有的版本也把它作为符合数据类型，它是一组被命名的整型常数，枚举类型在工程应用中非常广泛。

2.5.1 枚举的定义

在实际应用中，某些变量需要被限定在一定的范围内，如世界有 7 大洲，地球一天有 24

小时，一周有 7 天，一年有 12 个月等。这些范围很难以整型、实型或字符型加以说明，因此，为满足能够表达某组数据列表的需求，C 语言提供了枚举类型。

枚举类型的定义使用关键字 enmu，其一般形式为：

```
enum 用户标识符
{ 枚举参数表列 };
```

用户标识符即指枚举名，在枚举参数表列中应罗列出所有需要的值，这些值也称为枚举元素。例如：

```
enum world
{
    Asia ,
    Europe ,
    Africa ,
    NorthAmerica ,
    SouthAmerica ,
    Oceania ,
    Antarctica
};
```

该枚举类型名为 world，共有 7 个枚举值。凡被声明为 world 类型的枚举变量，取值只能为枚举参数表列之一。

2.5.2 枚举变量的定义与使用

枚举变量可以先定义后声名，也可以在定义枚举类型的同时声明枚举变量。仍然以大洲名称为例，如下形式定义枚举类型同时声明枚举变量 x, y, z。

```
enum world
{
    Asia ,
    Europe ,
    Africa ,
    NorthAmerica ,
    SouthAmerica ,
    Oceania ,
    Antarctica
}x,y,z ;
```

如下形式为先定义枚举类型，后声明枚举变量。

```
enum world
{
    Asia ,
    Europe ,
    Africa ,
    NorthAmerica ,
    SouthAmerica ,
    Oceania ,
    Antarctica
};
```

```
enum world x,y,z ;
```

需要说明的是，枚举参数表列中的值为常量，不是变量，因此其值不能被修改。因此，对枚举 world 中的元素的如下操作是非法的。

```
Asia = 1 ;
Oceania = 2 ;
```

若程序中在枚举类型定义时没有对元素进行值对应，系统为枚举类型的每个元素顺序编号，并从 0 开始递增赋值，如上述定义中 Asia 的值为 0，Europe 的值为 1，Antarctica 的值为 6。

枚举可在定义时对元素进行值对应，通常也称为将某个值赋给元素。

范例 2.20

EnumValueTest.c

EnumValueTest.c 假定各大洲每年的工业产值单位为万亿¥，定义枚举类型数据，用于存储各大洲的工业产值状况，例如，亚洲为 500 万亿¥。

（资源文件夹\chat2\ EnumValueTest.c）

```
01    #include <stdio.h>
02    main()
03    {
04        enum  world                                              //定义枚举类型 world
05        {
06            Asia = 500 ,                                         //枚举元素赋值
07            Europe ,
08            Africa = -100 ,                                      //枚举元素 Africa 赋初值
09            SouthAmerica ,
10            NorthAmerica=800 ,
11            Oceania = 66 ,                                       //枚举元素 Oceania 赋初值
12            Antarctica
13        };
14        enum  world  en1, en2, en3, en4, en5, en6, en7, en_calc ; //声明枚举变量
15        en1 = Asia ;                                             //枚举变量赋值
16        en2 = Europe ;
17        en3 = Africa ;
18        en4 = NorthAmerica ;
19        en5 = SouthAmerica ;
20        en6 =Oceania ;
21        en7 = Antarctica ;
22        en_calc = en1 + en2 + en3 + 10 ;                         //枚举变量运算
23        printf("en1 = %d, en2 = %d, en3 = %d, en4 = %d, en5 = %d, en6 = %d, en7 = %d",
24            en1, en2, en3, en4, en5, en6, en7) ;                 //输出枚举变量的值
25        printf("en_calc = %d\n", en_calc) ;
26    }
```

程序第 6 行首先将整数 500 赋给枚举元素 Asia，因此元素 Europe 将在前一元素基础上增 1，变为 501。元素 Africa 被赋值为-100 之后，元素 SouthAmerica 变为-99，同时 NorthAmerica 重新赋值为 800。同样，元素 Oceania 被赋值为 66 之后，Antarctica 变为 67，而经过第 22 行算术运算之后，en_calc 的值变为 901。程序运行输出结果：

```
en1 = 500, en2 = 501, en3 = -100, en4 = -99, en5 = 800, en6 = 66, en7 = 67
en_calc = -79
```

枚举类型元素不能赋值为实型常量，如程序中第 6 行改为 Asia = 500.5，程序将出现编译错误。也不能试图在枚举定义之后修改元素的值，若在程序 21 行后添加 Asia = 10，程序同样出现非法错误，原因是 Asia 是一个常量，其值不允许再次改变。

2.6 疑难解答和上机题

2.6.1 疑难解答

（1）常量和变量有什么区别呢？

解答：常量是不能改变的量，例如某个城市的名字，一般是不会改变的，但该城市的天气情况却经常变化，因此，城市的名称就是常量，而该城市的天气就是变量。

（2）除了二进制、八进制、十进制和十六进制，还有其他进制吗？

解答：有的，比如等式 110+20=200 也有成立的时候，但在什么情况下成立呢？显然十进制是不成立的。这里我们假设它在 x 进制下成立，那么将这个等式展开成十进制模式：

$$1*x^2+1*x+0*x + 2*x = 2*x^2+0*x+0*x$$

转化为：

$$x^2-3x = 0$$

解得：

$$x= 3 \text{ 或 } x = 0$$

显然，$x=0$ 不符合要求，因此取 $x=3$。

因此，在二进制情况下上述等式成立。所以，存在除一般进制外的其他进制，只不过日常生活中很少应用。

（3）常量 123、123.和 123.0 在内存中存储时有什么区别？

解答：常量 123 表示整型常量，在内存中占 4 个字节的存储空间，123.和 123.0 表示实型常量，在内存中占 8 字节的存储空间（实型常量在内存中默认都以双精度实型存储）。

（4）定义变量为 short 和 int 类型，都属于整型，两者有什么区别呢？

解答：实际应用中，有时需要用到较大的数值，有时仅使用较小的数值。例如表示时间的变量，最大值为 24 或者 60 即可，而有些又需要较大的数值才能表示，例如地球进化的时间，地球到月球的距离等。short 型只能表示-32768～32767 之间的数，内存中占 2 字节，int 型能表示-2147483648～2147483647 之间的数，内存中占 4 字节。有时候不需要表达很大的数值时，就使用 short 类型，这样就节省了内存的很多资源。

（5）为什么变量不能重名？

解答：变量不像人一样，可以根据体貌特征分析两个姓名相同的人，计算机识别不同变量的唯一方法就是按照不同的变量名区分。而假如有一变量定义为 int 型，然后又将这一变量定义为 short 型，系统会因为定义时占不同的内存单元而出现矛盾，为了避免计算机这种矛盾的出现，C 语言系统禁止使用相同的变量名。

（6） 为什么计算机中需要区别有符号和无符号？

解答：实际应用中，有些量必须由自己决定是否需要正负。如果这个量不会有负值，那么我们可以定义它为不带正负的类型。例如年龄，总是正的，而某人的净收入，可能为正，也可能为负。计算机提供无符号的目的是尽可能对没有负号出现的变量赋予更大范围的数值，以使这个变量使用时可以更大范围的存取数据。

（7） 字符串"a"和字符'a'有什么区别？

解答：字符和字符串主要区别在于两者在内存中所占的资源不同。字符串中每个字符在内存中占 1 个字节，但字符串末尾系统自动添加字符串结束符'\0'，因此，字符串"a"所占字节数为 2，而字符'a'所占字节数为 1。

（8） 标识符_input_，This-year，goto，3ku 是否可定义为变量？

解答：变量定义的规则：

① 由字母、数字和下画线组成。
② 变量名不能和关键字相同。
③ 第一个字符必须是字母或下画线。

第一个标识符_input_可以作为变量；第二个标识符 This-year 由于含有字符"-"，因此不能作为变量；第三个标识符 goto 为 C 语言关键字，因此也不能作为变量；第四个标识符 3ku 的首字母为数字 3，因此也不能作为变量。

（9） 为什么字符变量或常量可以进行算术运算？

在计算机系统中，字符都是以 ASCII 码存在系统中的，也就是每个字符都相当于一个数字，因此，程序使用字符作算术运算就相当于使用数字作算术运算，两者没有本质的区别。例如，定义变量 c：

```
char c = 'a' +3;
```

C 语言中，字母以 ASCII 码存放，且大小写字母按序 ASCII 码递增，在字母"a"的基础上加 3，为字母"d"，因此，变量 c 为字母"d"。

（10） 什么情况下会使用枚举呢？

解答：枚举类似于定义 些符号，这些符号都代表一定的数值，并且这些符号可以定义为人们容易看懂的名字。有时候在程序中要对一些变量赋值，同时又希望这些值表示一定的含义，这时使用枚举就可以顺利地达到要求。例如，定义枚举类型：

```
enum  OneDay
{
    GetUP = 6,
    HaveBreakFast=8,
    HaveLunch=12,
    HaveSupper=18,
    GoToSleep=22
};
```

这样定义了一个一天的日常作息时间表，例如，有变量作为时间，当要验证该时间是否需要吃午饭时，只需要该变量和 HaveLunch 作比较，若相等，则该吃午饭了；若不相等，则不吃午饭。这样设置将很容易使程序阅读者理解程序设置的功能。

2.6.2 上机题

（1）使用%d 格式分别打印十进制数 100 和十六进制数 0x100，分析打印数值的差别。

（2）浮点数 100.123 可以使用%d 格式打印输出，也可以使用%f 格式输出，试编写完整 C 语言代码实现使用这两种不同格式输出的效果。

（3）字母"A"和"a"的 ASCII 码分别为 65 和 97，写一段完整的程序，将"A"和"a"的 ASCII 码输出到屏幕上（提示：使用十进制输出格式%d 可以输出字符的 ASCII 码值）。

（4）试编写一段完整的程序，利用格式输出%s，输出字符串：

```
Be careful !
This is not a test
```

提示：若使用一条输出语句，调用 printf 函数，字符串中可以使用换行符"\n"。

（5）变量定义时通常使用变量定义语句，如定义字符型变量 c，可使用语句：

```
char  c;
```

试编写程序，定义整型变量 i，并输出 i 的值（提示：定义变量需要赋初值，否则将输出垃圾值）。

（6）在上机题（5）的基础上，修改程序，定义 char 型变量 a，并赋初值'a'，使用 a 进行算术运算后输出最后一个小写字母'z'（提示：字符可使用 ASCII 码参与算术运算，例如，变量'b'的 ASCII 码值等于'a'+1）。

（7）参考范例 2.6，试编写程序输出圆周率小数点后 10 位（提示：圆周率小数点后 20 位为 3.14159265358979323846）。

（8）C 语言中，可使用格式输出%o 输出八进制数，试编写程序，以八进制输出整数 10000 和-10000。

（9）C 语言中，可使用格式输出%x 输出十六进制数，试编写程序，以十六进制输出整数 1234567。

（10）试编写程序，定义表示星期的枚举类型：

```
enum  week
{
    Sun,
    Mon,
    Tue,
    Wed,
    Thur,
    Fri,
    Sat
}
```

并在程序中定义枚举类型变量 enum week week1;
使 week1 = Sat 并输出 week1 的值。

附表1

ASCII值	字符	ASCII值	字符	ASCII值	字符	ASCII值	字符
0	NUT	32	(space)	64	@	96	`
1	SOH	33	!	65	A	97	a
2	STX	34	"	66	B	98	b
3	ETX	35	#	67	C	99	c
4	EOT	36	$	68	D	100	d
5	ENQ	37	%	69	E	101	e
6	ACK	38	&	70	F	102	f
7	BEL	39	,	71	G	103	g
8	BS	40	(	72	H	104	h
9	HT	41	)	73	I	105	i
10	LF	42	*	74	J	106	j
11	VT	43	+	75	K	107	k
12	FF	44	,	76	L	108	l
13	CR	45	-	77	M	109	m
14	SO	46	.	78	N	110	n
15	SI	47	/	79	O	111	o
16	DLE	48	0	80	P	112	p
17	DCI	49	1	81	Q	113	q
18	DC2	50	2	82	R	114	r
19	DC3	51	3	83	X	115	s
20	DC4	52	4	84	T	116	t
21	NAK	53	5	85	U	117	u
22	SYN	54	6	86	V	118	v
23	TB	55	7	87	W	119	w
24	CAN	56	8	88	X	120	x
25	EM	57	9	89	Y	121	y
26	SUB	58	:	90	Z	122	z
27	ESC	59	;	91	[	123	{
28	FS	60	<	92	\	124	|
29	GS	61	=	93	]	125	}
30	RS	62	>	94	^	126	~
31	US	63	?	95	_	127	DEL

附表2

auto	声明自动变量
double	声明双精度变量或函数
int	声明整型变量或函数
struct	声明结构体变量或函数
break	跳出当前循环
else	条件语句否定分支（与if连用）
long	声明长整型变量或函数
switch	用于开关语句
case	开关语句分支
enum	声明枚举类型
register	声明寄存器变量

（续表）

typedef	用以给数据类型取别名
char	声明字符型变量或函数
extern	声明变量是在其他文件中声明
return	子程序返回语句（可以带参数，也可不带参数）
union	声明共用数据类型
const	声明只读变量
float	声明浮点型变量或函数
short	声明短整型变量或函数
unsigned	声明无符号类型变量或函数
continue	结束当前循环，开始下一轮循环
for	一种循环语句
signed	声明有符号类型变量或函数
void	声明函数无返回值或无参数，声明无类型指针
default	开关语句中的"其他"分支
goto	无条件跳转语句
sizeof	计算数据类型长度
volatile	说明变量在程序执行中可被隐含地改变
do	循环语句的循环体
while	循环语句的循环条件
static	声明静态变量
if	条件语句

第3章 运算符和表达式

运算符是指对常量或变量等操作对象进行运算所用的运算符号。运算符可以按照操作对象的数目分类，也可以按照功能分类。表达式是变量、常量等操作对象与运算符进行结合的表达方式，C语言中，这些结合执行并产生某些计算结果。表达式可用于逻辑和数学运算，也可以作为程序控制的条件。

本章学习重点：

◆ 运算符与表达式的分类
◆ 赋值运算符与赋值表达式
◆ 逻辑运算符与逻辑表达式
◆ 关系运算符与关系表达式
◆ 位运算符
◆ 条件运算符
◆ 强制类型转换

3.1 运算符与表达式的分类

运算符的种类多种多样，可按照操作对象的数目分类，也可按照功能分类，本书重点介绍后一种。表达式的分类主要按照运算符的不同功能进行分类。

3.1.1 运算符的分类

按照操作对象的多少，运算符主要可分为一元运算符、二元运算符和三元运算符，例如负号（-）为一元运算符，加号（+）为二元运算符等，如表3-1所示为不同类型运算符的分类。除了这些基本运算符之外，C语言还支持复合运算符以及sizeof运算符等。

按照功能分类，运算符可分为算术运算符、赋值运算符、逻辑运算符、关系运算符、条件运算符、位运算符、取字节运算符等。

1. 算术运算符

与数学计算中的数学符号类似,算术运算符主要用于各类数值运算,包括加(+)、减(-)、乘(*)、除(/)、负号(-)、求余(或称模运算%)、自增(++)、自减(--)共7种。

2. 赋值运算符

赋值运算符主要用于赋值操作,分为简单赋值运算符(=)、复合算术赋值运算符(+=,-=,*=,/=,%=)和复合位运算赋值运算符(&=,|=,^=,>>=,<<=)3类共11种。

3. 逻辑运算符

逻辑运算符主要用于逻辑运算,包括与(&&)、或(||)、非(!)3种。

4. 关系运算符

关系运算符主要用于比较运算,包括大于(>)、小于(<)、等于(==)、大于等于(>=)、小于等于(<=)和不等于(!=)6种。

5. 位运算符

位运算符是指将参与运算的对象按二进制位进行运算,包括位与(&)、位或(|)、位反(~)、位异或(^)、左移(<<)、右移(>>)6种。

6. 条件运算符

条件运算符是目前为止C语言中唯一一个三元运算符,也称为三目运算符,用于条件求值(?:)。

7. 取字节运算符

取字节运算符sizeof也是C语言的一个特殊运算符,它用于计算对象(可以是常量、变量及复合数据类型等)在计算机内存中所占的字节数。有的资料也把它当作函数看待,但C语言系统中,sizeof是一个运算符。

8. 其他运算符

另外,C语言中还有逗号运算符(,)、数组下标运算符([])以及结构体成员运算符(.和—>)等。

表3-1 运算符分类

一元运算符		二元运算符		三元运算符	
符 号	功能描述	符 号	功能描述	符 号	功能描述
+-	正负号	-	减号		
++	自增运算符	+	加号		
--	自减运算符	*	乘号		
!	非运算符	/	除号		
~	取反运算符	%	求余运算符		
*	指针运算符	<<	左移运算符	?:	条件运算符
		>>	右移运算符		
		&&	与运算符		
		||	或运算符		
		^	异或运算符		
		>	大于号		
		<	小于号		

(续表)

一元运算符		二元运算符		三元运算符	
符　号	功能描述	符　号	功能描述	符　号	功能描述
		>=	大于等于		
		<=	小于等于		
		!=	不等于		
		==	等于		
		=	赋值运算符		
		&	位与运算符		
		|	位或运算符		

3.1.2 表达式的分类

C 语言中，表达式是一种有值的语法结构，它一般由运算符将变量、常量或函数返回值结合而成，通常表达式可作为程序执行过程中某个操作步骤或者计算的表达形式。另外，有些表达式会生成某种类型的数值，并将该值赋给某个变量或与其他表达式进行比较等逻辑操作。表达式按照运算符的不同进行分类，主要有算术表达式、赋值表达式、逻辑表达式和关系表达式等。

1. 算术表达式

算术表达式由算术运算符和控制运算优先级的括号连接而成，是进行算术运算的基本表达形式。例如：

```
3.14159*r
(a+b)/c+d*m
```

其中，符号"*"表示算术运算"乘"，"/"表示算术运算"除"。

2. 赋值表达式

赋值表达式一般由赋值运算符、算术运算符和操作对象组合而成，并由简单的赋值运算符"="连接起来，一般形式为：

```
变量 = 表达式或数值
变量1 = 变量2 = 变量3 = 表达式或数值
```

例如：

```
a = x + 12
a1 = a2 = a3 = 100
b += 12
```

第一个表达式表示将 x+12 的值赋给 a，第二个表达式表示将数值 100 分别赋给 a1，a2 和 a3，第三个表达式表示将 b+12 的值重新赋给 b。

3. 逻辑表达式

逻辑表达式一般由逻辑运算符和操作对象组合而成，是 C 语言中进行逻辑判断的主要表达形式，也是条件控制语句中常用的控制表达式之一。以下都是逻辑表达式：

```
a && b
c || d && m
!x
```

第一个表达式表示 a 和 b 的与运算，第二个表达式表示 c 和 d 先求或运算，然后用结果再和 m 进行与运算，第三个表达式表示求 x 的非运算。

4. 关系表达式

关系表达式一般由关系运算符和操作对象组合而成，和逻辑表达式类似，关系运算符也是 C 语言中进行数值判断的主要表示形式，是条件控制语句中应用非常广泛的控制表达形式之一。以下都是关系表达式：

```
a > b
c <= d
m = = n
```

第一个表达式表示算术关系运算，判断 a 是否大于 b，第二个表达式表示 c 是否小于等于 d，第三个表达式判断 m 和 n 是否相等。

5. 逗号表达式

逗号表达式由其他表达式和逗号运算符组成，常用于变量定义。例如：

```
int a, b, c;
```

其中 a, b, c 就属于逗号表达式。再如：

```
a = 12, b = 100, c = a+b
```

需要说明的是，逗号表达式的值总是等于最后一个表达式的值，如以下定义与赋值：

```
int a, b, c, sum;
sum = (a =12, b = 100, c = a+b);
```

赋值之后，sum 的值将等于赋值号右边表达式 a =12, b = 100, c = a+b 的值，该表达式是逗号表达式，其值为最后一个表达式的值，即 c = a+b。c = a+b 是一个赋值表达式，其值为 c 的值，即为 a 和 b 的和 112。因此，sum 的值为 112。

6. 复合表达式

复合表达式是几种简单表达式的组合，是比较复杂的表达式，例如：

```
num = 12 + b + (c = 35/(d = 7))
```

该表达式是一个赋值表达式，但赋值号右边又是比较复杂的算术表达式。在 C 语言中，复合表达式应用非常广泛。

3.2 运算符的优先级与结合性

C 语言中，当不同的运算符放在一个表达式中进行混合运算时，运算顺序是根据运算符的优先级而定的，优先级高的运算符先运算，优先级低的运算符后运算。例如在算术运算时，乘和除的优先级要高于加和减，像这种在表达式中产生不同运算顺序的性质称作运算符的优先级。

在同一表达式中，如果各运算符有相同的优先级，运算顺序是从左向右还是从右向左，是由运算符的结合性决定的。所谓结合性是指运算符可以和左边的表达式结合，也可以和右边的表达式结合。表 3-2 所示为运算符优先级与结合性。

括号、数组下标符和结构成员运算符优先级最高，其次是一元运算符（单目运算符）等，优先级最低的是逗号运算符。其中一元运算符、条件运算符和赋值运算符执行从右到左的结合性。

表 3-2 运算符优先级与结合性

优 先 级	运 算 符	解 释	结合方式
最高	() [] -> .	括号（函数等），数组，两种结构成员访问	由左向右
	! ~ ++ -- + -	非，按位取反，自增，自减，正负号	由右向左
	* &（类型）sizeof	解引用（指针），取地址，类型转换，字节大小	
	* / %	乘，除，模除	由左向右
	+ -	加，减	由左向右
	<< >>	左移，右移	由左向右
	< <= >= >	小于，小于等于，大于等于，大于	由左向右
	== !=	等于，不等于	由左向右
	&	按位与	由左向右
	^	按位异或	由左向右
	|	按位或	由左向右
	&&	逻辑与	由左向右
	||	逻辑或	由左向右
	?:	条件	由右向左
	= += -= *= /= &= ^= |= <<= >>=	赋值	由右向左
最低	,	逗号（顺序）	由左向右

范例 3.1

PriorityAndCombine.c

PriorityAndCombine.c 这里使用多运算符的表达式演示不同优先级的运算符组合运算所产生的结果。程序定义变量 a，b，c，并使用复合赋值运算符+=验证复合赋值运算符的功能。

（资源文件夹\chat3\ PriorityAndCombine.c）

```
01   #include <stdio.h>
02   main()
03   {
04       int a = 0;
05       int b =0;
06       int c =20;
07       a = 10;
08       b = a + c*10;                //算术计算变量 b
09       c = a+=c-5;                  //算术计算变量 a 和 c
10       printf("a = %d, b = %d, c = %d\n", a, b, c);
11   }
```

程序第 8 行按照优先级应先计算乘（*），然后计算加（+），最后执行赋值（=）。由于赋值是自右至左的右结合性，因此先计算赋值号右边的表达式 *a+c*10*，结果为 210，然后将结果赋值给 b。

程序第 9 行由算术运算和赋值组成，且赋值操作为右结合性，因此先执行算术操作 c−5，结果为 15。+= 运算符为复合赋值运算符，a+=15 等价于 a=a+15，执行后 a 的值变为 25。该操作分为两个步骤，请参看章后疑难解答。

最后将 a 的值 25 赋给 c，因此 c 的值也变为 25。

程序运行输出结果：

> a = 25, b = 210, c = 25

3.3 赋值运算符与赋值表达式

赋值运算符和赋值表达式是程序中最常用的程序结构，C 语言规定，任何变量都要先定义后使用，并且在引用前一定要进行赋值操作，而此时就需要用到赋值运算符"="。

1. 简单赋值表达式

C 语言中，赋值运算符以"="表示。这里需要注意，"="并不表示等于，而表示将某个值赋给变量，例如 i = 5 和 a = b+10，分别表示将常量 5 赋给变量 i，将表达式 b+10 的值赋给变量 a。

赋值运算符是一个二元（双目）运算符，必须有两个对象参与操作。赋值号左边的对象叫作左值（l-value），赋值号左边只能是变量，常量或表达式不可以作为赋值表达式的左值。例如下面的表达均是错误的：

> b+3 = 10
> 5 = i

赋值运算符右端的对象叫作右值（r-value），右值可以是常量、变量，也可以是任何能够经过运算产生数值的表达式。可以将一个变量的值赋给另一个变量，例如 a = b，但这样的赋值要求赋值号左右变量类型必须相同，或左边精度高于右边，否则将出现错误运行结果。

范例 3.2

LvalueAndRvalue.c

LvalueAndRvalue.c 将 int 型变量的值赋给 short 型变量，查看赋值后的结果。为表述方便，程序使用十六进制值 0x12345，接收变量为 short 型。

（资源文件夹\chat3\ LvalueAndRvalue.c）

```
01  #include <stdio.h>
02  main()
03  {
04      int m = 0x12345;            //将十六进制数 12345 赋给变量 m
05      short n =0;
06      n = m;                      //将 m 的值赋给 n
07      printf("m = %x,n = %x\n",m,n);
08  }
```

程序第 4 行定义了变量 m 并赋初值 0x12345，第 5 行定义了 short 型变量 n 并赋初值 0，程序第 6 行将 m 的值赋给 n，由于 n 是 short 型变量，m 是 int 型变量，所以 n 不能正确获取 m 的值。

程序运行输出结果为：

```
m = 12345, n = 2345
```

2. 连续赋值表达式

有时需要对几个变量赋予同一个值，这时可以使用连续赋值表达式，例如：

```
int i, j, k;
i = j = k = 10;
```

由于赋值运算符是右结合性，因此程序执行顺序为：

```
k = 10
j = k
i = j
```

注意，在变量定义时不能进行连续赋值操作，如下的定义是错误的：

```
int i = j = k = 10;
```

3. 复合赋值表达式

复合赋值表达式由赋值运算符、算术运算符或逻辑运算符以及操作对象构成，它将算术或逻辑运算与赋值结合在一起，例如表达式 a += 10，它等价于 $a = a + 10$。假如执行该表达式之前变量 a 的值为 5，则表达式的含义为将 a 的值 5 与 10 作加运算，并将和 15 重新赋给变量 a，这样 a 的值将变为 15。有关这类复合赋值操作的原理请参看本章疑难解答。

C 语言同样支持其他算术运算符和逻辑运算符的复合赋值操作，例如：

```
a-=10;
b*=3;
c/=6;
d%=2;
m&=0xff;
n|=0xff;
```

范例 3.3　DAssignmentOperator.c　使用复合赋值运算符进行算术和赋值操作。程序使用 *= 和 += 分别对变量 m 和 n 作赋值运算，验证在同一表达式中两者之间的关系。

DAssignmentOperator.c

（资源文件夹\chat3\ DAssignmentOperator.c）

```
01  #include <stdio.h>
02  main()
03  {
04      int m = 10;
05      int n =5;
06      n *=m+=3;                    //对变量 m 及 n 作复合赋值操作
07      printf("m = %d,n = %d\n",m,n);
08  }
```

程序第 6 行为复合赋值运算，变量 m 和 n 都被重新赋值。由于赋值运算符的右结合性，因此第 6 行展开为：

n = n*(m=m+3);

进一步展开为：

m = m + 3;
n = n*m;

由于 *m* 最初被赋值为 10，*n* 最初赋值为 5，因此执行 *m* = *m* + 3 后，*m* 变为 13，然后执行 *n* = *n**m，等价于 *n* = 5*13，结果为 65，最后输出 *m* 和 *n* 的值分别为 13 和 65。

程序运行输出结果：

m = 13,n = 65

在工程应用中，应尽量避免使用这些简化的复合赋值运算符，原因有两点：一是编码时容易出错，二是不便于其他程序员阅读。有时这样的复合赋值表达式会产生二义性，即可能存在两种不同的解释方法，因此，编写程序时应尽量使用简洁、易懂的程序代码。

3.4 算术运算符与算术表达式

算术运算符主要用于进行简单的算术运算，在 C 语言中，算术运算以算术表达式的形式出现。C 语言除了提供简单的加减乘除四则运算符外，还提供了模除（%）、自增（++）和自减（--）等几种特殊的算术运算符。

3.4.1 算术运算符与数据类型

C 语言中，除运算符用 "/" 代替，乘运算符用 "*" 代替，并且 "*" 不能省略（如 *x**y 不能省略为 *xy*）。由于受到计算机硬件和操作系统性能影响，算术运算并不能完全和数学运算相匹配，例如在进行除（/）运算时，需考虑操作对象的数据类型。

范例 3.4
ComputeOperatorType.c

ComputeOperatorType.c 程序使用输出函数 printf 验证两种不同数据类型进行算术除操作的结果，分析浮点型数据作算术运算的精度。

（资源文件夹\chat3\ ComputeOperatorType.c）

```
01    #include <stdio.h>
02    main()
03    {
04        printf("%f\n",1/2);
05        printf("%f\n",1.0/2);
06    }
```

这是一个非常简单的输出算术表达式值的程序。程序第 4 行中，输出表达式 1/2 的值，使用浮点输出格式%f。在数学计算中，1/2 的值为 0.5，但 C 语言中却输出 0.000000 的结果。造成这种输出的原因是 C 语言中，两个整型量作算术运算，其结果仍为整型，因此程序执行过程中，首先进行 1/2 的除运算，得商 0.500000，然后取结果中的整数部分 0，并以浮点形式输出，结果为 0.000000。这是程序初学者比较容易犯的错误，也是程序员经常忽略的一个知识点。

程序第 5 行的操作避免了这种情况的发生，程序将整数 1 改为实型常量 1.0。C 语言规定，当两种不同类型的数据进行运算时，系统自动将精度较低的一个转化为精度较高的类型，结果为高精度类型。因此，程序第 5 行中，1.0/2 的执行过程为先将常量 2 转化为实型常量 2.0，然后与 1.0 进行除运算，得商 0.500000。

程序运行输出结果：

```
0.000000
0.500000
```

另外一种方式是对某一对象进行强制类型转换，例如可将程序第 4 行改为
printf("%f\n",(float)1/2);
有关强制类型转换的知识将在后续章节介绍。

不能将程序第 4 行改为 "printf("%f\n",(float)(1/2));"，这样仍然得不到正确结果，因为这样的强制类型转换是对商作转换，因而结果仍然是 0.000000。同时注意 0 不能作为除数，否则程序运行时将崩溃。

实训 3.1——计算圆柱体体积

有一长为 50 cm，宽为 30 cm 的长方形纸张，编写程序，计算将该纸张卷成圆筒时的体积，要求精确到小数点后 6 位，圆周率取 3.141592。

纸张卷成圆筒的方法有两种，一种是以长 50 cm 作高，宽 30 cm 作底，另一种是以宽 30 cm 作高，长 50 cm 作底。这里使用第二种方案。

（1）需求分析。

分析目标需求，程序中需要做到如下几条。

需求 1，计算圆筒的底面半径 r。

需求 2，计算圆筒体积。

需求 3，精确度为小数点后 6 位。

（2）技术应用。

根据 C 语言标准以及开发平台版本，完善各个需求模块。

对于需求 1，使用已知周长 50 cm 计算底面半径 r，注意使用数据类型为浮点。实现语句如下：

```
r = 50.0/(2*pi)
```

第 3 章 运算符和表达式

对于需求 2，根据数学公式：$V=S*H$，计算体积 $V = pi*r*r*h$，其中 $h=30$。
对于需求 3，由于要求精确到小数点后 6 位，因此采用数据类型 double 型。
通过上述分析，写出完整的程序如下。

文 件	功 能
CalculateVector.c	① 计算圆筒底面半径 r ② 计算圆筒体积 V ③ 精确度为小数点后 6 位

程序清单 3.1：CalculateVector.c

```
01    #include <stdio.h>
02    main()
03    {
04        int l_long = 50;              //定义长度
05        int w_whith = 30;             //定义宽度
06        double r = 0;                 //定义半径
07        double pi =3.141592;          //定义圆周率
08        double V = 0;                 //定义体积
09        r = l_long/(2*pi);            //计算半径
10        V = pi*r*r*w_whith;           //计算体积
11        printf("radius = %f,volume = %f\n",r,V);
12    }
```

程序运行结果为：

radius = 7.957749, volume = 5968.311608

程序使用了 double 类型作为变量的定义类型，读者可试着将该类型变为 float 型和 int 型，然后运行程序，查看结果与本实训是否相同，并分析原因。

使用第一种方法，即以长 50 cm 作高，宽 30 cm 作底，重新编写程序，验证两者所得体积是否相同。
（1） 修改程序第 4 行和第 5 行的值。
（2） 使用不同精度的数据类型验证所得结果的精确性。

3.4.2 模除运算符

模除运算符（%）用于求两个整数相除的余数，%的优先级与四则运算符*和/相同，结合性从左到右。需要注意的是，模除运算只能用于整数间求余运算，不可用于浮点数，并且 0 不能作为除数。例如：

7%3 结果为 1，而 7.5%5 将使程序编译出错。
C 语言规定，%两边的操作数都为正整数，结果为正整数或零；%两边的操作数都是负整数，结果为负整数或零。%左边的操作数是正整数，结果为正整数或零；%左边的操作数

是负整数,结果为负整数或零。例如:

```
17%4 = 1
17%-4 = 1
-17%4 = -1
-17%-4 = -1
```

范例 3.4

Months2Year.c   Months2Year.c 程序实现键盘输入总月数,使用%运算符和/运算符将输入的月数换算成年数和月数的形式,如 25 个月,表示 2 年零 1 个月。

(资源文件夹\chat3\ Months2Year.c)

```
01    #include <stdio.h>
02    #define MONTH_ONE_YEAR   12                    //宏定义
03    main()
04    {
05        unsigned int months_num = 0;
06        unsigned int years_num = 0;
07        unsigned int months_stay = 0;
08        printf("请输入月数: ");
09        scanf("%d", &months_num);                  //输入总月数
10        years_num = months_num / MONTH_ONE_YEAR;   //计算年数
11        months_stay = months_num % MONTH_ONE_YEAR; //计算剩余月数
12        printf("%d 个月是 %d 年,%d 个月.\n", months_num, years_num, months_stay);
13    }
```

对于模除运算,可以使用公式 $m - (m / n) * n$ 代替,例如上述算式中-17%4,可以使用下面算式计算:

```
-17%4 = -17 - (-17 / 4) * 4 = -1
```

程序运行时由键盘输入 25 并按 Enter 键:

```
请输入月数 25
将输出
25 个月是 2 年, 1 个月。
```

注意/和%的区别,如下程序:
01   int a =17, b = 3;
02   printf("a/b = %d, a%d = %d\n", a/b, a%b);
程序输出: a/b = 5, a%b =2

3.4.3 自增自减运算符

自增(++)自减(--)运算符是 C 语言所特有的运算符,在工程中应用非常频繁。这两种运算符只能用于变量,不能用于表达式或其他 C 语言对象。例如下面操作均错误:

```
(b+c)++;
--(m-1);
```

按照与变量的结合顺序,自增自减运算分为左运算和右运算两类,例如:++a, --b 为左运算,a++, b--为右运算。

范例 3.5

SelfAddSelfReduce.c

SelfAddSelfReduce.c 程序定义 4 个变量 a, b, c, d。对部分变量执行自增自减操作,验证左运算和右运算的区别,并进一步分析自增自减运算符与算术运算符的优先级。

(资源文件夹\chat3\ SelfAddSelfReduce.c)

```
01    #include <stdio.h>
02    main()
03    {
04        int   a = 2;
05        int   b = 5;
06        int   c = 0;
07        int   d = 0;
08        int   e = 0;
09        c = a++;                //将 a 自增右运算表达式赋给 c
10        d = --c;                //将 c 自减左运算赋给 d
11        e = --d + c++;          //将 d 与 c 的复合运算赋给 e
12        printf("a = %d, b = %d, c = %d, d = %d, e = %d\n", a,b,c,d,e);
13    }
```

程序第 9 行赋值语句,将表达式 a++ 的值赋给变量 c,对于表达式 a++,由于对 a 采用右运算,因此表达式的值为 a 的值 2,将该表达式的值 2 赋给 c,然后 a 做自增 1 运算,a 变为 3。等价语句如下:

```
c = a;
a = a + 1;
```

程序第 10 行赋值语句,由于是在第 9 行语句的基础上进行运算,因此需考虑第 9 行中变量 c 的值,上述讨论中确定 c 的值为 2。本行赋值语句是将表达--c 的值赋给变量 d。对于表达式--c,由于对 c 采用左运算,因此首先进行 c 自减 1 运算,c 变为 1,同时表达式的值为 c 的值,也为 1,然后将表达式的值 1 赋给变量 d。等价语句如下:

```
c = c - 1;
d = c;
```

对于第 11 行赋值语句,由于是在第 10 行语句的基础上进行运算,因此需要考虑第 10 行中变量 c 和变量 d 的值分别为 c = 1, d = 1。本行赋值语句是将表达式--d + c++赋给变量 e,对表达式--d + c++,先对 d 进行自减 1 运算,d 变为 0,然后将 d 的值与 c 的值相加得到 1,作为整个表达式的值赋给变量 e,然后变量 c 做自增 1 运算,c 的值变为 2。等价语句如下:

```
d = d - 1;
e = d + c;
c = c + 1;
```

综合上述讨论,程序第 9 行、第 10 行、第 11 行等价于如下程序段:

```
c = a;
a = a + 1;
c = c - 1;
```

```
d = c;
d = d - 1;
e = d + c;
c = c + 1;
```

程序运行输出结果:

```
a = 3, b = 5, c = 2, d = 0, e = 1
```

左运算中表达式的值为变量做自增或自减运算后所参与运算的值，右运算中表达式的值为变量做自增或自减前所参与运算的值。

范例 3.5

SelfAddSelfReduce2.c

SelfAddSelfReduce2.c 定义变量 a，分别执行单次和多次自增运算，输出结果，分析同一表达式中两次和三次自增操作中左运算和右运算的差别。

（资源文件夹\chat3\ SelfAddSelfReduce2.c）

```
01    #include <stdio.h>
02    main()
03    {
04        int a=3;
05        int b=0;
06        int c=0;
07        b = a++;                              //a 执行一次自增运算
08        printf("a = %d, b = %d\n",a,b);
09        a = 3;
10        b = (a++)+(a++);                      //a 执行两次自增运算
11        printf("a = %d, b = %d\n",a,b);
12        a = 3;
13        b = (a++)+(a++)+(a++);                //a 执行三次自增运算
14        printf("a = %d, b = %d\n", a ,b );
15        a = 3;
16        b = ++a;                              //a 执行一次自增左运算
17        printf("a = %d, b = %d\n", a ,b );
18        a = 3;
19        b = (++a)+(++a);                      //a 执行两次自增左运算
20        printf("a = %d, b = %d\n", a ,b );
21        a = 3;
22        b = (++a)+(++a)+(++a);                //a 执行三次自增左运算
23        printf("a = %d, b = %d\n", a ,b );
24    }
```

程序第 10 行将 a 做两次自增右运算的和赋给 b。程序首先取 a 的值 3 做加运算，将和 6 赋给 b，然后 a 做两次自增运算，变为 5。

程序第 13 行将 a 做三次自增右运算的和赋给 b。程序首先取 a 的值 3 做加运算，将和 9 赋给 b，然后 a 作三次自增运算，变为 6。

程序第 19 行将 a 做两次自增左运算的和赋给 b。程序首先将 a 做两次自增运算，a 变为 5，然后取 a 的值做加运算，将和 10 赋给 b。

程序第 22 行将 a 做三次自增左运算的和赋给 b。由于赋值运算符右边表达式中含有 3 个算术加（+）运算符，同时+运算符结合性为自左至右，因此程序首先取前两个自增表达式做加运算,即(++a)+(++a),此时 a 的值变为 5,即做 5+5 操作,得和 10,然后再做最后一个+运算符操作,a 变为 6,然后做 10+6 操作,得和 16。最后将和数 16 赋给变量 b。

程序运行输出结果:

```
a = 4, b = 3
a = 5, b = 6
a = 6, b = 9
a = 4, b = 4
a = 5, b = 10
a = 6, b = 16
```

上述范例 3.5 主要说明自增自减运算符的执行过程,实际编程中,程序员应尽量避免使用如程序第 16 行和第 28 行这类难以理解的语句。

3.5 关系运算符与关系表达式

关系运算符是二元运算符(双目运算符),用于对两个操作对象进行比较。关系表达式由关系运算符和操作对象组成,是利用关系运算符进行比较的一种操作方式。关系表达式的值只有两个,即真(1)和假(0),例如表达式 10>3 的值为 1,即为真,而表达式-1>0 的值为 0,即为假。关系表达式广泛应用于流程控制语句中。

关系运算符的优先级低于算术运算符,结合性为自左至右。关系运算符中大于(>)、小于(<)、大于等于(>=)和小于等于(<=)优先级相同,等于(==)和不等于(!=)优先级相同,但低于前面 4 种运算符的优先级。这里请注意,判断两个对象是否相等,使用运算符==或!=,一定与赋值运算符=区分开来。

范例 3.6
RelationOperater.c

RelationOperater.c 程序分析关系运算符的优先级,验证在同一表达式中有算术运算符和关系运算符时程序的执行顺序,分析关系运算符的结合性,分析关系表达式的真和假。
(资源文件夹\chat3\ RelationOperater.c)

```
01    #include <stdio.h>
02    main()
03    {
04        char c='m';
05        int i=1,j=2,k=3;
06        printf("%d,%d\n", 'a'+3<c, -i-2*j>=k+1);
07        printf("%d,%d\n",1<j<3, i==j<=3*k);
08        printf("%d,%d\n",i+j+k==3*j,k==j==i+5);
09    }
```

程序第 6 行中,对于表达式'a'+3<c,由于关系运算符<优先级低于算术运算符+,因此先计算左边的表达式'a'+3,得字符'd',然后进行'd'<c 的比较运算,由于 c 被赋值为'm',因此表达式为'd'<'m',表达式为真(1)。对于表达式-i-2*j>=k+1,先计算关系表达式>=两侧的表达式的值-i-2*j 为-5,k+1 为 4,因此变为-5>4,表达式为假(0)。

程序第 7 行，对于表达式 1<j<3，等价于（1<j）<3。首先计算表达式 1<j，结果为真（1），然后计算 1<3，结果仍然为真（1）。对于表达式 i==j<=3*k，由于<=优先级高于==，因此先计算==后面的表达式，即表达式等价于 i==（j<=3*k）。对于表达式 j<=3*k，其值为真（1），因此总表达式变为 i==1，i 初始时被赋值为 1，因此该表达式为真（1）。

程序第 8 行，对于表达式 i+j+k==3*j，先计算 i+j+k 和 3*j，分别为 6 和 6，因此表达式 6==6 的值为真（1）。对于表达式 k==j==i+5，等价于（k==j）==（i+5），由于表达式 k==j 为假（0），且 i+5 等于 6，因此表达式 0==6 为假（0）。

程序运行输出结果：

```
1,0
1,1
1,0
```

读者务必搞清楚程序第 7 行的表达式 1<j<3 的运算顺序，后续章节将继续讨论这一表达式。

3.6 逻辑运算符与逻辑表达式

逻辑运算符分为一元运算符（单目运算符）和二元运算符（双目运算符）两种，主要用于两个操作对象之间的连接。C 语言中提供了 3 种逻辑运算符，即逻辑与（&&）、逻辑或（||）和逻辑非（!）。前两种为双目运算符，具有左结合性，后一种为单目运算符，具有右结合性。逻辑运算符中非运算符（!）的优先级最高，高于算术运算符，逻辑与（&&）和逻辑或（||）的优先级相同，低于关系运算符，高于赋值运算符。例如，表达式!a<b && c>b 等价于((!a)<b) && (c>d)。

与关系表达式类似，逻辑表达式的值也有"真（1）"和"假（0）"两种，不同的运算符逻辑表达式的执行规则也不同。逻辑表达式中总是将 0 作为假，非 0 作为真。

逻辑表达式的一般形式为：

操作对象 1 逻辑运算符 操作对象 2

其中操作对象和逻辑运算符之间可以有一个或多个空格，也可以没有空格。

3.6.1 逻辑与（&&）

逻辑与运算（&&）中参与运算的两个操作对象都为真（非 0）时，结果才为真（1），否则为假（0）。例如，表达式-4<10 && 3!=0，表达式中&&优先级低于关系运算符<和!=，所以表达式等价于（-4<10）&&（3!=0），表达式-4<10 和表达式 3!=0 都为真，因此原表达式的结果为真。

逻辑与运算符具有自左至右的结合性，因此 C 语言规定，当运算符左边为假时，即判断表达式为假，而不再判断运算符右边为真或假。例如，表达式 0>2 && 3!=5，由于表达式 0>2 为假，因此便不再判断表达式 3!=5，而直接认为原表达式为假（0）。

第 3 章 运算符和表达式

范例 3.7

LogicAndOperater.c

LogicAndOperater.c 程序分析逻辑与运算符的优先级与结合性，并分析逻辑与表达式执行过程中对两侧表达式执行顺序的影响。

（资源文件夹\chat3\ LogicAndOperater.c）

```
01    #include <stdio.h>
02    main()
03    {
04        int i = 0, j = 5, k = 7;
05        int op = 0;
06        op = i++ && j==k--;                    //逻辑与操作
07        printf("i=%d, j=%d, k=%d, op=%d\n",i,j,k,op);
08    }
```

程序第 6 行赋值运算符右侧表达式 *i*++ && *j*==*k*--的执行顺序为首先判断 *i*++是否为真，若为真，则继续判断 *j*==*k*--是否为真，若为真，则原表达式为真；若为假，则原表达式为假。若 *i*++为假，则原表达式为假，并结束判断，将 0 赋给变量 op。程序中由于 *i* 赋初值为 0，因此表达式 *i*++为 0，即为假，所以原表达式为假（0），结束判断，将 0 赋给 op。综上论述，程序并没有执行表达式 *j*==*k*--，因此 *k* 的值并没有变化。

程序运行输出结果：

i=1, j=5, k=7, op=0

若程序第 4 行在对 *i* 赋值时其值非 0，例如 *i* = 100，由于 *i*++非 0，为真，则程序将继续执行&&运算符右侧表达式 *j*==*k*--，从而使变量 *k* 作--运算。读者可修改程序作验证。同时，对于逻辑运算符两侧表达式的判断，只要表达式非 0，即作为真看待。

3.6.2 逻辑或（||）

逻辑或运算（||）中参与运算的两个操作对象只要有一个为真（非 0），结果即为真（1），否则为假（0）。例如，表达式-4<10 || 3==0，表达式中||优先级低于关系运算符<和==，所以表达式等价于（-4<10）||（3==0），表达式-4<10 为真，因此原表达式的结果为真。

逻辑或运算符具有自左至右的结合性，因此 C 语言规定，当运算符左边为真（非 0）时，即判断表达式为真（1），而不再判断运算符右边为真或假。例如，表达式 2 || 3!=5，由于常量 2 为真（非 0），因此便不再判断表达式 3!=5，而直接认为原表达式为真（1）。

范例 3.8

LogicOrOperater.c

LogicOrOperater.c 程序分别设置逻辑与表达式和逻辑或表达式。在范例 3.7 基础上进一步分析逻辑与表达式的执行顺序，分析逻辑或的执行顺序，并与逻辑与表达式进行比较，分析产生的结果。

（资源文件夹\chat3\ LogicOrOperater.c）

```
01    #include <stdio.h>
02    main()
```

```
03      {
04          int i = 0, j = 5, k = 7;
05          int op1 = 0, op2 = 0;
06          op1 = ++i && j==k--;              //逻辑与操作
07          op2 = j++ || j&&++k;              //逻辑或操作
08          printf("i=%d, j=%d, k=%d, op1=%d, op2=%d\n",i,j,k,op1,op2);
09      }
```

程序第 6 行中，对于表达式++i && j==k--，等价于(++i)&&(j==k--)。由于表达式++i 值为 1，同时 i 做自增 1 运算，因此继续执行表达式j==k--，表达式 k--值为 7，然后 k 做减运算，因此 j==k--为假（0），所以原表达式++i && j==k--为假（0），并将 0 赋给 op1。执行完程序第 6 行之后，i 的值变为 1，k 的值变为 6。

程序第 7 行中，对于表达式 j++ || j&&++k，等价于(j++) || (j&& (++k))。首先判断 j++是否为真，由于 j 初始值为 5，因此表达式 j++值为 5，非 0，因此判断原表达式为真（1），同时 j 做自增 1 运算。程序继续执行第 8 行，并放弃表达式 j&& (++k)的执行，因此 k 的值保持为 6。

程序运行输出结果：

    i=1, j=6, k=6, op1=0, op2=1

3.6.3 逻辑非（!）

逻辑非运算（!）为一元运算符，该运算符只能放在操作对象左边。其一般表达形式为：

    !操作对象

非运算符（!）和操作对象间可以有一个或多个空格，也可以没有空格（建议不加空格）。逻辑非运算符优先级高于其他两种逻辑运算符，也高于算术运算符。当操作对象为真（非 0）时，结果为假（0）；当操作对象为假（0）时，结果为真。

范例 3.9

LogicNoneOperator.c

LogicNoneOperator.c 程序分析逻辑非表达式的真和假，验证当变量 a 为非 0 时，!a 的含义，并分析复合逻辑运算时表达式的执行顺序与结果。

（资源文件夹\chat3\ LogicNoneOperator.c）

```
01      #include <stdio.h>
02      main()
03      {
04          int a=1, b=2, c=3;
05          int op=0;
06          op = !a || --b && --b || !c-3;           //逻辑与操作
07          printf("a=%d, !a=%d, !!a=%d\n",a, !a,!!a);   //输出变量 a 的非（!）操作值
08          printf("a=%d, b=%d, c=%d, op=%d\n",a,b,c,op);
09      }
```

程序第 6 行中，表达式!a || --b && --b || !c-3 等价于(!a) || ((--b) && ((--b) || (!c-3)))，按照自左至右的运算顺序，表达式变为数值形式为：

```
(!1) || ((--b) && ((--b) || (!c-3))), 取非运算，转换为
0 || ((--b) && ((--b) || (!c-3))), b 做自减运算，转换为
0 || (1 && ((--b) || (!c-3))), b 做自减运算，转换为
0 || (1 && (0 || (!3-3))), 取非运算，转换为
0 || (1 && (0 || (0-3))), 综合为
0 || (1 && (0 || -3)), 综合为
0 || (1 && 1), 综合为
0 || 1, 综合为
1
```

因此，原表达式的值为 1，并将 1 赋给变量 op。此时 b 的值为 0。

程序第 7 行中，由于 a 为 1，因此!a 的值为 0，对于!!a，由于非运算符为右结合性，因此等价于!(!a)，等价于!(!1)，等价于!(0)，结果为 1。

程序运行输出结果：

```
a=1, !a=0, !!a=1
a=1, b=0, c=3, op=1
```

实训 3.2——判断闰年

年数中分为平年或闰年，编写程序，判断输入年数是闰年还是平年，闰年输出为 1，平年输出为 0。

（1）需求分析。

分析目标需求，程序中需要做到如下几条。

需求 1，输入年数。

需求 2，使用逻辑运算符判断输入的年数是否为闰年。

（2）技术应用。

根据 C 语言标准以及开发平台版本，完善各个需求模块。

对于需求 1，使用 scanf 函数接收输入年数。

对于需求 2，根据闰年判断公式：((year%4 ==0) &&(year%100 !=0)) || (year%400 ==0)。

通过上述分析，写出完整的程序如下：

文　件	功　能
CalculateLeapYear.c	① 输入要判断的年数 ② 计算是否为闰年

程序清单 3.2： CalculateLeapYear.c

```
01    #include <stdio.h>
02    main()
03    {
04        unsigned int year = 0;
05        int res = 0;
06        printf("请输入年份: ");
07        scanf("%d",&year);                              //输入要判断的年份
```

08	res = ((year%4 = =0) &&(year%100 !=0)) || (year%400 = =0); //闰年判断
09	printf("res =1 是闰年\nres =0 是平年\n"); //打印信息
10	printf("结果是:\nres = %d\n",res); //输出判断结果
11	}

程序第 4 行定义了 unsigned int 型变量 year 用于存储输入的年份，由于年份不可能出现负值，因此程序使用了 unsigned int 型变量 year。程序运行时输入年份并按 Enter 键，输出结果为：

```
请输入年份:2009
res =1 是闰年
res =0 是平年
结果是:
res = 0
```

程序使用算术运算符、关系运算符和逻辑运算符相结合来判断是闰年还是平年，体现了逻辑运算符在实际工程中的应用。

进一步判断输入年数是否属于 1900～2020 这个年历段，如果是则输出 1，否则输出 0。

（1）使用逻辑运算符判断 1900<year<2020。注意，C 语言中的逻辑判断与数学表达中不同，这里应使用 1900<year && year<2020 的方式。

（2）定义另外一个变量，用于记录提示步骤（1）中逻辑表达式的值。

如表 3-3 所示为逻辑运算的逻辑表和真值表（以 a 和 b 作为操作对象）。

表 3-3   逻辑运算符逻辑表与真值表

逻 辑 表					
a	b	!a	!b	a&&b	a||b
真	真	假	假	真	真
真	假	假	真	假	真
假	真	真	假	假	真
假	假	真	真	假	假
真 值 表					
a	b	!a	!b	a&&b	a||b
非 0	非 0	0	0	1	1
非 0	0	0	1	0	1
0	非 0	1	0	0	1
0	0	1	1	0	0

3.7   位运算符

C 语言提供了位运算的功能，这使 C 语言也能像汇编语言一样用来编写系统程序，兼有汇编语言的功能并取代汇编语言成为更加通俗易懂的计算机语言。位运算是对操作对象中的比特位（bit）进行移位、重置以及逻辑判断等操作。位运算只能用于字符型（char）或整型（int, short, long 等），不能用于 float、double、void 或其他复杂类型。

C 语言提供了 6 种位运算符，分别为位与（&）、位或（|）、位反（~）、位异或（^）、左移（<<）、右移（>>）。其中按位取反（~）运算符优先级最高，其次是左移（<<）和右移（>>）运算符，另外 3 种运算符优先级最低。除了按位取反（~）运算符为一元运算符外，其他 5 种运算符均为二元运算符。各运算符的含义如表 3-4 所示。

位运算符在进行运算时需将操作对象的值先转为二进制，然后再进行运算，这里需要注意区分按位与（&）和或（|）与逻辑与（&&）和逻辑或（||）的不同。

表 3-4　位运算符

运算符	意　义	表达式	运算功能
~	按位取反	~a	a 按位取反
<<	按位左移	b<<2	b 左移 2 位
>>	按位右移	c>>3	c 右移 3 位
&	按位与	a&b	a 和 b 按位与
^	按位异或	a^b	a 和 b 按位异或
|	按位或	a|b	a 和 b 按位或

1. 按位与（&）

按位与（&）的一般形式为：

操作对象 1 & 操作对象 2

按位与（&）操作的规则为每个操作对象对应位都为 1 时，结果才为 1，否则为 0。例如，3&5 的计算方法为先转换为二进制，然后按位进行与操作。

```
      0000 0011
  &   0000 0101
  -------------           结果为 1
      0000 0001
```

实际应用中，按位与（&）主要用于将某个操作对象的某些位置零，例如，将 int 型变量 a 的第 3、5、7、12 位置零，方法为将 a 和二进制数 1110 1111 0101 1111 做位与操作，表达式为 a&0xEF5F。此外，按位与（&）还用于将操作对象某些位保留。

范例 3.10

LogicBitAnd.c

LogicBitAnd.c 使用位&操作取变量 *a* 的低 10bit 位，其余位置零，并使用十六进制打印结果。方法为使变量 *a* 与另一常量作&，该常量低 10 位为 1，其余位为 0。

（资源文件夹\chat3\ LogicBitAnd.c）

```
01    #include <stdio.h>
02    main()
03    {
04        short a = 0x9876;              //定义 a 并赋初值 0x9876
05        short res = 0;                 //定义 res 并赋初值 0
06        res = a & 0x03ff;              //取 a 的后 10 位
07        printf("结果是:\nres = %x\n",res);
08    }
```

程序第 6 行使用按位与操作获取变量 a 的低 10 位，运算方法为使 a 和低十位为 1 的常量相与，则可以获取正确 a 的低 10 位值。运算过程如下：

```
    0x9876      1001 1000 0111 0110
&   a           0000 0011 1111 1111
    -------------------------------
    0x0076      0000 0000 0111 0110
```

程序运行结果为：

结果是
res = 76

2. 按位或（|）

按位或（|）的一般形式为：

操作对象 1 | 操作对象 2

按位或（|）操作的规则为有一个操作对象对应位为 1 时，结果即为 1，当两个操作对象对应位都为 0 时，结果才为 0。例如，3 | 5 的计算方法为先转换为二进制，然后按位进行或操作。

```
    0000 0011
|   0000 0101
    ---------                结果为 7
    0000 0111
```

按位或（|）主要用于将操作对象某些位置 1。

3. 按位异或（^）

按位异或（^）的一般形式为：

操作对象 1 ^ 操作对象 2

按位异或（^）的操作规则为操作对象对应位相同时为 1，不同时为 0。例如，3^5 的计算方法为先转换为二进制，然后按位进行异或操作。

```
    0000 0011
^   0000 0101
    ---------                结果为 0xF9，十进制数 249
    1111 1001
```

按位异或（^）主要用于将操作对象的某些位翻转（原来为 1 的位变为 0，为 0 的变为 1），其余各位不变。

实训 3.3——交换两变量的值

编写程序，不使用其他中间变量，交换两个整型变量 a 和 b 的值，使用按位异或（^）交换两变量的值。使用异或操作置位两变量对应位不同的位置，并依次交叉操作，达到两值交换的功能。本例主要使用一个变量存储了两个变量信息的特性。

（1）需求分析。

分析目标需求，程序中需要做到如下几条。

需求 1，交换两个变量的值。

需求 2，不使用中间变量。

（2）技术应用。

根据 C 语言标准以及开发平台版本，完善各个需求模块。

对于需求 1，按照 C 语言规则完成两变量值的交换，可以使用第三方变量。

对于需求 2，规定不能使用中间变量，因此否定对需求 1 的操作，使用按位异或（^）运算符，完成操作，方法为：首先将变量 *a* 和 *b* 做异或操作，将结果赋给 *a*，然后将 *b* 与 *a* 做异或操作，并将结果赋给 *b*，重复第一步操作，完成。

通过上述分析，写出完整的程序如下。

文件	功能
ExchangeTwoVariable.c	① 定义两个变量 *a* 和 *b* 并赋初值 ② 使用按位异或（^）运算符完成两变量值互换

程序清单 3.3： ExchangeTwoVariable.c

```
01    #include <stdio.h>
02    main()
03    {
04        int a = 0;
05        int b = 0;
06        printf("请输入两变量的值:\n");
07        printf("a = ");
08        scanf("%d", &a);                         //输入 a 的值
09        printf("b = ");
10        scanf("%d", &b);                         //输入 b 的值
11        printf("您输入的变量值为: a=%d, b=%d\n",a,b);
12        printf("现在开始转换\n");
13        a = a^b;                                  //交换 a 与 b 的值
14        b = b^a;
15        a = a^b;
16        printf("转换完毕!\n");
17        printf("a=%d, b=%d\n",a,b);
18    }
```

程序第 13 行将 *a* 和 *b* 进行异或操作，将结果赋给 *a*。程序第 14 行将重新赋值过的 *a* 和 *b* 进行异或，将结果赋给 *b*，程序第 15 行将重新赋值的 *b* 和 *a* 进行异或，将结果重新赋给 *a*，完成交换操作。程序运行结果为：

```
请输入两变量的值
a = 5
b = 7

您输入的变量值为 a=5, b=7
现在开始转换
```

```
转换完毕!
a=7, b=5
```

程序使用按位异或（^）实现了不借助中间变量交换两变量值的操作，运算过程以及运算中各变量值的变化如下：

执行第 13 行 a=a^b 操作：

```
a    0000 0000 0000 0000 0000 0000 0000 0101
b    0000 0000 0000 0000 0000 0000 0000 0111
^    --------------------------------------------           a=a^b，结果为 a=2
     0000 0000 0000 0000 0000 0000 0000 0010
```

执行第 14 行 b=b^a 操作：

```
b    0000 0000 0000 0000 0000 0000 0000 0111
a    0000 0000 0000 0000 0000 0000 0000 0010
^    --------------------------------------------           b=b^a，结果为 b=5
     0000 0000 0000 0000 0000 0000 0000 0101
```

执行第 15 行 a=a^b 操作：

```
a    0000 0000 0000 0000 0000 0000 0000 0010
b    0000 0000 0000 0000 0000 0000 0000 0101
^    --------------------------------------------           a=a^b，结果为 a=7
     0000 0000 0000 0000 0000 0000 0000 0111
```

不使用按位异或（^）运算符，使用算术运算符交换两变量的值，且同样不使用中间变量。

（1）使用算术运算+和-。
（2）例如：x=x+y; y=x-y; x=x-y。
修改程序，验证是否能够满足要求。

4. 按位取反（~）

按位取反运算符（~）是一元运算符，一般形式为：

```
~操作对象
```

一般在运算符和操作对象间没有空格。按位取反操作是将操作对象各位翻转，即原来为 1 的位变成 0，原来为 0 的位变成 1。例如：

```
short i = 0xFF11;
i=~i;
```

运算方法为：

```
     i    1111 1111 0001 0011
     ~    ---------------------              i=~i，结果为 i=0x00EE
          0000 0000 1110 1110
```

按位取反操作主要用于间接地构造一个数,以增强程序的可移植性。

5. 按位左移(<<)

按位左移(<<)的一般形式为:

> 操作对象 << 左移位数

按位左移(<<)运算符是使操作对象的各位左移,低位补 0,高位溢出。其中,操作对象和左移位数只能是整型或字符型。若左移运算过程中,移出的数据位不是 1,则相当于乘法操作,每左移一位,相当于原值倍乘,左移 n 位,即相当于原数乘以 2^n。

6. 按位右移(>>)

按位右移(>>)的一般形式为:

> 操作对象 >> 左移位数

按位右移(>>)运算符是使操作对象的各位右移,高位补 0,低位舍弃。与左移类似,操作对象和右移位数只能是整型或字符型。右移运算相当于算术除运算,每右移一位,相当于原值除 2,右移 n 位,即相当于原数除以 2^n。

3.8 条件运算符

条件运算符是 C 语言中唯一一个三元运算符(三目运算符),其一般表达形式为:

> (表达式1)? 表达式2: 表达式3

条件运算符由"?"和":"两个符号组成,共有 3 个表达式。这样组成的表达式称为条件表达式,与普通表达式类似,条件表达式也是有值的。条件运算符的执行规则为:若表达式 1 的值为真(非 0),则表达式的值为表达式 2,否则为表达式 3。例如:

> (a>b)? a+b: a-b

当 a=10,b=5,c=2 时,该表达式的执行过程如下。
首先计算表达式 $a>b$ 是否为真,经运算为真,因此,表达式的值为 $a+b$,即为 15。

实训 3.4——分段函数计算

有分段函数:

$$y = \begin{cases} -10 & x < -10 \\ x & -10 < x < 10 \\ 10 & 10 < x \end{cases}$$

键盘输入变量 x 的值,使用条件运算符判断函数 y 的值,并输出 x 和 y 的值。编写程序,实现上述分段函数,判断键盘输入的变量 x 的值,若 $x<-10$,则 y 的值为-10;若 $-10<x<10$,则 y 的值即为 x 的值;若 $x>10$,则 y 的值为 10。

(1)需求分析。

分析目标需求,程序中需要做到如下几条。

需求 1,键盘输入变量 x 的值。

需求 2,使用条件运算符判断变量 x 的值,并确定 y 的值。

(2)技术应用。

根据 C 语言标准以及开发平台版本,完善各个需求模块。

对于需求 1,按照 C 语言规则使用 scanf 函数输入变量 x 的值。

对于需求 2,使用条件运算符判断 x 的范围。

通过上述分析,写出完整的程序如下。

文　件	功　能
MulitPartFunction.c	① 定义变量 x ② 使用条件运算符判断 x 的范围,并确定 y 的值

程序清单 3.4: MulitPartFunction.c

```
01    #include <stdio.h>
02    main()
03    {
04        float x = 0;
05        float y = 0;
06        printf("请输入变量 x 的值:\n");
07        printf("x = ");
08        scanf("%f", &x);                              //输入 x 的值
09        y = ((-10<x) && (x<10))?x:(x<=-10?-10:10);    //判断函数 y 的值
10        printf("x=%f, y=%f\n",x,y);
11    }
```

程序第 9 行使用条件运算符进行分段函数计算,通过嵌套的条件运算符完成了分段函数计算。程序运行时由键盘输入数值,例如 8,然后按 Enter 键。

请输入变量 x 的值:

x = 8

输出结果为:

x = 8.000000, y = 8.000000

程序使用条件运算符进行两次条件判断,实现分段函数的操作。

使用条件运算符,实现对键盘输入的 3 个变量值大小的判断,并输出最大值和最小值。

（1）使用条件运算符。
（2）判断规则 $(a>b)?((a>c)?a:(b>c)?b:c):(b>c)?b:c$。
编写程序，验证是否能够满足要求。

3.9 sizeof 运算符

sizeof 运算符又称为取内存字节运算符，它是 C 语言最特殊的运算符之一，有些版本也将该运算符看作 C 语言的库函数。sizeof 运算符是一个一元运算符，用于计算操作对象在内存中所占的字节数，其一般表达形式为：

sizeof(操作对象)

C 语言的程序和数据都是放在内存中的，不论是常量、变量还是复杂数据类型，都是按字节存储于系统存储区域中。例如 char 型变量 a 在内存中占 1 个字节，int 型变量 b 在内存中占 4 个字节等。若要获取这些数据类型在内存中所占的字节数，就可以使用运算符 sizeof 来获得。例如：

int a=10,b=0;
b = sizeof(a);

b 用于存储变量 a 在内存中所占字节数，使用 sizeof 获取 a 的内存字节数。除了普通变量外，sizeof 运算符还可用于计算数组、结构体、指针以及动态分配内存等的内存数。

当 sizeof 被用于 char 型时，其值为 1；当被用于数组时，其值为数组中字节的总数；当被用于结构体变量时，结果比较复杂，将在后续章节详细介绍。

sizeof 运算符不能用于函数类型、不完全类型或位字段。这里不完全类型指具有未知存储大小的数据类型，如未知存储大小的数组类型、未知内容的结构体或联合体以及 void 类型等。

范例 3.11 SizeofUseful.c 使用 sizeof 运算符分别获取 char、short、int、long、float、double 等几种基本数据类型的内存字节数，获取实型常量 1.0 以及字符常量'a' 的内存字节数，获取强制类型转换之后的字符常量'a'的内存字节数。
（资源文件夹\chat3\ SizeofUseful.c）

```
01    #include <stdio.h>
02    main()
03    {
04        char c='a';              //定义 char 型变量 c
05        short a=5;               //定义 short 型变量 a
06        int b=6;                 //定义 int 型变量 b
07        long d=7;                //定义 long 型变量 d
08        float e=8.2;             //定义 float 型变量 e
09        double f=2.8;            //定义 double 型变量 f
10        printf("char=%d, short=%d, int=%d\n",sizeof(c),sizeof(a),sizeof(b));
11        printf("long=%d, float=%d, double=%d\n",sizeof(d),sizeof(e),sizeof(f));
12        printf("1.0=%d, 'a'=%d, (char)'a'=%d\n", sizeof(1.0),sizeof('a'),sizeof((char)'a'));
13    }
```

程序第 10 行、第 11 行和第 12 行分别输出各个不同数据类型变量和常量所占的内存空间字节。程序第 12 行中，对于 sizeof(1.0)，由于 C 语言对实型常量以 double 型看待，因此常量 1.0 占 8 字节；对于 sizeof('a')，由于字符常量在系统中以 ASCII 码存放，因此，使用 sizeof 运算符时，系统将'a'解析成常量 97，而整型常量 97 在系统中占 4 字节，因此输出为 4；对于 sizeof((char)'a')，由于对'a'做了强制类型转换，系统将'a'当作字符看待，因此输出 1。

程序运行结果为：

```
char=1, short=2, int=4
long=4, float=4, double=8
1.0=8, 'a'=4, (char)'a'=1
```

3.10 强制类型转换

强制类型转换是 C 语言特有的程序执行方式，它是通过类型转换运算来实现的。其一般形式为：

(类型说明符) (表达式)

功能是将表达式的运算结果强制转换成类型说明符所表示的类型，其中类型说明符必须使用括号括起来。例如，(int)m 表示把 m 转换为整型，(double)(a*b+c) 表示把表达式 a*b+c 的值转换为双精度浮点型。使用强制转换时需注意，第一，类型说明符必须加括号；第二，表达式应该加括号，若表达式仅为单个变量可以不加；第三，强制类型转换不改变被转换对象，仅仅是为本次运算所需而进行的操作。

范例 3.12
CalcVandS.c

CalcVandS.c 计算半径 r，高 h 的圆柱形桶的体积 V 和表面积 S，取圆周率为 3.14，要求计算结果为整型并输出，体积 V 四舍五入，表面积 S 仅取整数部分。

（资源文件夹\chat3\ CalcVandS.c）

```
01  #include <stdio.h>
02  main()
03  {
04      float   radius_value = 5.2;                                 //定义半径: r
05      float   height_value = 20.3;                                //定义高: h
06      float   volume_value;                                       //定义体积: V
07      float   area_value;                                         //定义表面积: S
08      int     integ_volume;                                       //定义整型体积
09      int     integ_area;                                         //定义整型表面积
10      volume_value = PI * radius_value * radius_value * height_value;  //计算体积 V
11      area_value = 2.0 * PI * radius_value * height_value;        //计算表面积 S
12      integ_volume = (int)( volume_value + 0.5);                  //强制转换体积
13      integ_area = (int)( area_value);                            //强制转换表面积
14      printf("圆柱体积的浮点值及表面积 = %f, area = %f\n", volume_value, area_value);
15      printf("圆柱体积的整型值及表面积 = %d, area = %d\n", integ_volume, integ_area);
16  }
```

程序中初始化了半径 r 和高 h，通过算式获得体积和表面积的实际值 volume_value 和

area_value 后，需要根据要求取整数值。由于强制类型转换由 float 型到 int 型，仅取数值的整数部分，因此对于四舍五入方式，需要使用 0.5 做增量。

程序运行结果为：

圆柱体积的浮点值及表面积= 1723.583496, area = 662.916478
圆柱体积的整型值及表面积= 1724, area = 662

强制类型转换还用于避免两个整型值进行算术除运算而造成结果错误。例如，求算式：$a! \div b!$，其中 a, b 皆为整数，$b = a+2$，且 $a = 3$，程序如下。

```
01    int a_fac = 0;
02    int b_fac = 0;
03    float ab_div = 0.0;
04    a_fac = 1*2*3;
05    b_fac = a_fac*4*5;
06    ab_div = a_fac/b_fac;
07    printf("%f",ab_div);
```

执行这段程序发现输出结果并不是我们想要的数值，而是 0.000000，这是因为在 C 语言中，对于两个整型数据的除法运算，其商仅是运算结果的整数部分，因此输出结果为浮点数 0.000000。那么如何避免出现这样的错误呢？其实很简单，只要在程序第 6 行加入强制类型转换即可，将第 6 行修改程序如下。

ab_div = (float)a_fac/b_fac;

将变量 a_fac 强制转换为 float 型之后，计算将隐含转换为浮点运算，因此结果也将保留浮点值并赋给变量 ab_div。将修改后的程序重新编译运行，得到结果：

0.050000

强制类型转换的另一重要应用是对指针的类型转换，后续章节将对这一知识点做详细介绍。

3.11 疑难解答和上机题

3.11.1 疑难解答

（1）数学算式中的加减乘除和 C 语言中的加减乘除有什么区别呢？

解答：对于加减和乘法运算，两者没有本质的区别，都是进行算术的加减和乘法运算。对于除法，C 语言中的规定要严格些，数学算式中不允许 0 作除数，同样，C 语言中也不允许 0 作除数，并且，当使用 0 作除数时将使程序运行时崩溃。另外，C 语言中，对于算术运算，总是向高精度的参与运算的数据靠拢，当两种运算操作数类型相同时，结果也是这种类型。

（2）b=b+1 和 b++ 有什么差别呢？

解答：两者并无本质区别，只不过表达形式不同而已。

（3）%和/有什么不同？

解答：前者是求两个整数相除的余数，也称为模除，但除数不能为 0，并且参与运算的必须为整数。后者是算术运算除法符号，用于两个数据相除，得商，同样除数也不能为 0，但可以是两个浮点数相除。在数学算式中不存在%这个符号。

（4）10/3 和 10./3 在运算时有什么差别？

解答：C 语言中进行算术运算时会进行精度转换，计算过程和结果以高精度数据为准。10/3 为两个整型数相除，结果仍为整型，因此结果为 3。10./3 中，10.为浮点数，则运算时首先将 3 转换为浮点数，然后进行除运算，结果仍为浮点数，结果为 3.333333。

（5）将浮点数强制类型转换为整型数据，是否会影响其精度呢？

解答：会的，强制类型转换仅仅是取浮点数的整数部分，小数部分将被舍弃，计算时将造成精度降低，因此，程序设计时应注意，在支持浮点运算的系统中，尽量使用浮点运算，以提高精度。

（6）C 语言中表达式 5<b<3 与数学中的意义一样么？

解答：不一样。C 语言中，关系运算符<为左结合性，因此，关系表达式 5<b<3 等价于（5<b）<3。假设 b=10，则表达式 5<b 为真，值为 1，所以，原表达式等效于 1<3，因此表达式为真，值为 1。而在数学计算中，假若 b=10，那么 5<10<3 的表达式显然是矛盾的，但在 C 语言中，则不存在矛盾的情况。

（7）逻辑运算符和关系运算符结合在一起的表达式如何执行？例如：表达式!(a+b>c= =5)是真还是假？

解答：当有多种运算符在一个表达式中参与运算时，一定弄清楚各运算符的优先级和结合性，这两个因素对程序的执行会产生至关重要的影响。上述表达式中，算术运算符+、关系运算符>与= =的优先级顺序为：

'+' 高于 '>' 高于 '=='

因此，括号内表达式 a+b>c= =5 等价于((a+b)>c)= =5。已知 a=1，b=2，c=3，表达式(a+b)>c 为假，值为 0，则原表达式等效于!(0==5)，由于表达式 0= =5 为假，值为 0，因此!0 为真，值为 1，原表达式为真，值为 1。

（8）&和&&的区别主要体现在哪里？

解答：首先，&是位与运算符，而&&是逻辑与运算符，它们一个是位运算符，一个是逻辑运算符，两者类别不同。此外，&运算符构成的表达式可以是任何值，而&&构成的表达式只有两个值：0（假）和 1（真）。前者主要用于对某变量进行位操作，而后者主要是进行判断和分析。

（9）条件运算符中冒号两边的表达式有前后运算顺序么？例如：定义 x=3，y=5，执行(x>y)? x++: --y 后，x 和 y 的值变为多少？

解答：条件表达式中，根据判断条件不同，执行过程有所差别。例题中，由于 x=3，y=5，则表达式 x>y 为假，条件表达式(x>y)? x++: --y 的值为--y，即为 4，但程序并未执行 x++表达式，因此 x 的值仍为 3，y 的值变为 4。

（10）请详细描述 a+=15 的执行过程。

解答：a+=15 的执行顺序为：第 1 步取内存中 a 的值 10，将其放入运算器；第 2 步与常量 15 进行加和运算，产生和 25；第 3 步将 25 赋值给变量 a；第 4 步将 a 所在的内存空间改写为 25。这是表达式 a+=15 的逻辑运算顺序。如图 3-1 所示为表达式的执行示意图。

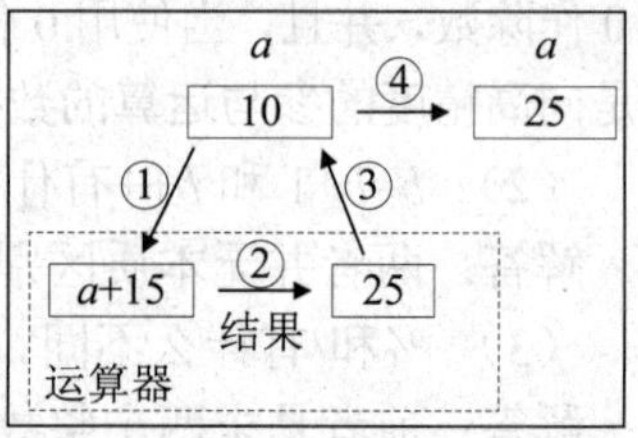

图 3-1 复合赋值表达式示意图

下面讨论更为复杂的复合赋值运算，先看下面的程序。

```
01    #include <stdio.h>
02    main()
03    {
04        int   m = 5;
05        printf("m = %d,m+=m-=m*m = %d,m = %d",m,m+=m-=m*m,m);
06    }
```

程序运行输出结果：

m = -40,m+=m-=m*m = -40,m = 5

C 语言中，有一块叫作堆栈的区域，专门用于存放函数调用以及循环嵌套时的存储区域。堆栈区域主要存储中断时变量的值，以便中断结束后重新将这些值输出给程序使用，避免中断时这些变量的值被修改。函数调用时参数从右至左被压入堆栈，所以，程序中的 printf 函数，首先入栈的是输出参数表列中最后一个表达式 m，入栈的值是 5，其次入栈的是表达式 $m+=m-=m*m$。

表达式 $m+=m-=m*m$ 的计算过程为：

m = m + (m=m- (m*m))

表达式运算期间 m 会进行两次赋值，一次是 $m = m-(m*m)$，结果为-20，另外一次是 $m = m+(-20)$，此时的 m 已被赋值为-20，因此赋值过程为 $m =-20 + (-20)$，结果为-40，赋值后 m 的值变为-40，同时也是整个表达式的值。

表达式 $m+=m-=m*m$ 的值被压入栈内的同时，m 的值也被修改为-40，因此最后一个入栈的参数即最左边的 m 变为-40。

printf 执行输出时，输出顺序是从左到右，输出时先输出最后入栈的参数 m=-40，因此输出值-40，其次输出表达式 $m+=m-=m*m$ 的值-40，最后输出最初入栈的值 5。

因此输出结果为：

m = -40,m+=m-=m*m = -40,m = 5

而 printf 本身的输出顺序是从左到右的，这样就按照最正常的顺序，根据它们的值依次输出 printf("\n%d,%d,%d",-12, -12,3)。

3.11.2 上机题

（1） C 语言规定，逗号表达式的值为最后一个表达式的值，试编写程序，验证 $a = 12$，$b = 100$，$c = a+b$ 的值。

（2） 整数和浮点数在同一表达式中做四则算术运算时，系统隐含将整数类型转换为浮点类型计算，试编写程序，分别使用%d 和%f 格式输出 1.0/2 的值，并分析结果差别。

（3） 已知圆面积计算公式为：$S=pi * r^2$，其中 pi 表示圆周率。试编写程序，计算半径为 $r=5$ 的圆面积，并输出到屏幕上，取 pi=3.14，精确到小数点后 6 位。（提示，C 语言中，乘方可以使用乘积的形式实现）

（4）C 语言中，a++ 称为 ++ 运算符的右运算，表达式的值为 a，++a 称为 ++ 运算符的左运算，表达式的值为 a+1，试编写程序验证执行 b=++a+a++ 后，a 和 b 的值。

（5）试编写程序，使用 scanf 函数输入 b 的值，并判断 b 是否属于区间 -5<b<10，若是，输出 1，否则输出 0。（提示，注意 C 语言中对不等式 -5<b<10 的表达方法）

（6）试编写一段完整的程序，使用 scanf 函数输入 a 的值，判断 a 是否等于 0，若等于，输出 1，否则输出 0。（提示：可使用关系运算符==）

（7）已知 a=0，试编写程序，输出表达式 !(a>10) 的值。

（8）C 语言中，通常使用关系表达式和逻辑表达式结合判断变量是否属于某区间内。试编写程序，使用 printf 函数输入年数 year，并判断是否属于 [2000，2020] 的区间，若是，输出 1，否则输出 0。

（9）C 语言中，倍乘运算可以使用左移运算符实现，试编写程序，定义 int 型变量 a 并赋初值，使用位运算实现变量 a 的倍乘。（提示：使用左移运算符<<实现，读者可试验输入负数或正数对 a 的影响）

（10）两个整型数据做除法运算时，仍然得到整型值的结果，而使用强制类型转换，将被除数转换为浮点类型则可以得到正确的结果。试编写程序输出 a!/b! 的值，已知 a=5，b=3。输出结果精确到小数点后 6 位。

第4章 C语言标准输入与输出

输入、输出是人与电脑进行交互的一个重要渠道,它是程序编写者与程序之间交流的主要手段。C 语言中,标准输入、输出是用库函数来实现的。scanf 函数称为标准输入函数,printf 函数称为标准输出函数。根据不同数据类型的输入与输出,scanf 和 printf 函数的格式控制也各不相同。此外,为满足不同的输出需求,相同数据类型的输出格式控制也多种多样。本章将详细介绍程序中有关标准输入、输出函数 scanf 和 printf 的含义与应用。

本章学习重点:

- ◆ 格式输出标准库函数 printf
- ◆ printf 函数的各种格式控制输出
- ◆ 格式输入标准库函数 scanf
- ◆ scanf 函数的各种格式控制输入
- ◆ putchar 函数
- ◆ getchar 函数

4.1 C 语言标准库函数概述

C 语言的库函数是 C 语言规定的标准函数。通常 C 语言库函数由 C 语言编写,用 C 语言编译工具编译生成并集成于二进制目标代码库。此外,用户也可以自己编写函数并编译进函数库中。

1. 库函数的分类

为便于程序员应用,C 语言提供了非常丰富的库函数,主要有标准输入和输出库函数,如 printf()和 scanf(),以及字符输入、输出函数 getchar()和 putchar()等。数学应用函数,如求绝对值函数 abs()、开根号函数 sqrt()、求正弦函数 sin()、求余弦函数 cos()等。字符串处理函数,如 strcpy()、strlen()、puts()和 gets()等。

2. 库函数的使用

使用库函数也称为库函数调用，因为库函数都在某些头文件中进行声明（有关声明的概念将在后续章节详细讲述），因此调用这些函数需要包含与这些库函数对应的头文件。例如，调用标准输出函数 printf 需要包含头文件 stdio.h，否则程序编译时会因为找不到函数 printf 而无法继续编译。此外，调用数学函数需要包含头文件 math.h，调用字符串处理函数需要包含头文件 string.h。

头文件包含使用关键字 include，一般形式为：

    #include <头文件名>

或者

    #include "头文件名"

有关头文件包含的详细内容将在后续章节予以介绍，此处仅描述对该操作的注意事项。其中，符号"#"不可省掉，对于库函数，一般使用第一种形式，即使用"<"和">"。关键字 include 和字符"<"之间应有一个或多个空格。例如，包含头文件 stdio.h，应为：

    #include <stdio.h>

调用库函数时一定注意包含与该库函数对应的头文件，否则程序编译时将因无法找到该库函数而出错，初学者应尤其注意。

4.2 格式输出函数 printf

从计算机向外部输出设备（如显示器、打印机、磁盘等）输出信息称为"输出"，简单地说，"输出"就是将计算机内的信息以打印或存储的形式转到终端，最常用的就是将数据输出到显示器上。格式输出函数 printf 是 C 语言应用最广泛的输出函数，它将信息直接显示到屏幕上，便于程序员观察和调试。printf 函数调用时需要包含头文件 stdio.h，该头文件称为标准输入/输出头文件（Standard Input Output Header）。格式为：

    #include <stdio.h>

其中#与 include 之间不应有空格，include 与<之间应有一个或多个空格。

4.2.1 标准格式输出

printf 函数有多种格式输出控制，其一般形式为：

    printf("格式输出控制表列",输出参数表列);

其中，双引号内是格式输出控制表列，格式输出控制表列可以是直接显示在屏幕上的字符串常量，即按原样输出的普通字符，也可以是用于指定输出格式的特殊字符，即格式说明。

格式说明由%和格式字符组成，如%d、%f等。在双引号后应加逗号（","），后面是输出参数表列，可以是变量、常量、表达式等，若有多个输出参数，则各参数间以逗号隔开。逗号和输出参数表列间可以没有空格，也可以有多个空格，并且输出参数表列可省略，此时逗号也要一起去掉。例如：

```
printf("Hello world");
printf("%d", 100);
```

第一个输出语句仅在屏幕上显示字符串 Hello world，并且没有输出参数表列。第二个输出语句中，%d 称为格式输出控制，含义为整型输出，常量 100 为输出参数表列。该语句目的是在屏幕上显示常量 100 的值。

1. %d格式（或者%i）

printf 函数中以%作为格式输出控制索引。%d 格式（或者%i）以十进制整型格式在屏幕上显示输出参数表列的值。其中，输出参数表列可以是一个参数，也可以是多个参数，输出参数的类型可以是字符型、整型、实型、指针类型等任何可转换为数值的操作对象。

范例 4.1　IntegerTypePrint.c 这里使用%d 格式输出几种不同的输出参数，如使用%d 格式输出实型数据 123.456，使用%d 格式输出字符型变量 c 的值，使用%d 格式输出表达式（float）a/b 的值等。
（资源文件夹\chat4\ IntegerTypePrint.c）

```
01    #include <stdio.h>                              //头文件包含 stdio.h，用于调用函数 printf
02    main()
03    {
04        char c='A';                                 //定义字符变量 c 并赋初值'A'
05        int a=1;                                    //定义变量 a 并赋初值 1
06        int b=2;                                    //定义变量 b 并赋初值 2
07        printf("c=%d, a/b=%d, b/a=%d, (float)a/b=%d\n", c, a/b, b/a, (float)a/b);
08        printf("123.456=%d\n", 123.456);            //%d 格式输出浮点型常量 123.456
09        printf("%d");                               //%d 格式输出无输出参数表列值（未知值）
10    }
```

程序第 7 行分别输出字符变量 c 的值、表达式 a/b、b/a 及(float)a/b 的值。格式输出控制表列中所含有的非格式控制字符将原样输出，如"c="""," 以及"(float)a/b"等。"\n"是换行符，输出表列中遇到这一符号将换行输出。

输出参数表列中字符变量 c 被赋值为"A"，此时由于使用%d 格式输出，因此输出"A"的 ASCII 码值 65。表达式 a/b，由于 a 和 b 赋初值分别为 1 和 2，因此表达式 a/b 的值为 0，b/a 的值为 2，虽然（float）a/b 中对 a 做了强制类型转换，表达式（float）a/b 的值为 0.5，但以%d 格式输出仍为 0。

程序第 8 行输出浮点型常量 123.456，由于 C 语言中将浮点型常量作为 double 型处理，而%d 输出常量 123.456 在内存中低 4 字节数据，因此会输出 446676599 的垃圾值。

程序第 9 行输出无输出参数表列的数值，由于没有输出参数，系统将输出垃圾值 2367460。
程序运行输出结果：

```
c=65, a/b=0, b/a=2, (float)a/b=0
123.456=446676599
2367460
```

2. %ld格式

%ld 格式用于输出 long 型数据对象，如定义 long 型变量 la 并赋初值 12345678，则应使用%ld 格式输出。例如：

```
long    la = 12345678
printf("la = %ld\n", la);
```

    由于 32 位操作系统中 int 型和 long 型都是 4 字节，因此，使用%d 与%ld 并无本质区别。

3. %u格式

%u 格式以无符号型输出数据，用于输出 unsigned 类型数据。使用%u 格式时，系统将以无符号型输出参数表列的十进制整型值。假如参数表列的值为负数，输出将以该数的补码计算所得整型十进制数输出。

范例 4.2 IntegerTypeUnsigned.c 这里分别使用%d 和%u 格式输出常量-1。由于在系统中-1 以补码形式存放，而%u 格式将不考虑数据的符号，直接将内存中的数值输出，因此得到与%d 不一样的数值。（资源文件夹\chat4\ IntegerTypeUnsigned.c）

```
01    #include <stdio.h>
02    main()
03    {
04        unsigned int a=-1;              //定义 unsigned int 型变量 a 并赋初值-1
05        printf("-1=%d\n",a);            //%d 格式输出-1
06        printf("-1=%u\n",a);            //%u 格式输出-1
07    }
```

程序第 4 行将常量-1 赋给 unsigned int 型变量 a。在系统中，-1 以补码形式存放，-1 的补码为：0xffffffff，因此变量 a 的值为 0xffffffff。

程序第 5 行以%d 格式输出变量 a 的值，由于%d 格式为有符号输出，因此数值 0xffffffff 作为有符号数将输出-1。

程序第 6 行以%u 格式输出，由于系统不考虑最高位符号位，因此程序将 0xffffffff 以十进制数输出，为 4294967295。

程序运行输出结果：

```
-1=-1
-1=4294967295
```

4. %c格式

%c 格式以字符型将数据输出在屏幕上，当使用%c 格式输出时，输出参数可以是字符型、整型和实型的常量或变量等。例如：

```
char c='a', cc='6';
printf("%c, %c, %c\n", c, cc, 122);
```

屏幕输出为 $a, 6, z$。printf 函数使用%c 作为格式控制，输出参数中变量 c 和 cc 分别赋初值'a'和'6'。对于输出参数 122，由于其为常量，因此系统将与其对应的 ASCII 码表中的字符输出，为'z'。需要注意的是，使用%c 格式输出时，可以使用任何能表示数值的对象作为输出参数，但此时仅取该对象在内存中的最低字节，并输出对应的字符。例如：

```
printf("%c, %c\n", -159, 97);
```

输出结果 a, a。两个不同的整型值输出了相同的字符，原因是%c 格式仅打印输出参数在内存的最低字节值对应的字符。分析-159 在内存中的存储结构，-159 为负数，因此内存中将以补码形式存放。

[-159]原码＝1000 0000 0000 0000 0000 0000 1001 1111
[-159]反码＝1111 1111 1111 1111 1111 1111 0110 0000
[-159]补码＝1111 1111 1111 1111 1111 1111 0110 0001

整型值 97 在内存中的原码、反码和补码均相同，这里仅写出其补码形式：

[97]补码 ＝0000 0000 0000 0000 0000 0000 0110 0001

分析两个数值的最后一个字节（低 8 位），均为 01100001，对应数值为 97，因此程序将 97 对应的字符 a 输出，结果为 a, a。

一些特殊控制字符将无法使用%c 格式显示到屏幕上，如换行符'\n'，制表位控制符'\t'，退格符'\b'等，这些属于不可见字符，只能通过显示结果体现出来。

5. %f格式

%f 格式以浮点型输出，主要用于输出 float 型和 double 型数据。默认输出小数点后 6 位数字，不够 6 位补零输出。例如：

```
printf("%f, %f\n", 123.456, 789);
```

输出结果为 123.456000, 0.000000。之所以整型常量 789 使用%f 格式输出 0.000000，是由于 789 的存储格式和%f 的输出格式不同造成的。整型常量 789 在内存中以补码形式存放，形式为：

[789]补码＝0000 0000 0000 0000 0000 0011 0001 0101

默认%f 以单精度浮点类型输出，并读取内存数据。数据最高位为符号位，低 23 位为尾数位，中间 8 位为指数位，因此内存中的数值构成浮点数

0.00000000000001100010101*2^0

由于%f 精确到小数点后 7 位有效数字，因此无法输出任何有效数据位，所以程序对 789 按%f 格式将输出 0.000000。

6. %e格式

%e 格式以指数形式输出，指数形式由数符、数值、字符、阶符和阶码组成，如图 4-1 所示。

其中，数符用以表示数据的正负，若数据为

图 4-1 %e 格式指数形式

正,则正号(+)省略。数值部分由整数部分和小数部分组成,整数部分为 1 位非零的整数(即 1~9 之间的数),小数部分由 6 位数字组成,若数据小数部分多于 6 位,按照四舍五入处理。紧跟数值后面是表示指数形式的字符 E 或 e。阶符为指数符号,分为正(+)和负(-)两种,阶码为幂指数,底数为 10,%e 精度与 double 类型一致。例如:

```
printf("%e, %e, %e, %e\n",123.456, 123.456789, 0.0123456789, 789);
```

输出结果为 1.234560e+002,-1.234568e+002,1.234568e-001,5.597333e-308。

7. %s格式

%s 用于输出字符串,C 语言中除了直接以普通字符形式输出字符串,还可以将字符串放在输出表列,以%s 格式输出。例如:

```
printf("%s\n","Hello world");
```

输出结果为 Hello world。除了字符串常量,输出参数也可以是能够承载字符串的指针或者数组等变量,后续章节将对字符串输出做进一步介绍。

当字符串中含有特殊控制字符时,将执行这些特殊控制字符。例如:

```
printf("%s\n","Hello\nwor\0ld");
```

输出结果为:

```
Hello
wor
```

程序遇 "\n" 将执行换行操作,遇 "\0" 认为字符串结束,因此不会输出完整的 word 单词。

8. %o和%x格式

%o 和%x 格式分别以无符号八进制和十六进制输出数据。例如:

```
printf("%o, %x\n",65535,65535);
```

输出结果为 177777,ffff。

9. %和\输出

由于%和\本身作为特殊控制符,正常情况下无法输出这类符号,需要使用特殊格式才能将其输出。操作方法为在格式控制符%或\前面重写一遍该字符。

4.2.2 格式输出控制

除了基本的格式控制输出,C 语言还提供了扩展的控制输出格式,这些格式用于控制输出数据的位置、输出位数和对齐等。

1. %md和%-md格式

这两种格式用于按指定的宽度 m 以十进制整型输出数据,m 为整型值。对于%md,若输出数据宽度大于 m,则按照实际位数输出;若输出数据宽度小于 m,则左补空格,输出总共为 m 列。对于%-md,若输出数据宽度大于 m,则按照实际位数输出;若输出数据宽度小于 m,

则右补空格,输出总共为 m 列。例如:

```
printf("%4d%4d%4d\n", 2, 34567, 789);
printf("%-4d%-4d%-4d\n",2,34567, 789);
```

输出结果如下,其中,"_"表示空格。

```
___2|34567|_789
2___|34567|789_
```

2. %mc和%-mc格式

与%md 和%-md 格式类似,%mc 和%-mc 格式用于按指定宽度 m 输出字符数据,m 为整型值。

范例 4.3
SpecialTypeOutFormatChar.c

SpecialTypeOutFormatChar.c 使用%mc 或%-mc 格式输出如下图案:

(资源文件夹\chat4\ SpecialTypeOutFormatChar.c)

```
01    #include <stdio.h>
02    main()
03    {
04        printf("现在输出星型图\n");
05        printf("%4c\n", '*');              //输出第 1 行星号
06        printf("%3c%2c\n",'*','*');        //输出第 2 行星号
07        printf("%2c%4c\n",'*','*');        //输出第 3 行星号
08        printf("%-6c%c\n",'*','*');        //输出第 4 行星号
09        printf("%2c%4c\n",'*','*');        //输出第 5 行星号
10        printf("%3c%2c\n",'*','*');        //输出第 6 行星号
11        printf("%4c\n", '*');              //输出第 7 行星号
12    }
```

程序第 5 行到第 11 行根据每行的空格数分别使用格式控制输出不同的字符类型。程序使用格式输出%mc 和%-mc 控制空行的输出,从而使各星号的打印能够列对齐。程序输出结果为:

现在输出星型图

3. %mf、%-mf、%.nf、%m.nf及%-m.nf格式

与输出十进制整型格式类似，浮点数格式输出也可以设置输出宽度。%mf 用于%-mf 指定包括小数点在内的数据宽度 m，当 m 大于实际数据宽度时，%mf 左补空格，%-mf 右补空格；当 m 小于等于实际数据宽度时，将以实际数值输出。

%.nf 仅用于指定小数点后的输出宽度。当 n 大于数据有效位数时右边补零，当 n 小于数据有效位数时采用四舍五入处理。例如：

```
printf("%.5f, %.3f\n",5.6789, 9.87654);
```

输出结果为 5.67890，9.877。

%m.nf 格式中，m 用于指定包括小数点在内的数据输出全部宽度，当 m 大于输出全部数据宽度时，左补空格；当 m 小于输出全部数据宽度时，将按实际宽度输出。n 用于指定小数点后数据宽度，若 n 大于数据有效位宽度，右补零；若 n 小于等于数据有效位宽度，将采用四舍五入处理。需要注意的是，在使用这种格式输出时，将优先考虑 n 的值，即在满足 n 的值的基础上再判断 m 对数据输出的影响。当 m 小于等于 n 时，m 对输出数据不起作用。例如：

```
printf("%6.2f, %5.3f, %8.4f\n",1.234,19.87654,100000.23);
```

输出结果为＿＿1.23, 19.877, 100000.2300。

%-m.nf 与%m.nf 类似，区别在于当 m 的值大于输出全部数据宽度时，右补空格。

4. %ms、%-ms、%m.ns、%-m.ns及%.ns格式

%ms 和%-ms 用于输出宽度为 m 列的字符串，当 m 小于实际字符串长度时，将按实际字符串输出；当 m 大于实际字符串长度时，%m 格式左补空格，%-m 右补空格。

%m.ns 与%-m.ns 格式中，m 用于指定输出字符串的长度，当 m 大于实际串长度时，分别左补或右补空格；当 m 小于等于实际字符串长度时，按实际字符串输出。n 用于指定输出左边 n 个字符，当 n 大于实际字符串长度时，按实际字符串输出。需要注意的是，当 m 小于 n 时，忽略 m 的作用。

%.ns 用于输出字符串左边 n 个字符，当 n 大于实际字符串长度时，按实际字符串输出。例如：

```
printf("%3s,%7.2s,%.8s,%-5.3s, %6.7s\n","china","china","china","china","china");
```

输出结果为 chi,＿＿＿＿＿ch, china, chi＿＿, ＿china。

4.3 格式输入函数 scanf

从输入设备（如键盘、磁盘、光盘、扫描仪等）向计算机输入信息的过程称为"输入"。格式输入函数 scanf 用于接收从键盘等终端输入设备向程序输入的数据，将接收到的数据存入内存指定区域并赋给某些变量或指向内存的数据对象，使用 scanf 函数对某变量输入数据后，该变量的值将变为输入的数据值，直到该变量被重新赋值为止。与 printf 类似，scanf 函数同样需要添加 stdio.h 头文件包含。

4.3.1 标准格式输入

相对于输出函数 printf，标准格式输入函数 scanf 对输入格式的要求更严格。scanf 函数的一般形式为：

scanf("格式输入控制表列"，输入参数地址表列);

其中，双引号内是格式输入控制表列，它是除特殊符号外均需从键盘输入的字符。输入参数地址表列用于指定输入参数的地址，并且输入参数个数及类型应与格式控制表列中特殊控制符的个数与类型一一对应。

使用 scanf 输入变量值时，输入参数地址表列中一定是某个内存区域的地址值。C 语言中，变量等数据类型在定义时都由系统分配一定的内存空间，且每个变量都由两部分构成，一部分为首地址，另一部分为变量值。例如：

int x = 0;

系统将为变量 x 分配 4 字节内存，并将初值 0 以补码形式存放到该内存区域，系统使用 32 位数据作为该段内存首地址，并以该地址作为对变量 x 的索引，本例假定地址为 0x0012ff7c，如图 4-2 所示。

使用 scanf 函数输入变量 x 值时，可使用如下语句：

scanf("%d", &x);

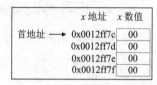

图 4-2 x 地址与数值

C 语言中，通常使用&获取变量的地址，称为取地址运算符，如上述定义中 x 的首地址可使用&x 表示。scanf 函数中，必须使用变量地址作为输入参数地址表列，因此，&在 scanf 函数中使用非常广泛，同时也是程序初学者经常忘记的特殊符号之一。

1. %d格式

%d 格式用于程序接收从键盘输入的整型和字符型数据。使用 scanf 格式输入数据时，接收输入数据的变量应先定义，否则程序将出现编译错误。例如：

int a = 0;
scanf("%d", &a);

当有多变量同时需要输入时，应分别指定输入格式及变量地址。

范例 4.4 ScanfWithIntegerInput.c 使用 scanf 函数输入三个 int 型变量值，求这三个变量的和与积，并将结果显示到屏幕上，注意接收结果的精度与取值范围。

（资源文件夹\chat4\ ScanfWithIntegerInput.c）

```
01    #include <stdio.h>
02
03    main()
04    {
05        int   a=0, b=0, c=0;
06        double   Sum=0, Product=0;              //定义 double 型变量
07        printf("请输入 a,b,c 的值:\n");          //输入参数提示
```

```
08            scanf("%d %d %d",&a,&b,&c);              //输入语句
09            Sum = a+b+c;                             //计算变量之和
10            Product = a*b*c;                         //计算变量之积
11            printf("a+b+c = %f, a*b*c = %f\n", Sum, Product);
12       }
```

输入格式表列中，各控制格式间可以使用空格分开，也可以不使用空格，输入不同参数数值时应使用一个或多个空格分开。

程序运行时，输入 1、2 和 3，按 Enter 键。

```
请输入 a,b,c 的值
1 2 3
输出结果为：
a+b+c = 6.000000, a*b*c = 6.000000
```

当控制格式使用逗号或其他字符分开时，逗号或字符应按原样输入，否则程序将把字符作为数据一起输入，例如：程序第 8 行修改为

```
scanf("%d, %d, %d",&a,&b,&c);
```

输入数据时需要把逗号原样输入，如：

```
1，2，3
```

否则程序将不能把正确数值赋给相应的变量。

程序中应注意避免数学运算时结果溢出，如上述范例中 3 个变量的和与积应使用 double 型数据来存储，否则系统可能由于数值溢出而得不到正确结果，读者可尝试将 Sum 和 Product 变量以 int 定义，并对 a, b, c 分别赋予较大的数值，验证是否能够获得正确结果。

2. %f 格式

%f 格式用于输入 float 型或 double 型变量的数据。与%d 格式类似，使用%f 格式时应与输入参数中变量格式匹配。例如：

```
float    f = 0.0;
double d = 0.0;
scanf("%f , %f", &d, &f);
```

键盘输入 123.456，789.987 后，变量 f 的值变为 789.987，变量 d 的值变为 123.456。这里一定注意，输入参数地址表列中变量 f 和 d 的地址前后位置，即先输入的是变量 d 的值为 123.456，后输入的是变量 f 的值，为 789.987。

3. %c 格式

%c 格式用于输入字符类型数据。ASCII 码中所有的字符都可以作为字符数据由键盘输入，因此，%c 格式输入字符数据时一定注意，空格、Enter 以及逗号等均作为字符处理。例如：

```
char c1, c2, c3;
scanf("%c%c%c", &c1, &c2, &c3);
printf("c1=%c, c2=%c, c3=%c\n", c1, c2, c3);
```

键盘输入 a_b_c

输出语句输出为 a_b，即 c1 被赋值为 "a"，c2 被赋值为 "_"，c3 被赋值为 "b"，另外两个字符 "_" 和 "c" 将被作为无效字符丢弃。

范例 4.5

ScanfCharacterVariable.c

ScanfCharacterVariable.c 使用键盘输入字符串 "Hello world"，定义 11 个字符变量用以存储各字符，并将其打印在屏幕上，注意输入的顺序以及输出的顺序。

（资源文件夹\chat4\ ScanfCharacterVariable.c）

```
01    #include <stdio.h>
02    main()
03    {
04        char c1,c2,c3,c4,c5,c6,c7,c8,c9,c10,c11;
05        printf("请输入:\n");
06        scanf("%c%c%c%c%c%c%c%c%c%c%c",
07            &c1,&c2,&c3,&c4,&c5,&c6,&c7,&c8,&c9,&c10,&c11);
08        printf("%c%c%c%c%c%c%c%c%c%c%c\n",
09            c1,c2,c3,c4,c5,c6,c7,c8,c9,c10,c11);
10    }
```

使用 scanf 函数输入字符时，键盘的每一次按键都会被作为字符存储到字符型变量中。运行程序时，键盘输入 Hello world，然后按 Enter 键。

请输入：

Hello world

输出结果为：

Hello world

若程序输入时在 Hello 与 world 之间有多个空格，程序将不能正确输出，以 Hello 与 world 之间有 4 空格为例。

Please input:
Hello____world>/
Hello____wo

使用%c 格式时一定注意，避免输入不必要的符号，如果误操作导致输入冗余符号，将使结果出现偏差。例如，上述程序中若 Hello 与 world 之间输入 Enter 键，则出现

Please input:
Hello>/
World>/
Hello
World

此时，程序也将 Enter 键作为一个字符赋给 c6，而执行输出时，程序也将 c6 按其功能输出，因此输出换行。

4. %s格式

%s 用于输入字符串。由于字符串地址占用可变长内存单元，因此字符串地址表达方式比较复杂，通常可使用字符数组名或指针来作为字符串输入地址。需要注意的是，程序将空格作为字符"\0"处理，即作为字符串结束标志，因此，程序输出时将影响屏幕显示效果，但这并不影响整个字符串在内存中的存储。例如：

```
char    s[15];
scanf("%s", s);
printf("%s",s);
```

若输入 Hello world，则输出为 Hello。

需要注意的是，字符串输入地址不需要取地址符&，有关字符串地址的内容后续章节将做详细介绍。

4.3.2 格式输入控制

除了基本的格式控制输入，C 语言还提供了扩展的控制输入格式，这些格式用于控制输入数据的接收和输入数据位的忽略等。

1. %md和%*md格式

扩展的控制格式输入常见于整型数据输入时，此时可以使用%md 或%*md 进一步控制输入数据。%md 用于获取输入数据序列的前 m 位数，当 m 大于输入数据位数时，按实际数据赋给变量，%*md 用于忽略 m 位的数据输入。例如：

```
01    int   a=0, b=0;
02    scanf("%3d   %2d",&a,&b);
03    printf("a=%d, b=%d\n", a, b);
```

程序输入 123456，则输出 a=123，b=45。程序将 123 赋给变量 a，将 45 赋给变量 b，并丢弃数据 6。

若程序第 2 行改为

```
scanf("%2d   %*3d   %2d",&a,&b);
```

程序输入 12345678，则输出 a=12，b=67。程序将 12 赋给变量 a，并忽略数字 345，将 67 赋给变量 b，并丢弃数据 8。

2. 控制输入表列中的普通字符

当控制输入表列中存在普通字符时，一定原样输入，否则系统将因为匹配错误而不能将正确数据赋给相应变量。例如：

```
int i=0;
scanf("i=%d", &i);
printf("i=%d\n",i);
```

程序输入 100，则输出 i=0。程序中，由于 scanf 函数中控制输入表列中含有普通字符串"i="，而输入时直接输入数字 100，导致系统运行时无法匹配该字符串，也就不能将数据赋给 i，因此输出其初始值 0。若输入 i=100，则输出 i=100。

3. 控制输入格式与输入参数变量类型一一对应

scanf 函数中，控制输入格式一定要与输入数据的变量类型一致，否则程序无法将正确的数值赋给该变量。例如：

```
int a=0;
scanf("%f", &i);
printf("%d", i);
```

程序输入 10，输出为 1092616192，输出无法预期的垃圾值。因此，程序初学者一定注意按照数据类型一一对应关系来输入变量的数值。

此外，对于程序初学者，取地址符&也是经常忘记的一个失误，一定记住使用 scanf 函数时取地址操作，否则程序运行时将出现崩溃性错误。

4.4 字符输入/输出函数

字符输入/输出函数分别为 getchar()和 putchar 函数，这两个函数用于接收键盘输入的字符或屏幕显示程序中的字符。使用这两个函数时同样需要包含头文件 stdio.h，否则程序编译时将因为无法找到这两个函数而不能继续编译。

4.4.1 putchar 函数

putchar 函数（字符输出函数）的作用是向终端输出一个字符。其一般形式为：

putchar（c）

其中 c 可以是字符变量，也可以是字符常量，当 c 为屏幕无法显示的符号时，将以其功能输出，如回车符等。例如：

```
01    char a,b,c;
02    a='D'; b='O'; c='G';
03    putchar(a);putchar(b);putchar(c);
```

程序输出 DOG。

也可以使用 putchar 函数输出转义字符。例如，上述程序第 2 行改为：

Putchar(a); Putchar('\n'); Putchar(b); Putchar('\n'); Putchar(c);Putchar('\n');

则程序输出

D
O
G

此外，putchar 函数还可以自动将 ASCII 码值转换为字符型输出。例如：

putchar(65); putchar(97);

程序输出为 Aa。

4.4.2 getchar 函数

getchar 函数用于从标准输入设备如键盘等获取一个字符,其一般形式为:

> getchar()

或者

> c=getchar();

其中,c 为字符型或整型变量。getchar 函数将键盘键入的任何信息都作为字符处理,因此,getchar 函数常用于接收键盘控制指令。例如:

> char c;
> c=getchar();
> putchar(c);

键盘输入 c,按 Enter 键,则输出 c。

实训 4.1——输出及格率

某班有 x 名学生,某次数学考试共有 y 名学生不及格,求该班本次数学考试的及格率,并以百分数形式显示在屏幕上,x 和 y 由键盘输入。根据班级情况,总共 x 名学生且有 y 名学生不及格时:及格率=$(x-y)/x$。

(1) 需求分析。

分析目标需求,程序中需要做到如下几条。

需求 1,键盘输入 x 和 y 的值。

需求 2,计算及格率。

需求 3,屏幕显示。

(2) 技术应用。

根据 C 语言标准以及开发平台版本,完善各个需求模块。

对于需求 1,使用标准输入函数 scanf,且定义 x 和 y 为 float 型。

对于需求 2,定义 float 型变量 ratio,用于存储计算的及格率。

对于需求 3,注意使用百分率形式输出时,%的显示格式为%%。

通过上述分析,写出完整的程序如下。

文件	功能
CalculatePassRatio.c	① 输入学生总数和不及格人数 ② 计算及格率 ③ 百分制输出计算结果

程序清单 4.1:CalculatePassRatio.c

```
01    #include <stdio.h>
02    main()
03    {
```

```
04          float x=0;
05          float y=0;
06          float ratio=0;
07          printf("请输入年级总人数:\nx=");
08          scanf("%f",&x);                          //输入 x 的值
09          printf("请输入未及格人数:\ny=");
10          scanf("%f",&y);                          //输入 y 的值
11          printf("开始计算及格率\n");
12          ratio = (x<y)? (-1): (x-y)/x;            //计算百分率
13          printf("及格率为: \n");
14          printf("ratio = %%%.2f\n",ratio*100);    //百分制输出结果
15      }
```

程序第 12 行使用条件运算符计算及格率数值。运行程序时，键盘输入数字 52 和 14，然后按 Enter 键。

```
请输入年级总人数：
x= 52
请输入未及格人数：
y=14
```

输出结果为：

```
开始计算及格率
及格率为：
ratio = %73.08
```

程序第 8 行使用 scanf 函数输入 x 的值。程序第 12 行用以计算百分率，为避免出现误操作，程序使用条件运算符判断是否输入有误，若输入 x 小于 y，则输出-1，否则按照正常规则计算。程序第 14 行以百分制输出结果，由于%字符为特殊控制字符，因此需要使用%%格式来输出该字符，同时需要输出结果数值，并仍然需要以%.2f 格式输出结果，有关%.2f 格式的输出将在下节做详细介绍。此外，由于计算结果为小数形式，因此输出时需要放大 100 倍转换为百分制形式。

使用上述介绍方法以字符串形式输出表达式 1003%26 及 1003/26，以\隔开这两个表达式，并输出这两个表达式的值。例如，计算表达式 7%3，则输出：

17%3 = 2 \ 17/3 = 5

（1）对%的输出应使用%%格式。
（2）对\的输出应使用\\格式。

实训 4.1 原程序并不完善，当 x 值为 0 时，由于程序第 12 行中存在除法，并且 x 为除数，因此程序运行时将出现崩溃。为避免程序崩溃，读者在输入数值时应避免输入 0 值。

4.5 疑难解答和上机题

4.5.1 疑难解答

（1）输出数据时，使用格式%u与%d有什么不同？

解答：当要输出的数据是正数时，两者没有区别，这是因为正数的补码与原码相同，并且最高位符号位为0，因此不影响数据位的数值。当要输出的数据是负数时，两者将产生较大变化，因为负数的补码最高位为1，因此，使用无符号格式%u输出时，最高位也作为数据位输出，但使用%d输出时，最高位作为符号位输出。例如，定义变量 a=-1，则变量 a 在内存中存储的数据为：[-1]补码=1111 1111 1111 1111 1111 1111 1111 1111。因此，使用%u格式输出-1将得到32位最大无符号整型值为4294967295。而使用%d格式输出为-1。

因此，为了避免出现可能的错误结果，大家编写程序时一定注意使用正确的输出格式。

（2）第2章曾介绍int型和char型可以等价进行算术运算，那么使用%c格式输出int型数据，能得到什么结果呢？

解答：由于%c格式仅输出一个字节的内存数据，因此，当要输出的int型数据为小于255的正数时，使用%c格式可以将以该数据为ASCII码的字符输出，但前提是该字符为可显示字符。但当要输出的数据不在上述范围内时，首先应该将该数据转换成二进制补码形式，然后取低8bit，寻找ASCII码表中与该低8bit对应的字符。最后输出的就是这个字符。例如，int型变量 a=100，则使用%c格式输出 a，系统将其低位字节的值转化为ASCII码值对应的字符并输出。100在内存中的存储格式为：

[100]补码=0000 0000 0000 0000 0000 0000 0110 0100

低位字节为01100100，值为100，与其对应的字符为d。

（3）使用%f格式输出int型数据，会得到正确结果吗？

解答：int型数据在内存中占4个字节，而以%f格式输出时，系统将按照浮点数存储格式读取数据，关于浮点数的存储请参阅2.4.4。因此，一般情况下，使用%f格式输出int型数据将得不到正确结果。例如，语句"printf("%f", 100);"输出的数值为0.000000，这是因为整型值100以补码形式存储，请参考题（2）中的解答，而%f以浮点格式读取数据，精确到小数点后7位，因此读取后不能将其正确转为整型值，因此输出0.000000。

（4）怎样提高输出数据的精度？

解答：可以使用%f格式输出数据，%f包含两种类型的输出，一种是float型，另一种是double型，后者的精度更高。因此，使用%f格式输出时，应使用强制类型转换将被输出数据强制转换为double型，以提高数据输出精度，同时避免输出时得到错误的结果。例如，题（3）中，可以修改语句为：

printf("%f",(double)100);

（5）能不能使用%m.0f格式输出数据？

解答：可以的。这样的格式就是要输出数据的整数部分，但与%d格式不同的是，%d格式仅输出整数部分，小数点后的数据将被丢弃，而%m.0f 格式输出时，在隐藏小数部分的同时，将小数部分四舍五入，以尽量提高输出结果的精度。

（6）输入函数 scanf 时，忘记取变量地址符&程序将如何运行？

解答：程序编译时一般不会报错，也没有警告信息，但程序运行时将出现崩溃性错误。例如：

```
int  a=0;
scanf("%d", a);
```

程序段运行时输入数值 10，按 Enter 键，则程序将出现崩溃，弹出如图 4-3 所示的对话框。

（7）输入函数 scanf 中，若要输入%，应如何操作呢？

解答：由于%是特殊控制字符，因此需要输入两个%来控制%的输入。例如，要想输入%98，则应该使用语句：

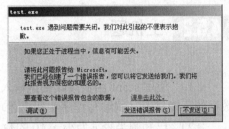

图 4-3 输入函数未取变量地址的错误对话框

```
scanf("%%%d", &a);
```

输入%98，然后按 Enter 键即可。

（8）若输入浮点数给整型变量，变量的值将会是多少？

解答：当 scanf 函数中使用%d 格式时，输入浮点数据时，系统将仅截取整数部分给要赋值的变量。例如：

```
int  a=0;
scanf("%d", &a);
printf("%d\n");
```

当输入 12.8 并按 Enter 键时，输出值为 12。

（9）对于 getchar 函数，会不会将回车符作为字符输入呢？

解答：会的，所有的键盘符都可以作为字符输入给 getchar 函数，若输入回车符，系统将其默认为换行。例如：

```
char c;
c=getchar();
printf("OK%cOk\n",c);
```

上述程序段运行后直接输入回车符，则输出为

```
OK
OK
```

（10）可以使用 getchar 函数对输入的字符进行算术运算吗？

```
char c;
c=getchar();
printf("%c\n", c+32);
```

若键盘输入 A，则输出结果是什么？

解答：可以。getchar 函数输入后，将以 ASCII 码形式存放到内存中，读取时同样也是读

取 ASCII 码值，然后做运算和处理，因此，getchar 函数获取的字符与 scanf 没有本质区别，都可以参与算术运算。例如：

```
char c;
c=getchar();
printf("%c\n", c+32);
```

上述程序段执行时，当键盘输入 A，并按 Enter 键后，c 的值变为字符'A'，同时其数学值为 65，printf 函数中输出 ASCII 码表中 A 向后第 32 个字符，即为'a'，因此程序输出为 a。

4.5.2 上机题

（1）使用 scanf 函数接收键盘输入的一个 int 型数据，使用 printf 函数以%f 格式输出该数据的正确显示，试编写程序实现上述功能。（提示：输出数据时可以使用强制类型转换）

（2）已知圆半径 r 为小于 10 的数，试编写程序，由键盘输入半径 r 的值，计算圆的面积和半径。圆周率 pi = 3.1415，将结果打印到屏幕上，取小数点后 2 位输出。

（3）使用%u 格式无法正确输出正数的数值，但%u 可以验证计算机填满某字节时对应的十进制数。试编写程序，输出 4 字节能表示的最大值，并以十进制形式输出。（提示：4 字节最大值的十六进制表示为 0xffffffff）

（4）数据在计算机中以补码形式存储，而%c 格式仅输出数值低字节的字符表示，试编写程序，分别使用%x 和%c 输出数据-100，并将结果打印到屏幕上。

（5）%x 用于输入和输出十六进制数，试编写程序，使用 scanf 函数以%x 格式输入数值-1，然后使用 printf 函数分别以%x、%d 和%u 格式输出输入的数据，将结果打印到屏幕上，并分析输出数据的含义。

（6）特殊符号%的输出应该使用多个%重复字符以区别该特殊字符的含义，试编写程序，打印公式字符串：$a\%b = a/b\cdots c = d\cdots c$。其中，$a$ 和 b 为整型数据，且 b 不为 0，通过键盘输入 a 和 b，c 和 d 由运算得到。

（7）试编写程序，使用 getchar 函数接收键盘输入的字母 a 和 A，通过 putchar 函数输出这两个字母，并以%d 格式输出两个字符的差。

（8）梯形的面积计算公式为 $S = (hw + lw) * h / 2$，其中 hw 表示上底长度，lw 表示下底长度，h 表示高。试编写程序，使用 printf 函数输入梯形的上底 hw、下底 lw 和高 h，计算梯形的面积 S，并将结果打印到屏幕上，精确到小数点后 2 位。（提示：计算除法时注意精度变化，可以使用强制类型转换）

（9）某班共 63 名学生，某次数学考试共 x 名学生及格，试编写程序，计算该班数学考试的及格率，使用%制表示，x 由键盘输入，结果精确到小数点后 2 位。（提示：注意除法的计算和%的输出）

（10）试编写程序，实现对键盘输入信息的判断，当键盘输入字母'h'时，打印输出字符串"Hello, Your programme is right!"。

第5章 分支结构程序设计

分支结构是 C 语言三大基本结构之一，也是结构化程序设计必需的基本结构。分支结构程序主要使用流程控制语句实现，流程控制语句是专门用于控制程序执行流程的语句，也称为"过程化语句"。主要的流程控制语句有 if 和 else 语句、switch 语句以及条件表达式语句等。

本章学习重点：
- 简单的 if 语句
- if-else 语句执行规则
- 嵌套的 if-else 语句
- switch 语句
- break 语句
- 嵌套的 switch 语句

5.1 结构化程序设计思想

1976 年，美国著名软件设计大师、图灵奖获得者 Niklaus Wirth 出版了名为 *Algorithms + Data Structure = Programs* 的软件设计专著，书中提出了"算法"和"数据结构"的概念，并将程序设计与这两个概念紧密结合起来，提出了著名论断：

$$程序 = 算法 + 数据结构$$

这就是结构化程序设计的基础。结构化程序设计是软件开发领域广泛采用的一种程序设计方法，这种方法的特点是层次分明、结构清晰，提高了程序可靠性，改善了程序设计的质量和效率。结构化程序设计中，任何程序都可以用顺序结构、分支结构和循环结构这 3 种基本结构表示。由以上 3 种基本结构进行有机组合和嵌套等构成的程序称为结构化程序。

结构化程序设计的基本思想是：

（1）自顶向下；
（2）逐步细化；
（3）模块化设计；
（4）结构化程序编码。

采用上述设计思想的目的是将一个复杂任务按照功能进行拆分，并逐层细化，以便于理解和描述，最终形成由若干独立模块组成的树状层次结构，如图 5-1 所示。

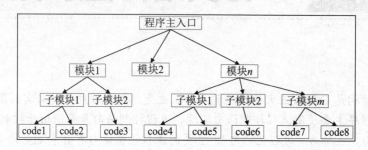

图 5-1　结构化程序框架

结构化程序具有如下特点：
（1）程序由各种不同功能的模块构成，各模块又可按不同类型分成一个或多个子模块。
（2）每个子模块由一个或多个程序单元组成，各子模块间可互相调用程序单元。
（3）一个程序单元由顺序、分支、循环 3 种基本结构组成。

在计算机技术飞速发展的今天，结构化程序设计也存在很多缺陷和不足。例如，在大型多任务、多文件软件系统中采用结构化设计时，由于数据存储与处理相对独立，随着数据量的增大，程序将难以开发和维护，文件之间的数据交互也更加困难。另外，结构化程序设计使软件后期维护和升级异常困难，由于其结构在程序初始开发时已经设计完成，因此在增加某些功能模块时会变得异常困难。

所以，在使用结构化程序设计时，一定要为后期的程序维护和升级预留足够的空间和结构，以便于实际操作更加清晰和容易。

5.2　简单的 if 语句

if 语句是分支结构程序的主要实现方式，它根据给定的条件进行判断，以决定是否执行某个分支程序段。C 语言的 if 语句有 3 种基本形式，分别为 if 语句、if 和 else 语句以及嵌套 if 和 else 语句，本节介绍简单的 if 语句。

设计分支结构应注意以下几个问题。
（1）正确选择条件或逻辑表达式作为分支的判断条件。
（2）根据需求绘制分支流程图。
（3）按流程图编写程序。

5.2.1 if 语句的定义

if 语句用于判断某些条件是否满足,若条件满足,则转移到 if 语句下的子程序段执行,否则,顺序执行。其一般形式为:

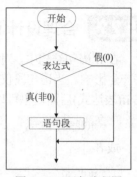

```
if(表达式)
    语句段
```

if 语句的执行流程为如果表达式的值为真(非 0),则执行其后的语句段,否则不执行该语句。其流程如图 5-2 所示。

图 5-2 if 语句流程图

if 语句中的表达式可以是任何能转化为数值的表达式,例如:if(100),if(a==b),if(a&&b||c),if(sizeof(int)),if((a>b)?(a+b):(a-b))等。

范例 5.1 GetMaxVariableInTwo.c 利用 if 语句的分支功能,可以区分两个或多个数值的大小。本范例由键盘输入两个变量的值,使用 if 语句判断两者中的较大值,并将其输出在屏幕上。

(资源文件夹\chat5\ GetMaxVariableInTwo.c)

```
01    #include <stdio.h>
02    main()
03    {
04        int a=0,b=0;
05        int max=0;
06        printf("请输入两变量的值:\n");
07        scanf("a=%d, b=%d", &a, &b);        //输入变量 a 和 b 的值
08        max=a;                               //赋值 max 为 a
09        if(max<b)                            //判断 a 是否大于 b
10        {
11            max=b;                           //若 a 小于 b,将 b 赋给 max
12        }
13        printf("最大值为 %d\n", max);         //打印最大值
14    }
```

程序第 7 行的功能是输入两个整型数据,并存储到变量 a 和 b 中,第 8 行首先将其中一个变量赋给变量 max,第 9 行 if 语句用于判断两个变量的大小。

程序运行时由键盘输入数值,然后按 Enter 键。

```
请输入两变量的值:
a = 10, b = 20
```

输出结果为:

```
最大值为 20
```

读者请注意使用 scanf 函数对变量 a 和 b 输入数值时的格式,普通字符 a=和 b=都应按原样输入。

5.2.2 合理设计 if 语句

在 if 语句结构中，对 if 语句的设计将影响程序运行的效率，同时也对程序的正确逻辑顺序产生影响。当语句段仅有一条语句时，可不使用大括号将语句封装，此时执行语句可以放在 if(表达式)后面，也可以放在其下面。例如：

```
if(0!=a)   a=-a;
```

或者

```
if(0!=a)
   a=-a;
```

这里判断 *a* 是否为 0，若不为零，则将 *a* 变为-*a*。

1. 逻辑运算符的编写风格

上述程序中表达式 0!=*a* 用于判断 *a* 是否为 0，该表达式也可以写成 *a*!=0，然而这种写法的缺点是：当程序编写者误将 *a*!=0 写成 *a*=0 后，程序将无法识别该错误，例如：

```
if(a=0)
   a=-a;
```

此时，表达式将作为赋值表达式处理，即无论 *a* 为何值，都将被重新赋值为 0。按照 if 语句的规则，表达式 *a*=0 永远为假（值为 0），因此 *a*=-*a*; 永远不会被执行。

通常称这类无法通过编译查找的错误为非语法错误或逻辑错误。逻辑错误较难查找，只有通过软件代码的细致测试才有可能解决。避免这类错误的有效方法是采用特定的代码编写风格，从而使发生错误时很容易发现，将 *a*!=0 写为 0!=*a* 就是编写风格之一。此时，如果 0!=*a* 误写为 0=*a*，程序编译时将提示错误，因为 C 语言规定常量和表达式不能位于赋值号左边。

因此，这里类似于关系表达式：

```
常量或表达式 == 变量
```

或者

```
常量或表达式!= 变量
```

这样的表达式结构应将常量或表达式置于关系运算符左侧，以避免出现逻辑错误。

2. 语句段封装

如果语句段由多条语句组成，则必须使用大括号进行封装，否则程序执行流程将出现逻辑错误。这里，不论语句段是由一条语句还是由多条语句构成的，都使用大括号封装，即 if 语句的表达形式为：

```
if(表达式)
{
    语句段
}
```

实训 5.1——求一元二次方程的实根解

从键盘输入一元二次方程 $ax^2+bx+c=0$ 的 3 个参数 a、b 和 c，计算当判别式 $b^2-4ac \geq 0$ 时的根，程序使用 if 语句判断是否满足判别式条件，结果精确到小数点后 3 位。判别式可计算为 sqrt_delta=sqrt($b*b-4*a*c$)，其中 sqrt 为求平方根的数学函数，调用该函数时需包含头文件 math.h。当 sqrt_delta 大于或等于 0 时方程有实根。因此，一元二次方程的两个根分别为：

$x1=(-b+\text{sqrt\_delta})/2a$，$x2=(-b-\text{sqrt\_delta})/2a$。

（1）需求分析。

分析目标需求，程序中需要做到如下几条。

需求 1，键盘输入参数 a, b, c 的值。

需求 2，判断判别式，确定方程是否有实根。

需求 3，调用开根号数学函数 sqrt，计算方程的根。

需求 4，输出结果，精度为小数点后 3 位。

（2）技术应用。

根据 C 语言标准以及开发平台版本，完善各个需求模块。

对于需求 1，使用 scanf 函数输入参数 a, b, c 的值。

对于需求 2，使用 if 语句判断方程是否有实根，判断方法为 if($b*b-4*a*c>=0$)。

对于需求 3，由于要求精确到小数点后 3 位，采用数据类型 float 型。

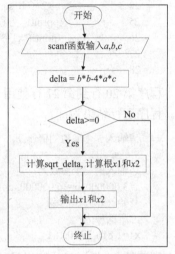

图 5-3 一元二次方程求根流程图

根据上述分析画出程序流程图，如图 5-3 所示。

通过上述分析，写出完整的程序如下。

文件	功能
CalculateFormulaRealRoot.c	① 输入一元二次方程参数 a, b, c ② 计算 delta 值并判断方程是否有实根 ③ 计算方程的根，并显示在屏幕上

程序清单 5.1：CalculateFormulaRealRoot.c

```
01    #include <stdio.h>
02    #include <math.h>                            //头文件包含
03
04    main()
05    {
06        float a=0.0;                             //定义参数 a
07        float b=0.0;                             //定义参数 b
08        float c=0.0;                             //定义参数 c
09        float x1=0.0;                            //定义参数 x1
10        float x2=0.0;                            //定义参数 x2
```

```
11          float delta=0.0;                                //定义参数 delta
12          float sqrt_delta=0.0;                           //定义参数 sqrt_delta
13
14          printf("请输入 3 个参数的值 a, b, c:\n");
15          scanf("%f %f %f",&a,&b,&c);                     //参数输入
16          printf("您输入的 3 个参数为:\n");
17          printf("a=%f,b=%f,c=%f\n",a,b,c);
18          printf("开始计算方程的根\n");
19          delta = b*b-4*a*c;                              //计算判别式
20          if(delta>=0)                                    //判别式 if 语句判断
21          {
22              sqrt_delta=sqrt(delta);                     //计算 delta 根号值
23              x1=(-b+sqrt_delta)/(2*a);                   //计算根 x1
24              x2=(-b-sqrt_delta)/(2*a);                   //计算根 x2
25              printf("方程的根为:\n");
26              printf("x1=%.3f,x2=%.3f\n",x1,x2);          //输出根 x1 和 x2
27          }
28      }
```

程序第 20 行到第 27 行使用 if 语句判断方程是否有实根，若有，则执行 if 语句中的程序段。程序运行结果为：

```
请输入 3 个参数的值 a, b, c
3  -6  1
您输入的三个参数为:
a=3.000000, b=-6.000000, c=1.000000
开始计算方程的根
方程的根为:
x1=1.816, x2=0.184
```

程序第 22 行用于计算根号的 delta 值，此时注意调用 sqrt 函数时应包含头文件 math.h。若程序第 22 行、第 23 行和第 24 行以如下两行代替：

```
x1=(-b+sqrt(delta))/(2*a);
x2=(-b-sqrt(delta))/(2*a);
```

此时将调用两次 sqrt 函数，对程序执行效率将产生一定影响，因此，编写程序时应尽量避免频繁调用函数。

程序没有考虑参数 a 为 0 的情况。在 C 语言中，除数为 0 将导致程序运行时崩溃，后续章节将对此做进一步描述。

分析程序，当输入参数 a, b 和 c 不满足判别式大于等于 0 时将如何执行？程序输出结果是什么？输入不同参数验证对结果的影响，例如：

（1）输入 a=1, b=2, c=1。
（2）输入 a=1, b=-3, c=2。

5.3 多分支 if 语句

多分支 if 语句又称为"if-else 语句",是由关键字 if 和 else 构成的多分支结构语句。多分支控制语句可用于更加复杂的程序结构。

5.3.1 if-else 语句的结构

if-else 语句的一般形式为:

```
if(表达式)
    语句段 1
else
    语句段 2
```

if-else 语句的执行规则为若表达式的值为真(非 0),则执行语句段 1,否则进入 else 分支,执行语句段 2,流程图如图 5-4 所示。

与简单的 if 语句类似,当语句段中只有一条语句时,可将语句直接放在 if(表达式)的右边或下边;当语句段有多条语句时,应使用大括号封装。

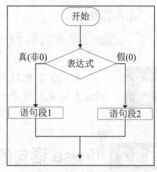

图 5-4 if-else 语句流程图

这里不论语句段包含几条语句,都使用大括号封装,即 if-else 语句的表达形式为:

```
if(表达式)
{
    语句段 1
}
else
{
    语句段 2
}
```

范例 5.2

CalculateAbstract.c

CalculateAbstract.c 在数学计算中,绝对值使用||表示,但在 C 语言中,计算数据的绝对值需要通过分析判断来实现。本范例从键盘输入参数 a 的值,然后利用 if-else 语句实现绝对值的计算,并打印信息显示数据符号是否发生了变化。

(资源文件夹\chat5\ CalculateAbstract.c)

```
01  #include <stdio.h>
02  main()
03  {
04      float a=0.0;
05      printf("请输入参数 a 的值: \n");
06      scanf("%f",&a);                //输入 a 的值
07      if(0>=a)                       //判断 a 是否小于 0
08      {
09          a=-a;                      //a 为负值,需要调整
```

```
10              printf("a 的值已经改变, a= %f\n",a);        //打印修改信息
11          }
12          else
13          {
14              printf("a 不需要改变, a=%f\n",a);          //打印无修改信息
15          }
16      }
```

程序第 7 行对输入的数据 a 进行判断, 若小于 0, 则通过第 9 行将数据改为正值, 否则, 直接显示出结果和信息。

程序运行时由键盘输入数据-100, 按 Enter 键。

请输入参数 a 的值:
-100

输出结果为:

a 的值已经改变, a= 100.000000

　　C 语言也提供了标准库函数用于计算变量或表达式的绝对值,函数名称为 abs(表达式),这是一个数学函数,因此使用该函数前应在文件头部包含头文件 math.h。

5.3.2　if-else 语句的应用

if-else 语句在实际中应用非常广泛。生活中经常需要在是与非之间进行判断,如今天是星期天,则不用上班或上学,可以按照星期天的安排来生活等。

范例 5.3　　JudgeOddorEven.c 键盘输入 int 型参数 a 的值, 判断其是否为偶数, 若为偶数, 则打印 a 为偶数信息; 若为奇数, 则打印为奇数信息。利用模除(%)对 a 值是否为偶数进行判断, 使用 if-else 分支语句实现不同信息的输出。
（资源文件夹\chat5\ JudgeOddorEven.c）

```
01   #include <stdio.h>
02   main()
03   {
04       int a=0;
05       printf("请输入参数 a 的值: \n");
06       scanf("%d",&a);                    //输入变量 a 的值
07       if(0==a%2)                          //判断 a 是否为偶数
08       {
09           printf("a = %d 是偶数\n", a);    //偶数打印
10       }
11       else
12       {
13           printf("a = %d 是奇数\n", a);    //奇数打印
14       }
15   }
```

程序第 7 行使用模除运算判断输入的变量是否为偶数, 若为偶数, 就打印偶数信息, 否则, 执行 else 部分, 打印奇数信息。

程序执行时由键盘输入数值-100，按 Enter 键。

请输入参数 a 的值：
-100

输出结果为：

a = -100 是偶数

通常，条件运算符也可以完成简单的条件判断，但并不适合完成多语句的条件判断，如前述章节对闰年的判断，这里重新使用 if-else 语句进行闰年的判断。

范例 5.3

JudgeLeapYearorNotWithIfElse.c

JudgeLeapYearorNotWithIfElse.c 键盘输入 unsigned int 型年份，判断其是否为闰年，若为闰年，则打印为闰年信息；若为平年，则打印为平年信息。闰年的判断方法是若年数能被 400 整除，那么该年是闰年；若能被 4 整除但不能被 100 整除，该年是闰年，其他年份都是平年。

（资源文件夹\chat5\ JudgeLeapYearorNotWithIfElse.c）

```
01    #include <stdio.h>
02    main()
03    {
04        unsigned int year=0;
05        printf("请输入年份: \n");
06        scanf("%d",&year);                              //输入年份
07        if((0==year%4 && 0!=year%100) || 0==year%400)   //判断输入年份是否为闰年
08        {
09            printf("%d 年是闰年\n", year);              //打印闰年信息
10        }
11        else
12        {
13            printf("%d 年是平年\n", year);              //打印平年信息
14        }
15    }
```

程序第 7 行通过逻辑运算符和关系运算符实现了对闰年和平年的判断，表达式 0==year%4 && 0!=year%100 用于判断该年份是否能被 4 整除但不能被 100 整除，表达式 0==year%400 用于判断该年份是否能被 400 整除。

程序执行时由键盘输入年数 2010，按 Enter 键。

请输入年份
2010

输出结果为：

2010 年是平年

5.3.3 if-else-if 语句的结构及应用

前面讲述的 if 语句一般都用于单分支或两个分支，当有多个分支选择时，可采用 if-else-if 语句，这种结构可实现多分支程序流程设计。

if-else-if 类型结构语句的一般形式为:

```
if(表达式 1)
    语句段 1;
else  if(表达式 2)
    语句段 2;
        else  if(表达式 3)
            语句段 3;
            ⋮
                else  if(表达式 m)
                    语句段 m;
                        else
                            语句段 n;
```

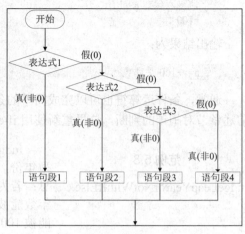

图 5-5 if-else-if 流程图

if-else-if 的执行流程为依次判断表达式的值,当出现某个值为真时,则执行 if 语句对应的语句段,然后跳出整个 if 语句,执行 if-else-if 语句之外的程序。如果所有的表达式均为假,则执行语句段 *n*,其流程图如图 5-5 所示。

范例 5.4

StudentScoreSet.c

StudentScoreSet.c 学生成绩分为 5 个等级,分别为:
A: 90≤score≤100
B: 80≤score<90
C: 70≤score<80
D: 60≤score<70
E: score<60

从键盘输入某学生成绩,判断其属于哪个等级,并打印到屏幕上。使用多分支 if-else-if 语句实现。

(资源文件夹\chat5\ StudentScoreSet.c)

```
01    #include <stdio.h>
02    main()
03    {
04        unsigned int score=0;
05        printf("请输入学生成绩: \n");
06        scanf("%d",&score);                          //输入学生成绩
07        if(90<=score && score<=100)                  //判断是否为 A 级
08        {
09            printf("该学生成绩为  A: %d\n", score);
10        }
11        else if(80<=score && score<90)               //判断是否为 B 级
12        {
13            printf("该学生成绩为 B: %d\n", score);
14        }
15        else if(70<=score && score<80)               //判断是否为 C 级
16        {
17            printf("该学生成绩为 C: %d\n", score);
18        }
19        else if(60<=score && score<70)               //判断是否为 D 级
20        {
21            printf("该学生成绩为 D: %d\n", score);
22        }
```

```
23              else if(score<60)                        //判断是否为 E 级
24              {
25                  printf("该学生成绩为 E: %d\n", score);
26              }
27              else                                     //错误输入
28              {
29                  printf("输入错误 ERROR: %d\n", score);
30              }
31      }
```

程序第 7 行 if 语句判断分数是否属于 A 级，若不属于，则转入第 11 行判断是否属于 B 级；若仍然不属于，则顺次判断下去，直到找到属于的范围为止。程序第 27 行 else 语句用于进行保护输出，即当输入的数据不属于任何级别时，输出错误信息。

在程序执行时输入数据 95，按 Enter 键。

请输入学生成绩:
95

输出结果为:

该学生成绩为 A: 95

if-else-if 类型语句中，else 只能与上面最近的一个 if 语句配对构成分支，并且在该语句中可以没有 else，这种类型称为嵌套的 if 语句，下节将对该内容做详细介绍。if-else-if 语句还可用于判断键盘输入的字符类型。

范例 5.5

JudgeCharacterFromKeyboard.c

JudgeCharacterFromKeyboard.c 使用 getchar 函数接收键盘输入的一个字符，并判断该字符类型。若输入为字母，则打印字母信息；若为数字，则打印数字信息；若为控制字符，则打印控制字符信息。

（资源文件夹\chat5\ JudgeCharacterFromKeyboard.c）

```
01      #include <stdio.h>
02      main()
03      {
04          char c;
05          printf("请输入字符: ");
06          c=getchar();                                 //键盘接收字符
07          if(c>='0'&& c<='9')                          //判断是否为数字
08          {
09              printf("这是一个数字: %c\n",c);
10          }
11          else if(c>='A'&&c<='Z')                      //判断是否为大写字母
12          {
13              printf("这是一个大写字母:%c\n",c);
14          }
15              else if(c>='a'&&c<='z')                  //判断是否为小写字母
16              {
17                  printf("这是一个小写字母:%c\n",c);
18              }
19                  else                                 //其他字符处理
20                  {
21                      printf("这是一个非字母数字字符\n");
```

```
            22        }
            23   }
```

程序第 7 行判断输入的字符是否为数字，程序第 11 行判断输入的字符是否为大写字母，程序第 15 行判断输入的字符是否为小写字母。

程序运行时输入 6，按 Enter 键。

    请输入字符 6

输出结果为:

    这是一个数字 6

这三种类型的判断没有先后顺序，也可以调整它们的判断顺序，例如将大写字母的判断放到最前面，读者可修改程序验证输出结果。

5.4 嵌套 if-else 语句

嵌套 if 语句指在 if 分支或 else 分支中再次执行 if 或 else 语句。实际生活中，由于事件的复杂性，嵌套 if 语句被更多地应用到生活中。例如，外出旅行时对旅行方式的选择，有飞机、火车还有长途汽车。在选择飞机时又有多次航班、多种价格和多个航空公司的选择，选择火车时同样也有类似问题，如选择火车发车时间、车次等，如图 5-6 所示。在选定一种交通工具后还要继续分析判断更详细的问题，这就是一种嵌套分支的执行过程。

5.4.1 嵌套 if-else 语句的定义

嵌套 if-else 语句根据实际需求各不相同，并有多种组合，其一般表达形式为：

```
if(表达式 1)
{
     if(表达式 2)
     {
          语句段 1
     }
     else
     {
          语句段 2
     }
}
else
{
     If(表达式 3)
     {
          语句段 4
     }
     else
     {
          语句段 5
     }
}
```

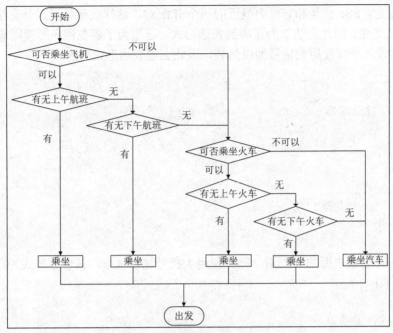

图 5-6 交通工具分支选择流程

单层嵌套的 if-else 语句流程图如图 5-7 所示。

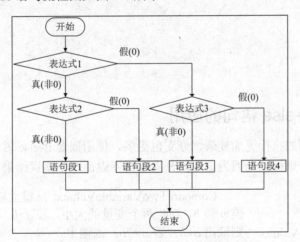

图 5-7 嵌套 if-else 语句流程图

当存在多个 if 和一个 else 分支时，会出现 else 与 if 配对的问题，对于不同的理解，将出现不同的分支结构，如下为两种不同的表达形式。

表达 1：　　　　　　　　　　　　　表达 2：

if(表达式 1)	if(表达式 1)
if(表达式 2)	if(表达式 2)
语句段 1	语句段 1
else	else
语句段 2	语句段 2

C语言规定，else 总是和它前面最近的一个 if 配对，这样就避免了因分支结构不同而导致程序出现二义性。因此表达 2 为正确的表达形式，这里为了避免程序阅读困难，对于 if 和 else 下的语句段，一律使用大括号加以封装，因此上述表达形式变为：

```
if(表达式 1)
{
    if(表达式 2)
    {
        语句段 1
    }
    else
    {
        语句段 2
    }
}
```

若想使 else 与最上面的 if 配对，则应使用大括号加以区分，其表达形式为：

```
if(表达式 1)
{
    if(表达式 2)
    {
        语句段 1
    }
}
else
{
    语句段 2
}
```

5.4.2 嵌套 if-else 语句的应用

嵌套 if-else 语句的执行更加复杂，分支也更多，使用嵌套 if-else 语句时注意对语句段的定位一定要准确，否则程序会因为语句段分支定位错误而产生错误结果。

范例 5.6 CompareTwoVariableValue.c 从键盘输入两个 int 型变量的值 a 和 b，判断两个变量的大小，若 a>b，则输出 a>b；若 a<b，则输出 a<b；若 a==b，则输出 a==b。

（资源文件夹\chat5\ CompareTwoVariableValue.c）

```
01  #include <stdio.h>
02
03  main()
04  {
05      int a,b;
06      printf("请输入 a 和 b 的值: ");
07      scanf("%d%d",&a,&b);              //输入 a 和 b 的值
08      if(a!=b)                          //判断 a 是否等于 b
09      {
10          if(a>b)                       //嵌套分支，判断 a 是否大于 b
```

```
11              {
12                  printf("a>b\n");
13              }
14              else                            //嵌套分支,a 小于 b
15              {
16                  printf("a<b\n");
17              }
18          }
19          else                                //a= =b 分支
20          {
21              printf("a= =b\n");
22          }
23      }
```

程序第 8 行判断 a 与 b 是否相等,若不相等,继续下一步判断;若相等,则打印 $a==b$。当 a 与 b 不相等时,继续判断 a 与 b 的大小,如程序第 10 行。

程序运行时输入数据 12 和 13,按 Enter 键。

请输入 a 和 b 的值: 12 13

输出结果为:

a<b

嵌套的 if-else 语句除了能够处理多分支程序,还能对程序可能出现的异常进行判断,如对程序可能出现的异常情况判断、除数是否为 0 的判断、违反日常行为的判断等。例如,在判断某年是否为闰年时,应首先判断输入的年份是否符合常理,如定义 year 为 int 型变量,由键盘输入年份,则输入年份后应加以判断。

```
if(year<=0)
{
    printf("ERROR: year should not be a Negative, Return\n");
}
```

像这种对输入参数作判断的语句称为入参检查,而 printf 函数打印的信息称为错误提示,在程序领域叫作 trace,这类操作在程序编写中应用广泛,后续章节将继续做详细介绍。

实训 5.2——求一元二次方程的复数根解

从键盘输入一元二次方程 $ax^2+bx+c=0$ 的 3 个参数 a,b 和 c,计算当判别式 $b^2-4ac>=0$ 时,输出实数根,当判别式 $b^2-4ac<0$ 时,输出复数根,并检查输入参数的正确性。使用嵌套 if 语句实现,首先使用 scanf 函数输入 3 个参数 a、b 和 c,定义判别式变量 delta=b^2-4ac,定义变量 sqrt_delta=sqrt(b^2-4ac),其中 sqrt 为求根的数学函数,调用该函数时需包含头文件 math.h。当 delta 大于 0 时方程有两个不相等的实根,此时一元二次方程的两个根分别为:

$x1=(-b+$sqrt_delta$)/2a$, $x2=(-b-$sqrt_delta$)/2a$。

当 delta 等于 0 时,方程有一个实数根
$x = -b/2a$。
当 delta 小于 0 时,方程有两个共轭复数根,分别为
$x1 = -b/2a + \text{sqrt\_delta}/2a$ i, $x2 = -b/2a - \text{sqrt\_delta}/2a$ i。

(1) 需求分析。

分析目标需求,程序中需要做到如下几条。

需求 1,从键盘输入参数 a,b,c 的值并判断输入参数。

需求 2,判断判别式,确定方程有实数根还是复数根。

需求 3,调用平方根数学函数 sqrt,计算方程的根。

需求 4,输出结果。

(2) 技术应用。

根据 C 语言标准以及开发平台版本,完善各个需求模块。

对于需求 1,使用 scanf 函数输入参数 a、b、c 的值,首先判断变量 a 的值是否满足一元二次方程的要求。

对于需求 2,使用 if 语句判断方程有实数根还是复数根,判断方法为 if($b*b-4*a*c$>=0)。

对于需求 3,输出结果时根据实根和复数根的不同,输出不同数据格式,如复数根应输出 $m+ni$ 和 $m-ni$ 的形式。

根据上述分析画出程序流程图,如图 5-8 所示。

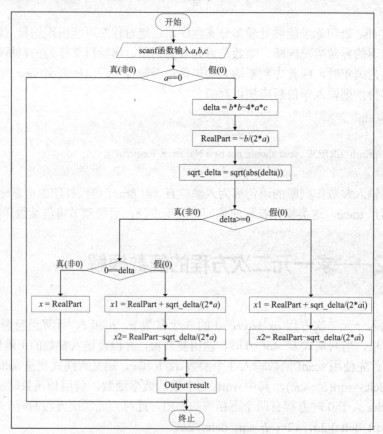

图 5-8　一元二次方程求根流程图

通过上述分析，写出完整的程序如下。

文件	功能
CalculateFormulaRoot.c	① 输入一元二次方程参数 a, b, c 并判断入参 ② 计算 delta 值并判断方程有实数根还是有复数根 ③ 计算方程的根，并显示在屏幕上

程序清单 5.2：CalculateFormulaRealRoot.c

```
01      #include <stdio.h>
02      #include <math.h>
03      main()
04      {
05          float a=0.0;
06          float b=0.0;
07          float c=0.0;
08          double x=0.0,x1=0.0,x2=0.0;
09          double delta =0.0;
10          double sqrt_delta =0.0;
11          double RealPart = 0.0;
12          double ImaginaryPart = 0.0;
13          printf("请输入三个参数 a, b, c 的值:\n");
14          scanf("%f %f %f",&a,&b,&c);               //输入参数
15          printf("您输入的三个参数值为:\n");
16          printf("a=%f,b=%f,c=%f\n",a,b,c);         //参数打印
17          if(0!=a)                                   //参数 a 判断
18          {
19              delta = b*b-4*a*c;                     //判别式计算
20              RealPart = -b/(2*a);                   //实部计算
21              if(delta>=0)                           //判别式判断
22              {
23                  sqrt_delta = sqrt(delta);          //判别式取根号
24                  printf("开始计算实根\n");
25                  if(0==delta)                       //实根个数判断
26                  {
27                      x1 = RealPart;                 //一个实根
28                      printf("该方程有一个实根: x=%f\n", x1);
29                  }
30                  else                               //两个实根
31                  {
32                      x1 = RealPart + sqrt_delta/(2*a);
33                      x2 = RealPart - sqrt_delta/(2*a);
34                      printf("该方程有两个实根: x1=%f, x2=%f\n",x1,x2);
35                  }
36              }
37              else                                   //复根分支
38              {
39                  sqrt_delta = sqrt(-delta);         //判别式取根号
40                  ImaginaryPart = sqrt_delta/(2*a);  //虚部计算
41                  printf("计算两个复数根\n");
42                  printf("该方程有两个复数根: \n");
43                  printf("x1=%f + %fi\n",RealPart, ImaginaryPart);
44                  printf("x2=%f - %fi\n",RealPart, ImaginaryPart);
45              }
```

```
46            }
47            else                                    //参数 a 非法分支
48            {
49                printf("错误：输入参数不正确\n");
50            }
51        }
```

程序第 17 行首先判断输入参数 a 是否为 0，若为 0，则断定输入参数不能组合成一元二次方程，打印错误信息，然后退出。

若 a 不为 0，则进入正常计算流程。首先计算 delta 和对称轴数值 $-b/2a$，如程序第 19 行和第 20 行，然后判断 delta 是大于零、等于零，还是小于零，并根据不同情况计算不同类型的方程根。

程序运行时输入参数值 12、-5 和 9，按 Enter 键。

```
请输入三个参数：a, b, c 的值
12  -5  9
```

输出结果为：

```
您输入的三个参数值为
a=12.000000, b=-5.000000, c=9.000000
计算两个复数根
该方程有两个复数根：
x1=0.208333 + 0.840593i
x2=0.208333 - 0.840593i
```

程序对输入参数、运算过程潜在错误等均做了判断和检测，因此保证程序执行时不出现崩溃。如程序中对输入参数 a 做了非 0 检查，否则误将 a 赋值为 0 时，程序将因为 a 作为除数而运行崩溃。

程序第 43 行在开方根时对 delta 做了取反，若不做取反操作，系统将因为 sqrt 函数参数为正而导致崩溃，读者可尝试将第 43 行中的负号去掉，验证输入结果。

同时，读者也可以去掉对 a 的入参检查，并对参数 a 输入 0，验证程序的运行流程。

分析本实训与实训 5.1 的区别和不同之处。

5.5 switch 语句

除了 if 语句，C 语言还提供了 switch 语句作为分支程序结构设计语句，有些版本也将 switch 语句称为"开关语句"。

5.5.1 switch 语句的定义

编写程序时，经常会碰到按不同情况分支的多路问题。对于这类问题，可用嵌套 if-else-if 语句来实现，但过多的 if-else-if 语句嵌套不方便程序阅读和维护，这时就需要使用 switch 语

句。switch 语句的一般表达形式为:

```
switch(表达式)
{
    case 常量表达式 1:
        语句段 1;
    case 常量表达式 2:
        语句段 2;
        ⋮
    case 常量表达式 n:
        语句段 n;
    default:
        语句段 n+1;
}
```

switch 语句的运行规则为计算表达式的值，顺序与其后的常量表达式值相比较，当表达式的值与某个常量表达式的值相等时，即执行其后的语句段，语句段执行后，不再进行判断，继续执行后面所有 case 后的语句。

注意，常量表达式一定是常量或由常量构成的表达式，不能含有变量。

当表达式的值与所有 case 后的常量表达式均不相同时，则执行 default 后的语句。switch 语句的执行流程如图 5-9 所示。

当语句段只有一条语句时，语句段可放在常量表达式的冒号后面，并且冒号不可写成分号或逗号。当语句段有多条语句时，可以使用大括号封装，也可以不使用，这里为便于程序阅读和理解，对多语句的程序段一律使用大括号封装。

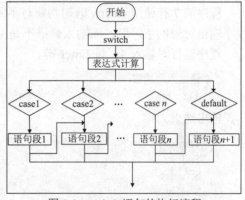

图 5-9　switch 语句的执行流程

范例 5.7

SwitchSentenceCase.c

SwitchSentenceCase.c 从键盘输入整型的星期数，打印出英文的星期名字字符串，根据输入的星期数，打印出该星期数的英文名，使用 switch 语句实现，输入函数使用 scanf 函数，星期一记为 1，星期天记为 7。例如，输入 2，应打印 Tuesday。

（资源文件夹\chat5\ SwitchSentenceCase.c）

```
01    #include <stdio.h>
02    main()
03    {
04        int WeekNum=0;
05        printf("请输入星期数:\n");
06        scanf("%d",&WeekNum);
07        switch(WeekNum)                    //判断输入参数类型
08        {
09            case 1:                        //为星期一的分支
10                printf("Monday\n");
11            case 2:                        //为星期二的分支
12                printf("Tuesday\n");
```

```
13          case 3:                          //为星期三的分支
14              printf("Wednesday\n");
15          case 4:                          //为星期四的分支
16              printf("Thursday\n");
17          case 5:                          //为星期五的分支
18              printf("Friday\n");
19          case 6:                          //为星期六的分支
20              printf("Saturday\n");
21          case 7:                          //为星期天的分支
22              printf("Sunday\n");
23          default:                         //为错误的分支
24              printf("错误：您输入的参数不正确\n");
25      }
26  }
```

程序第 7 行使用 switch 语句判断对不同输入应处理的不同流程，按照不同的输入数据，程序输出对应的字符串，当输入数据不是 1～7 之间的数值时，输出错误提示信息。

程序运行时输入 4，按 Enter 键。

请输入星期数：
4

输出结果为：

Thursday
Friday
Saturday
Sunday
错误，您输入的参数不正确

这里我们期望输入 4 时程序输出字符串 Thursday 并结束。然而，程序并没有按照我们设想的进行，而是将 case 4 之后的所有 case 都执行了一遍。这是由 switch 语句的规则决定的，当某个常量表达式与 switch 关键字后的表达式一致时，程序执行该 case 对应的语句段，并不加判断地继续执行后面所有 case 及 default 语句段。

避免这种程序执行的方法是使用 break 语句。

5.5.2 break 语句

为避免程序在 switch 语句中持续执行 case 语句，C 语言提供了 break 语句。break 语句仅有关键字，没有任何参数。它可以使 switch 语句在执行完一个 case 之后就跳出，从而避免了遍历 case 的可能。break 语句的另外一个功能是跳出循环，将在第 6 章予以详细介绍。

需要说明的是，对于 switch 语句，应在每一个 case 语句之后都增加 break 语句，以使每一次执行相应语句段之后均可跳出 switch 语句，从而避免输出不必要的结果。如图 5-10 所示为

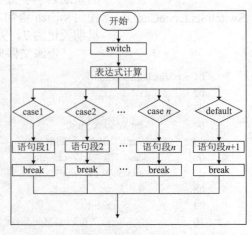

图 5-10 switch 中含有 break 语句流程图

switch 语句中添加 break 语句的流程图。

5.5.3 switch 语句的执行与应用

switch 语句中，case 后的各常量表达式的值不能相同，否则在程序编译时会出现错误。此外，case 常量表达式后可不带任何语句，这样做的目的是使程序可并列选择多种分支对应一个语句段。

范例 5.8
SwitchSentenceWithBreak.c

SwitchSentenceWithBreak.c 从键盘输入学生成绩，分段显示不同成绩段的优劣，90≤score≤100 为 excellence，80≤score<90 为 all right，70≤score<80 为 midding，60≤score<70 为 pass，score<60 为 bad。

（资源文件夹\chat5\ SwitchSentenceWithBreak.c）

```
01   #include <stdio.h>
02   main()
03   {
04       int score=0;
05       printf("请输入分数值: ");
06       scanf("%d",&score);                          //输入参数 score
07       if(0<=score && score<=100)                   //判断是否符合实际
08       {
09           switch(score/10)                         //使用除法判断 score 范围
10           {
11               case 10:                             //并列执行
12               case 9:                              //并列执行
13                   printf("excellence\n"); break;   //添加 break
14               case 8:
15                   printf("all right\n"); break;
16               case 7:
17                   printf("middling\n"); break;
18               case 6:
19                   printf("bad\n"); break;
20               default:                             //默认执行
21                   printf("错误：您输入的参数不正确\n");
22           }
23       }
24       else                                         //分支流程
25       {
26           printf("错误：您输入的参数不正确\n");
27       }
28   }
```

程序第 7 行首先判断输入的数据是否符合实际，即是否属于 0～100 之间的数值，若不符合，则执行第 24 行 else 分支，打印错误信息，并结束程序。若输入数据符合实际，则执行第 9 行，通过除法区分输入数值属于哪个数据段，从而根据不同的分支打印不同的信息。另外，对每个 case 分支，程序使用了 break 语句来跳出分支流程。

程序执行时输入数据 98，按 Enter 键。

```
请输入分数值：98
```

输出结果为：

```
excellence
```

为书写方便，程序没有对每个 case 中的语句段进行括号封装，读者在编写程序时可自行添加，以保证程序的正确性和可读性。

switch 语句中，default 语句主要用于当没有 case 和表达式匹配时输出的说明，default 语句也可以省略，并且一般情况下 default 中没有 break 语句。

此外，各种 case 在 switch 中的位置和顺序并没有严格限制，可以任意调换。

实训 5.3——使用 switch 语句实现四则运算

键盘输入四则运算时，通过 switch 语句分支执行+、-、*、/的四则运算，结果精确到小数点后 3 位。例如，输入 4.5-6，将输出结果 4.5-6=-1.5。程序只能实现简单的四则运算，不能实现复合四则运算，输入参数采用 float 型，使用 switch 语句做四则运算的分支程序。

（1）需求分析。

分析目标需求，程序中需要做到如下几条。

需求 1，键盘输入四则运算式，使用 scanf 函数接收输入参数。

需求 2，从 switch 语句做分支判断四则运算。

需求 3，输出结果，精度为小数点后 3 位。

（2）技术应用。

根据 C 语言标准以及开发平台版本，完善各个需求模块。

对于需求 1，使用 scanf 函数输入四则运算表达式。

对于需求 2，使用 switch 语句对各四则运算作分支处理。

对于需求 3，采用数据类型 float 型输出，精确到小数点后 3 位结果。

通过上述分析，写出完整的程序如下。

文　件	功　能
CalculateFormulaProcess.c	① 输入四则运算表达式 ② switch 语句处理四则运算 ③ 输出结果

程序清单 5.3：CalculateFormulaProcess.c

```
01      #include <stdio.h>
02      main()
03      {
04          float a=0.0;
05          float b=0.0;
```

```
06            char c;
07            printf("请输入要计算的表达式: a+(-,*,/)b\n");
08            scanf("%f%c%f",&a,&c,&b);                       //输入参数
09            switch(c)                                        //判断四则运算类型
10            {
11                    case '+': printf("%.3f\n",a+b);break;    //加运算
12                    case '-': printf("%.3f\n",a-b);break;    //减运算
13                    case '*': printf("%.3f\n",a*b);break;    //乘运算
14                    case '/':                                //除运算
15                    {
16                            if(0!=b)                         //判断除数是否为0
17                            {
18                                    printf("%.3\n",a/b);break; //除运算
19                            }
20                            else
21                            {
22                                    printf("错误：除数不能为 0\n"); //错误提示
23                                    break;
24                            }
25                    }
26                    default: printf("错误：您输入的参数不正确\n"); //错误提示
27            }
28    }
```

程序第 9 行 switch 语句区分不同运算类型，对于加、减和乘运算，程序直接输出运算结果。对于除运算，程序第 16 行首先判断除数 b 是否为 0，若为 0，则打印错误信息，并退出程序；若不为 0，则输出除法之后的商。

程序运行时输入计算公式，按 Enter 键。

请输入要计算的表达式： a+(-,*,/)b
4*6.5

输出结果为：

26.000

程序第 16 行对四则运算做了除法保护，以表达式 0!=b 为判断条件，这里需要说明的是，假如将该表达式改为 0==b，并将第 23 行、第 24 行与第 19 行调换，程序执行效率将变低。由于作为正常状态的 b 的值出现异常情况较少，因此，假如程序输入正确，程序将总是首先判断其错误情况 0==b，然后再执行 else 中的正确流程，从而导致程序效率降低。读者可修改程序后仔细推敲其中的原理。

在程序中添加模除（%）运算功能，添加或更改代码，使其支持该功能。

（1）回顾模除运算的规则（适用于整型数据）。
（2）程序已定义为 float 型，合理做分支设计，使其支持输入数据的模除运算（if 分支或者强制类型转换）。

5.6 嵌套 switch 语句

嵌套的 switch 语句是指在一个 switch 语句中某个 case 下会再嵌入一个或多个 switch 语句，用于进一步做分支选择。嵌套的 switch 遵循所有简单 switch 语句的规则。

5.6.1 嵌套 switch 语句的定义

与嵌套 if 语句类似，嵌套的 switch 语句应用更加复杂，也更加接近实际问题。其一般表达形式为：

```
switch(表达式 1)
{
    case 常量表达式 1:
        switch(表达式 2)
        {
            case 常量表达式 11:
                语句段 11
            case 常量表达式 12:
                语句段 12
                ⋮
            case 常量表达式 1m:
                语句段 1m
            default:
                语句段 1m+1
        }
    case 常量表达式 2:
        语句段 2;
        ⋮
    case 常量表达式 n:
        语句段 n;
    default:
        语句段 n+1;
}
```

嵌套 switch 语句的执行规则为首先计算表达式 1，将外围常量表达式与表达式 1 的值作比较，若常量表达式 1 与表达式 1 相同，则进入嵌套 switch 执行，此时仍然首先计算表达式 2，然后判断嵌套的各 case 中常量表达式与表达式 2 的值是否相等，若相等，则执行相应的语句段。

5.6.2 嵌套 switch 语句的执行与应用

嵌套 switch 语句执行与简单 switch 语句执行类似,两者并无明显差别。需要注意的是,嵌套 switch 语句中的 break 语句仅对当前的 switch 语句起作用,并不会跳出整个 switch 语句。

范例 5.9

SwitchAarlineSearch.c

SwitchAarlineSearch.c 查询一周七天的航班情况。例如,要查周五上午的航班,则输入 5 和 m(代表 morning,上午),就输出星期五上午的航班时间表。星期可使用整型数字,可输入 m(代表上午)、a(代表下午)和 e(代表晚上)来查看不同时间段的航班信息。

(资源文件夹\chat5\ SwitchAarlineSearch.c)

```
01  #include <stdio.h>
02  main()
03  {
04      unsigned int weekday = 0;
05      char c;
06      printf("请输入星期数和 m (上午),  a(下午) or e (晚上): \n");
07      scanf("%d%c",&weekday, &c);              //输入参数
08      switch(weekday)                          //外层 switch 结构
09      {
10          case 1:                              //相同属性
11          case 2:                              //相同属性
12          case 3:                              //相同属性
13          case 4:                              //相同属性
14          case 5:                              //相同属性
15          {
16              switch(c)                        //嵌套 switch
17              {
18                  case 'm':                    //morning
19                  {
20                      printf("To Beijing : 06:20, 07:30, 10:15, 11:50\n");
21                      printf("To Shanghai: 06:10, 07:40, 10:05, 11:00\n");
22                      printf("To NewYork : 08:15, 10:20, 11:35\n");
23                      break;
24                  }
25                  case 'a':                    //afternoon
26                  {
27                      printf("To Beijing:    12:20, 14:30, 15:15, 17:50\n");
28                      printf("To Xian   :    12:10, 14:40, 15:05, 17:00\n");
29                      printf("To NewYork:    12:15, 13:20, 16:35\n");
30                      break;
31                  }
32                  case 'e':                    //evening
33                  {
34                      printf("To Beijing :   18:20, 20:30, 21:15, 22:50\n");
35                      printf("To Shanghai:   20:10, 20:40, 21:05, 22:00\n");
36                      printf("To Chengdu :   21:15, 22:20, 23:35\n");
37                      break;
38                  }
```

```
39                    default: printf("错误:您输入的参数不正确\n");
40                    }
41                    break;
42            }
43      case 6:                                    //相同属性
44      case 7:                                    //相同属性
45      {
46            switch(c)
47            {
48                    case 'm':                          //morning
49                    {
50                            printf("To Beijing : 06:20, 07:30, 10:15, 11:50\n");
51                            printf("To Shanghai: 06:10, 07:40, 10:05, 11:00\n");
52                            printf("To NewYork : 08:15, 10:20, 11:35\n");
53                            printf("To HongKong: 08:35, 10:10, 11:25\n");
54                            break;
55                    }
56                    case 'a':                          //afternoon
57                    {
58                            printf("To Beijing:    12:20, 14:30, 15:15, 17:50\n");
59                            printf("To Xian   :    12:10, 14:40, 15:05, 17:00\n");
60                            printf("To NewYork:    12:15, 13:20, 16:35\n");
61                            printf("To Sydney :    12:30, 14:60, 15:55, 17:30\n");
62                            break;
63                    }
64                    case 'e':                          //evening
65                    {
66                            printf("To Beijing : 18:20, 20:30, 21:15, 22:50\n");
67                            printf("To Shanghai: 20:10, 20:40, 21:05, 22:00\n");
68                            printf("To Chengdu : 21:15, 22:20, 23:35\n");
69                            printf("To QingDao : 18:50, 20:10, 20:20, 20:55, 23:10, 23:55\n");
70                            break;
71                    }
72                    default:printf("错误:您输入的参数不正确\n");
73            }
74            break;
75      }
76      default: printf("错误:您输入的参数不正确\n");
77   }
78 }
```

程序第 10 行到第 14 行界定，对星期一、星期二、星期三、星期四和星期五具有相同的航班信息，第 43 行和第 44 行界定星期六和星期天具有相同航班信息，对每天的航班信息，又分为上午、中午和晚上三个时间段的航班。对输入的时间段做分支，根据不同时间段输出不同的航班信息。

程序执行时输入 5e，按 Enter 键。

请输入星期数和 m(上午), a(下午) or e(晚上): 5e

输出结果为：

```
To Beijing :       18:20,    20:30,    21:15,    22:50
To Shanghai:       20:10,    20:40,    21:05,    22:00
To Chengdu :       21:15,    22:20,    23:35
```

 程序中多次出现多个 case 共用一段语句段的情况，这样的目的是体现多条 case 具有相同的属性，读者在编写程序时尽量注意，这样的设计应以注释表达出来，以便于程序阅读。

5.7 疑难解答和上机题

5.7.1 疑难解答

（1）假如 if 语句中的表达式的值为假，那么该表达式的所有运算都会执行吗？例如，对于 if(x++) x++; 语句，x 会做几次自增运算呢？

解答：if 语句中的表达式用于判断是否执行 if 语句后面的语句段。因此，只要判断出表达式为真或假，就结束运算的执行。若 x=0，那么表达式 x++ 的值为 0，即表达式 x++ 为假，但此时仍然执行了表达式，所以 x 将会执行自增运算，但由于表达式为假，因此 if 语句后的 x++ 不执行，因此 x 做了一次自增运算。再比如：对于 if(x++ && y=5) x=6; 语句，若初始时 x=0，y=1，那么由于表达式 x++ && y=5 仅执行前面的 x++ 表达式，并且表达式为 0，所以 x=6 语句不执行，因此最后的值为 x=1，y=1。

（2）if 语句的判断表达式中可不可以使用赋值表达式？

解答：可以。但是，由于赋值表达式的值是赋值后赋值号左边变量的值，因此，一定要注意对表达式值的预见性，因为 if 语句仅判断表达式是真或假。例如，已知 a=3，b=5，if(a=b) a=a+b; 语句的执行过程为：由于 a=b 是赋值表达式，因此，表达式的值为 5，为真，所以执行 a=a+b; 语句，a 的值变为 8。其间 a 的值变化了两次。但是，只要 b 的值不为 0，程序将始终执行 if 语句后的语句段。

（3）在 switch 语句中，switch 关键字后的表达式可以是常量吗？

解答：可以，switch 语句对判断表达式没有限制，可以是任何常量、变量或表达式。

（4）在 if 语句中，if 后的判断表达式可以是常量吗？

解答：可以，在 C 语言中，对于 if 语句，和 switch 语句类似，没有对判断表达式做任何限制，当使用常量或常量表达式作为判断表达式时，if 语句后的语句段仅有两种可能，要么执行，要么不执行，因为常量或常量表达式仅有两种可能：0（假），非 0（真）。

（5）已知如下 if 语句：

```
if(表达式 1)
    if(表达式 2)
        语句 1
    else
        语句 2
```

当表达式 1 为假时，则执行语句 2，是否正确？

解答：错误。else 一定和上面与其最近的 if 语句配对，因此上述程序若表达式 1 为假，则 if 语句终止。

（6）已知有如下 if 语句：

```
if(表达式 1)
    语句段 1
else
    else if(表达式 2)
        语句段 2
```

这种 if 语句是否合理？

解答：不合理，if 语句可以没有 else，但如果有 else，就需要 if 与其配对，上述表达 else 多于 if，不合理。

（7）在 switch 语句中，case 后面可以是变量吗？

解答：不可以。case 后面一定是常量或常量表达式，不能是变量或含有任何变量的表达式。

（8）在 switch 语句中，当判断中间的 case 符合表达式要求时，能够自动实现执行对应的语句段后退出 switch 吗？

解答：不可以。只有在 case 所对应的语句段中存在 break 语句时，程序才会退出 switch 语句，但 break 语句并不属于 switch 语句的一部分。

（9）在 switch 语句嵌套时，可以对每个 case 都嵌套 switch 吗？

解答：可以。switch 语句应用灵活，可以自己设定对某个 case 嵌入 switch 语句，并且嵌入的 switch 语句跟普通 switch 语句的规则相同，也允许每个 case 后面都嵌套 switch 语句。

（10）break 语句可用于直接跳出所有嵌套 switch 语句吗？

解答：不可以。当有嵌套 switch 时，break 语句仅能跳出内层 switch 语句。因此，使用嵌套 switch 语句时，外层的 switch 语句中每个 case 后面都要添加 break 语句。

5.7.2 上机题

（1）温度计算中，有两种不同的温度表示方法：华氏温度和摄氏温度，两者的转换公式为 $c=(f-32)/1.8$，其中 c 表示摄氏温度，f 表示华氏温度。试编写程序，键盘输入华氏温度，输出相应的摄氏温度，并将结果打印到屏幕上，输出结果保留 2 位小数。

（2）在 C 语言中，大写字母和小写字母之间可以通过算术运算相互转换。例如，大写字母 A 比小写字母 a 在数值上小 32，试编写程序，从键盘输入一个大写英文字母，输出相应的小写字母。例如：输入 G，输出 g。

（3）试编写程序，使用 if 语句判断键盘输入的两个数值的大小，并输出较小的一个。

（4）if 语句可用于判断多个参数的大小，试编写程序，对键盘输入的 3 个数按从大到小排序，并打印到屏幕上。

（5）试编写程序，从键盘输入一个字符，如果它是大写字母，则输出相应的小写字母；如果它是小写字母，则输出相应的大写字母；否则，原样输出。例如，输入 F，输出 f；输入 b，输出 B；输入 7，输出 7。

（6） 下面的函数是一个简单的分段函数。

$$y = \begin{cases} 1 & x>0 \\ 0 & x=0 \\ -1 & x<0 \end{cases}$$

试编写程序，输入 x 的值，使用 if 语句求解 y 的值，并输出 y 的值。

（7） C语言中，经常遇到交换两个变量的值的情况，试编写程序，从键盘输入两个整型值，然后将两个数互换，并输出两个数交换前和交换后的值。

（8） 试编写程序，从键盘输入一个整型数，判断是否能被 3、5、7 整除。若能够被 3、5、7 整除，则输出字符串 OK，否则输出 NOT OK。（提示：可以使用模除%进行数据能否被 3，5、7 整除的判断）

（9） 通常将顺写和倒写都相同的数字称为回文数，例如：121 就是回文数。试编写程序，从键盘输入 3 位数整型数值，判断其是否为回文数，若是，则打印 Yes，否则，打印 No。

（10） 编写程序，实现邮局寄送邮包收费规则：小于 5 公斤的包裹每公斤收 3.5 元，5 公斤到 10 公斤的包裹每公斤收 4.8 元，10 公斤到 20 公斤的包裹每公斤收 5.2 元，20 公斤到 60 公斤的包裹每公斤收 6 元，大于 60 公斤的包裹每公斤收 6.2 元，并加收 50 元包装费。

第 6 章 循环结构程序设计

循环结构是 C 语言三大基本结构之一，是结构化程序设计中最重要的结构。循环结构程序主要使用循环语句实现，循环语句是专门用于循环程序执行流程的语句。在 C 语言中，主要的循环语句有 for 循环语句、while 循环语句和 goto 语句等。

本章学习重点：

- for 循环语句
- 嵌套的 for 循环语句
- while 语句
- do…while 语句
- break 语句
- continue 语句
- goto 语句

6.1 循环语句的提出

在实际生活中，经常遇到许多进行重复性操作的问题，如汽车车速的计算，就是通过循环累计记录车轮的转数并计算而得到的。若在程序中实现重复循环的问题，就要重复执行某些语句，通常将重复执行的语句段称为循环体，循环能否继续，取决于循环的终止条件。

循环结构是程序中一种应用最频繁的结构之一，其特点是在给定条件成立时，反复执行某语句段，直到条件不成立为止。通常将给定的条件称为循环条件，反复执行的语句段称为循环体，循环体可以是一条简单语句，也可以是任何复杂的顺序语句、分支语句以及几种语句的复合语句等。此外，循环体内也可以内嵌循环控制语句构成循环嵌套，根据循环条件和循环体执行的先后次序，循环结构主要分为如下两种形式。

1. 当型循环

当型循环的执行规则为首先判断循环条件，若循环条件为真（非 0），则反复执行循环体；若循环条件为假（0），则结束循环。C 语言提供了两种当型循环语句，分别为 for 语句和 while 语句，如图 6-1 所示为当型循环流程图。

2. 直到型循环

直到型循环的执行规则为首先执行循环体，然后判断循环条件，若循环条件为真（非 0），则继续执行循环体；若循环条件为假（0），则结束循环。C 语言提供了 do-while 循环语句作为直到型循环语句，如图 6-2 所示为直到型循环流程图。

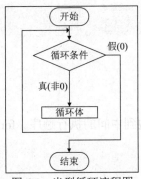
图 6-1　当型循环流程图

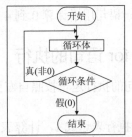
图 6-2　直到型循环流程图

此外，还有一种更加灵活的 goto 循环语句，由于 goto 语句过于灵活，且不方便控制，因此受到很多人的排斥。

6.2　for 循环语句

for 语句属于直到型循环，是 C 语言所提供的功能非常强大的循环语句，在程序编写中使用非常广泛。与分支结构语句相比，for 语句的流程和规则更加复杂。for 循环结构也可以嵌套，嵌套的 for 循环在处理多重循环的问题中发挥着重要的作用。

6.2.1　for 语句的定义

for 语句由初始表达式、循环控制表达式、循环置位表达式和循环体构成，其一般形式为：

```
for(表达式 1;表达式 2;表达 3)
    语句段
```

其中，表达式 1 为初始表达式，通常作为 for 循环的初始操作，常用来给循环变量赋初值，一般是赋值表达式。表达式 2 为循环控制表达式，通常设为循环条件。表达式 3 为循环置位表达式，也称为迭代表达式，通常用于修改循环变量的值。

上述 3 个表达式可以是简单的表达式形式，也可以是由几个表达式构成的逗号表达式。for 循环中，3 个表达式作为执行某项功能而存在，因此，若可以使用其他表达方式代替这 3

个表达式的功能，3个表达式也可以省略。语句段是for语句的循环体，当进行循环操作时，该语句段就会被执行。

需要注意的是，关键字for和小括号之间可以没有空格，也可以有一个或多个空格，为使程序代码美观整齐，这里for与小括号之间不加空格。此外，3个表达式可以不出现在for循环语句中，但表达式1和表达式2后的分号不可少。当语句段由一条语句组成时，可将其放在for循环中右括号")"的后面，但须有一个或多个空格，也可以放在for定义行下面，此时可以不加大括号封装，但如果语句段由两条或两条以上语句构成，则必须加大括号封装。

表达式3通常为变量自增或自减表达式，但也可能是其他表达式，对于不同功能的for循环，其设计也大不相同。例如：

```
for(a=0; a<5;a++)
    b=b+a;
```

上述for语句用于计算0到4的和。

6.2.2 for 语句的执行

for语句的执行逻辑按照自左到右、自上到下、自两边到中间的执行顺序。for语句的执行规则为：

（1）执行表达式1，计算表达式1的值。

（2）计算表达式2的值，若表达式2为真（非0），则执行循环体，否则跳出循环。

（3）程序执行完循环体后，将执行表达式3，然后返回步骤（2），继续判断表达式2是否为真（非0），若为真，则继续执行循环体，否则，退出循环。

在整个for循环流程中，表达式2是for循环的主要控制表达式，表达式2的设置对程序执行循环体的次数起着主要控制作用。

循环体可能被执行多次，也可能一次也未被执行，如图6-3所示为for语句的执行流程图。for循环中，不论表达式2的值为真或假，表达式1总会被执行且仅执行1次，如图6-4所示为for循环正常循环的执行示意图。

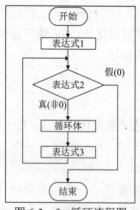

图6-3 for循环流程图

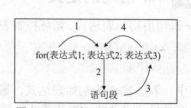

图6-4 for循环正常流程示意图

其中步骤1最先执行，且仅执行1次，程序循环过程中顺次执行步骤2、3和4。当表达式2为假时，跳出整个循环。例如，计算1到10的和，使用sum保存结果，可使用for语句实现：

```
int i=0, sum=0;
for(i=0; i<=10; i++)
    sum=sum+i;
```

6.2.3 for 循环语句的应用

for 循环语句的一个重要应用是用于数学计算。计算机具有完成数学计算以及逻辑计算等功能，因此使用程序实现算术运算成为一个必然手段，本节以几个典型范例展示 for 语句在数学计算中的用途。

范例 6.1 CalcFactorial.c CalcFactorial.c 编写程序，计算 10!，使用 for 循环语句实现。使用 facto 保存结果，并显示在屏幕上。注意在定义 facto 时要赋初值。使用语句："facto = facto * n"表示阶乘的计算。
（资源文件夹\chat6\ CalcFactorial.c）

```
01   #include <stdio.h>
02   main()
03   {
04       int i=0;
05       int facto=0;
06       facto=1;                    //赋初值为 1，注意不能赋初值为 0
07       for(i=1;i<=10;i++)          //for 循环控制
08       {
09           facto=facto*i;          //循环体，计算阶乘
10       }
11       printf("10! = %d\n", facto);
12   }
```

程序首先定义变量 i 用于控制 for 循环次数，通常称这样的变量为循环变量，定义 facto 为结果变量。在 for 循环之前，应首先为 facto 赋初值为 1，如第 6 行所示，切记不要赋初值为 0，若赋初值为 0，将使第 9 行中的乘法结果永远为 0。for 循环控制行（程序第 7 行）中，$i=1$ 为表达式 1，$i<=10$ 为表达式 2，$i++$ 为表达式 3。语句 facto=facto*i 为循环体语句。如图 6-5 所示为程序执行过程中变量的值变化，图中每执行一次循环体，称为一次循环。

程序执行顺序为：

执行 $i=1$，将 i 赋值为 1。

执行 $i<=10$，此时 i 为 1，表达式值为真，因此执行循环体。由于 facto 在第 6 行中赋值为 1，因此在执行语句 facto=facto*i 之后，facto 值仍为 1。

执行 $i++$。

执行 $i<=10$，由于此前做过一次 $i++$ 操作，因

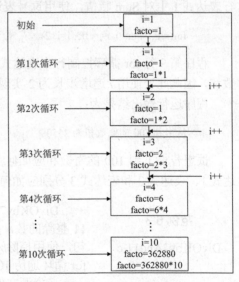

图 6-5　10!循环流程图

此 i 的值变为 2，表达式仍为真，继续执行循环体。由于此时 i 的值为 2，因此在执行 facto=facto*i 后，facto 的值为 2。

执行 i++。

执行 i<=10，由于此前的 i++操作，因此 i 变为 3，表达式仍为真，继续执行循环体，此时 i 的值为 3，在执行 facto=facto*i 后，facto 的值为 6。

如此执行下去，直到 i++操作后 i 的值变为 11，此时表达式 i<=10 为假，因此退出循环。

程序运行输出结果为：

```
10! = 3628800
```

范例 6.2

CalcEvenSumFrom1To100.c

CalcEvenSumFrom1To100.c 编写程序，计算 1 到 100 之间的偶数和，使用 for 循环语句实现。使用 Sum 保存结果，并显示在屏幕上。注意在定义 Sum 时要赋初值。使用语句："Sum = Sum+i" 表示求和的计算，i 为循环变量，注意 i 值的递增步长。

（资源文件夹\chat6\ CalcEvenSumFrom1To100.c）

```
01  #include <stdio.h>
02  main()
03  {
04      int i=0;
05      int Sum=0;
06      Sum=0;                                //Sum 赋初值
07      for(i=2;i<=100;i=i+2)                 //for 循环控制
08      {
09          Sum=Sum+i;                        //循环体，计算和数
10      }
11      printf("从 1 到 100 的偶数和为：  %d\n", Sum);
12  }
```

程序第 6 行将 Sum 赋值为 0，注意，不能赋值为 1 或其他值。此外，也可以在 for 控制行表达式 1 中对 Sum 赋值，使用逗号表达式。例如，第 7 行可改为：

```
for(i=2, Sum=0; i<=100; i=i+2)
```

程序第 9 行 for 循环控制行中表达式 3 使用赋值表达式 i=i+2 实现，由于求 1 到 100 的偶数和，因此此处使用 i 递增步长为 2 实现。

程序运行输出结果为：

```
从 1 到 100 的偶数和为 2550
```

试想若求 1 到 100 的奇数和应如何实现？Sum 的初值应为多少？i 的初值应为多少？表达式 1、表达式 2 和表达式 3 分别应如何表达？读者可参阅上述程序编程实现。

范例 6.3

DivOKby7And11.c

DivOKby7And11.c 编写程序，计算 100 到 1000 之间能被 7 和 11 整除的数，并显示在屏幕上，每 3 个数为 1 行。判断使用 if 语句，使用模除%判断是否能被 7 和 11 整除，使用 i 作为循环变量，for 循环遍历 100 到 1000 中的每个数。

（资源文件夹\chat6\ DivOKby7And11.c）

第 6 章 循环结构程序设计

```
01    #include <stdio.h>
02    main()
03    {
04        int i=0;
05        int lineSum=0;                          //换行控制参数
06        for(i=100; i<=1000; i++)                //for 循环控制行
07        {
08            if((0==i%7) && (0==i%11))           //判断是否能被 7 和 11 整除
09            {
10                lineSum++;                      //换行判断累计
11                printf("%6d",i);                //输出数据
12
13                if(0= =lineSum%3)               //判断是否需要换行
14                {
15                    printf("\n");               //换行
16                }
17            }
18        }
19        printf("\n");
20    }
```

程序使用 if 语句判断是否为被 7 和被 11 整除的数,使用逻辑表达式(0==i%7) && (0==i%11)实现判断。由于程序要求换行操作,因此定义换行控制变量 lineSum。每遍历到一个满足要求的值,即执行 lineSum++操作,并在每个循环中判断是否需要换行,若需要,则执行换行。

程序运行输出结果为:

```
   154    231    308
   385    462    539
   616    693    770
   847    924
```

在 for 循环中加入 if 语句将打断 for 语句的流水线作业,因此,若程序设计可以避免在 for 循环中加入 if 语句,则尽量使用无 if 语句的 for 循环。

6.3 for 循环嵌套语句

C 语言允许在一个循环内完整地包含另一个循环,这种复杂的循环结构称为循环嵌套,即循环体本身又包含另一个循环语句。for 语句可以实现循环嵌套的功能。

6.3.1 for 循环嵌套语句的定义与执行

for 循环嵌套语句的一般形式为:

```
for(表达式 01;表达式 02;表达式 03)
  for(表达式 11;表达式 12;表达式 13)
```

```
            for(表达式21;表达式22;表达式23)
                    循环体
```

嵌套 for 语句中，每一个 for 语句的执行与单个 for 循环语句的执行规则相同，不同的是嵌套循环中通常先执行最内层循环，然后依次执行至最外层循环。程序运行时，将内层循环作为外层循环的循环体处理，因此上述嵌套语句的表达形式可转换为：

```
01    for(表达式01;表达式02;表达式03)
02    {
03          for(表达式11;表达式12;表达式13)
04          {
05                for(表达式21;表达式22;表达式23)
06                {
07                      循环体
08                }
09          }
10    }
```

为便于描述，将各行标号，程序的执行顺序为：

执行第 1 行表达式 01；

执行第 1 行表达式 02，判断表达式 02 是否为真，若为真，执行第 3 行 for 循环；

执行第 3 行表达式 11；

执行第 3 行表达式 12，判断表达式 12 是否为真，若为真，执行第 5 行 for 循环；

执行第 5 行表达式 21；

执行第 5 行表达式 22，判断表达式 22 是否为真，若为真，执行循环体；若为假，退出第 5 行 for 循环，返回执行第 3 行表达式 13；

执行表达式 23；

执行表达式 22，若表达式 22 为真，执行循环体；若为假，退出第 5 行 for 循环，返回执行第 3 行表达式 13；

执行表达式 13；

执行表达式 12，若表达式 12 为真，继续执行第 5 行循环；若为假，则退出第 3 行循环，返回执行表达式 03；

执行表达式 02，若表达式 02 为真，继续执行第 3 行循环；若为假，则退出整个循环，结束。

一般情况下，程序编写中最多为 3 重嵌套 for 循环，若嵌套太多，则影响程序执行效率。通常可以将 3 重嵌套理解为钟表的运行，最内层循环就如秒针，执行最多，循环速度最快；中间层循环如分针，执行次数和循环速度次于最内层循环；最外层循环如时针，执行次数最少，循环速度也最慢。

6.3.2 for 循环嵌套语句的应用

for 循环嵌套在实际中应用广泛，也更加接近于现实情况的存在条件，但使用 for 循环一定要注意，避免出现不必要的无限循环（死循环）。

范例 6.4

CalcPrimeBetween1To100.c

CalcPrimeBetween1To100.c 编写程序，计算 1 到 100 之间的素数。所谓素数是指在所有比 1 大的整数中，除了 1 和它本身以外，不再有别的约数，这种整数叫作素数，又叫作质数。将判断出的数显示到屏幕上，每 5 个数为 1 行。程序使用 2 层 for 循环实现，第 1 层循环用于遍历 2 到 100 的数，第 2 层循环用于判断是否为素数。

（资源文件夹\chat6\ CalcPrimeBetween1To100.c）

```
01  #include <stdio.h>
02  main()
03  {
04      int n=0,i=0;
05      int flag=0, lineSum=0;
06      for(n=2;n<=100;n++)                  //外层循环，变量 2 到 100 值
07      {
08          for(i=2;i<n;i++)                 //内层循环，判断 n 是否为素数
09          {
10              if(0==n%i)                   //素数判断
11              {
12                  flag = 1;                //若不为素数，置位为 1
13              }
14          }
15          if(0==flag)                      //是否为素数判断
16          {
17              lineSum++;                   //素数，lineSum 递增
18              printf("%4d",n);             //打印素数
19              if(0==lineSum%5)             //换行判断
20              {
22                  printf("\n");            //换行
22              }
23          }
24          flag = 0;                        //清除标志位，准备下个数字判断
25      }
26  }
```

程序第 7 行 for 循环遍历 2 到 100 的数据，第 9 行 for 循环遍历除数，程序第 11 行用于判断是否为素数，若不是素数，则置标志位 flag 为 1，否则继续进行判断。内层循环结束后，flag 未被置位，则判定是素数，打印相关信息。

程序运行输出结果为：

2	3	5	7	11
17	13	19	23	29
31	37	41	43	47
53	59	61	67	71
73	79	83	89	97

程序实现了对 1 到 100 之间素数的打印，然而程序并不完善，其中内层循环中对 n 是否为素数的判断，只需循环进行到 sqrt(n) 即可判断 n 是否为素数。另外，当判断出 n 不是素数时，可立即终止循环而进行下一个数字的判断。

实训 6.1——打印九九乘法表

九九乘法表是小学数学中最基本的知识,经常印到我们的文具盒上面。编写程序,使用 for 循环将九九乘法表输出到屏幕上,并且打印行列对齐,效果美观大方。实现方法为,采用 2 层循环结构,外层循环控制行输出及换行,内层循行控制列输出。

(1) 需求分析。

分析目标需求,程序中需要做到如下几条。

需求 1,打印九九乘法表。

需求 2,行列对齐。

(2) 技术应用。

根据 C 语言标准以及开发平台版本,完善各个需求模块。

对于需求 1,使用嵌套 for 循环实现。

对于需求 2,使用 printf 输出格式控制,每个打印数字采用%3d 格式。

通过上述分析,写出完整的程序如下。

文　件	功　　能
PrintMultiplexTable.c	① 打印九九乘法表 ② 输出行列对齐,效果美观

程序清单 6.1:CalculateFormulaRealRoot.c

```
01    #include <stdio.h>
02    main()
03    {
04        int i=0,j=0;
05        int mult=0;
06        for(i=1;i<=9;i++)                    //打印控制行
07        {
08            for(j=1;j<=i;j++)
09            {
10                printf("%d*%d=%-3d",j,i,i*j);
11            }
12            printf("\n");
13        }
14    }
```

程序第 11 行将 i 作为内层循环的控制参量,控制列输出总是小于等于行输出数。程序第 13 行输出 i*j=k 格式的等式,实现了九九乘法表的效果,使用%3d 格式输出乘积,造成打印对齐效果。

程序运行结果为:

```
1*1=1
1*2=2    2*2=4
```

1*3=3	2*3=6	3*3=9						
1*4=4	2*4=8	3*4=12	4*4=16					
1*5=5	2*5=10	3*5=15	4*5=20	5*5=25				
1*6=6	2*6=12	3*6=18	4*6=24	5*6=30	6*6=36			
1*7=7	2*7=14	3*7=21	4*7=28	5*7=36	6*7=42	7*7=49		
1*8=8	2*8=16	3*8=24	4*8=32	5*8=40	6*8=48	7*8=56	8*8=64	
1*9=9	2*9=18	3*9=27	4*9=36	5*9=45	6*9=54	7*9=63	8*9=72	9*9=81

修改程序，使乘法表倒叙打印，即 9*9=81 在左上方，1*1=1 在右下方。

（1）将行、列控制循环变量初始值修改。
（2）注意打印对齐。

实训 6.2——打印三位数水仙花数

所谓"水仙花数"是指一个 n 位数（$n \geq 3$），它的每位数字的 n 次幂之和等于它本身。例如，$1^3 + 5^3 + 3^3 = 153$，即其各位数字立方和等于该数字本身，因此，153 是一个"水仙花数"。编写程序，求 3 位数的水仙花数，使用 for 循环，并尽量减少循环嵌套层数。水仙花数是数学计算中的一个趣味题目，题设要求求 3 位数的水仙花数，可使用嵌套 for 循环遍历所有 3 位数，并判断是否为水仙花数，若是，则打印到屏幕上。

（1）需求分析。

分析目标需求，程序中需要做到如下几条。

需求 1，分析 3 位数字是否为水仙花数。

需求 2，若查找到符合要求的数，则打印。

需求 3，尽量减少循环次数。

（2）技术应用。

根据 C 语言标准以及开发平台版本，完善各个需求模块。

对于需求 1，定义变量 i, j, k，分别代表 3 位数的个位、十位和百位。使用公式：$i+10*j+100*k=i*i*i+j*j*j+k*k*k$ 判断某 i, j, k 的组合是否符合要求，使用 3 层 for 循环实现。

对于需求 2，使用 if 语句判断是否符合要求，若符合要求，则打印。

对于需求 3，设计更加合理方案，使用 1 层循环实现，遍历 100~999 之间的数，并分别获取每个数的各位数字，以减少循环开销。

通过上述分析，写需求 1 的程序。

文件	功能
WaterFlower1.c	① 根据分析需求 1 中的方案,for 循环嵌套遍历 1~9,0~9 之间的数,判断是否为水仙花数 ② 打印水仙花数

程序清单 6.2_1:WaterFlower1.c

```
01    #include <stdio.h>
02    main()
03    {
04        int i,j,k;
05        printf("水仙花数为:\n");                          //信息提示打印
06        for(i=1;i<=9;i++)                                //百位数字循环
07            for(j=0;j<=9;j++)                            //十位数字循环
08                for(k=0;k<=9;k++)                        //个位数字循环
09                {
10                    if((i*100+j*10+k) == (i*i*i+j*j*j+k*k*k))   //控制判断
11                    {
12                        printf("%-5d", i*100+j*10+k);    //数据输出
13                    }
14                }
15    }
```

程序第 6 行控制遍历百位数字,从 1 到 9,第 7 行控制遍历十位数字,从 0 到 9,第 8 行控制遍历个位数字,从 0 到 9。程序第 10 行使用 if 语句判断是否为水仙花数。

程序运行结果为:

```
水仙花数为
153     370     371     407
```

上述程序使用 3 层循环实现了对水仙花数的判断,然而,还有另外一种实现方法,就是遍历 100~999 之间的数,使用除法和模除获取各位数字的值,进而判断是否为水仙花数,若是则打印,否则,继续遍历。

编写高效率的程序是程序员应具备的思想准则,下面介绍一种更高效的方法,使 for 循环嵌套由 3 层变为 1 层,虽然程序总的执行次数有所增加,但嵌套 for 循环存在变量出栈入栈的需求(这里仅说明嵌套 for 循环中存在的执行流程,关于 for 循环中变量的出栈和入栈,请参阅相关资料),因此,提高了程序执行效率。程序清单如下。

文件	功能
WaterFlower2.c	① 根据分析需求 3 中的方案,for 循环遍历 100~999 之间的数,判断是否为水仙花数 ② 打印水仙花数

程序清单 6.2_2:WaterFlower2.c

```
01    #include <stdio.h>
02    main()
03    {
04        int i=0,j=0,k=0,n=0;
```

```
05          printf("水仙花数为:\n");                          //信息提示打印
06          for(n=100;n<1000;n++)                            //循环遍历100~999
07          {
08              i=n/100;                                     //分解出百位数字
09              j=n/10%10;                                   //分解出十位数字
10              k=n%10;                                      //分解出个位数字
11              if(i*100+j*10+k==i*i*i+j*j*j+k*k*k)          //判断是否为水仙花数
12              {
13                  printf("%-5d",n);                        //打印
14              }
15          }
16      }
```

程序第 8 行使用 $n/100$ 分解出百位数字，第 9 行使用 $n/10\%10$ 的除法和模除分解出十位数字，第 10 行使用 $n\%10$ 分解出个位数字。这种程序设计中常用的数字分解方法，在后续章节将继续讨论。

程序运行结果为：

水仙花数为
153   370   371   407

对比上述两套程序，分别使用不同的循环算法解决了题设要求。在 C 语言程序设计中，为了提高程序执行效率和保证代码质量，通常选择程序效率高、健壮性强的算法来设计应用程序。

修改程序，在保证计算机配置的前提下（16 位以下计算机建议不要做此练习），输出 4 位到 9 位数字的水仙花数。

十位数字以内的水仙花数分别为：

四位数字 1634   8208   9474
五位数字 93084   92727   54748
六位数字 548834
七位数字 9800817   4210818   1741725   9926315
八位数字 24678050   24678051   88593477
九位数字 146511208   912985153   472335975   534494836
十位数字 4679307774

（1） 按照上述两种方案，分别设计程序，计算 4 位数字的水仙花数。

（2） 注意输出时的存储格式，判断是否越界（如使用 unsigned int、int 或者 float 是否能支持多位数字）。

6.4 while 循环语句

在 C 语言中，while 循环是除了 for 循环外最常用的循环语句。相对于 for 循环而言，while 循环更多地应用于循环次数未定的循环控制中，因而应用也更加灵活。

6.4.1 while 循环语句的定义

while 循环的一般表达形式为：

```
while(表达式)
    循环体
```

　　while 循环的执行规则为首先计算表达式的值，判断表达式的值是否为真，若值为真(非0)，则执行循环体语句，否则，退出循环。循环体表示一次循环程序要执行的全部语句段，当循环体为一条语句时，可放于右括号后面，但须添加一个或多个空格，也可以放于 while 的下一行，当循环体为多条语句时，必须使用大括号封装。这里规定，不论循环体是一条还是多条语句，都使用大括号封装。如图 6-6 所示为 while 循环流程图。

　　while 循环中并没有明显的循环变量，且表达式也可以是任何能够计算为数值的表达式，其迭代部分一般位于循环体内，所以相对于 for 循环而言，其控制更加灵活。

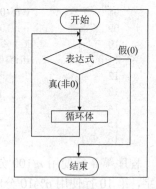

图 6-6　while 循环流程图

6.4.2　while 循环语句的应用

　　与 for 循环类似，while 语句属于直到型循环，并且也经常用于数学计算，下面以几个典型应用介绍 while 循环的执行过程和应用。

　　数学计算中经常需要计算某些连续数值的和，当数值变大时并不方便计算，这类问题使用 while 循环则迎刃而解。

范例 6.5　CalcSumOfN.c　　CalcSumOfN.c 编写程序，输入数字 *n*，计算前 *n* 项和。当数字 *n* 比较小时，可以容易地使用数列公式计算，但当数字 *n* 比较大时，人工计算就显得很困难，而使用 while 循环则可以很容易解决这一问题。键盘输入 *n* 的值，使用 while 循环实现该计算。

（资源文件夹\chat6\ CalcSumOfN.c）

```
01  #include <stdio.h>
02  main()
03  {
04      int n=0;                          //定义输入变量
05      double sum=0.0;                   //定义和变量
06      printf("请输入数值  n=");
07      scanf("%d",&n);                   //输入变量 n
08      while(0!=n)                       //判断是否需要继续循环
09      {
10          sum=sum+n;                    //执行加和操作
11          n--;                          //变量自减
12      }
13      printf("和数  sum= %.0f\n",sum);
14  }
```

　　程序实现了对前 *n* 项和的计算，其中第 11 行用于判断是否终止循环，程序采用 *n* 值递减的方式实现，因此表达式使用 0!=*n* 判断。此外，为避免和数因越界而产生错误结果，程序使用 double 承载结果。程序第 14 行用于程序循环控制，并遍历前 *n* 项的数值。

程序运行输出结果为：

```
请输入数值 n= 1000
和数 sum = 500500
```

范例 6.6

CalcSumOfx.c　　CalcSumOfx.c 编写程序，计算 sum=x+xx+xxx+xxxx+xx…x 的值，其中 x 为 1~9 之间的数字，例如，3+33+333+3333+33333。键盘输入 x 的值和和项的值，如上述算式中 x 的值应为 3，共 5 项和数，则应输入参数为 3 和 5。
（资源文件夹\chat6\ CalcSumOfx.c）

```
01    #include <stdio.h>
02    main()
03    {
04        int x=0,num_part=0;
05        double sum=0.0, middle=0.0;
06        printf("请输入 x 和 num_part:\n");
07        scanf("%d%d",&x,&num_part);            //参数输入
08        if(x<=0 || x>9)                         //入参检查
09        {
10            printf("错误：输入错误，x 不能为 %d\n",x);   //错误信息提示
11            num_part = 0;                       //设置禁止循环进入
12        }
13        printf("您输入的数值为:\n");
14        printf("x=%d,num_part=%d\n",x,num_part);
15        while(0!=num_part)                      //循环入口
16        {
17            middle=middle+x;                    //递增计算
18            sum=sum+middle;                     //累加计算
19            x=x*10;                             //递增计算
20            num_part--;                         //循环变量递减
21        }
22        printf("sum = %.0f\n",sum);
23    }
```

程序第 8 行使用 if 语句对输入参数进行检查，判断输入数据是否为 0~9 之间的数字。若不属于 0~9 之间的数字，则输出错误信息，并置标志位 num_part 为 0，程序第 15 行首先判断 num_part 是否为 0；若为 0，则不执行运算，结束程序运行；若不为 0，则执行 while 循环，输出运算结果。

程序运行时输入数值 2 和 5，按 Enter 键。

```
请输入 x 和 num_part:
2  5
```

输出结果为：

```
您输入的数值为
x=2, um_part=5
sum = 24690
```

实训 6.3——记录键盘输入字符数

从键盘不停地输入字符，记录并打印键盘输入的字符数，同步输出键入的字符，直到键盘输入了"!"，则退出。调用 getchar 函数用于接收键盘输入的字符数，使用 while 循环，只要输入字符非!号符，则继续等待键盘输入。

（1）需求分析。

分析目标需求，程序中需要做到如下几条。

需求 1，键盘输入字符。

需求 2，判断是否为"!"字符，若不是，则继续等待。

需求 3，每输入一个字符，则打印输入字符个数。

（2）技术应用。

根据 C 语言标准以及开发平台版本，完善各个需求模块。

对于需求 1，调用函数 getchar，用于接收来自键盘的字符。

对于需求 2，使用关系表达式'!'!=c 判断是否为"!"字符，while 循环用于等待。

对于需求 3，对输入字符数做统计。

通过上述分析，写需求 1 的程序。

文件	功能
CalcInputCharacterNum.c	① 调用 getchar 函数实现键盘接收字符 ② while 循环用于循环等待结束符"!"

程序清单 6.3：CalcInputCharacterNum.c

```
01  #include <stdio.h>
02  void main()
03  {
04      int n=0;
05      char c;
06      printf("请输入字符:\n");
07      c=getchar();                      //接收第一个键盘输入符
08      while('!'!=c)                     //判断是否为结束符
09      {
10          if('\n'!=c)                   //判断是否为无效回车符
11          {
12              n++;                      //递增变量
13              printf("您已输入 %3d 个字符，最后一个字符是 %c\n", n, c);
14          }
15          c= getchar();                 //获取下一个字符
16      }
17  }
```

程序第 7 行由 getchar 函数接收键盘输入的字符，第 8 行 while 循环判断输入字符是否为结束符"!"，若是，则结束继续输入，否则，执行循环，输出信息并对输入数据做记录。

程序运行结果为：

```
请输入字符
hello world
您已输入   1 个字符,最后一个字符是   h
您已输入   2 个字符,最后一个字符是   e
您已输入   3 个字符,最后一个字符是   l
您已输入   4 个字符,最后一个字符是   l
您已输入   5 个字符,最后一个字符是   o
您已输入   6 个字符,最后一个字符是
您已输入   7 个字符,最后一个字符是   w
您已输入   8 个字符,最后一个字符是   o
您已输入   9 个字符,最后一个字符是   r
您已输入  10 个字符,最后一个字符是   l
您已输入  11 个字符,最后一个字符是   d
```

由于 getchar 函数只有输入'\n'回车符才结束本次输入操作,因此一定要注意程序第 13 行对于无效回车符的入参检查。

编写程序时,一定记住若要终止输入,应键入 "!" 结束符。

修改程序,分别统计输入的数字个数、字母个数和非数字字母个数,其中,回车符不做记录。

（1）定义多个变量,用于记录字母个数、数字个数和非数字字母个数。
（2）注意退出输入的结束符。

while 循环也可以构成死循环,如:

```
while(a=3)
{
    printf("3*a = %d\n", 3*a);
    --a;
}
```

由于循环控制表达式 $a=3$ 永远为真,因此 while 循环将永远执行下去,这样的情况称为 while 的死循环,编写程序时一定要注意仔细推敲循环控制表达式,避免产生永远为真的情况。当然,有些时候我们也希望使用 while 构成死循环,例如在监控中就需要设备无限次循环,以检测是否有异常信号发生,直到断电为止。

6.5　do…while 循环语句

do…while 循环语句属于直到型循环,其执行规则和 while 循环相同。do…while 和 while 语句唯一不同的一点是 do…while 语句首先执行循环体一次,然后判断表达式,这也是直到型循环和当型循环的主要差别。

6.5.1　do…while 循环语句的定义

do…while 循环语句的一般表达形式为:

```
do
{
    循环体
}
while(表达式);
```

do…while 语句的执行规则为首先执行循环体，然后判断表达式是否为真（非 0），若表达式为真，则继续返回执行循环体，否则退出循环。如图 6-7 所示为 do…while 循环的流程图。

注意，循环体不论是一条语句还是多条语句构成的语句段，必须使用大括号封装。同时，while 一行也可以放于大括号之后，但表达式右括号后的分号一定不能省掉，否则程序编译将出现错误，并且无论表达式是真还是假，循环体都至少执行一次。

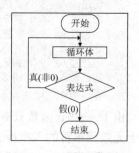

图 6-7　do…while 循环

6.5.2　do…while 循环语句的应用

do…while 语句和 while 语句之间可以相互转换。需要注意的是 do…while 语句首先执行循环体，然后判断表达式是否为真，为下次循环做准备，而 while 语句首先判断表达式是否为真，然后执行循环体。

范例 6.7_1

CompareWhileAndDowhile1.c

CompareWhileAndDowhile1.c 编写程序，输出前 n 个非负整数中的偶数部分，n 由键盘输入，使用 while 循环实现。由于 n 为输出数据个数，因此需要对该参数做入参检查，使用 $n--$ 作为表达式控制 while 循环的循环次数。

（资源文件夹\chat6\ CompareWhileAndDowhile1.c）

```
01  #include <stdio.h>
02  main()
03  {
04      int a=0,n=0;
05      printf("请输入参数  n: ");
06      scanf("%d",&n);                     //输入参数
07      if(n<0)                             //入参检查,查看入参是否合法
08      {
09          printf("错误：您输入的参数不正确\n");
10          n = 0;                          //若入参非法,清除循环变量
11      }
12      while(n--)                          //循环入口
13      {
14          printf("%-4d",2*(a++));         //循环体
15      }
16      printf("\n");                       //输出换行
17  }
```

程序第 7 行判断输入参数是否正确，若不正确则不执行循环体。程序第 12 行 while 语句

中的循环控制表达式 n-- 即是循环表达式，又是迭代表达式，使用 n-- 控制循环次数，当 n 变为 0 时终止循环。同时第 7 行中对入参的检查也可以避免死循环的发生，试想假如 n 输入为负值，n-- 永远为真。程序第 14 行使用表达式 2*(a++)输出偶数值，并对 a 做递增操作，为下一次循环输出准备。

程序运行输出结果为：

```
请输入参数 n: 6
0    2    4    6    8    10
```

范例 6.7_2

CompareWhileAndDowhile2.c

CompareWhileAndDowhile2.c 编写程序，输出前 n 个非负整数中的偶数部分，n 由键盘输入，使用 while 循环实现。由于 n 为输出数据个数，因此需要对该参数做入参检查，使用 n-- 作为表达式控制 while 循环的循环次数。

（资源文件夹\chat6\ CompareWhileAndDowhile1.c）

```
01    #include <stdio.h>
02    main()
03    {
04        int a=0,n=0;
05        printf("请输入参数 n: ");
06        scanf("%d",&n);                        //输入参数
07        if(n<0)                                //入参检查，查看入参是否合法
08        {
09            printf("错误：您输入的参数不正确\n");
10        }
11        else                                   //程序分支
12        {
13            do                                 //do…while 循环入口
14            {
15                printf("%-4d",2*(a++));        //结果输出
16            }
17            while(--n);                        //循环控制
18            printf("\n");
19        }
20    }
```

程序中第 11 行为 if…else 分支语句，因为 do…while 循环首先执行循环体，这里不能使用置位的方法禁止循环体的执行，因此将 do…while 循环放在 else 分支内执行。

程序第 13 行为 do…while 循环入口，第 19 行为 do…while 循环控制。注意，这里应使用 --n 作为循环控制表达式，而不能使用 n--。

```
程序运行时输入数据 6，按 Enter 键
请输入参数 n: 6
输出结果为：
0    2    4    6    8    10
```

也可以将循环控制表达式放在循环体内执行，如：

```
do
```

```
    {
     printf("%-4d", 2*(a++));
     n--;
    }
```

此外，使用 do…while 同样可以解决许多数学或逻辑计算问题，例如使用 do…while 循环也可以求 n 项和，求 1～100 的和的程序段如下。

```
01    int i=1,sum=0;
02    do
03    {
04        sum=sum+i;
05        i++;
06    }while(i<=100);
07    printf("%d\n",sum);
```

程序中首先执行循环体部分，即第 4 行和第 5 行，然后判断 i≤100 是否为真，若为真，则继续执行循环体，依次循环下去，直到表达式 i≤100 为假。

范例 6.8

Capital2Lowercase.c

Capital2Lowercase.c 编写程序，键盘输入字符，判断是否为大写字母，若是则将其转换为小写字母并输出，否则，不转换，也不输出。输入 "!" 结束输入。

（资源文件夹\chat6\ Capital2Lowercase.c）

```
01    #include <stdio.h>
02    main( )
03    {
04        char   ch, again;
05        do                                      //do…while 循环入口
06        {
07            printf("输入一个字母: ");
08            ch=getchar( );                      //接收字符
09            if('A'<=ch && ch<='Z')              //判断是否为大写字母
10            {
11                printf("%c",ch+'a'-'A');        //转换为小写
12            }
13            getchar( );                         //无效回车符获取
14            printf("\n 还要继续吗? y 或者 Y 继续:   ");
15            again = getchar( );                 //获取应答
16            getchar( );                         //无效回车符获取
17        }while('Y'== again ||'y'== again);      //判断是否继续
18    }
```

程序第 5 行为 do…while 循环的入口，第 8 行使用 getchar 函数接收键盘输入的字符，第 9 行使用 if 语句判断输入的字符是否属于大写字母，若是，则打印相应的小写字母，否则，继续读取下一个字符。程序第 13 行和第 16 行用于接收上一个 getchar 函数调用时键入的回车符。

程序运行时输入大写字母 Y、Z 等，按 Enter 键，输出结果为：

输入一个字母：Y

```
y
还要继续吗? y 或者 Y 继续
输入一个字母: Z
z
还要继续吗? y 或者 Y 继续
```

6.6 goto 语句

goto 语句是一种无条件转移语句。goto 语句的一般表达形式为:

```
goto 标签
```

goto 语句的执行规则为程序执行到 goto 语句,则跳转到"标签"所在的位置继续执行程序。其中,"标签"的定义类似于变量的定义,其命名规则需遵守用户标识符的命名规则。goto 语句只能用于本函数内部的程序跳转,不能跳转到其他函数体(有关函数的概念请参阅第 8 章)。

goto 语句可以方便地实现程序跳转,并可以有效地实现程序循环执行。

范例 6.9
CalcFactorialSum.c

CalcFactorialSum.c 编写程序,计算 sum=1!+2!+3!+…+n!,其中 *n* 为不大于 10 的正整数,并由键盘输入。程序使用 goto 语句实现程序跳转,并使用 for 循环计算求和及求阶乘计算。

(资源文件夹\chat6\ CalcFactorialSum.c)

```
01  #include <stdio.h>
02  main()
03  {
04      int n=0, i=0,j=0;
05      double factorial=0.0, sum=0.0;
06      back:   printf("请输入参数值 n=");      //goto 语句标签位置行
07      scanf("%d",&n);                          //参数输入
08      if(n<=0 || n>10)                         //判断输入是否符合要求
09          goto  back;                          //goto 跳转,返回
10      printf("1!");                            //打印显示 1!
11      factorial=1.0;                           //初始化
12      for(i=2;i<=n;i++)
13      {
14          factorial = factorial*i;             //计算 i!
15          sum = sum +factorial;                //计算 1!+2!+…+i!
16          printf(" +%2d!",i);                  //输出加和格式
17      }
18      printf("= %.0f\n", sum);
19  }
```

程序第 8 行对输入参数 *n* 进行入参检查,当不符合要求时,执行第 9 行的 goto 语句,跳回到第 6 行,进行重新输入数据,直到输入数据正确为止。

程序运行时依次输入-3、0、-6和4,并按Enter键,输出结果为:

```
请输入参数值n= -3
请输入参数值n= 0
请输入参数值n= -6
请输入参数值n= 4
1! + 2! + 3! + 4! = 32
```

6.7　break 语句和 continue 语句

break 语句和 continue 语句是循环程序中经常使用的两种语句,前者用于终止本层循环执行,后者仅用于终止本次循环的循环体执行。

6.7.1　break 语句

本书第 5 章讲解 switch 语句时曾介绍过 break 语句,它用于跳出 switch 控制分支。除了用于 switch 语句,break 还用于循环语句中,其作用是跳出本层循环,转去执行后面的程序。由于 break 语句的转移方向是明确的,所以不需要像 goto 语句那样做标签指示。

break 语句不带任何参数,其一般形式为:

```
break;
```

break 后需要跟分号。当程序含有多层循环时,break 仅用于跳出本层循环。

范例 6.10　CalcPrimeBetween1To100.c 编写程序,计算 1 到 100 之间的素数。使用 break 语句实现终止程序执行,并尽量减少程序循环次数,为减少程序执行次数,使用数学规则。当大于 1 的正整数 n 不能被小于等于 sqrt(n)的所有除 1 之外的正整数除尽时,则 n 为素数。

CalcPrimeWithBreak.c

（资源文件夹\chat6\ CalcPrimeBetween1To100.c）

```
01  #include <stdio.h>
02  #include <math.h>
03  main()
04  {
05      int n=0,i=0;
06      int flag=0, lineSum=0;
07      for(n=2;n<=100;n++)                //外层循环,变量2到100值
08      {
09          flag=1;                         //标志位置位
10          for(i=2;i<=sqrt(n);i++)         //内层循环,判断n是否为素数
11          {
12              if(0==n%i)                  //素数判断
13              {
14                  flag = 0;               //若不为素数,置位为0
15                  break;                  //若不为素数,跳出循环
```

```
16                }
17            }
18            if(flag)                          //是否为素数判断
19            {
20                lineSum++;                    //素数,lineSum 递增
21                printf("%4d",n);              //打印素数
22                if(0==lineSum%5)              //换行判断
23                {
24                    printf("\n");             //换行
25                }
26            }
27        }
28    }
```

程序第 10 行使用数学函数 sqrt 对 n 求平方根,注意,调用该函数时应包含头文件 math.h。程序 15 行使用 break 语句用于跳出本层循环,当满足 0==n%i 时,程序将退回到外层循环。程序进一步执行 n++,并判断 n≤100 是否为真,从而决定是否继续执行循环体。

程序运行输出结果为:

2	3	5	7	11
17	13	19	23	29
31	37	41	43	47
53	59	61	67	71
73	79	83	89	97

6.7.2 continue 语句

continue 语句只能在循环体中使用,其一般表达形式为:

```
continue;
```

continue 后需要跟分号,其执行规则为终止本次循环而不再执行循环体中 continue 语句之后的语句。程序执行 continue 语句之后,将继续转入下一次循环条件的判断与执行。需要注意的是,continue 语句只结束本层本次程序的循环,但不跳出循环。

范例 6.11 CalcNumDivBy7.c 编写程序,计算 1 到 1000 以内能够被 7 整除的所
CalcNumDivBy7.c 有正整数,并显示在屏幕上,使用 continue 语句控制程序执行,每行打印 10 个数字。

(资源文件夹\chat6\ CalcNumDivBy7.c)

```
01    #include <stdio.h>
02    main()
03    {
04        int n=0, lineSum=0;
05        for(n=7;n<=1000;n++)                  //循环入口
06        {
07            if(n%7!=0)                        //判断是否能被 7 整除
08            {
```

```
09                continue;              //若不能被7整除,则执行下次循环
10            }
11            printf("%-4d",n);          //输出数据
12            lineSum++;                 //记录换行
13            if(0==lineSum%10)          //换行控制
14            {
15                printf("\n");
16            }
17        }
18    }
```

程序第 7 行首先判断 n 能否被 7 整除,若能被 7 整除,则执行第 11 行。使用 continue 跳出本次循环,而终止循环体后面的程序执行。程序运行输出结果为:

```
7    14   21   28   35   42   49   56   63   70
77   84   91   98   105  112  119  126  133  140
147  154  161  168  175  182  189  196  203  210
…
917  924  931  938  945  952  959  966  973  980
987  994
```

6.8 疑难解答和上机题

6.8.1 疑难解答

(1) for 循环语句中能不能将空语句作为循环体语句呢?

解答:能。for 语句允许使用空语句作为循环体语句段,即这个循环什么都不做。也可以将执行体放到 for 循环语句的表达式里,例如:

```
for(a=0; a<100; a++, b=b*b+a)
    ;
```

此时将 "b=b*b+a" 执行体放到 for 循环的表达式内,从而简化了循环体语句。但笔者建议读者尽量不要使用这类表达方式,因为这样非常不便于程序阅读。

(2) 可以使用常量或常量表达式作为 for 循环的表达式 2 吗?

解答:可以。for 循环语句没有对表达式 2 即控制表达式做任何限制,当表达式为真时,执行循环体;当表达式为假时,则退出循环。因此,使用常量或常量表达式作为控制表达式时,for 循环只有两种执行状态,即无限循环下去或者一次循环都不执行。这里一定要注意,使用常量作控制表达式很容易使程序陷入无限循环,但有些程序会刻意设置无限循环的执行,以达到周期执行某些程序的目的。

(3) while 循环中控制循环表达式可以使用常量 0 或 1 吗?

解答:可以。和 for 循环类似,有的时候,希望周期执行某些功能的程序,因此,会设置 while 循环控制表达式的值为 1,例如:

```
while(1)
```

```
    {
         程序段;
    }
```

这样做的目的是使程序运行简单化，并且在循环过程中不需要对变量做入栈保存操作。在单片机程序设计中，这类程序应用广泛。

（4）可以省略 for 循环语句中的表达式吗？

解答：可以，但分隔各表达式的分号不可省略。for 循环中三个表达式都可以省略，此时有 for(; ; ;)，它相当于 while(1)，换句话说，这样的表达式是一个无限循环，也称为死循环。结束这种死循环的方法为在循环体内有条件地添加 break 语句，使程序跳出该循环。

（5）break 语句可以用于 goto 语句吗？

解答：不可以。break 语句有两个用途，一个用途是用于跳出 switch 分支语句，中止 break 后面 case 的执行；另一个用途是跳出当前循环。而 goto 语句是一种程序跳转语句，它既不是 switch 分支语句，也不是循环语句，因此，break 不能用于 goto 语句。

（6）假如在 for 循环体内嵌套有 if 语句或者 switch 语句，那么在 if 或 switch 语句内的 break 语句执行时能够使程序跳出 for 循环吗？例如，下面的程序：

```
for (y=1, x=1; y<=50; y++)
{
    if (x>=10 )
    {
    break;
    }
    if (x%2= =1)
    {
         x+=5;
         continue;
    }
    x - =3;
}
```

程序执行 break 后是否能跳出 for 循环呢？

解答：break 语句用于跳出 switch 语句或者循环语句。当 for 循环体内嵌套 switch 语句，而 switch 语句内含有 break 语句时，执行 break 时，程序将跳出 switch 语句，但不能跳出 for 循环。当 for 循环体内嵌套有 if 语句，而 if 语句内含有 break 时，当执行 break 时，程序将直接跳出 for 循环。题目程序的执行顺序为：

第一次循环后 $y=1, x=6$

第二次循环后 $y=2, x=3$

第三次循环后 $y=3, x=8$

第四次循环后 $y=4, x=5$

第五次循环后 $y=5, x=10$

第六次循环后 $y=6, x=10$，执行 break；退出。

（7）for 循环中省略表达式 3 是否为合法的 for 循环语句？如何控制这类 for 循环的执行？

解答：表达式 3 通常是迭代表达式，用于改变表达式 2 中的循环控制变量，当省略表达式3时，通常将循环控制变量的修改放到程序体内进行。例如，下面的程序：

```
for(i=2; i==2;)
{
    printf("%d", i--);
}
```

for 循环中，首先对 i 赋值为2，然后执行表达式 $i==2$，此时该表达式为真，因此，程序执行循环体，输出2。由于 $i--$，执行后，i 的值变为1，因此，再次执行 $i==2$ 时，表达式变为假，跳出循环。

（8）怎样阅读和分析较复杂的 for 循环程序呢？例如下面的程序：

```
main()
{
    int x=9;
    for(; x>0; x--)
    {
        if(x%3==0)
        {
            printf("%d",--x);
            continue;
        }
    }
}
```

解答：分析循环程序，应主要抓住两点，一点是分析循环控制表达式，判断该表达式什么时候为真，什么时候为假；另一点是分析循环控制表达式中的循环变量的变化过程，仔细记录每次循环中变化的量。题目中，首先分析程序中 for 循环的控制表达式 $x>0$，即当 $x \leq 0$ 时就结束 for 循环；第二是分析 x 的变化，有两个位置使该变量产生变化，因此要记录每次循环过程中 x 的变化情况。程序每一次循环：

第一次循环 打印 8，x 变为 8
第二次循环 x 变为 7，无打印
第三次循环 x 变为 6，打印 5，x 继续变为 5
第四次循环 x 变为 4，无打印
第五次循环 x 变为 3，打印 2，x 继续变为 1
第六次循环 x 变为 0，退出

最后，程序打印为：852。

（9）while 循环中，循环控制表达式能否为关系表达式？

解答：可以。while 循环中的控制表达式可以是任何形式的表达式，但一定要注意，如果不是用于死循环或无限循环，要仔细推敲控制表达式的所有可能值，避免产生死循环。例如，下面程序：

```
int a=1,b=2,c=3,t;
while(a<b<c)
{
    t=a;
    a=b;
```

```
            b=t;
            c--;
    }
    printf("%d,%d,%d",a,b,c);
```

第一次循环 a<b<c 为真，循环后：a=2, b=1, c=2
第二次循环 a<b<c 为真，循环后：a=1, b=2, c=1
第三次循环 a<b<c 为假，退出循环。
最后，输出结果为：1, 2, 1。

6.8.2 上机题

（1）计算两个整数 m 和 n 的最大公约数。基本方法为：计算 m 和 n 相除的余数，若余数为 0，则结束，此时除数就是最大公约数。否则，除数作为新的被除数，余数作为除数，继续计算，直到满足要求为止。试编写程序，实现上述功能。

（2）数值计算中经常遇到许多有趣的事情，例如，1 到 100 之间会有几个数有这样的规律，即每位数的乘积大于每位数的和。试编写程序，使用 for 循环计算所有 1 到 100 之间每位数的乘积大于每位数的和的数，并按每行 10 个数打印到屏幕上。

（3）通常，对于数值巨大的数，普通计算机无法处理和显示它们，而使用 for 循环则可以很方便地估算这些数的大小，试编写程序，计算 1000!的末尾有多少 0，并输出到屏幕上。（提示：仅 10 的倍数记录为 1 个 0，例如 20、30 等，100 的倍数记录为 2 个 0，如 200、300 等，含 2 和 5 的数计算为 1 个 0）

（4）试编写程序，使用 for 循环不断接收键盘输入的字符，并判断是否为*，若不是，则继续输入字符，并依次打印出来，直到输入*号时结束输入。

（5）最小公倍数是指都能被两个已知的数整除的最小整数，试编写程序，由键盘输入两个正整数，计算它们的最小公倍数，并输出到屏幕上。（提示：注意所得结果的大小，不要使数据溢出）

（6）试编写程序，由键盘输入一段英文文章，使用 for 循环接收这些字符，统计其中的大写字母、小写字母以及数字的个数，并将结果输出到屏幕上。

（7）试编写程序，从大到小输出 100 以内能被 3 整除的数，要求每 10 个数一行。（提示：由于题目要求从大到小输出数据，因此可以设置循环控制变量初始值为 100，然后顺序递减实现）

（8）输入行数 n，打印 n 行的*型图形，如输入 n=5，则打印如下图案：
```
    *
   ***
  *****
 *******
*********
```
试编写程序，使用 for 循环打印上述图案。

（9）在第（8）题的基础上，继续输出如下图形：

```
            *
           ***
          *****
         *******
        *********
         *******
          *****
           ***
            *
```

试编写程序，在第（8）题程序基础上，修改某些代码，打印上述图案。

（10）数学计算中，有时候会碰到计算 n 的前 n 项和的和数，例如输入 $n=4$，则计算 $1+（1+2）+（1+2+3）+（1+2+3+4）$ 的值。试编写程序，键盘输入 n 的值，首先做入参检查，若不是正整数，则返回重新输入，当输入为正整数时，计算 n 的前 n 项和的和数，并将结果打印到屏幕上。（提示：可以使用 2 层 for 循环实现）

第7章 数 组

程序设计中，有时需要定义或存储多个类型相同的变量，同时希望这些变量在内存中连续存储，以便于处理，因此便产生了数组。C语言中，数组属于构造类型，按照逻辑结构的不同，数组可分为一维数组和多维数组，多维数组是指二维及以上的数组。按照定义数组的类型，数组又可分为整型数组、实型数组、字符数组、指针数组、结构体数组等。

本章学习重点：

- ◆ 一维数组的定义
- ◆ 一维数组的应用
- ◆ 二维数组的定义与初始化
- ◆ 二维数组的应用
- ◆ 字符数组的定义与赋值
- ◆ 字符数组的应用

7.1 一维数组

当有一组类型相同的变量需要顺序存放到内存中时，可以使用一维数组实现，构成一个线性的列表，并且可以使用统一的名称索引这些不同的变量。

7.1.1 一维数组的定义

C语言中，数组必须先进行定义，然后才能使用。一维数组的一般定义形式为：

> 类型说明符　数组名[常量表达式]；

其中，"类型说明符"指任何一种基本数据类型，如 int、char、float 或 double 等，也可以是特殊类型或构造类型。

"数组名"类似于定义变量时的变量名,是程序编写者定义的用户标识符。"常量表达式"用于指定数组元素的个数,也称为数组的长度。这里请注意,常量表达式一定是常量或由常量构成的表达式,不能使用变量或由变量构成的表达式。

例如,定义长度为 5 的 int 型数组 a,定义方式为:

    int a[5];

1. 定义数组注意事项

不同于一般变量的定义,定义数组时有些特殊的规则。

(1) 定义数组应遵循数组定义格式。其中类型说明符与数组名之间应该有一个或多个空格。

(2) 数组名和左中括号之间不能有空格。

(3) 常量表达式只能是常量或由常量构成的表达式。例如下面的定义是非法的。

    int a=3;
    int b[a+3];

(4) 常量表达式的值表示数组的长度,即表示数组共有多少个元素。一旦数组长度确定,就不能修改。

(5) 数组名不能和其他变量重名。

2. 一维数组的含义

通常,数组用于表示几个数据类型相同的变量,即数组元素。C 语言中,一般使用数组名和下标来引用数组元素,并且下标从 0 开始顺次增加。例如有下列定义:

    int a[5];

上述语句定义了一个 int 型数组 a,共有 5 个元素,分别为 a[0]、a[1]、a[2]、a[3]和 a[4]。这 5 个元素都是 int 型,等同于 5 个 int 型变量。这里一定要注意,数组下标是从 0 开始,而不是 1,因此,最大下标的数组元素是 a[4],而不是 a[5]。

此外,还可以以指针类型引用数组元素,例如元素 a[1],也可以使用*(a+1)来引用,本书将在后续章节做详细介绍。

3. 数组在内存中的存放方式

数组在内存中是连续存放的,占据连续的内存单元。例如,定义数组:

    char a[4];

表示定义了包含 4 个元素的数组 a。它在内存中占 4 个字节,存储逻辑结构如图 7-1 所示。

数组类型不同,它所占的内存字节数也不相同,但其各元素的存放是连续的。通常,数组在内存中所占的字节数为:
数组内存字节数 = 数组元素数据类型所占字节数 * 数组长度。

图 7-1 char 型数组内存结构图

例如:

```
short    m[5];
int    n[3];
```

上述语句分别定义了长度为 5 的 short 型数组和长度为 3 的 int 型数组。由于 short 型数组 m 的每个元素在内存中占 2 个字节,因此数组 m 在内存中所占字节数为 2*5 = 10。int 型数组 n 的每个元素在内存中占 4 个字节,因此数组 n 在内存中所占字节数为 4*3 = 12。数组 m 和 n 在内存中的存储结构,如图 7-2 所示。

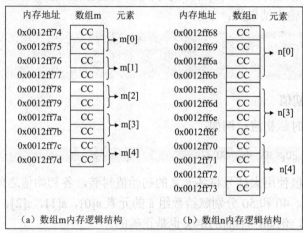

图 7-2 short 型和 int 型数组内存结构图

7.1.2 一维数组赋值与引用

数组一定要先定义后使用,并且在数组使用前要对数组或数组元素赋值,没有赋值的数组在引用时将使用内存中原有的垃圾值。

数组在引用时使用数组下标来引用数组,例如定义数组:

```
float    ff[N];
```

则可以使用 ff[0]、ff[1]、…、ff[N-2]和 ff[N-1]索引每个数组元素。

1. 数组下标越界引用

数组下标最大为 N-1。需要说明的是,C 语言并没有对数组做下标越界检查,假如使用 ff[N]或 ff[N+5]等方式引用数组,C 语言将在编译时提示程序运行者这样操作的警告,但并不影响程序编译。因此,读者编写程序时一定要对引用的数组做下标越界检查。

范例 7.1

OutputArrayValueWithoutSet.c

OutputArrayValueWithoutSet.c 数组在使用时经常出现越界使用的情况,这种情况会导致输出错误结果。例如,要使用数组来存储 5 个学生的成绩,在输入这 5 个学生成绩之前,通过打印数组元素的值先验证数组中存储的内容。

(资源文件夹\chat7\ OutputArrayValueWithoutSet.c)

```
01    #include <stdio.h>
02    main()
03    {
```

```
04        short    score[5];                          //定义 short 型变量
05        printf("score [1]=%d\n", score [1]);  //输出元素 a[1]的值
06        printf("score [3]=%d\n", score [3]);  //输出元素 a[3]的值
07        printf("score [8]=%d\n", score [8]);  //输出元素 a[8]的值
08    }
```

由于定义数组 score 时没有对它进行赋值操作，因此程序将输出不确定的垃圾值。需要注意的是，程序在引用元素 score [8]时并没有报错，而是顺利输出了内存中已经存在的垃圾数值 4809。程序运行输出结果为：

```
a[1]=-13108
a[3]=-13108
a[8]= 4809
```

2. 数组定义赋初值

数组可以在定义时赋初值，例如：

```
int    a[5]={10, 20, 30, 40, 50};
```

数组定义时赋初值使用大括号将各元素的初始值封装，各初始值之间使用逗号分隔。上述定义将 10、20、30、40 和 50 分别赋给数组 a 的元素 a[0]、a[1]、a[2]、a[3]和 a[4]，此时可以不给出数组的长度，例如，下面的定义也是正确的。

```
int    a[]={10, 30, 20, 15, 80};
```

这种方式系统将数组 a 的长度默认为 5。

数组赋初值可以同时为所有元素赋值，也可以为部分元素赋初值，当对部分元素赋初值时，未被赋值的部分将自动被赋值为 0。

范例 7.2　InitialValueDefineArray.c　数组在定义赋初值时，若只对前面一部分元素赋值，那么没有赋值的元素将被系统自动赋值为 0。定义一个有 5 个元素的数组，验证这一说法。

（资源文件夹\chat7\ InitialValueDefineArray.c）

```
01   #include <stdio.h>
02   main()
03   {
04        float    ff[5]={ 5.6,45.67,345.678};       //定义 float 型数组 ff，并部分赋初值
05        printf("数组 ff 的每个元素值为: \n");
06        printf("ff[0]=%f\n",ff[0]);                //输出元素 ff[0]的值
07        printf("ff[1]=%f\n",ff[1]);                //输出元素 ff[1]的值
08        printf("ff[2]=%f\n",ff[2]);                //输出元素 ff[2]的值
09        printf("ff[3]=%f\n",ff[3]);                //输出元素 ff[3]的值
10        printf("ff[4]=%f\n",ff[4]);                //输出元素 ff[4]的值
11    }
```

程序对元素 ff[0]、ff[1]和 ff[2]分别赋值为 5.6、45.67 和 345.678，对未赋值的元素 ff[3]和 ff[4]，系统隐含赋值为 0。程序运行输出结果为：

```
数组 ff 的每个元素值为:
ff[0]=5.600000
```

```
ff[1]=45.669998
ff[2]=345.678009
ff[3]=0.000000
ff[4]=0.000000
```

3. 数组元素赋值

数组也可以先定义后赋值，但此时只能对某个元素赋值，而不能对整个数组赋值。例如，下面的执行是错误的。

```
int   a[5];
a = {4,  5,  7,  10,  21};
```

C 语言不支持对整个数组作引用。正确的赋值方式为：

```
int    a[5];
a[0] = 4;
a[1] = 5;
a[2] = 7;
a[3] = 10;
a[4] = 21;
```

4. 数组的输出

数组输出只能按元素输出，而不能一次输出数组中所有的元素。例如：

```
int    a[3] = {12, 22, 35};
printf("%d", a);
```

上述语句中试图使用数组名输出全部元素的值，C 语言中，这样的操作是非法的。

5. 数组首地址与数组元素地址

数组首地址是指该数组在内存中的起始位置，通常使用数组名表示数组首地址。若定义：

```
int   a[10];
```

则数组 a 的首地址为 a。

数组元素的地址是指各元素在内存中的位置。数组元素的地址有两种表达形式，一种是使用取地址操作符&，另一种是使用数组首地址的偏移量（a+x）来表示，x 可以用数组下标表示。数组的第一个元素地址与数组首地址相同。若定义数组：

```
short    ss[5];
```

则使用取地址符索引的 5 个数组元素地址分别为&a[0]、&a[1]、&a[2]、&a[4]、&a[4]和&a[5]，而使用数组首地址偏移方式索引的 5 个数组元素地址分别为 a 或 a+0、a+1、a+2、a+3 和 a+4。

范例 7.3

SetElementValueOfArray.c

SetElementValueOfArray.c 给数组赋值时，可以使用首地址偏移方式，也可以使用取地址符&来索引每一个元素。设计两个数组，分别使用两种不同的索引方式输入数组的值，然后计算第一个数组元素的和与第二个数组元素的积。

（资源文件夹\chat7\ SetElementValueOfArray.c）

```
01  #include <stdio.h>
02  main()
03  {
04      int    aa[5]={0};                              //定义数组 aa 并赋初值 0
05      short  bb[5]={0};                              //定义数组 bb 并赋初值 0
06      float  aa_sum=0.0;                             //计算数组 aa 的元素和
07      double bb_multi=0.0;                           //计算数组 bb 的元素积
08      printf("请输入数组 aa 的各元素值:\n");
09      scanf("%d %d %d %d %d", &aa[0],  &aa[1],  &aa[2],  &aa[3],  &aa[4]);
10      printf("请输入数组 bb 的各元素值:\n");
11      scanf("%d %d %d %d %d", bb,  bb+1,bb+2,bb+3,bb+4);
12      printf("您的输入为:\n");
13      printf("aa[0]=%d\n",aa[0]);                    //输出元素 aa[0]的值
14      printf("aa[1]=%d\n",aa[1]);                    //输出元素 aa[1]的值
15      printf("aa[2]=%d\n",aa[2]);                    //输出元素 aa[2]的值
16      printf("aa[3]=%d\n",aa[3]);                    //输出元素 aa[3]的值
17      printf("aa[4]=%d\n",aa[4]);                    //输出元素 aa[4]的值
18      printf("bb[0]=%d\n",bb[0]);                    //输出元素 bb[0]的值
19      printf("bb[1]=%d\n",bb[1]);                    //输出元素 bb[1]的值
20      printf("bb[2]=%d\n",bb[2]);                    //输出元素 bb[2]的值
21      printf("bb[3]=%d\n",bb[3]);                    //输出元素 bb[3]的值
22      printf("bb[4]=%d\n",bb[4]);                    //输出元素 bb[4]的值
23      printf("开始计算数组 aa 和 bb 对应元素的和与积\n");
24      aa_sum = aa[0]+aa[1]+aa[2]+aa[3]+aa[4];        //计算数组 aa 的元素和
25      bb_multi = bb[0]*bb[1]*bb[2]*bb[3]*bb[4];      //计算数组 bb 的元素积
26      printf("aa[0]+aa[1]+aa[2]+aa[3]+aa[4]   =   %.0f\n", aa_sum);
27      printf("bb[0]*bb[1]*bb[2]*bb[3]*bb[4]   =   %.0f\n", bb_multi);
28  }
```

使用数组名作数组首地址,进而索引每个元素的地址。程序使用了这一规则索引数组 bb,以输入各元素的值。程序使用%.0f 格式输出浮点变量 aa_sum 和 bb_multi,目的在于以整型方式输出结果。程序运行输出结果为:

```
请输入数组 aa 的各元素值:
10 20 50 80 110
请输入数组 bb 的各元素值:
5 8 11 22 27
您的输入为:
aa[0]=10
aa[1]=20
aa[2]=50
aa[3]=80
aa[4]=110
bb[0]=5
bb[1]=8
bb[2]=11
bb[3]=22
bb[4]=27
开始计算数组 aa 和 bb 对应元素的和与积
aa[0]+aa[1]+aa[2]+aa[3]+aa[4] = 270
bb[0]*bb[1]*bb[2]*bb[3]*bb[4] = 261360
```

请注意程序第 11 行中 bb、bb+1、…、bb+4 等的含义。bb+1 是指元素 bb[1] 的地址,它等于&bb[1],而不是数组 bb 首地址的简单递增。因此,若数组 bb 的首地址 bb=0x0012ff12,由于 bb 为 short 型,每个元素占 2 个内存字节,则 bb+1=0x0012ff4,即其第二个元素的地址。

7.1.3 一维数组的应用

数组在定义时不允许使用变量或含有变量的表达式作为常量表达式,但在数组引用时可以使用变量作数组下标。例如:

```
int  i=3;                  //定义数组下标引用变量
int  aa[5]={0};            //定义数组 aa 并对各元素赋初值 0
aa[i]=44;                  //使用变量 i 作下标引用数组 aa 的元素
aa[i+1]=55;                //使用表达式引用数组 aa 的元素
```

上述定义在数组元素引用时使用了变量 *i* 和变量表达式 *i*+1,这在 C 语言中是合法的。

范例 7.4

GetMaxMinvalueInArray.c

GetMaxMinvalueInArray.c 按倒序输出数组 array 中所有元素的值,并输出数组中的最大值和最小值(提示:需要按倒序输出数组中各元素时,可以从最后一个元素开始遍历数组,直到第一个元素)。

(资源文件夹\chat7\ GetMaxMinvalueInArray.c)

```
01    #include <stdio.h>
02    main()
03    {
04        int array[10]={0};                    //定义数组 array 并赋初值 0
05        int i=0, max=0, min=0;                //定义循环变量 i 及最大值最小值变量
06        for(i=0;i<10;i++)                     //使用循环对数组元素赋值
07        {
08            printf("请输入元素 %d 的值:",i);
09            scanf("%d", &array[i]);           //对第 i 个元素赋值
10        }
11        max = array[0];                       //将变量 max 设为第一个元素值
12        min = array[0];                       //将变量 min 设为第一个元素值
13        for(i=9;i>=0;i--)                     //倒序遍历数组 array
14        {
15            printf("array[%d] = %d\n", i, array[i]);
16            if(array[i]>max)                  //判断第 i 个元素是否大于 max
17            {
18                max = array[i];               //将较大的值赋给 max
19            }
20            if(array[i]<min)                  //判断第 i 个元素是否小于 min
21            {
22                min = array[i];               //将较小的值赋给 min
23            }
24        }
25        printf("数组中最大值为 = %d\n", max);
```

```
26            printf("数组中最小值为 = %d\n", min);
27      }
```

程序使用 for 循环依次遍历数组 array 的每一个元素，并使用 scanf 函数对元素进行动态赋值。在计算数组最大值和最小值前，分别对 max 和 min 赋值为 array[0]，以使 max 和 min 等于数组的某个元素值，这种操作称为设置初始观测点。

程序第 13 行使用 for 循环遍历数组 array，并获取数组中的最大值和最小值。注意，由于要求将数组倒序输出，因此循环变量 i 从数组下标最高位 9 开始。程序运行输出结果为：

```
请输入元素 0 的值：45
请输入元素 1 的值：-52
  ⋮
请输入元素 9 的值：77
array[9] = 77
array[8] = 36
  ⋮
array[0] = 45
数组中最大值为= 1987
数组中最小值为= -1150
```

实训 7.1——数列排序

定义一组无序的整型数列，共 10 个数值，经过一定的处理，使该数列由大到小排列，并输出到屏幕上。定义 int 型数组 arrayorder 并赋初值 0，长度为 10，以承载该数列。使用 scanf 动态输入每个元素的值，对重新赋值后的数组进行排序，按照由大到小排列，并顺序输出排序后的各元素的值。

（1）需求分析。

分析目标需求，程序中需要做到如下几条。

需求 1，定义数组 arrayorder，赋初值 0，并使用 scanf 输入元素的值。

需求 2，使用适当的方法对数组由大到小排序。

（2）技术应用。

根据 C 语言标准以及开发平台版本，完善各个需求模块。

对于需求 1，按照定义数组的一般表达形式以及动态输入数组元素值的操作实现。

对于需求 2，使用冒泡法。方法是首先遍历数组，求出最大的一个元素值，将其与第一个元素交换；然后，从第二个元素再次遍历数组，求出剩余的元素中最大的一个，将其与第二个元素交换，依次执行下去，直到最后一个元素为止。

通过上述分析，写出完整的程序如下。

文　件	功　能
PrintArrayWithOrder.c	① 动态输入数组 arrayorder 各元素的值 ② 对重新输入的数组按由大到小排序 ③ 打印出排序后的各数组元素值

程序清单 7.1：PrintArrayWithOrder.c

```
01    #include <stdio.h>
02    #define  N 10
03    main()
04    {
05        int   arrayorder[N]={0};              //定义数组 arrayorder 并赋初值 0
06        int i=0, j=0, t=0;
07        for(i=0;i<N;i++)                      //循环输入数组各元素的值
08        {
09            printf("请输入元素 %d 的值 arrayorder[%d] = ",i,i);
10            scanf("%d", &arrayorder[i]);
11        }
12        printf("排序前的数组元素值为: \n");
13        for(i=0;i<N;i++)                      //输出排序前数组各元素的值
14        {
15            printf("arrayorder[%d] = %4d\n", i, arrayorder[i]);
16        }
17        for(i=0;i<N;i++)                      //排序循环
18            for(j=i;j<N;j++)
19            {
20                if(arrayorder[i]<arrayorder[j])  //判断是否需要交换
21                {
22                    t = arrayorder[i];
23                    arrayorder[i] = arrayorder[j];
24                    arrayorder[j] = i;
25                }
26            }
27        printf("排序后的数组元素值为: \n");
28        for(i=0;i<N;i++)                      //输出排序后各元素的值
29        {
30            printf("arrayorder[%d] = %4d\n", i, arrayorder[i]);
31        }
32    }
```

程序第 7 行到第 11 行用于输入待排序的数组元素值，由于数组定义以后只能按单个元素赋值，因此使用了 for 循环来执行赋值操作。程序第 17 行到第 26 行是排序的执行过程，基本流程是，首先固定前面的数组元素，后面的元素依次和它比较，若前面的小，则两者交换，直到所有的元素对比完毕。程序运行结果为：

```
请输入元素 0 的值 arrayorder[0] = -90
请输入元素 1 的值 arrayorder[1] = 110
   ⋮
请输入元素 9 的值 arrayorder[9] = 998
排序前的数组元素值为:
arrayorder[0] = -90
arrayorder[1] = 110
   ⋮
arrayorder[9] = 998
排序后的数组元素值为:
arrayorder[0] = 9987
```

```
           arrayorder[1] =   998
                ⋮
           arrayorder[9] =   -90
```

程序按照选择法将数列由大到小进行了排序，编写程序时注意选择排序的实现方法，特别是程序第 24 行内层 for 循环 j=i 表达式的含义。有关选择法排序的详细规则，请参阅本书第 18 章。

修改程序，使数组按从小到大排列，并输出最大值和最小值。

（1）修改程序中对大小排序规则起决定作用的语句。
（2）程序排序后，输出第一个元素的值和最后一个元素的值，就是所要求的最小值和最大值。

7.2 二维数组

在实际生活中，有很多问题需用二维或者多维数据来表示，例如时间和车速相乘得到车程，数学运算中矩阵由行和列构成等，因此，C 语言定义了二维和多维数组以满足实际运算需求。由于三维及三维以上数组应用较少，本节仅介绍二维数组的定义及应用。

7.2.1 二维数组的定义

二维数组的一般表达形式为：

```
类型说明符　数组名[常量表达式 1][常量表达式 2];
```

其中，类型说明符、数组名、常量表达式 1 及常量表达式 2 与一维数组的类型说明符、数组名和常量表达式规则相同。

1. 常量表达式和元素个数

常量表达式 1 表示数组的第一维长度，常量表达式 2 表示数组的第二维长度。通常，将二维数组看成是一个矩阵，第一维表示行，第二维表示列，因此也把第一维称为行标，第二维称为列标。数组元素的总数为：数组元素个数=行数*列数。例如：

```
         int   a[2][3];
```

上述语句定义了 int 型二维数组 a，其中行为 2，列为 3，则数组 a 总共有元素 2*3=6 个。

2. 二维数组的逻辑结构

二维数组的逻辑结构为矩阵结构，以行和列分别表示二维数组的行和列。例如：

第7章 数 组

```
int    b[3][4];
```

上述语句表示定义了行数为 3、列数为 4 的二维数组 b，其逻辑结构如表 7-1 所示。

表 7-1 二维数组逻辑结构图

	第 1 列	第 2 列	第 3 列	第 4 列
第 1 行	b[0][0]	b[0][1]	b[0][2]	b[0][3]
第 2 行	b[1][0]	b[1][1]	b[1][2]	b[1][3]
第 3 行	b[2][0]	b[2][1]	b[2][2]	b[2][3]

3. 二维数组的内存结构

与二维数组的逻辑结构有所不同，二维数组在内存中是线性存储的，即在内存中将各元素连续存储。例如：

```
int    aa[2][3];
```

上述语句定义了二维数组 aa，行数为 2，列数为 3，共有 2*3=6 个元素。C 语言中，系统将二维数组按顺序将元素存放到内存中，采用按行排列的方式，即先排一行，然后排列第二行，依此类推。如图 7-3 所示为二维数组 aa 的内存结构图。

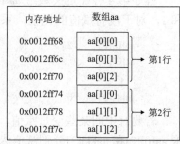

图 7-3 二维数组 aa 的内存结构

7.2.2 二维数组的赋值与引用

二维数组赋值可以在定义时进行初始化赋值，也可以定义后对数组元素引用时赋值。

1. 二维数组分段方式赋初值

定义二维数组的同时也可以对数组各元素赋初值。定义赋初值可以使用按行分段方式对各行元素分别赋值，也可以使用连续赋值方式对整个数组元素顺序赋值，前者使用两层大括号将数值封装，例如：

```
int    a[2][4]={{12, 13, 45, 10},{30, -15, 19, 28}};
```

上述定义表示将 12、13、45 和 10 分别赋给第一行元素 a[0][0]、a[0][1]、a[0][2]和 a[0][3]，将 30、-15、19、28 分别赋给第二行元素 a[1][0]、a[1][1]、a[1][2]和 a[1][3]。其中，内层大括号内各数字用逗号隔开，大括号之间也使用逗号隔开。此时，可以不指定数组的行数，系统默认数组行数为 2，如上述定义也可以写为：

```
int    a[][4]={{12, 13, 45, 10},{30, -15, 19, 28}};
```

可以不必指定所有元素的值，当有一部分数组元素被赋值时，后面的元素将自动赋值为 0。

范例 7.5 TwoDimensionalArrayInitial.c 二维数组的定义赋初值可以按行进行全部赋值，也可以对部分赋值。定义一个数组，对一部分元素赋值，打印出全部元素的值，检查没有赋值的元素是否为 0。

（资源文件夹\chat7\ TwoDimensionalArrayInitial.c）

```
01    #include <stdio.h>
```

```
02    main()
03    {
04        int aa[2][4]={{12,-30},{1}};           //定义数组 aa 并对部分元素赋初值
05        printf("aa[0][0] =%4d\n",aa[0][0]);    //输出元素 aa[0][0]的值
06        printf("aa[0][1] =%4d\n",aa[0][1]);    //输出元素 aa[0][1]的值
07        printf("aa[0][2] =%4d\n",aa[0][2]);    //输出元素 aa[0][2]的值
08        printf("aa[0][3] =%4d\n",aa[0][3]);    //输出元素 aa[0][3]的值
09        printf("aa[1][0] =%4d\n",aa[1][0]);    //输出元素 aa[1][0]的值
10        printf("aa[1][1] =%4d\n",aa[1][1]);    //输出元素 aa[1][1]的值
11        printf("aa[1][2] =%4d\n",aa[1][2]);    //输出元素 aa[1][2]的值
12        printf("aa[1][3] =%4d\n",aa[1][3]);    //输出元素 aa[1][3]的值
13    }
```

程序第 4 行在定义数组 aa 的同时对元素 aa[0][0]、aa[0][1]和 aa[1][0]分别赋值为 12、-30 和 1，对于没有赋值的元素，系统将隐含赋值为 0。程序运行输出结果为：

```
aa[0][0] =   12
aa[0][1] =  -30
    ⋮
aa[1][3] =    0
```

若要对中间某些变量赋值，则该变量前面未被赋值的元素应赋值为 0。例如，若要对元素 aa[0][2]和 aa[1][3]分别赋值为 20 和 110，则程序第 4 行应改为：

```
int aa[2][4]={{0, 0, 20},{0, 0, 0, 110}};
```

2. 二维数组连续赋初值

二维数组也可以按照连续赋值方式对所有元素赋值，数值使用大括号封装，各数值之间使用逗号隔开。例如：

```
int   aa[2][4] = {20, 18, -60, 99, 85, 1115, 66, 80};
```

也可以只对部分元素赋值，此时，未被赋值的部分将隐含赋值为 0。例如，只对数组 aa 第一行赋值，可以定义为：

```
int   aa[2][4] = {20, 18, -60, 99};
```

上述定义执行后，数组 aa 的第 2 行元素将隐含赋值为 0。

3. 二维数组元素赋值

若二维数组在定义时没有进行赋值，则只能在引用时分别对每个元素赋值，此时未被赋值的元素为不确定值。例如：

```
int   aa[2][3];
aa[0][0] = 10;
    ⋮
aa[1][2] = 18;
```

注意，不能试图使用数组名对整个元素赋值。例如，下面的操作是错误的。

```
int   b[3][4];
b[3][4] = {{14,15,18}, {25,-100,90}};          //b[3][4]是一个非法表达
```

第7章 数 组

　　b = {{14,15,18}, {25,-100,90}};　　　　　　　　　//b 是数组名，错误赋值

上述两种赋值方式均不正确。

　　当定义数组之后，再次对数组的操作除了字符数组外都是以元素为单位引用的。例如，定义了二维数组 a[2][3]后，不能试图使用 a[0] = {1,6,9}对第一行元素赋值，而只能用 a[0][0] = 1 等方式对每个元素赋值。

4. 二维数组的引用

二维数组定义之后，可以引用数组各元素进行赋值和引用等操作。二维数组的引用可以使用行标和列标实现，且行标和列标都是从 0 开始。

范例 7.6　CalcSumMatrixArg.c　矩阵是代数数学中的典型数据结构。通过数组可以很方便地表达各种不同的矩阵结构。定义一个数组，用于存储矩阵中各元素的值，键盘输入这些矩阵的元素的值，输出该矩阵的对角线元素之和。

（资源文件夹\chat7\ CalcSumMatrixArg.c）

```
01    #include <stdio.h>
02    main()
03    {
04        int  i,j;
05        float   matrix[3][3], sum=0.0;              //定义数组与求和变量
06        printf("请输入矩阵各元素:\n");
07        for(i=0;i<3;i++)                            //行标循环
08        {
09            for(j=0;j<3;j++)                        //列标循环
10            {
11                scanf("%f",&matrix[i][j]);          //输入数组元素值
12            }
13            printf("\n");
14        }
15        printf("您输入的矩阵为:\n");
16        for(i=0;i<3;i++)                            //行标循环
17        {
18            for(j=0;j<3;j++)                        //列标循环
19            {
20                printf("%15f",matrix[i][j]);        //输出数组元素值
21            }
22            sum=sum+matrix[i][i];                   //计算和数
23            printf("\n");
24        }
25        printf("最大矩阵元素值为: %f\n",sum);
26    }
```

使用数组承载矩阵或行列式是使用 C 语言程序进行数学计算的常用方法。程序通过恰当地使用行标和列标，很容易地索引到矩阵的对角线元素，进而完成对角线元素值之和的计算。这里请注意，行标和列标的最大值分别为定义为行数和列数减 1。程序运行方法为，首先从

键盘输入9个数值,每行3个,以Enter键结束。

```
请输入矩阵各元素:
110         25.6         77.8
35          66.88        109.32
-18         99.54        -10.28
您输入的矩阵为
110.000000     25.600000      77.800003
35.000000      66.879997      109.320000
-18.000000     99.540001      -10.280000
最大矩阵元素值为:166.600006
```

7.2.3 二维数组的应用

二维数组主要用于存储二维数据量,计算具有二维性质的问题。实际生活中的许多问题都可以转换为二维数组形式,使用 C 语言的运算解决。

范例 7.7

MatrixTransferm.c

MatrixTransferm.c 将 4×4 矩阵转置。使用 4 行 3 列的数组存储待转置的矩阵,使用矩阵转置的性质,将原矩阵的转置矩阵存储于另外一个数组中。

(资源文件夹\chat7\ MatrixTransferm.c)

```
01   #include <stdio.h>
02   main()
03   {
04       int   matrix[4][4] = {{15,20,33,41},
05                             {69,45,34,70},
06                             {22,18,26,40},
07                             {78,-10,7,6}};          //定义数组 matrix,存储矩阵
08       int   t_matrix[4][4];                          //定义数组 t_matrix
09       int   i,j;
10       for(i=0;i<4;i++)                               //行循环
11           for(j=0;j<4;j++)                           //列循环
12           {
13               t_matrix[i][j] = matrix[j][i];         //转置赋值
14           }
15       printf("转置前的矩阵为:\n");
16       for(i=0;i<4;i++)
17       {
18           for(j=0;j<4;j++)
19           {
20               printf("%5d",matrix[i][j]);            //输出矩阵 matrix
21           }
22           printf("\n");
23       }
24       printf("转置后的矩阵为:\n");
25       for(i=0;i<4;i++)
26       {
27           for(j=0;j<4;j++)
```

```
28                  {
29                      printf("%5d",t_matrix[i][j]);            //输出矩阵转置
30                  }
31                  printf("\n");
32              }
33          }
```

转置矩阵的性质 $a[i][j] = a^T[j][i]$，程序定义数组 matrix 用于存储矩阵，按照转置矩阵的性质，完成使用二维数组进行转置。程序运行输出结果为：

```
转置前的矩阵为：
   15    20    33    41
   69    45    34    70
   22    18    26    40
   78   -10     7     6
转置后的矩阵为：
   15    69    22    78
   20    45    18   -10
   33    34    26     7
   41    70    40     6
```

实训 7.2——学员平均成绩计算

一个学习小队共有四个成员，小张、小李、小赵和小王，每人有三门学习成绩：英语、数学和语文，求各人的平均成绩和各科平均总成绩。

（1）需求分析。

分析目标需求，程序中需要做到如下几条。

需求 1，存储各小组成员各科成绩。

需求 2，计算各人平均成绩。

需求 3，计算各科平均总成绩。

（2）技术应用。

根据 C 语言标准以及开发平台版本，完善各个需求模块。

对于需求 1，定义二维数组，用于存储各小组组员各科成绩。

对于需求 2，利用二维数组性质计算各人平均成绩，并定义一维数组存储各人平均成绩。

对于需求 3，利用二维数组性质计算各科平均总成绩，并定义一维数组存储各科平均总成绩。

通过上述分析，写出完整的程序如下。

文件	功能
CalcAverageScore.c	① 打印九九乘法表 ② 输出行列对齐，效果美观

程序清单 7.2：CalcAverageScore.c

```
01   #include <stdio.h>
02   main()
03   {
04       int   i,j;
05       int   score[4][3];                                  //定义二维数组存储成绩
06       int   aver_people[4]={0}, aver_class[3]={0};        //定义一维数组存储平均成绩
07       printf("请输入成绩:\n");
08       for(i=0;i<4;i++)                                    //遍历行
09       {
10           for(j=0;j<3;j++)                                //遍历列
11           {
12               scanf("%d",&score[i][j]);                   //输入成绩
13           }
14       }
15       for(i=0;i<4;i++)                                    //遍历行
16       {
17           for(j=0;j<3;j++)                                //遍历列
18           {
19               aver_people[i] = aver_people[i]+score[i][j];    //计算各人成绩
20           }
21           aver_people[i]=aver_people[i]/3;
22       }
23       for(j=0;j<3;j++)
24       {
25           for(i=0;i<4;i++)
26           {
27               aver_class[j] = aver_class[j]+score[i][j];  //计算各科成绩
28           }
29           aver_class[j]=aver_class[j]/4;
30       }
31       printf("所有人员的成绩为:\n");
32       for(i=0;i<4;i++)
33       {
34           for(j=0;j<3;j++)
35           {
36               printf("%4d",score[i][j]);                  //输出各人各科成绩
37           }
38           printf("\n");
39       }
40       printf("每个人的平均成绩为:\n");
41       printf("Wang: %d, Zhang: %d, Li: %d, Zhao: %d\n",
42           aver_people[0],aver_people[1],aver_people[2],aver_people[3]);
43       printf("每个班级的平均成绩为:\n");
44       printf("English: %d, Math: %d, Chinese: %d\n",
45           aver_class[0],aver_class[1],aver_class[2]);
46   }
```

程序第 8 行到第 12 行是输入数组的各元素值，即各学员的成绩。程序第 15 行到第 20 行是遍历各学员的每一科成绩，并计算每个人的平均成绩。程序第 32 行到第 39 行用于打印

出各人各科的成绩。程序运行结果为：

```
请输入成绩：
    88  79  95
    86  89  90
    82  98  96
    76  66  62
所有人员的成绩为：
    88  79  95
    86  89  90
    82  98  96
    76  66  62
每个人的平均成绩为：
Wang: 87, Zhang: 88, Li: 92, Zhao: 68
每个班级的平均成绩为：
English: 83, Math: 83, Chinese: 85
```

由键盘输入每人各科成绩，存储于名为 score 的二维数组中，使用 for 循环完成各人平均成绩、各科平均总成绩的计算，但程序未考虑因除法引起的精度变化。

修改程序，计算一个班内所有学生的平均成绩，假设有 23 名学生，每名学生共 5 门课程，输入学生的所有成绩，计算每名学生的平均成绩，并显示到屏幕上。

（1）使用行 23，列 5 的二维数组存储学生成绩。
（2）使用 for 循环实现学生成绩的打印。

实训 7.3——输出杨辉三角

杨辉三角由多项式 $(a+b)^n$ 打开括号后的各个项的二次项系数构成，实现方法为使 n 由 0 递增至 $n-1$，并依次展开多项式 $(a+b)^n$，然后将各项系数分行排列，得到的三角形数列就是杨辉三角。例如，3 行的杨辉三角由 $(a+b)^0$、$(a+b)^1$ 和 $(a+b)^2$ 展开的各项系数构成。

$(a+b)^0$ 展开为 1
$(a+b)^1$ 展开为 a+b
$(a+b)^2$ 展开为 $a^2+2ab+b^2$

由上述各二项式展开后各项系数构成的杨辉三角如下。

```
1
1   1
1   2   1
```

编写程序，输出前 10 行的杨辉三角。

（1）需求分析。

分析目标需求，程序中需要做到如下几条。

需求 1，计算构成杨辉三角的各行数字，并存储。

需求 2，输出杨辉三角，行数为 10。

（2）技术应用。

根据 C 语言标准以及开发平台版本，完善各个需求模块。

对于需求 1，分析杨辉三角的结构，不难发现其固有的特点。杨辉三角第一行数字为 1，第二行数字为数列 1 1，从第三行开始，每一行中的数字都可以由上一行的数字获得，方法为第 i 行第 j 列数字等于第 i-1 行 j-1 列和第 i-1 行第 j 列数字之和，即 data[i][j]=data[i-1][j-1]+data[i-1][j]。

对于需求 2，可以定义二维数组 YangTrangle[10][10]，用于存储计算所得的各行各列数字，然后按照规定行和列，顺次输出数字，以构成杨辉三角，使用格式输出%5d，以实现输出格式对齐。

通过上述分析，写出完整的程序如下。

文 件	功 能
YanghuiTrangle.c	① 计算杨辉三角各行数字 ② 输出杨辉三角，并保持格式对齐

程序清单 7.3：YanghuiTrangle.c

```
01    #include <stdio.h>
02    main()
03    {
04        int   i=0,j=0;
05        int   YangTrangle[10][10]={0};
06        for(i=0;i<10;i++)                       //行控制，数组行标
07        {
08            for(j=0;j<=i;j++)                   //列控制，数组列标
09            {
10                if(0= =j||i= =j)                //行首数字和行末数字
11                {
12                    YangTrangle[i][j]=1;        //行首、行末数字赋值为 1
13                }
14                else
15                {
16                    YangTrangle[i][j]=YangTrangle[i-1][j]+YangTrangle[i-1][j-1];
17                }
18                printf("%5d",YangTrangle[i][j]);    //输出数字，使用格式%5d 输出
19            }
20            printf("\n");
21        }
22    }
```

程序第 6 行到第 21 行是杨辉三角处理的主程序段。首先通过行控制参数 i 和列控制参数 j 判断当前元素是否为行首或行末元素，若是，执行第 12 行将行首和行末的数字设置为 1，

否则，执行第 16 行，计算中间位置的元素值。程序运行结果为：

```
1
1   1
1   2   1
1   3   3   1
1   4   6   4   1
1   5  10  10   5   1
1   6  15  20  15   6   1
1   7  21  35  35  21   7   1
1   8  28  56  70  56  28   8   1
1   9  36  84 126 126  84  36   9   1
```

　　杨辉三角的一个显著特点是其两边数字都为 1，因此，程序第 10 行中的 if 语句用于判断数字是否属于两边，若是，则直接赋值为 1，这样，既减少了运算量，又对第 1 行和第 2 行数字进行了赋值，为后面第 3 行之后的数字计算提供了依据。

　　修改程序，动态输入打印的杨辉三角行数，然后输出杨辉三角。

　　（1）在使用 scanf 函数输入行数后，应判断输入参数是否正确，即判断是否越界，如小于 0 等。
　　（2）定义二维数组时注意二维数组的维数，可设置较大的二维数组。注意不能使用变量定义二维数组的行和列。

　　公元 1050 年，北宋数学家贾宪首先使用"贾宪三角"完成了高次开方运算。之后，南宋数学家杨辉于公元 1261 年在其著作《详解九章算法》中记载并保存了"贾宪三角"的运算过程，此后，人们称这样的数列组合为"杨辉三角"。在欧洲，直到公元 1623 年，法国数学家帕斯卡在 13 岁时才发现了"杨辉三角"的规律，后人称为"帕斯卡三角"。

7.3　字符数组

　　用于存储字符或字符串的数组称为字符数组，和数据类型的数组类似，字符数组也可以定义为一维数组和多维数组。

7.3.1 字符数组的定义

字符数组由关键字 char 来定义，其定义的一般表达形式为：

```
char  数组名[常量表达式];
```

其中，常量表达式和一维数组及二维数组的常量表达式规则相同，不能使用变量或变量表达式，只能使用整型或结果为整型的表达式。字符数组中每个元素在内存中占1个字节，用于存储一个字符，每个元素都可以作为一个字符变量使用。例如：

```
char  cc[20];
```

上述语句定义了长度为 20 的字符数组，该数组在内存中占 20 个连续字节空间。由于字符类型和整型可以等价使用，因此也可以定义 short 型或 int 型数组来存储字符数据，但每个字符将使用 2 字节或 4 字节内存单元，对内存资源造成较大浪费。

7.3.2 字符数组的赋值与引用

与一维数组和二维数组类似，字符数组也可以在定义时赋初值或定义后赋值。

1. 定义赋初值

字符数组定义时可以给每个元素赋初值，其中数值部分使用大括号封装，各字符间使用逗号隔开。以这种赋值方式定义的数组也可以不指定数组长度，即常量表达式可以省略，此时，系统默认字符数组长度为大括号内字符个数。例如：

```
char  test[8]={'Y', 'o', 'u', 'A', 'n', 'd', 'M', 'e'};
char  retest[]={'T', 'h', 'i', 's', 'I', 's', 'N', 'o', 't', 'A', 'T', 'e', 's', 't'};
```

2. 部分元素赋初值

在定义字符数组时也可以对部分元素赋初值，此时，未被赋值部分将被赋值为 0，字符为空格。例如：

```
char  test[8]={ 'S', 'o', 'm', 'e'};
```

范例 7.8 PartInitialCharArray.c 验证对部分字符数组赋值后对没有赋值的元素的影响，可以通过输出这些数组元素的值来分析它们的差别。（提示：分别使用 char 型和 int 型输出元素的数值）

PartInitialCharArray.c（资源文件夹\chat7\ PartInitialCharArray.c）

```
01  #include <stdio.h>
02  main()
03  {
04      int   i=0;
05      char   IsItZero[10]={'U','n','b','l','e','a','v','e'};      //定义字符数组并赋初值
06      for(i=0;i<10;i++)                                            //遍历字符数组
07      {
08          printf("%c:%-4d",IsItZero[i],IsItZero[i]);  //以%c 和%d 输出字符数组元素
09      }
```

```
10          printf("\n");
11      }
```

程序对字符数组 IsItZero 前 8 个元素赋初值，分别使用两种格式%c 和%d 输出每个元素的值。对于已赋初值的元素，程序输出对应的字母和 ASCII 值，对于未赋初值的元素，程序将输出字符空格和数值 0。程序运行输出结果为：

U:85 n:110 b:98 l:108 e:101 a:97 v:118 e:101 :0 :0

3. 数组元素赋值与引用

当定义字符数组后，可以对每个元素进行赋值操作，此时也称为对数组元素的引用。数组元素引用时，数组下标不能越界。例如：

```
char    ForTest[5];
ForTest[0] = 'L';
ForTest[1] = 'u';
ForTest[2] = 'c';
ForTest[3] = 'k';
ForTest[4] = 'y';
```

注意，不能使用字符数组名对所有元素一次性赋值，例如下面的操作是错误的。

```
char ForTest[10];
ForTest={'O', 'n', 'l', 'y', 'T', 'e', 's', 't'};
```

或者

```
ForTest[10]= {'O', 'n', 'l', 'y', 'T', 'e', 's', 't'};
```

范例 7.9   CalcDiferCharNum.c 有一段含有 30 个字符的文字，存储于字符数组中。使用 for 循环遍历字符数组，统计这段文字中字母个数、数字个数及其他字符个数，并输出到屏幕上。

CalcDiferCharNum.c

（资源文件夹\chat7\ CalcDiferCharNum.c）

```
01      #include <stdio.h>
02      main()
03      {
04          int    i=0;
05          int    LetterSum=0, NumSum=0, OtherSum=0;
06          char   Document[30];
07          printf("请输入一篇文档:\n");
08          for(i=0;i<30;i++)
09          {
10              scanf("%c",&Document[i]);           //输入字符数组各元素的值
11          }
12          for(i=0;i<30;i++)                       //遍历字符数组
13          {
14              if('0'<=Document[i] && Document[i]<='9')    //判断是否属于数字
15              {
16                  NumSum++;
17              }
18              else if(('A'<=Document[i] && Document[i]<='Z') ||
```

```
19                      ('a'<=Document[i] && Document[i]<='z'))    //判断是否属于字母
20              {
21                  LetterSum++;
22              }
23              else                                                //处理非数字和字母的其他字符
24              {
25                  OtherSum++;
26              }
27          }
28          printf("字母个数: %d, 数字个数: %d, 其他字符个数:%d\n",
29              LetterSum, NumSum, OtherSum);                       //输出统计结果
30      }
```

程序通过 scanf 函数输入各字符数组元素的值,然后遍历数组中各元素,使用 if 语句判断每个元素属于哪些字符,并在相对应的统计变量中做记录。注意,程序第 14 行和第 18 行、第 19 行对数字和字母的判断方法。程序运行输出结果为:

```
请输入一篇文档:
One adding One is Two: ___1+1=2
字母个数: 17, 数字个数: 3, 其他字符个数: 10
```

取数组元素的地址可以使用取地址符&,也可以使用数组首地址偏移的方式,例如程序第 10 行中对数组元素 Document[i]的地址索引,也可以使用 Document + i 来作为元素 Document[i]的地址。

7.3.3 字符数组与字符串

字符数组的一个重要应用是能够存储字符串,其一般表达形式为:

```
char    ss[常量表达式] = "字符串内容";
```

其中,字符串使用双引号封装。这里应该注意的是,常量表达式应大于字符串内容字节数加 1,采用逻辑表达式为"常量表达式>=sizeof(字符串内容)+1"。这是因为字符串在内存中存储时会在其后自动添加结束符"\0",而这一隐含字符将自动赋值到字符数组中。例如:

```
char    test[6] = "Hello";
```

上述定义语句将字符串"Hello"赋给字符数组 test,则在内存中,字符数组的存储如图 7-4 所示。

注意,不能以引用方式对字符数组赋值,例如下面的操作是错误的。

```
char    Notest[20];
Notest = "This is a test";
```

内存地址		数组元素	内存数据
0x0012ff74	→	ss[0]	H
0x0012ff75	→	ss[1]	e
0x0012ff76	→	ss[2]	l
0x0012ff77	→	ss[3]	l
0x0012ff78	→	ss[4]	o
0x0012ff79	→	ss[5]	'\0'

图 7-4 字符数组存储格式

1. 字符数组输出字符串

使用字符串对字符数组赋初值后,可以使用格式输出%s 输出字符串。使用%s 格式输出

时，程序遇到字符串结束符"\0"即结束输出，一定要注意，定义时不要输入超过字符数组长度的字符串，由于 C 语言不对数组作下标越界检查，因此输入字符串超过数组长度会造成内存操作溢出，从而对程序产生影响。

范例 7.10
StringAboveArray.c

StringAboveArray.c 有两个长度分别为 10 和 20 的字符数组，使用字符串对这两个数组赋初值"This is not a test"，用%s 格式输出这两个数组的字符串，并对比输出结果的差别。

（资源文件夹\chat7\ StringAboveArray.c）

```
01    #include <stdio.h>
02    main()
03    {
04        char ss1[10]="This is not a test";     //定义字符数组 ss1 并赋初值字符串
05        char ss2[20]="This is not a test";     //定义字符数组 ss2 并赋初值字符串
06        printf("ss1=%s\n",ss1);                //输出字符数组 ss1 中的字符串
07        printf("ss2=%s\n",ss2);                //输出字符数组 ss2 中的字符串
08    }
```

程序第 4 行定义了长度为 10 的字符数组 ss1，此时将字符串"This is not a test"赋给 ss1，将导致字符数组 ss1 溢出。程序第 6 行中，试图使用%s 格式输出字符数组 ss1 中的字符串，由于数组 ss1 长度为 10，因此程序输出时将输出不确定值。程序运行输出结果为：

```
ss1=This is not a test?
ss2=This is not a test
```

若上述程序第 4 行中赋值号右边字符串改为"This is n\0ot a test"，则程序输出将不会出现乱码，这是因为使用%s 输出时，系统检测字符串结束标志，若遇到"\0"，则认为字符串结束，因此程序输出为"This is n"。

2. 字符数组输入字符串

可以使用%s 格式将字符串输入到字符数组中，此时一定要注意，系统将空格、\0 和回车符均作为字符串结束符处理。

范例 7.11
InputOutputString.c

InputOutputString.c 有两个长度都是 10 的字符数组，用这两个数组存放长度不同的一句话，使用%s 格式输出两个数组的字符串，对比输出结果的差别。

（资源文件夹\chat7\ InputOutputString.c）

```
01    #include <stdio.h>
02    main()
03    {
04        char ss1[10];                  //定义字符数组 ss1
05        char ss2[10];                  //定义字符数组 ss2
06        scanf("%s",ss1);               //输入字符数组 ss1
07        scanf("%s",ss2);               //输入字符数组 ss2
08        printf("ss1=%s\n",ss1);        //输出字符数组 ss1
09        printf("ss2=%s\n",ss2);        //输出字符数组 ss2
10    }
```

运行程序，由键盘输入字符串"Let's test it"，由于使用%s作为输入格式控制，当输入单词Let's后，程序第5行由scanf函数接收字符串；当键入空格后，系统将其作为字符串结束符"\0"处理，因此结束继续输入，并退出scanf函数，程序继续运行到第6行，此时键盘输入test，程序将其赋给ss2；当键入第二个空格后，系统仍然将其作为字符串结束符"\0"放于数组ss2第5个元素。因此，数组ss1中存储的字符串为"Let's"，数组ss2中存储的字符串为"test"。程序运行输出结果为：

```
Let's test it
ss1=Let's
ss2=test
```

注意，这里使用scanf函数应用%s格式输入字符串时，对字符数组地址的引用不加&符号，因为数组名本身就是一个地址常量，因此不需要添加&符号。

7.3.4 二维字符数组

二维字符数组多用于字符串的存储与应用，其一般表达形式为：

char 数组名[常量表达式1][常量表达式2];

二维字符数组可以定义时赋初值，例如：

char color[7][10]={"Red", "Orange", "Yellow", "Green", "Cyan", "Blue", "Purple"};

二维数组也可以单独对某个元素赋值，例如：

color[5][4] = 'H'

注意，不能在定义二维数组之后再对数组进行字符串赋值，例如下面的操作是错误的：

char name[3][10];
name[0] = "Wang";
name[1] = "Li";

可以使用scanf函数输入字符串，使用第一维作为输入地址，例如：

char birth[12][15];
scanf("%s", birth[0]);

范例 7.12
CompareStrings.c　　CompareStrings.c 设计一个二维数组，行数为3，列数为10，存放三个首字母不同的字符串，并且各字符串长度不大于9，判断各字符串的大小关系。字符串大小是指对应位置的字母ASCII码值的大小顺序，从左边开始比较，ASCII码值大的，字符串大；ASCII码值小的，字符串小。
（资源文件夹\chat7\ CompareStrings.c）

```
01    #include <stdio.h>
02    main(void)
03    {
04        char    strings[3][10];           //定义二维字符数组存储字符串
05        char    a,b,c;
06        printf("开始输入字符串:\n");
```

```
07          scanf("%s", strings[0]);                    //输入字符串 1
08          scanf("%s", strings[1]);                    //输入字符串 2
09          scanf("%s", strings[2]);                    //输入字符串 3
10          a=strings[0][0];                            //存储第一个字符串首字母
11          b=strings[1][0];                            //存储第二个字符串首字母
12          c=strings[2][0];                            //存储第三个字符串首字母
13          printf("字符串序列如下:\n");
14          if(a>b)
15          {
16              if(b>c)                                 //字符串 1>字符串 2>字符串 3
17              {
18                  printf("%s\n",strings[0]);
19                  printf("%s\n",strings[1]);
20                  printf("%s\n",strings[2]);
21              }
22              else                                    //字符串 1>字符串 3>字符串 2
23              {
24                  printf("%s\n",strings[0]);
25                  printf("%s\n",strings[2]);
26                  printf("%s\n",strings[1]);
27              }
28          else
29              if(b>a)
30              {
31                  if(a>c)                             //字符串 2>字符串 1>字符串 3
32                  {
33                      printf("%s\n",strings[1]);
34                      printf("%s\n",strings[0]);
35                      printf("%s\n",strings[2]);
36                  }
37                  else                                //字符串 2>字符串 3>字符串 1
38                  {
39                      printf("%s\n",strings[1]);
40                      printf("%s\n",strings[2]);
41                      printf("%s\n",strings[0]);
42                  }
43              }
44              else if(c>a)
45              {
46                  if(a>b)                             //字符串 3>字符串 1>字符串 2
47                  {
48                      printf("%s\n",strings[2]);
49                      printf("%s\n",strings[0]);
50                      printf("%s\n",strings[1]);
51                  }
52                  else                                //字符串 3>字符串 2>字符串 1
53                  {
54                      printf("%s\n",strings[2]);
55                      printf("%s\n",strings[1]);
56                      printf("%s\n",strings[0]);
57                  }
58              }
59      }
```

由于三个字符串首字母不同,因此只需要判断三个字符串的首字母即可分出各字符串的

大小。首先读取三个字符串首字母,然后判断这三个字母的大小,根据不同情况将三个字符串按不同顺序输出。程序运行输出结果为:

```
开始输入字符串:
Dog
Boy
Girl
字符串序列如下:
Dog
Girl
Boy
Let's test it
ss1=Let's
ss2=test
```

 　　对于首字母相同的字符串,可以进一步判断第二个字母甚至第三个字母的大小。关于字符串的大小判断,C语言提供了专门的函数用于判断两个字符串大小,本书后续章节将做详细介绍。

7.4 疑难解答和上机题

7.4.1 疑难解答

(1) 数组名和变量名有什么联系和区别?

解答:两者的相同点是数组名和变量名都属于自定义的用户标识符,都是程序编写者自己定义的名字,因此,都要遵守用户标识符命名规则。两者的不同点是:变量名表示一个变量,我们可以对这个变量进行赋值以及自增自减运算,而数组名表示一段内存的地址,它表示一个地址常量,因此,数组名不能参与任何算术运算和重新赋值操作。

(2) 定义数组时为什么一定要使用常量或由常量构成的表达式作为数组长度?

解答:定义一个数组,就意味着在内存中为这个数组分配了相应长度的内存字节空间,这一内存被分配后,在程序结束之前就固定不变了,若强行改变这块内存空间的长度,有可能造成程序的紊乱(例如数组的越界赋值等)。为了避免这类情况的发生,C语言对数组的定义作了硬性规定,即不允许使用变化的量作为定义时的数组长度。

(3) 既然数组名表示一个地址常量,能不能使用数组名作为另一个数组定义时的常量表达式呢?

解答:不可以。虽然数组名表示一个地址常量,但数组名本身作为自定义的用户标识符,在定义数组时会检测常量表达式中是否存在自定义的用户标识符,若含有,就报告错误。换句话说,C语言是以表达式中是否含有用户标识符作为是否是常量表达式的判断依据的。

(4) 数组下标总是从0开始吗?

解答:在C语言中,数组下标总是从0开始的。对数组show[N],N是常量,它的第一个和最后一个元素分别是show[0]和show[N-1]。通常情况下,我们说数组的第一个元素是指数组下标为 0 的数组元素。

（5）若定义了数组：

```
int    a[N];
```

可不可以使用元素 a[*N*]呢？

解答：不可以。试想，你家和你的邻居家隔着一堵墙，你能把墙砸开去往邻居的房间里放东西吗？显然不可以。但是令人遗憾的是，C 语言并没有对这样的操作加以限制，也就是说你可以做这样的操作，程序并不会对你的这一操作报错，但就如同你砸开邻居家的墙一样，那样的操作很有可能会带来灾难。因为数组名表示一个地址，假设为 ADDR0，a[*N*]相当于引用地址 ADDR0 之后 *N* 个字节的内存位置，计算机系统无法对这一操作进行限制，因此，引用 a[*N*]是可以执行的。但是，很有可能 a[*N*]的位置已经放置了其他有用数据甚至程序段，若改变了该内存的内容，程序有可能会因为数据被修改而无法继续进行。

另外，不能将 a[*N*]作为数组 a 的一个元素看待。

（6）可以定义数组 a 和 b，然后让 b 和 a 都位于同一块内存里吗？例如：

```
int    a[10];
int    b[10];
b = a;
```

解答：不可以。这个问题类似于数组名和变量名的区别，首先，定义了两个数组 a 和 b，就意味着系统已经给 a 和 b 分配了不同的内存空间，同时以 a 和 b 作为两块内存的索引，因此，a 和 b 在程序结束之前不能被改变，否则被分配的内存就无法查找，会造成内存的浪费。另外，数组名表示一个地址常量，它们的值不能被修改，因此，对 b 进行任何赋值都是不可以的。

（7）既然二维数组在内存中按行和列连续存放，能不能使用一维数组的模式来操作二维数组呢？例如：

```
short    a[2][4];
a[0][4] = 0xabcd;
a[0][5] = 0xaaaa;
a[0][6] = 0xbbbb;
a[0][7] = 0xcccc;
printf("%x, %x, %x\n", a[1][0], a[1][1], a[1][2]);
```

解答：建议不要使用。如果你有幸编写了这样的代码，然后执行并得到了想要的结果，那么恭喜你发现了一个操作数组的新方法。但是，这种操作却不值得提倡，甚至应该被禁止。由于二维数组在内存中连续存放，同时，C 语言系统又没有对数组下标越界做检查，因此，这样操作内存不会使程序报错。但是，这是绝大部分程序编写者所不提倡的，一方面是不方便程序阅读，另一方面是有可能会造成误操作而使程序崩溃。

（8）既然字符数组和整型数组可以等价进行算术运算，那定义长度为 10 的字符数组最多能够存储多少个数据呢？

解答：严格来说，是不允许使用字符数组存储数据的。若从内存角度考虑，由于字符数组中每个元素只允许存储单字节数据，即-256～255 之间的数，若要存储 short 型数据，则必须隔元素存储，例如：

```
char    a[10];
short   a=5;
a[0] = a;
a[2] = a+2;
```

即 a[1]不能被使用，因为它已经和 a[0]结合用于存储 short 型变量 a 了，这样算来，长度为 10 的字符数组可以存储 5 个 short 型数据，同理，由于 int 型占 4 个字节，因此，长度为 10 的字符数组只能存储 2 个 int 型数据。

（9）定义了字符数组，并对每个元素赋值后，能不能使用字符串输出格式%s 输出数组中的每个字母呢？

解答：可以使用%s 格式输出，但并不一定得到正确的结果。因为%s 格式输出需要遇到字符串结束符"\0"才结束打印输出，因此，若在对数组元素赋值时没有元素的值为"\0"，那么输出结果将出现错误。例如：

```
char a[5]={'a','b','c','d','e'};
printf("%s\n",a);
```
输出为
　abcde 烫汤□

（10）既然数组名表示一个内存地址，那么对数组名使用取地址&表示什么呢？

解答：我们使用一个例子来解答这个问题。

```
01      int    test[100];
02      sizeof(test);
03      sizeof(&test);
04      sizeof(&test[0]);
05      sizeof(test[0]);
```

上述程序段中，第 2 行 sizeof 结果为 400，说明 test 作为数组名首地址，它代表整个数组。第 3 行 sizeof 结果为 400，说明&test 也是数组名首地址。第 4 行 sizeof 结果为 4，它表示元素 test[0]的地址，为 4 字节数据，因此，结果为 4。第 5 行 sizeof 结果为 4，它表示元素 test[0]所占内存字节数，为 4。

7.4.2 上机题

（1）试编写程序，随机输入一个不大于 100 的字符串，使用一维数组存储，然后将该数组按倒序输出。

（2）用一维数组存储一段英文文章，编写程序，计算文章内的单词个数（字符后跟特殊字符意味着一个单词），并将单词数打印出来。

（3）试编写程序实现将一段英文文章加密，方法为定义一个字符数组，用于存储待加密文章，使每个字母向后偏移 4，最后边 4 个字母 W、X、Y、Z 和 w、x、y、z 分别用大写 A、B、C、D 和小写 a、b、c、d 代替。

（4）跳水队员比赛，有 10 个评委对队员进行打分，试编程求某位参赛选手的成绩（去掉一个最高分，去掉一个最低分）。（提示：键盘输入评委打分成绩，但需要对输入的数据进行排序，然后将最大值和最小值去除，进行平均分计算）

（5） 有一个已经排好序的数组，试编写程序，实现由键盘输入一个数，将这个数插入到数组中，使数组仍然保持有序。

（6） 使用键盘输入一个字符串，存储于字符数组中，试编写程序，输入一个字符，检查该字符在字符串中的位置，若没找到，则输出 none。

（7） 有两个字符数组，分别存放不同的字符串，试编写程序，将一个字符数组中的字符串存放到另一个字符数组后面，构成一个更长的字符串。（提示：首先应保证字符串长度符合要求，其次，第一个字符数组中最后一个字符"\0"应去掉，以接收另外一个字符数组的字符串）

（8） 试编写程序，将一维数组中所有元素进行移位操作。方法为，定义一维数组并赋初值，将数组中的元素依次后移 3 位，最后 3 位依次移到前面 3 位的位置。

（9） 有一个 int 型数组，试编写完整代码，使用键盘输入数组各元素的值，计算数组中的最大值和最小值，然后打印到屏幕上，并输出最大值和最小值在数组中的位置。

（10） 有一个 3×3 矩阵，试编写程序，求该矩阵对应的行列式的值，其中矩阵中各元素的值由键盘输入。

第8章 函数

函数是 C 语言的基本组成单位，它是模块化程序设计的主要构成单元。使用函数设计 C 语言程序，不但使程序更具有模块化结构，而且使程序简洁明了，提高了程序的易读性和可维护性。此外，函数也可以将一些多次重复使用的程序模块封装，以备各个不同模块使用，从而大大减轻程序员的代码工作量。

本章学习重点：

- 函数的分类
- 函数的定义
- 函数的调用与声明
- 函数的实参与形参
- 局部变量和全局变量
- 函数的嵌套调用

8.1 函数的定义

第 1 章中已经介绍过，C 语言程序是以函数为基本模块单元组成的，这里所说的模块单元是指实现某一功能的程序段，通常以函数形式实现。在第 5 章中曾提到，结构化程序设计的第 3 步为模块化设计，就是将一个复杂的事情分成几个模块来实现的。函数是程序模块化设计的主要实现方式。

8.1.1 函数的分类

按照不同的结构和功能，C 语言中的函数也有多种分类形式。

1. 按照定义类型划分

按照定义类型的不同，C 语言程序中存在三种不同类型的函数，即主函数、库函数和用户自定义函数。

主函数：主函数的调用名称为 main()，它是 C 语言中最主要的函数，在 C 语言中具有唯一性，也就是说，任何一套完整的 C 语言程序有且仅有一个主函数。主函数是程序的入口，任何程序在初始执行时都是从主函数处开始的。

库函数：库函数通常由开发编译系统的人员编写，并加以封装后嵌入到 C 语言编译系统中，这些函数可以被用户直接调用，也可以完成某种计算或实现某些逻辑功能。调用库函数时一定要在程序头部包含声明该函数的头文件，例如，调用开根号函数 sqrt()，必须包含头文件 math.h。

用户自定义函数：用户自定义函数是由用户定义，用于完成某些特定功能的程序段，为便于维护和程序执行，将这些程序段封装成函数的形式。与主函数对应，通常也将用户自定义函数称为子函数，本章主要讨论用户自定义函数。

2. 按照是否能够返回值划分

C 语言函数中，有些函数调用后能返回某种类型的数值，而有些函数不能返回，按照能否返回数值分为返回值类型函数和无返回类型函数。

返回值类型函数在定义时应指定返回值的类型，即在定义时函数名前面的类型说明符。例如：

```
int   max()
{
      程序段
}
```

函数返回的数值可以是函数内部计算所得的任何数值类型。

无返回类型函数在定义时应在函数名前面标注 void 说明符，以说明该函数为无返回类型。

3. 按照函数是否带参数划分

按照函数是否带有参数，函数分为有参函数和无参函数。

有参函数：和第 1 章中介绍的 main 函数参数类似，函数定义时应将形参包含在函数定义时的小括号内，函数调用时应将实参传递到函数内部以用于计算。

无参函数：无参函数即函数定义和调用时都不带参数的函数类型。

8.1.2 函数的定义

C 语言中，函数是逻辑上承担某些运算的功能模块，根据各个模块功能大小的不同，会出现某个函数多次被使用的情况，这在 C 语言中称为函数调用。但是，在 C 语言程序结构中，各函数之间都是并行的，也就是说在任何一个函数体内都不能定义另外一个函数。由各函数构成的程序结构如下：

```
函数名 1( )
{
      程序体 1
}
函数名 2( )
{
```

```
        程序体 2
    }
    ⋮
main( )
{
        主程序体
}
```

上面的结构中，与 main()函数对应，函数名 1()、函数名 2()等统称为子函数。函数定义的一般表达形式为：

```
类型说明符    函数名（形参表列）
{
        程序体
}
```

其中类型说明符可以是 C 语言中任何基本数据类型和复合数据类型。函数名属于用户自定义标识符的一种，应遵循用户自定义标识符的命名规则。形参表列是可选参数表列，当不需要函数带参数时可省略。

函数要表达的程序体必须使用大括号封装。程序体可以是任何的 C 语言语句。类型说明符、函数名以及形参表列一行称为函数头，函数调用时程序总是从函数头开始执行的。

注意，类型说明符与函数名之间应该有一个或多个空格，函数名和左括号之间可以带空格，但函数名和括号必须在同一行。出于习惯，有些程序员总是在两者之间加一个空格，用以突出函数名，这里作者建议读者在编写程序时不要加空格，用以更明确地表达函数的定义。

用户定义函数时应明确所定义的函数是否需要返回值以及是否需要带参数。

1. 无返回值函数定义

无返回值类型的函数定义使用 void 作函数类型说明符，这类函数不返回任何数值。例如：

```
void    test()
{
        printf("This is a function test\n");
}
```

函数 test 仅仅输出字符串"This is a function test"，不需要任何返回参数，因此将函数类型定义为 void，void 的意思为"空无所有的"，在 C 语言中，使用它定义不返回值的函数。

2. 返回值函数定义

带有返回值的函数定义时类型说明符可以使用除 void 以外的任何数据类型。当使用了某种类型定义函数后，该函数被调用时将以这种类型返回数值，函数使用 return 语句返回数值。例如：

```
01    int    Sum( )
02    {
03            int    i=0, sum=0;
04            while(i<10)
```

```
05          {
06              sum = sum + i++;
07          }
08          return  sum;
09      }
```

函数 Sum() 返回值为 int 型，说明函数为返回值类型，该函数被调用时会返回 int 型数值。通常也将返回某种类型的函数称为"××类型函数"，例如上述定义的函数 Sum 称为"int 型函数 Sum"。函数使用 return 语句返回数值，并跳出函数体，结束函数中语句的继续执行，如程序第 8 行所示。return 语句的一般表达形式为：

return   表达式；

其中表达式可以是任何能够转换为数值的表达式形式。
当定义函数时不指明任何类型说明符时，系统默认函数返回 int 型数值。

当函数需要返回值时应指明函数返回值类型，即使是返回 int 型数值，为便于程序阅读，也应该定义为 int 型函数。此外，千万不能将返回值类型函数定义为 void 类型。

3. 带参数函数的定义

上面讲述的两类函数都是无参数类型函数，使用该函数时需要用到函数体外的一些变量或数值，这时候就需要用到函数参数来传递到函数体内。例如：

```
01      int  max(int  a,  int  b)
02      {
03          if(a>b)
04              return  a;
05          else
06              return  b;
07      }
```

函数 max 判断两个整型数值 a 和 b 的大小，并返回较大的一个，该函数定义时小括号内的逗号表达式"int a, int b"称为形参表列，其中 a 和 b 称为形式参数，简称"形参"。当有多个形参需要定义时，使用逗号表达式形式定义可以是任何 C 语言合法的基本数据类型或复合数据类型，主要作用是接收来自函数外部的数值，并且这些形参可以在程序体中使用。

8.2 函数的调用与声明

函数的定义属于程序设计与编写的范畴，若函数定义之后在程序执行过程中始终没有被执行，则称这样的函数为冗余函数或垃圾函数。函数定义后，通过被调用来执行。通常情况下，在调用函数时，应先对函数进行声明。

8.2.1 函数的调用

函数在定义之后，可以由它本身或其他函数体调用。函数调用的一般表达形式为：

> 函数名（实参表列）

其中，"函数名"就是函数定义的函数名称，在这里函数称为被调函数。实参表列与形参表列对应，即实际参数表列，与形参表列不同的是，实参表列中仅列出参数名称。这些参数是函数调用时输入的数值，实际参数只能在主调函数中使用，不能在被调函数中使用。

范例 8.1

SubFuncCalcMaxVal.c　SubFuncCalcMaxVal.c 设计一个返回 int 类型的函数 max，功能是计算主调函数中两个变量的大小，返回较大的一个，当两个数相同时，打印数据相同的信息。

（资源文件夹\chat8\ SubFuncCalcMaxVal.c）

```
01  #include <stdio.h>
02  int max(int a, int b)                        //定义函数 max
03  {
04      if(a>b)                                  //判断参数大小
05      {
06          return  a;                           //返回语句1
07      }
08      else
09      {
10          return b;                            //返回语句2
11      }
12      printf("两个参数数值相同\n");              //特殊信息打印
13  }
14  void  main()                                 //定义 main 函数为 void
15  {
16      int   m=0, n=0;
17      int   maxvalue = 0;
18      printf("请输入两个参数的值:\n");
19      printf("m = ");
20      scanf("%d", &m);                         //输入变量 m 的值
21      printf("n = ");
22      scanf("%d", &n);                         //输入变量 n 的值
23      maxvalue = max(m, n);                    //调用函数 max
24      printf("最大值为: %d\n", maxvalue);
25  }
```

函数 max 的定义部分。函数有两个形参，用于函数调用时接收输入数值

上述程序执行时输入 *m* = 10, *n* = 20，按 Enter 键。

请输入两个参数的值:
m = 10
n = 20

输出结果为：

最大值为：20

下面分别解释上述程序中各关键语句的含义及程序执行过程。

1. 子函数max的定义

程序第 1 行到第 13 行定义了函数 max，这里称 int max(int a, int b)为子函数。程序第 2 行为函数 max 的头部，称为"函数头"，函数头包括类型说明符 int，函数名 max 和形参表列"int　a, int　b"。

2. 函数头

函数头中，类型说明符为 int 型，表明函数是有返回值类型函数，返回数值类型为 int 型。函数名 max 为用户自定义标识符，为便于识别，通常将函数名定义为函数体完成的功能的概括性单词，例如，本范例中子函数用于返回两个数中较大的一个，因此定义函数名为 max。形参表列中定义了两个 int 型的形式参数 a 和 b，在 C 语言中也允许将形参表列放在括号外面，例如，程序第 2 行可以改为如下：

　　　int　max()
　　　int　a, b;

虽然这样的表达与程序第 2 行功能相同，但不便于理解和书写，因此作者不建议使用这种方式。

3. 形参

形参具有一定的生存周期，它只能在本函数内部起作用，而不能用于其他函数中。形参表列类似于变量的定义，区别在于形参表列用于调用函数时接收输入参数值。

4. 函数调用语句

程序第 23 行是函数的调用语句，这个函数调用语句的实现形式为赋值语句。赋值号左边是 maxvalue，赋值号右边标识调用子函数 max，这里 m 和 n 称为实际参数，简称实参。实参的作用是将数值传递给形参，当子函数退出执行后，将返回特定的数值，然后将该数值赋给变量 maxvalue。

5. 程序的入口

程序第 14 行为程序的主函数，也是程序执行的入口。由于主函数 main()没有返回值，因此这里我们定义 main()函数的类型为 void。

6. 程序的执行

程序执行时首先由主函数处开始执行，即程序第 15 行，然后依次执行下去，当执行到第 23 行时，程序将调用 max 函数，从而跳转到 max 函数体内，并将 m 和 n 的值传递给 max 函数的两个形参 a 和 b。程序跳转到 max 函数体内部以后，开始执行第 3 行以及第 4 行的 if 语句，在此我们假定实参 $m = 10$，$n = 20$，那么，在做值传入时，程序将 m 的值传给 a，将 n 的值传给 b，在函数调用之后，a 的值为 10，b 的值为 20。

程序执行 if 语句时，判断表达式 $a>b$ 是否为真，这里有 a 为 10，b 为 20，因此表达式 $a>b$ 为真，将继续执行第 6 行程序。第 6 行是 return 语句，用于返回函数定义类型的数值，并跳出该函数，返回到函数的调用位置，继续执行后面的程序。这里由于表达式 $a>b$ 为假，因此程序将执行第 10 行的 return 语句，函数 max 返回 b 的值 20。

此后,程序将返回到第 23 函数 max 的调用位置,并将 max 函数返回的值 20 赋给变量 maxvalue,程序继续执行第 24 行,打印相关信息并结束整个程序运行。

这里也将主函数 main 称为主调函数,被调用的 max 函数称为被调函数。

子函数中可以使用 C 语言规定的任何基本程序语句,例如 max 函数中使用了 if…else 语句和 printf 语句等。

自定义函数可以在程序中被多次调用,使用不同的实参,返回结果也有所不同。由于函数具有很好的模块管理功能以及支持反复调用功能,因此函数被广泛用于程序中实际问题的解决。

实训 8.1——计算数学分段函数

$$P(m,n) = \begin{cases} \dfrac{m!}{n!(m-n)!} & m > n \\ 0 & m \leq n \end{cases}$$

数学分段函数 $P(m,n)$ 由两部分组成,当 $m>n$ 时,$P(m,n)$ 的值为 $\dfrac{m!}{n!(m-n)!}$,当 $m \leq n$ 时,$P(m,n)$ 的值为 0。编写程序,由键盘输入 m 和 n 的值,使用子函数计算阶乘,调用该函数,实现对数学函数的计算。

(1)需求分析。

分析目标需求,程序中需要做到如下几条关键模块。

需求 1,计算分段数学函数的值。

需求 2,设计程序子函数 factorial,用于计算阶乘。

(2)技术应用。

根据 C 语言标准以及开发平台版本,完善各个需求模块。

对于需求 1,使用 if…else 分支语句实现分段数学函数的计算。

对于需求 2,设计名为 factorial 的子函数,该函数含有一个形参,返回值类型为 double,避免因为返回值数值过大导致数值溢出。

通过上述分析,写出完整的程序如下。

文件	功能
SubFuncCalcPartsFunction.c	① 使用 if…else 语句计算分段数学函数 ② 设计子函数 factorial 用于计算整数的阶乘

程序清单 8.1:SubFuncCalcPartsFunction.c

```
01      #include <stdio.h>
```

第8章 函数

```
02      double factorial(int a)                    //定义子函数 factorial
03      {
04          int i;
05          double factorail_value = 1.0;
06          for(i=1;i<a;i++)                       //for 循环计算阶乘
07          {
08              factorail_value = factorail_value * i;  //阶乘累计计算
09          }
10          return factorail_value;
11      }
12      void main()
13      {
14          int    m=0, n=0;
15          double  factorial_m = 0;
16          double  factorial_n = 0;
17          double  factorial_mn = 0;
18          double   P_mn = 0.0;
19          printf("请输入两个参数的值:\n");
20          printf("m = ");
21          scanf("%d", &m);
22          printf("n = ");
23          scanf("%d", &n);
24          if(m>n)                                 //输入参数 m 和 n 检查
25          {
26              factorial_m = factorial(m);        //调用子函数计算 m!
27              factorial_n = factorial(n);        //调用子函数计算 n!
28              factorial_mn = factorial(m-n);     //调用子函数计算(m-n)!
29              if(0= =factorial_n || 0= =factorial_mn)  //除数检查
30              {
31                  printf(错误：0 不能作为除数\n");
32              }
33              else                                //计算分段函数值
34              {
35                  P_mn = factorial_m/(factorial_n * factorial_mn);
36              }
37          }
38          else                                    //m 小于等于零时的分段函数
39          {
40              P_mn = 0;
41          }
42          printf("计算结果为:");
43          printf("P_mn = %f\n", P_mn);
44      }
```

函数 factorial 的定义部分。函数有一个形参，用于函数调用时接收输入数值。函数的功能是计算 a 的阶乘

分段函数值计算：按照 m 的值大小，将函数值计算分为两种情况: m>n 时和 m≤n 时。m>n 时将调用子函数 factorial 计算 m!、n!和(m-n)!

程序第 26 行、第 27 行和第 28 行三次调用了子函数 factorial 用于计算 m!、n!和(m-n)!，通过使用实参 m、n 和 m-n 传入不同的参数，使 factorial 函数返回不同的数值。C 语言允许子函数多次调用，并且每次调用都不会影响下次调用的执行。程序运行时输入数值 12 和 10，按 Enter 键。

请输入两个参数的值:

```
    m = 12
    n = 10
```

输出结果为:

```
    计算结果为 P_mn = 110.000000
```

本实训通过多次调用子函数 factorial 实现了对不同数值阶乘的计算,从而大大降低了代码的编写,使程序更加具有模块化。C 语言中,通常将多次使用的某些运算封装成子函数,供其他模块或函数调用。

需要注意的是子函数 factorial 定义为 double 类型,函数返回值为 double 类型,所以在调用这个函数的位置时,应该使用 double 型变量接收该函数的返回值。

严格来讲,负数没有阶乘,但本实训的程序中没有对输入参数 m 和 n 的正负做检查,请读者自行修改代码,实现这一功能,并且当输入错误时,打印错误信息,继续执行输入操作。(提示:将输入语句封装到 while 语句中,使用 if 语句检查输入的参数是否为负)

```c
while(1)
{
    scanf("%d", &m);
    scanf("%d", &n);
    if(m<=0 || n<=0)
    {
        printf("ERROR\n");
    }
    else
    {
        break;
    }
}
```

8.2.2 函数的声明

自定义函数在被调用之前,应该在被调用的位置前进行声明。所谓声明,就是要在调用前通知编译系统有一个已经定义的函数在这里要调用,编译系统会根据声明的提示自行寻找被调函数的位置,这样的声明与变量在使用前应先定义具有类似的作用。

1. 函数声明的一般形式

函数的声明主要是告诉编译系统所定义的函数类型,也就是函数的返回值类型,函数的形参类型及个数。

函数声明应该放在调用函数处的前面,其一般表达形式为:

    类型标识符 函数名(类型标识符 1 形参名 1, 类型标识符 2 形参名 2, …);

也可以省略形参名,只保留类型标识符:

第8章 函　数

> 类型标识符　函数名（类型标识符1，类型标识符2，…）

例如：

> int　min(int　a，int　b);

或者

> int　min(int，int);

与函数的定义不同，函数的声明属于一条完整的语句，因此一定要记住，函数的声明需要在末尾加分号。

2. 函数声明的位置

函数声明的作用是告诉编译系统有一个已经定义好的子函数可以调用，因此，通常将函数声明放在函数的头部，而将函数定义放在调用函数位置之后。例如：

```
int    callback_test(int a,    int b);           //函数声明
void main()                                       //主函数
{
    ⋮
    a = callback_test(x, y);                      //函数调用语句
    ⋮
}
int    callback_test(int a,    int b)            //函数的定义
{
    函数体
}
```

当函数的定义位于函数调用前面时，可以不对函数进行声明，此时编译系统先编译函数定义语句，然后编译调用语句，因此可以找到被调用的函数，例如范例8.1中的max函数位于main函数中调用max函数语句（程序第23行）之前，因此没有对该函数进行声明。同样，实训8.1中的factorial函数，也位于main函数中调用factorial函数语句（程序第26、27和28行）之前，因此也不需要对该函数进行声明。

但是，当子函数的定义位于调用函数语句之后，则必须对函数进行声明，然后才能调用这个函数，以保证函数调用时返回正确的数值。

范例8.2
CalcOverturnSeqNum.c

CalcOverTurnSeqNum.c 计算数列 $M = 1-2+3-\cdots+(n-1)-n$。设计一个函数，命名为OverTurnSeqNum，函数的功能是计算 M 的值，其中 n 由形参传入。（提示：数列的一般项 $(-1)^{n-1}n$）
（资源文件夹\chat8\ CalcOverturnSeqNum.c）

```
01    #include <stdio.h>
02    int OverTurnSeqNum(int n);            //函数声明
03    void main()
04    {
05        int n_input = 0;
```

```
06          int M_value = 0;
07          while(1)                              //输入参数检查
08          {
09              printf("请输入变量 n_input 的值: n_input =");
10              scanf("%d", &n_input);
11              if(n_input<=0)        //判断输入参数是否小于等于0
12              {
13                  printf("错误：参数错误，请重新输入\n");
14              }
15              else
16              {
17                  break;
18              }
19          }
20          M_value = OverTurnSeqNum(n_input);     //函数调用
21          printf("数列值为:\n");
22          printf("M = %d\n", M_value);           //结果输出
23      }
24      int OverTurnSeqNum(int n)                  //函数的定义
25      {
26          int f=0,i=0;
27          int m_value = 0;
28          f = 1;
29          printf("现在开始处理函数 OverTurnSeqNum()\n"); //函数入口提示信息
30          for (i=1; i<=n; i++)                   //循环计算数列
31          {
32              m_value = m_value+i*f;             //累加计算
33              f = -f;                            //符号控制
34          }
35          return m_value;                        //返回数值
36      }
```

注释说明（右侧花括号）：

while 循环用于做输入参数检查，若输入参数 n_input 小于等于 0 时，打印出错误提示信息，然后返回重新输入，直到输入正确执行 break 语句为止

数列计算，通过 for 循环实现计算该数列的值。循环变量 i 用于遍历 1 到 n 的值，变量 f 用于控制每一项的符号

程序第 24 行到第 36 行是子函数 OverTurnSeqNum 的定义模块，这里将该函数的定义放在了 main 函数的后面。假如将程序第 2 行去掉，则程序编译时由于第 20 行对该函数进行了调用，因此，编译系统会因为无法识别该函数而出现警告，提示如下：

E:\C_PROJECT\OverTurnSeqNum.c(20):warning C4013: 'OverTurnSeqNum' undefined; assuming extern returning int

提示信息为"OverTurnSeqNum 未定义，将默认该函数返回 int 类型数据"。

程序第 28 行为设置数列第一项数值的符号，为正，程序第 33 行将符号变量 f 的值依次改变，即 f 的值总在 1 和-1 之间切换。

程序第 29 行是一条信息语句，用于表明程序已经顺利进入到了子函数 OverTurnSeqNum 内。在实际项目中，一套程序代码可能含有成千上万个子函数，而在程序执行过程中迫切需要知道程序执行的位置，这时候就需要使用一些提示信息，提示程序执行者当前状态程序在执行哪个函数，因此，这样的信息打印语句在程序测试和维护过程中会提供很大的帮助。程序运行时输入-5、0 和 10，每次输入均按 Enter 键，输出结果为：

请输入变量 n_input 的值: n_input =-5

错误：参数错误，请重新输入
请输入变量 n_input 的值: n_input =0
错误：参数错误，请重新输入
请输入变量 n_input 的值: n_input =10
现在开始处理函数：OverTurnSeqNum()
数列值为：
M = -5

3. 多文件系统的函数声明

当需要调用的函数与本身的函数不在一个文件中时，必须使用函数声明，以保证程序编译时能够找到该函数，并使程序正确运行。

通常将多文件编译时的函数声明放在自定义的.h 文件中，然后在主调函数头部包含该.h 文件。

实训 8.2——近似计算圆周率 pi

圆周率 pi 在数学计算和实际生活中广泛使用，古代的人计算圆周率通常使用割圆法，经过演化和改进，圆周率 pi 的近似值可以使用下面的公式：$\frac{1}{6}\pi^2 = 1 + \frac{1}{2^2} + \frac{1}{3^2} + \cdots + \frac{1}{n^2}$，其中，自然数 n 的值越大，计算的 pi 的值也越精确。编写程序，利用上述公式计算圆周率 pi，定义子函数计算 pi，并将该子函数保存于单独的文件中，在主函数中输出计算所得的 pi 的值，输入 n 的值以确定 pi 的精度。

（1）需求分析。

分析目标需求，程序中需要做到如下几条关键模块。

需求 1，计算 $1 + \frac{1}{2^2} + \frac{1}{3^2} + \cdots + \frac{1}{n^2}$ 的值。

需求 2，通过调用数学库函数 sqrt 计算 pi 的值。

需求 3，输入 n 的值确定 pi 的精度。

需求 4，定义的子函数在一个单独的文件中。

需求 5，声明子函数，并将声明定义在 declare.h 文件中。

（2）技术应用。

根据 C 语言标准以及开发平台版本，完善各个需求模块。

对于需求 1，定义子函数 Calc_pi(double n)，计算公式 $1 + \frac{1}{2^2} + \frac{1}{3^2} + \cdots + \frac{1}{n^2}$ 的值。

对于需求 2，在子函数 Calc_pi(double n)中调用数学库函数 sqrt。

对于需求 3，主函数中输入 n 的值，以确定 pi 的精度。

对于需求 4，将子函数定义在一个单独的文件中，命名为 Calc_pi.c。

对于需求 5，新建文件，命名为 declare.h，将子函数 Calc_pi(double n)的声明放到该文件中，在主函数所属文件中包含该头文件。

通过上述分析，写出主函数的程序如下。

文件	功能
Calc_pi_main.c	① 输入计算精度 epc ② 调用子函数 Calc_pi(double n) ③ 输出计算所得结果

程序清单 8.2_1：Calc_pi_main.c

```
01   #include "declare.h"              //包含 declare.h 文件
02   void main()
03   {
04       double   n = 0;
05       double   pi = 0.0;
06       while(1)
07       {
08           printf("请输入参数 n = ");
09           scanf("%lf",&n);
10           if(n<=0)                  //若 n≤0，重新输入
11           {
12               printf("错误：参数错误，请重新输入\n");
13           }
14           else                      //输入符合要求，退出
15           {
16               break;
17           }
18       }
19       pi = Calc_pi(n);              //调用函数 Calc_pi
20       printf("pi = %f\n", pi);
21   }
```

右侧注释：while 循环用于做输入参数检查，当输入参数 n 小于等于 0 时，打印出错误提示信息，然后返回重新输入，直到输入正确执行 break 语句为止

程序第 1 行的作用和通常的头文件包含类似，使用双引号包含头文件。使用双引号包含头文件时，编译系统首先在本项目的路径下查找该头文件，若没有找到，则转去库函数文件目录查找；若仍没找到，则提示没有找到该文件的信息。使用大括号包含头文件时，编译系统直接到库函数文件目录下查找该头文件。因此，有些人也将库函数的头文件使用双引号包含。

程序第 4 行定义了 double 型变量 *n*，目的是为了输入尽量大的数值，以使计算的 pi 值更精确。

程序第 19 行调用函数 Calc_pi（double n），通过子函数的返回值求得 pi 的近似值。

子函数程序如下。

文件	功能
Calc_pi.c	① 接收来自主调函数的参数 *n* ② 计算 pi 的近似值 ③ 返回计算结果

程序清单 8.2_2：Calc_pi.c

```
01   #include "declare.h"              //头文件包含
```

```
02      double Calc_pi(double n)                //子函数头，函数入口
03      {
04          double s = 0.0;
05          double pi_value = 0.0, i = 0.0;     //定义 pi_value，接收计算数据
06          printf("开始处理函数 Calc_pi()\n");
07          for(i=1;i<=n;i++)                   //循环计算过程
08          {
09              s=s+1.0/(i*i);
10          }
11          pi_value = sqrt(6*s);               //调用开根号函数，计算 pi 的近似值
12          return pi_value;
13      }
```

上述程序定义了子函数 Calc_pi(double n)，根据输入的循环参数 n 计算 pi 的近似值，并返回计算得到的 pi 的近似值。

程序第 1 行包含头文件 delcare.h，由于这个头文件中包含有 math.h 文件，因此可以在该子函数中调用 sqrt 函数，而不需要再次包含头文件 math.h。

需要注意的是，子函数定义时使用了 n 作形参名，而主调函数中同样使用了变量 n 作实参，但这并不会造成变量的重命名冲突，具体原因请参看下节介绍。

头文件程序如下。

文件	功能
declare.h	① 包含数学库头文件 math.h ② 包含标准输入输出头文件 stdio.h ③ 声明函数 Calc_pi(double n)

程序清单 8.2_3：delcare.h

```
01      #include <stdio.h>
02      #include <math.h>
03      double Calc_pi(double n);
```

头文件 declare.h 属于自定义头文件，一般用于包含标准库头文件和声明函数 Calc_pi(double n)。在工程应用中，通常把标准库头文件和子函数声明放在一个自定义头文件中，其他程序文件仅包含这一个头文件。关于多文件编译系统，本书后续章节将做详细描述。

本实训中建立了三个文件 Calc_pi_main.c、Calc_pi.c 和 declare.h。前两个文件应放在编译系统中本项目的 Source Files 目录下，最后一个文件应放在 Header Files 目录下。关于多文件系统的配置与管理本书后续章节将做详细描述，这里仅给出文件配置的位置，如图 8-1 所示为编译系统项目目录图。

图 8-1　多文件编译系统项目目录

程序执行时应将当前文件设置为 Calc_pi_main.c，输入数据-10 和 500000，按 Enter 键，输出结果为：

```
请输入参数 n = -10
错误：参数错误，请重新输入
请输入参数  n = 50000
pi = 3.141574
```

另外一种近似计算 pi 值的公式为：

$$\frac{\pi}{4} = 1 - \frac{1}{3} + \frac{1}{5} - \frac{1}{7} + \cdots + (-1)^{n-1}\frac{1}{2n-1}$$

请读者编写程序，使用上述计算公式，设计子函数，重新计算圆周率 pi。其中 n 由键盘输入，并检查输入参数，避免出现错误输入数值。

 通过 for 循环，按照一般项的表达形式，计算等号右边的 n 项和 S'，然后计算 pi = S'/4。

8.2.3 函数的参数

前面已经讲过，函数的参数分为形式参数和实际参数两类，然而在函数调用与执行过程中，两个参数的作用却各不相同。

1. 函数的形参

形参仅出现在被调函数中，类似于函数内定义的变量，而变量在函数体内的任何位置都可以使用，但形参只能用于本函数体内，不能用于其他函数。

在函数被调用时，编译系统将主调函数中的实参值传递给形参，此时形参就以被赋值的变量而存在。在函数体内使用该参数时都会使用实参传递过来的数值进行计算。

2. 函数的实参

实参仅出现在主调函数中，即使是在被调函数体内，也不能使用实参。通常实参是能够计算为数值的变量或表达式，此外，也可以是复杂的数据结构如指针、数组名和函数等。在执行函数调用时，实参必须具有确定的数值，以确保能够将正确的数值传送给形参。

3. 函数调用时的实参与形参关系

函数调用时，主调函数将实参的值传递给被调函数的形参，从而实现主调函数向被调函数的数据传送。需要注意的是，函数调用时的数据传递是单向的，即只能把实参的值传送给形参，而不能把形参的值反向地传送给实参。因此在函数调用过程中，无论形参的值发生怎样的改变，实参的值都不会变化。

如图 8-2 所示为函数调用时实参和形参之间的值传递过程。

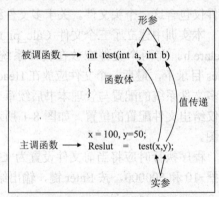

图 8-2 形参与实参的值传递

范例 8.3

ExchangeTwoValueInSubFunc.c

ExchangeTwoValueInSubFunc.c 设计一个函数，命名为 ExchangeValue，函数的作用是交换由主调函数输入的两个变量的值，并在主调函数中输出函数调用前后两个变量的值，函数定义类型为 void 类型。

（资源文件夹\chat8\ ExchangeTwoValueInSubFunc.c）

```
01    #include <stdio.h>
02    void    ExchangeValue(int a, int b)              //子函数定义
03    {
04        int exchange = 0;
05        printf("现在开始处理函数 ExchangeValue()\n");
06        exchange = a;
07        a = b;
08        b = exchange;
09    }
10    void main()
11    {
12        int m=0, n=0;
13        printf("请输入 m = ");
14        scanf("%d",&m);
15        printf("请输入 n = ");
16        scanf("%d",&n);
17        printf("您的输入 m = %d, n = %d\n",m,n);   //参数值交换之前的数值打印
18        printf("开始进行数值交换\n");
19        ExchangeValue(m,n);                         //调用函数 ExchangeValue()
20        printf("交换后的两个参数为:\n");
21        printf("m = %d, n = %d\n",m,n);             //参数值交换之后的数值打印
22    }
```

第 05~08 行：使用中间变量 exchange，交换两个变量 a 和 b 的值

程序第 19 行在主函数中调用 ExchangeValue 函数，目的是要在子函数中对 *m* 和 *n* 的值进行互换，程序运行时输入 *m* 和 *n* 的值分别为 10 和 20，按 Enter 键，输出结果为：

```
请输入 m = 10
请输入 n = 20
您的输入 m = 10, n = 20
开始进行数值交换
现在开始处理函数 ExchangeValue()
交换后的两个参数为:
m = 10, n = 20
```

通过分析输出结果，可以发现程序并没有实现交换 *m* 和 *n* 的值。原因在于实参和形参之间是单向的值传递，也就是说在调用函数 ExchangeValue()时，仅将 *m* 和 *n* 的值 10 与 20 传递给形参 *a* 和 *b*。在子函数 ExchangeValue()执行过程中，*a* 和 *b* 的值的改变并没有影响到 *m* 和 *n*，因此，函数调用前后，*m* 和 *n* 的值并未发生变化。

此外，对于形参 *a* 和 *b*，只有在函数调用时才为这两个参数分配相应的内存空间，当函数调用结束后，这部分内存空间将被释放。

如图 8-3 所示为 ExchangeValue()函数调用时 *m* 和 *n* 以及 *a* 和 *b* 的内存结构变化图。

若需要在被调函数中修改主调函数的变量值，可以使用指针或者引用方式作实参将数值传递给形参，通过形参修改内存中的数据实现被调函数修改主调函数变量值的功能。本书第 9 章将对相关内容做详细描述。

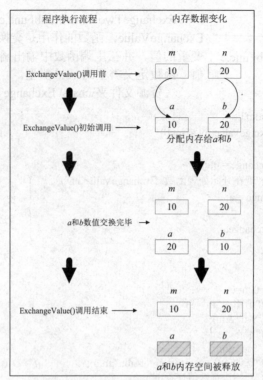

图 8-3　函数调用实参与形参内存变化

 理解函数参数要明确区分函数形参和实参的概念,形参是仅定义在函数体内的变量,只有该函数被调用时它才起作用,实参是指在调用函数时要传入的变量。另外一定注意,实参到形参的传递是单向的值传递。

8.3　局部变量与全局变量

C 语言中,变量具有一定的作用范围,通常将这种函数的作用范围称为函数的作用域。根据变量在程序中的作用范围不同,可以将变量分为局部变量和全局变量。

8.3.1　局部变量

有些书籍也将局部变量称为内部变量。局部变量的作用域仅限于函数内部,即变量的定义和使用都只能在函数内进行,函数体外将不能再使用这种变量。另外,在函数体内,也可以进一步限制变量的作用域,方法是使用大括号做封装,限制变量的作用域。

```
01    char  test1(char  c)
02    {
03        int a, b;
04        …
05    }
```
　　　　　　　　　　　　　　　　形参 c,变量 a 和 b 的作用域,仅用于函数 test1() 内部

第8章 函数

```
06    int  test2(int  m,  int  n)
07    {
08        int x, y;
09        ...
10    }
```
形参 m 和 n，变量 x 和 y 的作用域，仅用于函数 test2()内部

```
11    void  main()
12    {
13        char   w='A', v;
14        int f1 = 10, f2 = 12, res=0;
15        v = test1(w);
16        res = test2(f1, f2);
17        {
18            int   next = 0;
19            next = v + res;
20        }
21        ...
22    }
```
变量 w、v、f1、f2 和 res 的作用域，仅用于函数 main()内部

变量 next 的作用域

上述程序中，各函数参数只能用于函数内部，不能用于其他函数。例如，形参 c 和变量 a、b 仅在 test1()函数中起作用，它们不能用在其他函数里，也不能在 main()函数使用。

同样，C 语言中，由于 main()函数也作为一个函数处理，因此 main()函数中定义的变量也不能在其他子函数中使用。

使用大括号封装的局部变量具有很强的局域性，它的作用域仅限大括号内。但是，这类变量在程序中具有优先权，若大括号外定义了相同名称的变量，则在大括号内部将以大括号的变量为主，括号外的变量将被忽略。

范例 8.4　　　　　　　　　PartVariable.c 定义一个函数 int cal(int m, int n)，在函数内部定义内部变量 mn 和 nm，计算 m 和 n 之间的差。

PartVariable.c　　　　　　（资源文件夹\chat8\ PartVariable.c）

```
01    #include <stdio.h>
02    int   cal(int m, int n)           //形参名 m 和 n
03    {
04        if(m<n)
05        {
06            int mn = m-n;             //定义变量 mn
07            return mn;
08        }
09        else
10        {
11            int nm = n-m;             //定义变量 nm
12            return nm;
13        }
14    }
15    void main()
16    {
17        int i=0,m=0, n=5;
18        int sum = 0;
```

（mn 作用域：第 06-08 行；nm 作用域：第 11-13 行；m 和 n 的作用域：整个 cal 函数）

```
19          {
20              int n = 10;            //定义变量n
21              for(i=0;i<n;i++)
22              {
23                  sum = sum + i;
24              }
25          }
26          printf("sum = %d\n",sum);
27          printf("cal_func = %d\n", cal(m,n));
28      }
```

程序第 2 行的 cal()函数定义和程序第 27 行的 cal()函数调用中，形参和实参都使用了相同的名称 m 和 n，但这并不影响程序的编译和运行。由于形参和实参分属不同的函数，即它们的作用域各不相同，因此相互之间没有影响。

程序第 17 行和第 20 行中，都定义了变量 n，但程序第 20 行作为大括号内的局部变量，其优先级比较高，因此，程序在大括号内将忽略第 17 行对 n 的定义，而仅使用重新定义的值。程序运行输出结果为：

```
sum = 45
cal_func = -5
```

在函数的执行语句中间定义变量会影响程序的堆栈结构。例如，有些程序员习惯在 for 循环前面定义循环变量

```
int  i;
for(i=0;i<N;i++)
```

或者

```
for(int i=0;i<N;i++)
```

这些都是不恰当的写法，不利于程序执行的逻辑流程，建议读者避免这样的书写。

8.3.2 全局变量

在前面的学习中，涉及的变量都是局部变量，但在实际应用中，有些变量在各个函数中都需要，因此需要将其作用域范围扩大到整个工程源代码文件中，这就需要用到全局变量。有的书籍也将全局变量称为外部变量，它是在函数外部定义的变量。全局变量不受哪个函数制约，它的作用域是从定义位置开始，到本文件的程序结束。

另外，要引用其他文件的全局变量，需要对全局变量进行声明，声明全局变量的一般表达形式为：

    extern   类型标识符   变量名

声明全局变量的另一个作用是当全局变量的定义位于变量使用位置后面时，使用全局变量声明方式来告知程序后面已经定义了一个全局变量，但此时需要加以说明，避免程序编译时因无法找到该变量而出现错误。

1. 全局变量的定义和声明

全局变量可以定义在程序的前面，也可以定义在程序中间，当定义在程序前面时，可以不对其声明而直接使用，但当定义在程序中间时，必须进行变量的声明。

范例 8.5

OutVariable.c

OutVariable.c 函数使用全局变量时，应该将该全局变量的定义放在函数前面，否则，就要先声明该全局变量，然后才能在函数内使用。在一个自定义函数内对两个全局变量进行自增运算，其中一个全局变量在函数后面定义，使用前先声明该变量。

（资源文件夹\chat8\ OutVariable.c）

```
01  #include <stdio.h>
02  extern int add1;                              //声明全局变量 add1
03  int add2 = 10;                                //定义全局变量 add2
04  void   cal()
05  {
06       add1++;                                  //add1 自增运算
07       add2++;                                  //add2 自增运算
08       printf("add1 = %d, add2 = %d\n",add1,add2);
09  }
10  int add1 =0;                                  //定义全局变量 add1
11  void main()
12  {
13       cal();
14       add1=100+add1;
15       add2=100+add2;
16       printf("add1 = %d, add2 = %d\n", add1,add2);
17  }
```

程序第 10 行在代码中间位置定义了全局变量 add1，它位于函数 cal()的后面，当 cal()函数需要使用该变量时，就需要对该变量进行声明，如第 2 行所示。

程序第 3 行定义了全局变量 add2，由于它位于代码头部位置，因此不需要对它进行声明就可以直接使用。程序运行结果为：

```
add1 = 1,   add2 = 11
add1 = 101,   add2 = 111
```

2. 全局变量的作用域

全局变量可以被任何函数使用，在每个函数中修改这类变量都会引起该变量值的变化，并对其他函数使用该变量产生影响。

范例 8.6

OutVariableControl.c

OutVariableControl.c 交换两个变量的值在 C 语言中经常用到，但在范例 8.3 中并没有在子函数中实现变量值的交换。设计一个子函数 exchange()，在这个函数内交换两个全局变量的值。

（资源文件夹\chat8\ OutVariableControl.c）

```
01  #include <stdio.h>
02  int m=0,n=0;                                  //定义全局变量
```

```
03    void exchange()                                    //定义子函数改变全局变量的值
04    {
05        int a;
06        printf("现在开始处理函数 exchange().\n");
07        a=m;                                           //两个变量开始交换数据
08        m=n;
09        n=a;
10    }
11    void main()
12    {
13        printf("请输入 m 和 n 的值\n");
14        scanf("m=%d, n=%d", &m, &n);
15        printf("您的输入为: m = %d, n = %d\n",m,n);
16        exchange(m,n);                                 //调用变量交换函数
17        printf("交换后: m = %d, n = %d\n",m,n);
18    }
```

程序第 7 行到第 9 行用于交换两个变量的值，由于 m 和 n 是全局变量，因此不需要在函数调用时将值传给它，而是直接在函数中对全局变量进行赋值操作。程序运行时输入 10 和 100，按 Enter 键，输出结果为：

```
请输入 m 和 n 的值
m=10, n=100
您的输入为: m = 10, n = 100
现在开始处理函数 exchange().
交换后 m = 100, n = 10
```

3. 全局变量的命名

当全局变量与局部变量的名字相同时，在局部变量作用域内，全局变量将不起作用。由于全局变量是在整个程序代码中使用，因此，为了维护方便，可以对全局变量的名字统一命名，例如，在名字前面加 g_ 或者 global_ 表示该变量是个全局变量。例如：

```
int    g_score;
float  global_user;
```

C 语言中，局部变量的优先级高于全局变量，即当局部变量名和全局变量名相同时，全局变量将不起作用。

8.4 函数的嵌套调用和递归

前面已经讲过，函数在 C 语言的程序结构中都是平行的，不允许在函数中定义另外一个函数，但是 C 语言允许在一个函数中调用另一个函数，像这样多层次进行函数调用的方式称为函数的嵌套调用，如图 8-4 所示为函数嵌套调用的示意图。

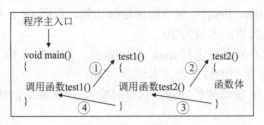

图 8-4 函数嵌套调用示意图

图中箭头①表示主函数中调用函数 test1(),则程序转至 test1()函数处执行。在 test1()函数中,函数体内调用函数 test2(),经过箭头②转至 test2()函数处执行,当函数 test2()执行完毕后,经过箭头③回到函数 test1()中调用 test2()函数处,继续执行后面的程序。当 test1()函数执行完毕后,经箭头④回到主函数 main()中调用函数 test1()处。

另外,C 语言也支持函数的自身调用,这种调用方式称为函数的递归调用。

范例 8.7

ReCallbackFunc.c ReCallbackFunc.c 判断三个数中的最大值有很多方法,使用嵌套函数调用也是其中的一种方法,设计两个函数,实现求三个数的最大值,并使用嵌套函数调用实现。

(资源文件夹\chat8\ ReCallbackFunc.c)

```
01  #include <stdio.h>
02  int max_first(int fir_a, int fir_b)
03  {
04      printf("开始处理函数  max_first()\n");
05      return   fir_a>fir_b? fir_a: fir_b;           //返回入参较大值
06  }
07  int max_last(int la_a,int la_b,int la_c)
08  {
09      printf("开始处理函数  max_last()\n");
10      return max_first(max_first(la_a,la_b),la_c);  //嵌套调用函数 max_first()
11  }
12  void main()
13  {
14      int a=0,b=0,c=0;
15      int max = 0;
16      printf("请输入 a, b, c 的值:\n");
17      scanf("%d %d %d",&a,&b,&c);
18      max = max_last(a,b,c);                        //调用函数 max_last()
19      printf("max=%d\n",max);
20  }
```

程序执行到主函数中第 18 行时,调用 max_last()函数,并将 a、b 和 c 的值传递给 max_last()函数的形参。本例中设 a=10, b=20, c=50,因此值传递后,形参 la_a、la_b 和 la_c 的值变为 10、20 和 50,然后程序跳转到第 8 行执行 max_last()函数体内的程序段。

在函数 max_last()函数中,程序第 10 行调用 max_first()函数,将实参 max_first(la_a, la_b) 和 la_c 传递给形参。

实参 max_first(la_a, la_b)也是一个函数调用过程,执行时将实参 la_a=10 和 la_b=20 传递给形参，然后程序执行 max_first() 函数中的函数体语句，返回 fir_a 和 fir_b 的较大值，即实参 la_a 和 la_b 之间的较大值，本例为 20。

程序将 20 和 la_c=50 嵌套传递到 max_first() 函数，形参的值 fir_a=20 和 fir_b=50，进而程序体返回 fir_a 和 fir_b 之间的较大者，本例返回 50。

最后，程序将数值 50 赋给变量 max，运行时输入 a、b 和 c 的值分别为 10、20 和 50，输出结果为：

```
请输入 a, b, c 的值：
10 20 50
开始处理函数 max_last()
开始处理函数 max_first()
开始处理函数 max_first()
max=50
```

从上述打印结果也可以看出，程序运行时调用 max_first() 函数两次，调用 max_last() 函数一次。

实训 8.3——汉诺塔程序设计

汉诺塔游戏又称为圆盘游戏，玩法是有三个柱子 A、B 和 C，其中柱子 A 上按由大到小穿插着 n 个中间含孔的圆盘，要求借助柱子 B，将这 n 个圆盘移动到柱子 C 上，每次只能移动一个盘子，并且任何时候都不能出现大盘在上、小盘在下的情况，如图 8-5 所示为汉诺塔结构图。编写程序，实现移动 n 个盘子的汉诺塔移动方法程序设计。

（1）需求分析。

分析目标需求，程序中需要做到如下几条。

需求 1，移动一个盘子时的移动方法。

需求 2，移动 n 个盘子时的移动方法。

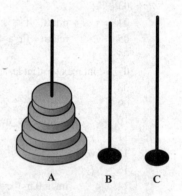

图 8-5　汉诺塔

（2）技术应用。

根据 C 语言标准以及开发平台版本，完善各个需求模块。

对于需求 1，当仅需要移动一个盘子时，就是要将该盘子从 A 移动到 C，方法为 A→C。

对于需求 2，当有 n 个盘子需要移动时，先考虑如何将上面 n-1 个盘子移动到 B，如果有方法能够将上面 n-1 个盘子借住 C 移动到 B，则最下面一个盘子可以按照需求 1 的方法将盘子移动到 C，然后再借助同样的方法将 B 上的 n-1 个盘子借住 A 移动到 C。

根据上述方法，依次考虑 n-2、n-3、n-4…个盘子的移动方法，从而最终实现所有盘子的移动顺序。

通过上述分析，写出完整的程序如下。

第8章 函 数

文 件	功 能
Hanoi.c	① 编写盘子移动子函数 ② 编写函数实现递归调用 ③ 主函数中输入移动盘子的个数 *n*

程序清单 8.3：Hanoi.c

```
01    #include <stdio.h>
02    void move(char x,char y)                              //盘子移动输出函数
03    {
04        printf("%c-->%c\n",x,y);
05    }
06    void hanoi(int n,char one ,char two,char three)       //n 个盘子处理函数
07    {
08        if(n==1)
09        {
10            move(one,three);                              //仅有一个盘子时,移动盘子
11        }
12        else
13        {
14            hanoi(n-1,one,three,two);
15            move(one,three);
16            hanoi(n-1,two,one,three);
17        }
18    }
19    void main()
20    {
21        int n=0;
22        while(1)
23        {
24            printf("请输入汉诺塔层数: ");
25            scanf("%d",&n);
26            if(n<=0)
27            {
28                printf("错误：参数错误,请重新输入\n");
29            }
30            else
31            {
32                break;
33            }
34        }
35        printf("下面是%5d 层汉诺塔移动过程:\n",n);
36        hanoi(n,'A','B','C');                             //调用 hanoi()函数,完成 n 个盘子的移动
37    }
```

右侧注释（对应第 14~16 行）：首先移动 n-1 个盘子，方法是借助于第三个柱子移动到第二个柱子，然后移动最下面一个，最后再把第二个柱子上的 n-1 个盘子借助于第一个柱子移动到第三个上

函数 hanoi 用于将 *n* 个盘子由第一个柱子借助于第二个柱子全部移动到第三个柱子上。程序第 8 行到第 11 行表示当 *n* 为 1 时，即仅有一个盘子需要移动时，直接将这个盘子从第一个柱子移动到第三个柱子。

程序第 13 行到第 17 行表示当 *n* 不为 1 时，首先将 *n*-1 个盘子借助于第三个柱子从第一个柱子上移动到第二个柱子上，把第 *n* 个盘子（最后一个）移动到第三个柱子上，然后再把第二个柱子上的 *n*-1 个盘子借助于第一个柱子移动到第三个柱子上。

程序第 14 行会进一步将 $n-1$ 个盘子分解为 $n-2$、$n-3$…直到最后一个。程序运行结果为：

```
请输入汉诺塔层数：-5
错误：参数错误，请重新输入
请输入汉诺塔层数：3
下面是 3 层汉诺塔移动过程
A-->C
A-->B
C-->B
A-->C
B-->A
B-->C
A-->C
```

程序使用了递归调用，即使用 hanoi() 函数调用自身，从而解决了汉诺塔移动过程中的重复操作问题。

程序中当输入 n 值后，会对 n 的值进行入参检查，当 n 不符合实际要求时，将重新进行输入。有时候为避免恶意操作，会限制输入的次数，比如自动取款机内的错误密码输入次数。编写程序，实现上述功能，要求最多输入 3 次。

（1）使用变量控制输入次数。
（2）检查输入为 5 时汉诺塔移动过程是否正确。

知识点播：

汉诺塔游戏由来已久，并且有不少关于汉诺塔的神话。印度神话里说，神勃拉玛创造天地之后，在一个庙里留下了三根金刚石柱子，第一根柱子上套着 64 个金的圆盘，最大的一个在底下，其余的一个比一个小，依次叠上去。庙里的众僧不倦地把它们一个个地从这根柱子搬到另一根柱子上，规定可利用中间的一根柱子作为帮助，但每次只能搬一个，并且每次放置时大的不能放在小的上面，当这 64 个圆盘都搬到第三根柱子上时，世界将会在一声晴天霹雳中消失，神勃拉玛将再次出现来拯救世界。读者可以计算 64 个圆盘共需要搬运多少次可以完成？假如每秒钟搬运一次，大概需要多少年？

8.5 数组作函数参数

C 语言中，数组可以作为函数的参数使用。数组作函数参数传递时，通常将数组名作为函数实参传递给形参。需要说明的是，数组作函数参数并不能将数组中所有元素的值都传递给形参，而是将数组名，也就是数组首地址传递给形参，因此，数组作函数参数仍然是值传递，区别在于数组名作函数参数时传递的是内存的地址值。

此外，也可以使用数组元素作函数参数，此时数组元素与普通变量并无本质区别，其作为函数实参使用与普通变量完全一致。

范例 8.8

CheckArrayCompnent.c

CheckArrayCompnent.c 有一个字符数组，其中各元素可能是字母，也可能是数字或其他特殊字符，设计一个子函数，分析数组中各元素的值，当是字母时打印出该字母，否则输出非字母信息。（资源文件夹\chat8\ CheckArrayCompnent.c）

```
01    #include <stdio.h>
02    void check_char(char ch)
03    {
04        printf("开始处理函数  check_char()\n");
05        if(('A'<= ch && ch<='Z') || ('a'<=ch && ch<='z'))    //检测是否为字母
06        {
07            printf("%5c\n",ch);                              //是字母，打印
08        }
09        else
10        {
11            printf("不是一个字母\n");                         //不是字母，打印非字母信息
12        }
13    }
14    main()
15    {
16        char cc[10],i=0;
17        printf("输入 10 个字符:\n");
18        for(i=0;i<10;i++)
19        {
20            scanf("%c",&cc[i]);                              //输入字母
21        }
22        for(i=0;i<10;i++)
23        {
24            check_char(cc[i]);                               //循环调用 check_char()函数
25        }
26    }
```

程序第 18 行到第 21 行的 for 循环用于向数组 cc 输入 10 个字符数据，程序第 22 行到第 25 行的 for 循环用于检测每个数组元素是否为字母，并根据不同的情况做相应处理。第 24 行为调用 check_char()函数，此时，以数组元素作实参将数值传递给形参。程序运行输出结果为：

```
输入 10 个字符:
abcde123!4
开始处理函数 check_char()
    a
   ⋮
开始处理函数 check_char()
```

不是一个字符

⋮

省略部分为每次调用 check_char()函数时对后续数组元素的检查信息。

当使用数组名作函数实参时,形参的表达形式有两种,一种是以同样类型、同样维数的数组表示,另一种是以指针表示,本节仅讨论前一种情况。

范例 8.9

FuncParamWithArrayName.c

FuncParamWithArrayName.c 函数参数传递时,实参到形参的传递只能是单向的值传递。同时,由于参数传递的单向性,一般情况下在函数中无法修改实参的值。但是,当使用数组名作函数参数时,则可以修改实参的值,设计一个子函数,使用数组作形参,修改主函数内数组中的字符,将大写字母改为小写字母。
(资源文件夹\chat8\ FuncParamWithArrayName.c)

```
01   #include <stdio.h>
02   void change_char(char ch[10])                    //数组作函数形参
03   {
04       int i=0;
05       printf("开始处理函数 check_char()\n");
06       for(i=0;i<10;i++)
07       {
08           if('A'<=ch[i] && ch[i]<='Z')              //判断是否属于大写字母
09           {
10               ch[i] = ch[i] + 'a'-'A';              //将大写改为小写
11           }
12       }
13   }
14   main()
15   {
16       char cc[10],i=0;
17       printf("输入 10 个字符:\n");
18       for(i=0;i<10;i++)
19       {
20           scanf("%c",&cc[i]);                       //输入数组元素值
21       }
22       change_char(cc);                              //调用函数 change_char()
23       for(i=0;i<10;i++)
24       {
25           printf("%-5c",cc[i]);                     //依次输出数组元素的值
26       }
27       printf("\n");
28   }
```

程序第 22 行调用 change_char()函数,将数组名 cc 作为实参传递给形参。程序第 6 行到第 12 行遍历数组中所有元素,判断这些元素中有无大写字母,若有,将其转换为小写。程序运行时输入字符 2!34ABCdef,按 Enter 键,输出结果为:

```
输入 10 个字符:
2!34ABCdef
开始处理函数 check_char()
2    !    3    4    a    b    c    d    e    f
```

上述程序执行时,实参与形参变化逻辑示意图如图 8-6 所示。

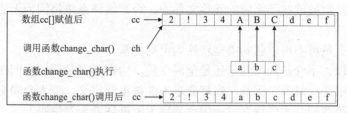

图 8-6　数组名作函数参数

8.6　疑难解答和上机题

8.6.1　疑难解答

（1）定义一个空语句的函数,可以不加大括号封装函数体吗？

解答：不可以。C 语言规定,任何函数的格式都是由函数名+小括号+大括号构成的,其一般表达形式为：

```
类型标识符    函数名（）
{
       函数体
}
```

其中小括号和大括号均不能省略。

（2）子函数中含有 for 循环,当 for 循环中含有 return 语句并执行到 return 语句时,程序是跳出循环还是结束函数执行？

解答：准确来讲,当程序执行 return 语句后,将跳出 for 循环,并且终止函数运行。这里一定要搞清楚 return 语句和 break 语句的作用。return 语句主要用于返回函数数值,结束函数执行,而 break 语句则用于结束循环。

（3）若定义 int 型函数,但返回值时返回 float 型数值,对程序的数值准确性是否有影响？

解答：有。因为 int 型函数只能返回 int 型数据,当执行 return 语句时,程序将使用 int 型的方式读取内存中的数据,而此时内存中的数据以 float 型存放,这样势必会导致数据的阅读出现错误。

（4）return 语句可不可以返回多个变量的数值？

解答：不可以。return 语句仅用于返回一种类型的数值,试想,假如 return 语句允许返回多变量的值,那么当两个变量类型不一致时,return 语句将返回多种类型的不同数据,这对于定义某种类型的函数来讲是一个冲突情况。

（5）当定义了带形参的函数后,可不可以在调用时省略实参？

解答：不可以。函数调用时一定要匹配函数声明或定义时的格式,否则,程序编译时将因为找不到该函数的原形而报错。

（6）当被调函数和主调函数不在同一文件中时,一定要对被调函数作声明吗？

解答：是的。被调函数和主调函数不在同一文件中时，必须使用函数声明方式告诉编译系统有一个被调函数被放在了系统的其他文件中，否则编译系统将因为无法识别该被调函数而报错。

（7）局部变量可不可以强制类型转换为全局变量？

解答：不可以。不管是局部变量还是全局变量，当定义变量后，它们在内存中的资源就被分配固定，无法进行修改，因此，局部变量不能被重新定义，变为全局变量。

（8）两个函数相互间作嵌套时一定会导致无限循环嵌套发生吗？

解答：不一定。函数调用时可以设置条件选择，当满足条件时才执行嵌套调用。但当没有条件选择时，程序有可能会进入无限嵌套循环，程序员应尽量避免这类情况发生。

（9）函数调用时对于有参函数可以不对形参传入数值吗？

解答：不可以。函数定义时该函数的结构就已经固定，不能在程序代码中再次修改。因此，函数调用时应遵从函数定义的格式，不能省略函数的参数输入。例如，定义函数 test() 为：

```
void  test(int  x,  int  y)
{
    函数体
}
```

当需要调用该函数时，应对每个形参都输入数值，不能使用 test(m) 或者 test() 等省略实参的方式调用该函数。

（10）当定义 void 类型函数时可以强制使其返回数值吗？能否使用强制类型转换改变函数的返回值？

解答：不可以使 void 类型函数返回数值。当函数定义为 void 类型时，该函数不返回任何数值，因此，在函数内部也不能使用 return 语句。

也不可以使用强制类型转换改变函数的返回值，由于函数被定义成 void 类型以后，在函数调用时不会返回任何数值，因此，使用强制类型转换也不会使函数返回数值。例如：

```
void  test_case()
{
    函数体
}
```

假如函数调用时使用如下调用语句，程序编译时将出现错误，因为编译系统不允许 void 类型的函数返回任何形式的数据。

```
value = (int )test_case();
```

8.6.2 上机题

（1）有 n 个人的成绩存放于 score 数组中，试编写函数，其功能是将低于平均分的人对应的数组下标作为函数值返回。

（2）试编写函数 dev_fun()，求出 1 到 200 之内能被 7 或者 13 整除的数，将这些数放在主函数定义的数组中，并打印出这些数。

（3）有数列：$Sn = 1+2+\cdots+n$。试编写函数 all_Sum()，计算 $S = 1/S1 + 1/S2 +\cdots+1/Sn$ 的

值，n 通过形参传入，S 的值通过 return 语句返回。

（4） 有一个 4×4 维矩阵，试编写函数 Line_Val()，计算该矩阵的对角元素之和与积，并打印到屏幕上，其中矩阵中各元素的值由主函数定义并通过键盘输入。

（5） 试编写一个函数 unsigned fun(unsigned integ)，其中 integ 是一个大于 10 的无符号整型数据，若 integ 是 n 位的数，则返回该数的 $n-1$ 位，并输出到屏幕上。

（6） 数学计算中，经常需要对小数点后数据进行舍入操作。试编写一个函数 float fun_test(double f)，其功能是对变量 f 的值保留 2 位小数，对第三位小数进行四舍五入操作。

（7） 试编写一个函数 void Trans_func(int a[3][3])，其功能是将一个 3×3 的矩阵转置，在主函数中定义数组存储该矩阵，调用函数 Trans_func()并打印出调用该函数前后的矩阵元素。

（8） 定义一个函数 int fun_calc(int max, int num[100])，求出所有小于 max 的素数，并将这些数放在 num 数组中，然后，返回这些素数的个数。在主函数中打印出这些素数，并输出素数函数返回的个数。

（9） 有两组数据，每组有 10 个数，存放于一个 2×10 的二维数组中。试编写函数 float get_max(float a[2][10])，计算两组数据中的最大值，并使函数返回这个最大值，在主调函数中打印这个数值。（提示：可分别先计算二维数组中每行中的最大值，然后再返回两个数值中的较大者）

（10） 试编写一个函数 int add_func(int a[3][3], int b[3][3])，其中形参 a[3][3]和 b[3][3]用于接收主调函数传入的两个矩阵。该函数的功能是计算 $b=a+b'$，即 b 为 a 和 b 的转置之和，然后输出矩阵 b 各元素的值。

第9章 指针

指针是C语言中广泛使用的一种数据类型，运用指针编程是C语言最主要的风格之一。利用指针变量可以很方便地使用数组和字符串，并能直接查询到计算机的内存地址，同时，使用指针也可以构造各种数据结构、网络消息等。能否正确理解和使用指针，是关乎是否掌握C语言的一个重要标志。

本章学习重点：

- 指针的定义
- 指针与地址的关系
- 指针与数组
- 指针与函数
- 指针与字符串
- 指针与二维数组
- 内存分配

9.1 指针的引入

C语言中，有时希望通过某个参数去操控其他变量或者复杂结构类型，为满足这一需求，便引入了指针。使用指针变量可以构造和查找各种数据类型和数据结构，能够直接查找并存取内存中所存储的数据，从而编出精练而高效的程序。

9.1.1 指针的定义

在计算机的存储系统中，所有的数据都存放在存储器中。通常把存储器中的一个字节称为一个内存单元，在第2章中已经介绍过，不同的数据类型所占的内存单元也不尽相同。在32位机中，int型占4个存储单元，float型占8个存储单元等。计算机系统中为标识每个存储单元,对每个内存单元都进行了编号,这些内存编号就叫作内存地址,通过这些内存地址就能索引到某个存储单元。

C 语言中,为了便于直接与硬件进行交互,有时需要在程序中访问这些内存单元,通常把能够标识内存单元的地址称为指针。简单地讲,指针就像桌面的快捷方式,如 QQ 软件的企鹅图标等,有了这些快捷方式,我们会很容易地打开应用程序或内存空间。C 语言中,通常使用指针变量来实现指针的应用。

定义指针变量的格式为:

> 类型说明符* 变量名;

或者将*号放于变量名前

> 类型说明符 *变量名;

其中,"类型说明符"可以是 int、float、char 等基本数据类型,以及后续章节要讲述的复合数据类型,如结构体等。使用了哪种数据类型定义指针,就表明该指针用于指向哪种数据类型变量的内存地址。同时,定义时*号可以放置于紧挨类型说明符之后,也可以放在变量名之前,如下定义都是合法的指针定义。

```
int       *pointer1;       //定义一个指向 int 型变量的指针
float*    poniter2;        //定义一个指向 float 型变量的指针
char      *_charac;        //定义一个指向 char 型变量的指针
```

对于*号的放置位置,在 IT 行业一直存在两种观点。倾向于第 1 种程序定义风格的程序员认为这种定义是要重点突出指针的类型,并且*号与指针变量结合是 C 语言的默认定义风格,遵循这种风格更能体现指针对于 C 语言的重要性。倾向于第 2 种程序定义风格的程序员认为将*号置于类型说明符后,对于程序阅读者来讲,既能看到指针定义的类型,又能即刻了解后面定义的是指针变量,便于程序的后续维护和移植。但不论如何,两种定义都符合 C 语言的规范,读者可根据个人习惯使用。

 指针变量命名同样遵循第 2 章中的命名规则,即变量名不应与关键字冲突,变量名应由字母、数字或下画线组成,且第一个字符不能是数字。读者在定义指针变量时一定注意,避免出现将关键字设为变量名的情况出现。

9.1.2 指针的引用

指针的引用是指如何对指针变量赋值以及如何使用指针变量。和基本数据类型变量类似,指针变量的引用也要遵循一定的规则,而且有比普通变量更严格的操作规范,指针的引用就是要让该指针指向某内存单元,那么如何实现这种机制呢?正如第 4 章中所描述的,C 语言规定,普通变量的地址可以通过&来索引,即可以通过符号&来获取某个变量的内存地址。

范例 9.1 VariableAddressPrint.c 显示一个变量在计算机里的位置,即它
VariableAddressPrint.c 在内存中的物理地址,使用取地址符&获取变量的地址,并显示在屏幕上。

(资源文件夹\chat9\VariableAddressPrint.c)

```
01   #include <stdio.h>          //头文件包含
02   main()
03   {
04       int  Here = 0;
05       printf("%x", &Here);    //输出变量 Here 的地址
06   }
```

程序第 4 行定义了变量 Here，并赋初值为 0。这样的一个变量在计算机中存放在哪个位置呢？前面的学习中已经了解到，int 型变量在计算机中占 4 字节的存储空间，而这 4 字节的存储空间要使用首字节地址来表示。变量的地址就如同一户居民的门牌号一样，在计算机中具有唯一性。第 5 行使用%x 十六进制方式将变量的地址显示到屏幕上。程序输出结果：

```
12ff7c
```

该十六进制数就是整型变量 a 的内存地址。

正是有了这种对变量地址的灵活读取，才使指针在 C 语言中的运用自如。对于变量的地址，可以使用指针来存储，举个简单的例子。

范例 9.2 PointerAndAddress.c 使一个指针变量指向一个普通变量，分别将指针和变量的值显示出来，以对比它们的关系与差别。

PointerAndAddress.c   （资源文件夹\chat9\VariableAddressPrint.c）

```
01   #include <stdio.h>          //头文件包含
02   main()
03   {
04       int   me = 0;              //定义变量 me
05       int   *point_you;          //定义指针变量 point_you
06       point_you = &me;           //将整型变量 a 的地址赋给 point_you,使 point_you 指向 me
07       printf("me = %d, & me = %x, point_you = %x\n", me, & me, point_you);
08   }
```

程序第 6 行中将整型变量"me"的地址赋给指针变量"point_you"，通常称这样的赋值为"point_you 指向 me"，程序运行输出结果为：

```
me = 0, &me = 12ff7c, point_you = 12ff7c
```

由此可知"point_you"的值与变量"me"的地址相同，然而拿到变量"me"的地址对于我们有什么意义呢？这正是指针在 C 语言中的意义所在，当"point_you"指向某个变量后，我们可以直接使用指针变量"point_you"去操作"me"的值，即使用"point_you"去读取、修改变量"me"所在的内存单元的数据。如图 9-1 所示为变量"me"和指针"point_you"的映射关系。

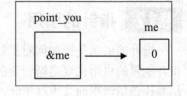

图 9-1 中指针变量 point_you 的值为变量 me 的地址值，通过 me 的地址就可以查找到 me 本身的值 0，也就是说通过指针变量 point_you 就可以查找到 me。

使用指针 point_you 可以直接读取和更改变量的值，如范例 9.3 中使用指针 p 改变变量 a 的值。

范例 9.3

PointerChangeVariableValue.c

PointerChangeVariableValue.c 利用指针修改变量的值，实现方法为首先使指针指向要修改的变量，然后使用解引用操作符*修改变量的值，使变量的值增 1。

（资源文件夹\chat9\PointerChangeVariableValue.c）

```
01    #include <stdio.h>              //头文件包含
02    main()
03    {
04        int   a = 0;                //定义变量 a
05        int   *p;                   //定义指针变量 p
06        p = &a;                     //将整型变量 a 的地址赋给 p,使 p 指向 a
07        *p = *p + 1;                //修改 p 所指向内存中数据的值
08        printf("a = %d, *p = %d, &a = %x, p = %x, \n", a, *p, &a, p);   //输出结果
09    }
```

C 语言中，*号有两种功能，一种是算术运算符乘，另一种是通过地址对内存中数据的引用（解引用操作符）。上述程序第 7 行中*p 称作"对 p 指向地址的引用"，此时的*p 即相当于变量 a，对*p 的操作即相当于对变量 a 的操作，由于*p 是对 p 指向地址的引用，因此，*p 的改变即意味着 p 所指向内存地址数据的改变，因此，执行上述代码后，p 所指向地址内存单元的数据增 1，即变量 a 的值增 1。程序第 8 行中*p 的输出也是对 p 指向内存单元数据的输出，与变量 a 的值相同，也为 1。综合以上讨论，程序运行输出结果为：

a = 1, *p = 1, &a = 12ff7c, p = 12ff7c

由此可见，使用指针可以对内存单元直接进行读写操作。

9.2 指针和地址

本节详细介绍指针与地址的关系和区别，以及如何使用指针去获取内存地址。指针和地址既有联系又有区别，指针变量可以存储内存地址，但指针又不单单是固定地址的储藏室。在程序运行过程中，指针变量的值是可以任意变化的，也就是说指针在程序运行过程中具有动态读取内存地址的功能。

9.2.1 指针和地址的关系

简单地说，地址是对计算机内存进行的连续编号，而指针则是地址的操作者和使用者，如图 9-2 所示为某段计算机内存示意图。通过向指针变量赋予某内存单元的地址值，就可以通过该指针变量对这一内存单元进行读写操作，从而实现了使用高级语言直接与硬件存储单元交互的功能。

指针变量虽然使用灵活，但也要遵循一定的规则，C 语言对指针变量的使用做了严格的限制，有如下定义：

图 9-2 计算机内存示意图

float   *p;

通常我们将指针变量 p 称为"指向 float 型变量的指针变量 p",简称"float 型指针变量"。严格来说,该指针变量只能指向 float 型变量,假如误将该指针指向非 float 型的变量,有些编译系统在编译时会报出错误(error),而有些系统会报出警告(warning)。因此,在使用指针变量时,一定要让其指向对应的变量类型地址。否则,程序将因为读取或操作了非法的内存单元而得到错误的结果。下面分别说明指针与地址及所指的变量之间的关系。

1. 指针与变量的作用域

程序之所以会出现上述警告或错误,是由于指针与其所指变量的作用域不同造成的,可以通过打印变量值来确定变量的作用域。

范例 9.4

VariableFunctionArea.c

VariableFunctionArea.c 指针指向不同类型的变量将产生不同的结果,将 short 型的指针指向一个 int 型变量,打印出指针值、变量地址值和变量值,分析打印的结果。

(资源文件夹\chat9\VariableFunctionArea.c)

```
01    #include <stdio.h>
02    main()
03    {
04        int    a = 0x12345678;          //定义 int 型变量 a,并赋初值 0x12345678
05        short *b = NULL;                //定义 short 型指针变量 b,并赋初值 NULL
06        b = &a;                         //使 b 指向 a
07        printf("a=%x, *b=%x, &a=%x, b=%x",a,*b,&a,b);   //输出结果
08    }
```

下面逐行说明程序中各条语句的作用。

(1)第 4 行定义一个 int 型变量 a,为便于说明,赋初值十六进制数 0x12345678。

(2)第 5 行定义 short 型指针变量 b 并赋初值 NULL(有关 NULL 的概念请看 9.2.3 节)。

(3)第 6 行使 b 指向 a。

(4)第 7 行输出各参数结果,为便于比较,输出格式为十六进制。

对上述程序进行编译,将产生如下警告信息:

```
D:\PROGRAMFILES\ pointer.c(6) : warning C4133: '=' : incompatible types - from 'int *' to 'short *'
```

警告信息为"将 short 型指针变量指向 int 型变量为不恰当类型",但这并不影响程序编译。编译后,执行上述程序输出结果为:

```
a=12345678, *b=5678, &a=12ff7c, b=12ff7c
```

上述程序中,b 的值和 a 的地址相同,为什么使用*b 却无法输出与 a 相同的值呢?下面以图例来为大家解释产生这种结果的原因,如图 9-3 所示。

图 9-3 中自上而下四个方格分别代表内存中 4 个字节单元,每个字节都有固定的内存地址,这 4 个字节构成了变量 a 的存储空间。其中,&a 的值和 b 的值相同,都是 0x0012ff7c,但因为 b 为 short 型指针变量,因此其作用域为 2 个字节。所以,使用*b 获取其所指内存单元的值,只能得到十六进制数 5678。

上述程序在内存中的真实存放结果如图 9-4 所示。

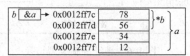
图9-3 指针与变量作用域

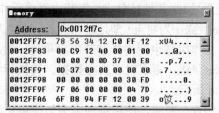
图9-4 变量在内存中的存储

知识点播：

对 a 的赋值是 0x12345678，为什么在内存中为倒序排放呢？这就涉及计算机内存机制——大小端的问题。大部分计算机系统都属于小端机，即计算机在存放数据时，将数据位由低到高按地址递增顺序放置。大端和小端的典故出自小说《格列佛游记》，大致描述是说某国人民因为吃鸡蛋时先从大端打开还是从小端打开争论不下，并因此分成两个派别，最后竟至兵戎相见。

2. **强制类型转换对指针作用域的影响**

既然指针和变量地址都表示同一个值，那么能不能使用两者实现对同一内存区域的数据读取呢？答案是可以的。要实现这一功能，就要使用强制类型转换来查找内存数据。将范例9.4 中程序第 7 行做如下修改：

   printf("a=%x, *b=%x, &a=%x, b=%x\n",a,*(int *)b,&a,b);   //输出结果

程序对指针 b 进行了强制类型转换，将其转换为 int 型指针，然后取其所指内存单元数据，并打印输出。其执行状态如图 9-5 所示。

图 9-5 表明，short 型指针变量 b 作用域为 2 字节内存单元，而强制类型转换后(int *)b 作用域为 4 字节内存单元。因此，使用*(int *)b 获取内存单元

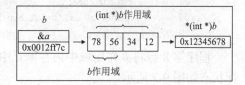
图9-5 指针强制类型转换

数据能够得到与变量 a 相同的值 0x12345678。程序修改后运行输出结果为：

   a=12345678, *b=12345678, &a=12ff7c, b=12ff7c

读者也可以验证看看是否结果产生变化。

3. **强制类型转换对变量作用域的影响**

作为内存单元的标识，能不能对变量 a 的地址进行强制类型转换，得到其部分内存单元的数据呢？C 语言规定，可以对常量进行强制类型转换，因此对于 a 的地址，可以将其作为常量来看待，将范例 9.4 中程序第 7 行作如下修改：

   printf("a=%x, *&a=%x, *(short *)&a=%x, &a=%x, b=%x\n",a,*&a,*(short *)&a, &a,b);

程序中*&a 为对 a 取地址得到其内存地址&a，然后索引内存中的数据*&a。由于 a 为 int

型变量,因此其地址包含4字节内存单元作用域。
(short *)&a 为将 int 型地址常量&a 转换为 short 型,其作用域也变为 2 字节内存单元,然后执行 *(short *)&a 索引对应内存数据。其执行状态如图 9-6 所示。

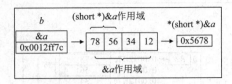

图 9-6　地址强制类型转换

图 9-6 表明,使用强制类型转换可更改内存地址作用域并读取相关作用域内的数据。执行修改后的程序,输出结果为:

```
a=12345678, *&a=12345678, *(short *)&a=5678, &a=12ff7c, b=12ff7c
```

4. 使用指针修改内存单元数据

指针和地址可以读取内存单元部分数据,也可以使用指针获取地址操作更改内存单元的部分数据。C 语言的指针和地址具备对内存单元的写权限。

范例 9.5

PointerChangeMemoryValue.c

PointerChangeMemoryValue.c 演示使用指针修改内存数据,将指针指向非该指针类型的变量,通过符号*对指针所指内存进行读写,将读写前后的数值打印到屏幕上。
(资源文件夹\chat9\PointerChangeMemoryValue.c)

```
01    #include <stdio.h>                              //头文件包含
02    main()
03    {
04        int   a = 0x12345678;                       //定义 int 型变量 a,并赋初值 0x12345678
05        short *b = NULL;                            //定义 short 型指针变量 b,并赋初值 NULL
06        b = &a;                                     //使 b 指向 a
07        printf("a=%x, *b=%x, &a=%x, b=%x\n",a,*b, &a,b);   //输出结果
08        *b = 0x6688;                                //更改 b 所指内存数据为 0x6688
09        printf("a=%x, *b=%x, &a=%x, b=%x\n",a,*b, &a,b);   //输出结果
10    }
```

程序第 8 行将 b 作用域中内存单元中的数据改为 0x6688,则变量 a 的值也随之改变。执行状态如图 9-7 所示。

图 9-7 表明,使用指针可以修改内存单元的内容,并可有选择性地进行修改。上述程序执行完第 8 行之后,内存状态变化如图 9-8 所示。

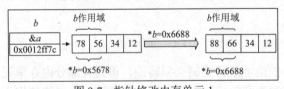

图 9-7　指针修改内存单元 1　　　　　图 9-8　指针修改内存单元 2

上述程序执行输出结果为:

```
a=12345678, *b=5678, &a=12ff7c, b=12ff7c
a=12346688, *b=6688, &a=12ff7c, b=12ff7c
```

同样，可以通过地址常量来修改内存单元的值，将范例 9.5 中程序第 8 行改为：

```
*(short *)&a = 0x6688;
```

运行程序将得到同样结果。

 本节程序仅为叙述方便而编写，程序中赋值语句"b = &a;"均为非法。读者在编写程序时千万注意，一定将指针指向对应变量类型，切记切记！

试一试，能否通过强制类型转换 short 型指针变量 b 为 int 型修改 a 在内存单元中的全部字段呢？如使用如下语句：

```
*(int *)b = 0x21436587;
```

b 的值将如何变化？

9.2.2 指针和地址的区别

指针和地址的区别在于地址是一个表征计算机系统内存单元的常量，其值是不能变化的，而指针则是可以等于任何地址值的变量，如范例 9.6 中对指针变量 b 的自增操作。

范例 9.6

PoniterAdd1Self.c

PoniterAdd1Self.c 指针变量的增和减不同于一般变量，它根据指针类型的不同而不同，设置一个 short 型指针，使其指向 int 型变量，改变该指针的值，查看它所指的内存区域中所存的数值。

（资源文件夹\chat9\PoniterAdd1Self.c）

```
01    #include <stdio.h>
02    main()
03    {
04        int   a = 0x12345678;           //定义 int 型变量 a，并赋初值 0x12345678
05        int   *ap = NULL;               //定义 int 型指针变量 ap，并赋初值 NULL
06        short *b = NULL;                //定义 short 型指针变量 b，并赋初值 NULL
07        ap = &a;                        //使 ap 指向 a
08        b = (short *)ap;                //将 ap 强制转换为 short 型指针变量，并赋给 b
09        b++;                            //改变指针变量的值
10        printf("a=%x, *ap=%x, *b=%x, &a=%x, ap=%x, b=%x\n",a,*ap,*b,&a,ap,b);
11    }
```

程序第 8 行将指针 ap 作强制类型转换后赋给 b，第 9 行使 b 做自加 1 运算。下面通过图示介绍程序运行过程中指针在内存中指向位置的变化，如图 9-9 所示。

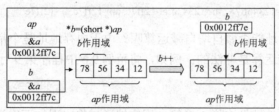

图 9-9 指针自增与内存单元关系

图 9-9 表明，执行 b++ 之前，b 的值与 ap 的值相同，都等于变量 a 的地址 0x0012ff7c，此时 b 的作用域为 a 内存单元的低 2 字节。执行 b++ 操作后，b 的值发生变化，变为 0x0012ff7e。

对于指针变量而言，对其做加减操作，并不是对指针变量本身的值做运算，而是对其作用域的位置变化。如上述程序中对 b 做自增 1 运算，就是使 b 指向下一个作用域的起始位置，注意是下一个作用域，b 的值也相应地改为下一个作用域的起始地址。因此，上例中 b++ 运算后，b 的值并不是简单加 1 变为 0x0012ff7d，而是其下一个作用域的值 0x0012ff7e。

对指针变量做增减运算，其值的变化与该变量的类型有关，表 9-1 列举了几种常用指针类型做自增 1 运算后其值的变化，各种类型指针变化后其值变化如下。

（1）char 型指针变量，做自增（减）1 运算后其值增 1（减）。
（2）short 型指针变量，做自增（减）1 运算后其值增 2（减）。
（3）int 型指针变量，做自增（减）1 运算后其值增 4（减）。
（4）long 型指针变量，做自增（减）1 运算后其值增 4（减）。
（5）float 型指针变量，做自增（减）1 运算后其值增 4（减）。
（6）double 型指针变量，做自增（减）1 运算后其值增 8（减）。

> 若将程序第 6 行改为：
>
> int *b = NULL;
>
> 第 8 行改为：
>
> b = ap;
>
> 对于 *b 的值，程序将输出 12ffc0，由于之前没有对 b 所指的这段内存赋值，因此程序使用 *b 获取该内存中数据时，将输出不确定值，通常称这类不确定值为垃圾值，使用指针时应尽量避免出现这种垃圾值。

表 9-1 指针变化与内存关系

指针类型	初 始 值	增 1 运算后	减 1 运算后	内存字节跨度
char	0x0012ff7c	0x0012ff7d	0x0012ff7b	1
short	0x0012ff7c	0x0012ff7e	0x0012ff7a	2
int	0x0012ff7c	0x0012ff80	0x0012ff78	4
long	0x0012ff7c	0x0012ff80	0x0012ff78	4
float	0x0012ff7c	0x0012ff80	0x0012ff78	4
double	0x0012ff7c	0x0012ff84	0x0012ff74	8

上述程序运行后，输出如下结果：

a=12345678, *ap=12345678, *b=1234, &a=12ff7c, ap=12ff7c, b=12ff7e

那么，对于内存地址能否做自增自减运算呢？由于内存地址是个常量，因此 C 语言中对于内存地址的自增自减运算是非法的。例如，将范例 9.6 中程序第 9 行修改为：

&a++;

该语句试图对 a 的地址做自增 1 运算，程序编译时将出现如下错误信息：

D:\PROGRAMFILES\ PoniterAdd1Self.c (7) : error C2102: '&' requires l-value

9.2.3 void 指针和空指针

空指针（NULL）是不指向任何有效地址的指针，即空指针不指向任何变量地址。将指针变量赋值为 NULL，即该指针变量为空指针，如 9.2.1 节定义指针变量语句：

```
short *b = NULL;
```

C 语言中，NULL 是标准库文件中定义的宏（宏的概念请参阅第 12 章），定义如下：

```
#define NULL ((void *)0)
```

上述语句中#define 是定义宏的专用语法结构，NULL 为宏名，((void *)0)为定义宏的内容。在程序编译时，系统会将程序中所有出现 NULL 的地方替换为((void *)0)，例如上述语句在程序编译时会变为：

```
short *b = ((void *)0);
```

程序中 ((void *)0)是指无类型的指针常量 0，该常量可以赋给任何类型的指针。下面分别讲述 void 指针和空指针的区别。

1. void指针

void 是一个特殊的类型，其字面解释是"无类型"，前面章节已经讲述了 void 定义函数类型的作用，下面讲述使用 void 定义指针和变量的区别。就像我们经常提起"人民币"这三个字一样，不管是 1 元、5 元，还是 20 元、100 元，都叫"人民币"，使用 void 定义指针时，该指针可以指向任何数据类型如 char、short、int 及 float 等。例如有下面定义和引用：

```
void   *a = NULL;        //定义 void 型指针 a，并赋处置 NULL
float  b = 0;            //定义 float 型变量 b
a = &b;                  //使 a 指向 b
```

上述语句对指针 *a* 的定义和引用是正确的，程序编译不会报错，也不会警告，但 C 语言不允许使用 void 类型指针直接操作其所指内存单元的数据。

范例 9.7
VoidPointer.c

VoidPointer.c void 型指针应用广泛，它的特性是可以指向任何类型的变量。但是，void 指针不能做增减运算，设置一个 void 型变量，验证其特性。

（资源文件夹\chat9\VoidPointer.c）

```
01    #include <stdio.h>
02    main()
03    {
04        void   *a = NULL;              //定义 void 类型指针变量 a,并赋初值 NULL
05        float b = 0;                   //定义 float 型变量 b，并赋初值 0
06        a = &b;                        //使 a 指向 b
07        *a = *a +1;                    //使用 a 修改其所指向内存单元数据，执行增 1 操作
08        printf("b=%f, *a=%f\n",b,*a);  //输出结果
09    }
```

程序编译时将产生如下错误：

```
D:\PROGRAMFILES\VoidPointer.c (7) : error C2100: illegal indirection
```

```
D:\PROGRAMFILES\VoidPointer.c (7) : error C2100: illegal indirection
D:\PROGRAMFILES\VoidPointer.c (7) : error C2036: 'void *' : unknown size
D:\PROGRAMFILES\VoidPointer.c (8) : error C2100: illegal indirection
```

上述错误报告中均指使用*a 导致了非法操作。

C 语言中虽然允许使用 void 定义指针变量,但是不允许使用 void 定义变量。例如,做如下定义:

```
void    a;
```

C 语言认为使用 void 定义变量为非法。

2. 空指针

前面已经讲述过,空指针即赋值为 NULL 的指针,NULL 被定义为((void *)0)。其实,NULL 的值是可以通过屏幕打印输出的,例如,使用下面语句输出 NULL:

```
printf("NULL = %d\n", NULL);
```

执行上述语句程序输出结果为:

```
NULL = 0
```

那么,既然 NULL 的值定义为 0,为什么不直接用 0 来初始化指针变量呢?之所以做这样的定义,目的就是要使编程者能对任何类型的指针变量赋初值 0,同时,也使程序阅读者很容易分辨出是对指针的初始化。当然,如果读者不想使用这种方法,也可以直接使用 0 来初始化指针变量,这只是个人习惯而已。为规范起见,笔者建议对指针变量的初始化使用 NULL,同时,在定义指针变量时一定初始化为 NULL,这样可以防止在指针变量未赋值时的误操作。

 C 语言不允许对普通数据类型变量赋初值为 NULL,虽然程序不会报错,但这并不符合 C 语言规范,程序编译时会弹出警告提示。

9.3 指针与数组

本节介绍指针与数组的关系及相互引用的方法,虽然使用指针与使用数组都可以读写内存数据,但相比而言,指针显得更加灵活和实用。

9.3.1 指针与数组首地址

指针变量用于存储某内存单元的地址,而数组名也代表某内存变量的地址。C 语言中,指针与数组的主要区别在于,指针变量是一种变量类型,其值可随意变化,而数组名则是一个常量,其值不能变化。

为表明指针与数组的关系,参看如下范例 9.8。

范例 9.8
PointerPointArray.c

PointerPointArray.c 使一个指针指向数组首地址，利用指针增减的性质引用数组内的元素，并将首地址的值打印出来，验证两者是否相同。（资源文件夹\chat9\PointerPointArray.c）

```
01    #include <stdio.h>
02    main()
03    {
04        int   *a = NULL;           //定义 int 类型指针变量 a,并赋初值 NULL
05        int   b[5] = {0,1,2,3,4};  //定义 int 型数组 b，并赋初值
06        a = b;                     //使 a 指向 b
07        printf("a=%x, b=%x\n",a,b);//输出结果
08    }
```

程序中使整型指针变量 a 指向数组 b，并输出 a 和 b 的值。输出结果为：

a = 12ff68, b = 12ff68

上述结果表明，b 的值为内存地址 0x0012ff68。请注意，与前面几节讲述不同的是，程序第 6 行中，没有使用&符号获取数组地址，而是直接将数组名 b 赋给指针变量 a。C 语言中，数组名是作为地址常量来处理的，其值为该数组的首地址。对于数组 b，为方便表述，给出其在内存中的存储示意图，如图 9-10 所示。

图 9-10 表示 a 指向数组 b 的首地址，b 的值为数组的首地址，同时也是数组第一个元素的地址。为便于理解和后续程序调试，这里给出数组 b 在计算机内存中的真实存放方式，如图 9-11 所示。

b
a → 0x0012ff68 00
0x0012ff69 00
0x0012ff6a 00
0x0012ff6b 00
0x0012ff6c 01
0x0012ff6d 00
0x0012ff6e 00
0x0012ff6f 00
⋮
0x0012ff78 04
0x0012ff79 00
0x0012ff7a 00
0x0012ff7b 00

图 9-10 数组 b 内存示意图

图 9-11 数组 b 内存结构

对于数组首地址和第一个元素的地址的不同，有下面的表达。

b：数组首地址
&b[0]：数组第一个元素地址

将范例 9.8 中第 6 行程序改为：

a = &b[0];

修改程序后执行将得到与修改前相同的结果，这表明数组首地址与第一个元素地址是同一个地址，即指针 a 指向数组 b 的第一个元素，这样定义更容易使程序阅读者理解指针 a 所指的位置，以便于程序开发中的后续维护。

9.3.2 指针与数组名的区别

C 语言中，允许数组名 b 参与算术运算，范例 9.9 证明了这种操作的可行性。

范例 9.9

PointerPointArrayFistAddr.c

PointerPointArrayFistAddr.c 数组名和指针类似，都可以表示内存中的某个地址，设置一个指针，通过这个指针引用已知的一个数组。

（资源文件夹\chat9\PointerPointArrayFistAddr.c）

```
01    #include <stdio.h>              //头文件包含
02    main()
03    {
04        int    *a = NULL;           //定义 int 类型指针变量 a,并赋初值 NULL
05        int b[5] = {0,1,2,3,4};     //定义 int 型数组 b，并赋初值
06        a = b + 0;                  //使 a 指向 b
07        printf("a=%x, b=%x\n",a,b); //输出结果
08    }
```

程序第 6 行中的"b + 0"代表什么含义呢？C 语言编译系统在编译该程序时将其编译为：

&b[0] + 0

上述操作表示数组 b 的第一个元素地址偏移 0 个作用域，它等价于"&b[0]"。C 语言允许对数组使用与指针类似的操作方式，它允许使用*读写内存中信息（数据），此时，通常将 b 称作地址常量。

程序运行后将输出：

a = 12ff68, b = 12ff68

范例 9.10

ArrayAddrasPointer.c

ArrayAddrasPointer.c 已知数组 b 中存放 5 名学生成绩，使用指针读取其中一名学生的成绩，并通过解引用操作符修改该学生的成绩值。

（资源文件夹\chat9\ArrayAddrasPointer.c）

```
01    #include <stdio.h>
02    main()
03    {
04        short    *a = NULL;                       //定义 short 类型指针变量 a，并赋初值 NULL
05        short    *c = NULL;                       //定义 short 类型指针变量 c，并赋初值 NULL
06        short    b[5] = {90,92,60,88,76};         //定义 short 型数组 b，并赋初值
07        a = b+1;                                  //使 a 指向 b+1
08        c = a++;
09        printf("a=%x, *a=%d\n",a,*a);             //输出结果
10        printf("b=%x, *b=%d, *(b+3)=%d\n",b,*b,*(b+3));    //输出结果
11        printf("c=%x, *c=%d\n",c,*c);             //输出结果
12    }
```

程序中第 7 行将数组 b 的第二个元素的地址（即数组首地址向后偏移 1 个作用域）赋给 a；第 8 行将 a 赋给 c，然后 a 自增 1（注意 a 值的变化）。输出语句中使用解引用操作符*分别取各参数内存中的数据。程序运行输出结果为：

第 9 章 指　针

```
a=12ff70, *a=92
b=12ff6c, *b=90, *(b+3)=88
c=12ff6e, *c=92
```

对于 short 型变量，在内存中作用域为 2 字节，因此，取数组 b 的第二个元素地址就相当于将 b 的值增加 2。为方便理解，给出指针 a、c 与数组 b 在内存中的存储示意图，如图 9-12 所示。

需要强调的是，对于作为指针常量的 b，不允许对其进行自增自减操作，如对 b 进行如下操作均为非法 b++、b--、--b、++b 和 b= b+3 等。

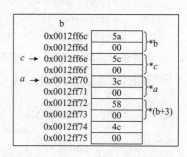

图 9-12　指针 a 与数组 b 内存示意图

实训 9.1——指针转换数组中字母大小写

使用指针可以读写数组中元素的值，而这就要合理操作指针和数组之间的引用关系。编写程序，使用指针判断维数为 N 的字符数组 array 中元素的值，使用数组地址偏移将元素中的大写字母转换为小写字母，计算被转换元素的个数，并打印转换前后 array 中的字符。

数组 array 定义如下：

```
char    array[N] = {'a','B','N','8','M','D',',','*','0','X','m','4','y','Z','!','t','U','T','k','@'};
```

（1）需求分析。

分析目标需求，程序中需要做到如下几条。

需求 1，使用指针判断数组 array 中元素的值。

需求 2，使用数组地址偏移转换数组中大写字母元素的值。

需求 3，计算被转换元素的个数。

需求 4，打印 array。

（2）技术应用。

根据 C 语言标准以及开发平台版本，完善各个需求模块。

对于需求 1，使用指针 a 引用数组中元素，并依次读取数组元素的值。通过 if 语句判断是否属于大写字母，实现语句如下：

```
if(('A'<=*a) && (*a<='Z'))
```

对于需求 2，使用数组首地址 array 偏移，采用与指针类似的引用方式，修改数组中元素的值，实现语句如下：

```
*(array+loop) = *a + 'a'-'A';
```

对于需求 3，设置变量，对符合要求的元素，变量做递增运算，实现语句如下：

```
if(('A'<=*a) && (*a<='Z'))
{
```

```
            *(array+loop) = *a + 'a'-'A';
            change_sum++;
        }
```

对于需求4，转换前后分别打印字符数组，每5个字符一行，实现语句如下：

```
    for(loop=0; loop<N; loop++)
    {
        if(0 = = (loop)%5)
        {
            printf("\n");
        }
        printf("%-4c",*a++);
    }
```

将转换与打印输出放在同一个 for 循环中实现（思考：这样处理的好处在哪里？）。通过上述分析，写出完整的程序如下。

文件	功能
PointerExchangeCap2Small.c	① 完成数组 array 中元素值大小写判断 ② 指针修改数组中大写字母 ③ 输出结果打印

程序清单 9.1：PointerExchangeCap2Small.c

```
01    #include <stdio.h>
02    #define N 20                                          //宏定义 N = 20
03    main()
04    {
05        char    *a = NULL;
06        unsigned int    change_sum = 0;
07        unsigned int    loop = 0;
08        char    array[N] = {'a','B','N','8','M','D',',',',','*','0','X','m','4','y','Z','!','t','U','T','k','@'};
09        a = array;                                        //使 a 指向数组 array
10        for(loop=0; loop<N; loop++)                       //循环打印字符数组元素
11        {
12            if(0 = = (loop)%5)                            //换行控制
13            {
14                printf("\n");
15            }
16            printf("%-4c",*a++);                          //数组元素输出
17        }
18        printf("\n**********************\n\n");
19        a = array;
20        for(loop=0; loop<N; loop++)                       //循环检测
21        {
22            if(('A'<=*a) && (*a<='Z'))                    //判断元素是否属于被转换范围
23            {
24                *(array+loop) = *a + 'a'-'A';             //大写转换为小写
25                change_sum++;                             //记录转换元素个数
26            }
```

```
27              if(0 == loop%5)
28              {
29                  printf("\n");                        //换行
30              }
31              printf("%-4c",*a);                       //打印元素
32              a++;                                     //下一个元素
33          }
34          printf("change_sum = %u\n", change_sum);     //打印转换元素个数
35      }
```

程序第 10 行到第 17 行用于打印数组修改前的字符。程序第 20 行到第 33 行将数组元素中的大写字母转换为小写。程序运行结果为：

```
aB   N    8    M
D    ,    *    0    X
m    4    y    Z    !
tU   T    k    @
*********************
ab   n    8    m
d    ,    *    0    x
m    4    y    z    !
tu   t    k    @
change_sum = 8
```

C 语言允许将数组进行类似指针的操作，但并未对数组下标做越界检查。因此，使用时一定注意，避免数组下标越界。

同样使用指针，在上述程序的基础上，将数组倒序打印。可修改上述程序实现，实现方法与实训 9.1 类似，可考虑使用下面的关键代码：

（1）将 a 执行数组末尾。

```
a = array + N;
```

（2）使用--运算符，即使 a 从数组末端递减搜索数组元素。

```
a--;
```

9.4 指针与函数

指针与函数的关系主要包括指针作函数参数、指针作函数返回值及函数指针等。由于指针的灵活性以及函数的多样性和局部性，使得在程序开发中指针与函数的结合运用异常频繁。因此，掌握好指针与函数结合编程的知识，是一个好的程序员所具备的重要技能之一。

9.4.1 指针作函数参数

指针作函数参数主要分为两种类型，一种是作函数形参，另一种是作函数实参。指针作函数参数可以达到在函数局部范围内实现内存数据全局控制的功能。此外，按照函数的级别可以分为指针作子函数参数和指针作主函数参数。

指针作函数形参的定义方式为：

> 类型说明符 函数名（类型说明符1 *指针名1，类型说明符2 *指针名2，…）

指针作主函数参数的定义方式为：

> main (int argc,char *argv[])

本节主要讨论指针作子函数参数。

1. 指针作子函数参数

关于指针作函数参数与普通变量作函数参数的区别，这里通过一个简单的例子来加以说明。这个例子在很多C语言教程里都能找到，但为了说明方便，我们仍然沿用这个例子的部分内容。

范例 9.11 PointerChangeTwovairableVal.c 在子函数中实现主函数中两个整型变量值的互换。指针可以读写内存中的数据，通过指针，在子函数中改变所指变量的值，实现交换主函数变量值的功能。

（资源文件夹\chat9\PointerChangeTwovairableVal.c）

```
01    #include <stdio.h>
02    void swap1(short m, short n)
03    {
04        short temp = 0;                        //变量定义赋初值
05        temp = m; m = n; n = temp;             //参数值交换
06    }
07    void swap2(short *pm, short *pn)
08    {
09        short *temp = NULL;
10        temp = pm; pm = pn; pn = temp;
11    }
12    void swap3(short *pm, short *pn)
13    {
14        short temp = 0;
15        temp = *pm; *pm = *pn; *pn = temp;
16    }
17    main()
18    {
19        short x = 0;
20        short y = 0;
21        x = 0x1234;
22        y = 0x5678;
23        printf("before swap1() exchange: x = %x, y = %x\n", x, y);   //参数输出
24        swap1(x, y);                                                 //函数调用
```

- 定义函数 swap1()，通过第三变量互换形参的数值
- 定义函数 swap2()，通过指针类型的形参接收数据，通过第三个指针变量互换两个形参的值
- 定义函数 swap3()，通过第三变量修改两个指针形式的形参数值

```
25            printf("after swap1() exchange:    x = %x, y = %x\n", x, y);
26            printf("before swap1() exchange: x = %x, y = %x\n", x, y);
27            swap2(&x, &y);
28            printf("after swap1() exchange:    x = %x, y = %x\n", x, y);
29            printf("before swap1() exchange: x = %x, y = %x\n", x, y);
30            swap3(&x, &y);
31            printf("after swap1() exchange:    x = %x, y = %x\n", x, y);
32       }
```

程序第 24 行调用函数 swap1()用于交换 x 和 y 的值，程序第 27 行调用函数 swap2()用于交换 x 和 y 的值，程序第 30 行调用函数 swap3()用于交换 x 和 y 的值。运行程序输出结果为：

```
before swap1() exchange: x = 1234, y = 5678
after swap1() exchange:    x = 1234, y = 5678
before swap1() exchange: x = 1234, y = 5678
after swap1() exchange:    x = 1234, y = 5678
before swap1() exchange: x = 1234, y = 5678
after swap1() exchange:    x = 5678, y = 1234
```

下面根据输出结果分析几种函数的区别，这里主要关注主函数中 x 和 y 的值变换情况。

（1）对于函数 swap1，函数在调用时将实参 x 和 y 的值分别传给 m 和 n。函数执行过程中通过中间变量修改了 m 和 n 的值，如图 9-13 所示。

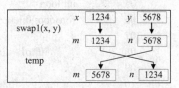

图 9-13　swap1 函数调用

由图 9-13 可确定，函数 swap1 中仅形参 m 和 n 的值做了互换，并未影响实参 x 和 y 的值，因此，在函数调用前后 x 和 y 的值没有变化。

（2）对于函数 swap2，实参为 x 和 y 的地址。函数在调用时将 x 和 y 的地址值传给形参 pm 和 pn，此时即相当于 pm 和 pn 分别指向 x 和 y。函数执行过程中通过中间变量修改了 pm 和 pn 的值，这里请注意是 pm 和 pn 的值，一定要弄清楚 pm 和 pn 的值分别是什么，参数交换示意图如图 9-14 所示。

由图 9-14 可知，虽然子函数中使用了指针作形参，并试图通过指针修改实参的值，但由于函数中对形参 pm 和 pn 的值做互换，并未对其所指内存（x 和 y 的存储区）做读写操作，因此，swap2 函数调用前后，x 和 y 的值没有发生变化。

（3）对于函数 swap3，实参和形参与 swap2 类似。函数执行过程中通过中间变量修改了 pm 和 pn 所指内存区域的值，参数交换示意图如图 9-15 所示。

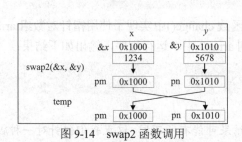

图 9-14　swap2 函数调用　　　　图 9-15　swap3 函数调用

由图 9-15 可知，程序执行过程中，改变了指针 pm 和 pn 所指内存区域的数据（即 x 和 y

的值）。因此，程序采用 swap3 函数能够达到要求。

2. 数组作函数参数

数组作函数实参时，可以使用相同类型的数组作形参，也可以使用指针作形参。同理，当使用指针作实参时，可以使用相同类型指针作形参，也可以使用数组作形参，即数组和指针可以等价使用。我们使用范例 9.12 来描述这种机制以及这种机制的缺点。

范例 9.12

PointerCopyArrayMember.c

PointerCopyArrayMember.c 将一个数组中大于 10 的值复制到另一个数组中，使用指针在子函数中实现。前面已经讲过，使用指针可以完成数组的功能，同样，数组也可以以指针的形式索引每个元素，这里通过指针来复制符合条件的数组元素，并通过指针形式索引每个数组元素。

（资源文件夹\chat9\PointerCopyArrayMember.c）

```
01  #include <stdio.h>
02  #define  N  5
03  void change(short *p1, short *p2)      //子函数定义
04  {
05      int loop = 0;
06      for(loop=0;loop<5;loop++)
07      {
08          if(*p1>=10)                    //条件判断
09          {
10              *p2 = *p1;                 //数组元素复制
11          }
12          p1++;                          //下一个元素
13          p2++;
14      }
15  }
16  main()
17  {
18      short array1[N] = {11,-5,18,115,21};
19      short array2[3] = {0};
20      change(array1,array2);             //函数调用
21      printf("%-8d%-8d%-8d%-8d%-8d\n",
22              *array1,*(array1+1),*(array1+2),*(array1+3),*(array1+4));
23      printf("%-8d%-8d%-8d%-8d%-8d\n",
24              *array2,*(array2+1),*(array2+2),*(array2+3),*(array2+4));
25  }
```

其中，第 8~11 行代码是 if 语句判断输入是否符合要求，若符合，则通过指针复制数组元素

程序使用数组名作实参，指针作形参。在子函数 change()中实现了使用指针对数组 array1 中元素值的判断，并将符合要求的元素值复制到 array2 中。运行程序，输出如下结果：

| 21 | -5 | 18 | 115 | 21 |
| 11 | 0 | 18 | 115 | 21 |

不同 Visual C++ 6.0 版本的输出结果可能有所不同，这里我们仅针对一种版本介绍，在这一版本中 array1 的首地址为 0x0012ff74，array2 的首地址为 0x0012ff6c。

程序结果并未按照我们所期望的输出，特别是第一个元素，原因在于这段程序犯了一个致命的错误：数组下标越界！

下面通过内存状态来讨论这个问题，如图 9-16 所示为数组在内存中存储结构示意图。

由于程序没有对数组下标做越界检查，从而导致在赋值操作时使 array2 越界并非法进入到 array1 的内存区域，因此导致最终输出结果错误。因为这种错误很难被发现，因此，在工程应用中，这将导致灾难性的后果。作为程序初学者一定要注意这一点，避免出现类似的错误。

从上述分析可知，虽然 C 语言允许使用指针代替数组作函数参数，但如果操作不当，将导致非常严重的错误，因此，使用指针和数组时一定注意，避免误操作导致内存被意外修改。

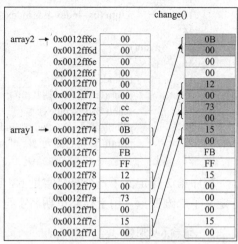

图 9-16　指针操作数组越界

9.4.2　函数返回指针

第 8 章介绍过，函数都有返回值（如果不返回值，则为无值型，即 void 型），本节介绍一种可以返回指针的函数，即指针函数。

指针函数的定义格式为：

```
类型说明符 *函数名（形参列表）
{ 函数体 }
```

例如定义指针函数 func_pointer：

```
int *func_pointer(int x, int y)
{
    /*函数体*/
}
```

表示 func_pointer 是一个返回指针值的指针函数，它返回的指针指向一个整型变量。下面应用范例 9.13 讲述如何定义和使用指针函数。

范例 9.13　PointerFuncReturn.c　主函数中输入数字的星期数，调用子函数 char *week_day(int index) 输出英语的星期名称，编写指针函数实现。
（资源文件夹\chat9\ PointerFuncReturn.c）

```
01    #include <stdio.h>
02    #define N 20                              //宏定义 N 为 20
03    static char data[8][N] = {    "Sunday",
04                                  "Monday",
05                                  "Tuesday",
06                                  "Wednesday",
07                                  "Thursday",
08                                  "Friday",
09                                  "Saturday",
10                                  "Illegal input index"};
```
定义静态字符数组，存储星期的名称

```
11      char *week_day(int index)                              //函数定义
12      {
13          return (0<=index && index<=7)?data[index]:data[7];  //返回指针
14      }
15      main()
16      {
17          int index = 0;
18          printf("请输入日期数:\n");
19          scanf("%d",&index);                                //参数输入
20          printf("输入值 = %d\n", index);
21          printf("日期名称为: %s\n",week_day(index));          //函数调用，输出
22      }
```

程序第 2 行定义了一个符号常量 N，它的值在代码里将被替换为 20。程序第 3 行到第 10 行定义了二维变量，用于存储星期名字符串。运行程序：

请输入日期数:

输入数字 4，按 Enter 键，输出结果为：

输入值= 4
日期名称为: Thursday

异常处理验证，如输入数字 19，按 Enter 键，输出结果为：

Input index = 19
日期名称为: Illegal input index

9.4.3 指向函数的指针

C 语言中，与数组在内存中的存储结构类似，一个函数总是占用一段连续的内存区，其中函数名就是其所占内存区的首地址，也叫函数的入口地址。在 C 语言代码中，可以把函数的首地址赋予一个指针变量，使该指针变量指向该函数。程序执行时，通过指针变量来调用这个函数，通常将这种指向函数的指针变量称为指向函数的指针。

指向函数的指针的一般定义形式为：

类型说明符 (*指针变量名)();

需要说明的是，与上一节所讲指针函数有所不同，这里是定义一个特殊的指针变量，因此后面要加"分号"，其中"("及")"和"*"都不能省略。

例如"int (*fun_pointer)();"表示 fun_pointer 是一个指针变量，这个指针可以指向某函数，即将该函数的入口地址赋给该指针，同时这个函数的返回值应该是整型。下面的范例 9.14 说明了如何使用指向函数的指针调用函数。

范例 9.14　FuncPointerCallSubFunc.c 使用函数指针判断输入三个参数的最大值。程序目标需求：求输入参数的最大值；使用函数指针。
FuncPointerCallSubFunc.c （资源文件夹\chat9\FuncPointerCallSubFunc.c）

```
01    #include <stdio.h>
```

```
02    int max(int m, int n,int k)
03    {
04        int ret = 0;
05        if(m= =n && n= =k && k= =m)              //异常判断
06        {
07            printf("三个数字相同\n");
08            return m;
09        }
10        else
11            return (ret = (m>n?m:n))>k?ret:k;    //最大值判断
12    }
13    main()
14    {
15        int m = 0;
16        int n = 0;
17        int k = 0;
18        int max_num = 0;
19        int    (*pmax)() = NULL;                 //定义函数指针
20        pmax = max;                              //使 pmax 指向函数入口地址
21        printf("输入三个参数值:\n");
22        scanf("m=%d,n=%d,k=%d",&m,&n,&k);        //参数输入
23        max_num=(*pmax)(m,n,k);                  //函数指针调用函数
24        printf("maxmum=%d",max_num);
25    }
```

定义函数 max()，返回输入的三个参数中的最大值，当三个数相等时，输入相同的信息

从上述程序可以看出，使用函数指针调用函数的一般步骤如下。
（1） 定义函数指针变量。
（2） 使已定义指针变量指向被调函数，即将被调函数入口地址赋予该指针。
（3） 用函数指针调用函数。调用函数的一般形式为：

(*指针变量名) (实参表)

程序运行输出结果为：

输入三个参数值:
m = 10, n = 5, k = 8
maxmum= 10

 使用函数指针变量时应注意：函数指针变量不能进行算术运算，不能进行自增自减运算，例如上述程序中不能进行pmax++之类的操作。另外，函数调用中括号不可省略，例如(*pmax)(m,n,k)括号都不能省略。

9.5 指针与字符串

由于字符串在内存中是连续存放的，因此，通过指针可以很好地操作内存中的字符串。使用指针可以实现对字符串的读写、复制、长度检测等。

9.5.1 指针与字符串的关系

字符串在内存中可以存储在两个区域，一种是存放在静态存储区，另一种是存放在动态存储区。不管存放在哪个区域，字符串都是连续放置的，因此，这非常有利于使用指针索引字符串中的每个元素。

1. 字符串定义

C 语言中定义字符串有两种方式，一种是使用字符数组，另一种是使用指针。使用字符数组定义字符串的格式为：

```
char 数组名[] = "字符串";
```

如有下面的定义：

```
char str_array[ ]="Hello world";
printf("%s\n", str_array);
```

程序表示定义一个字符数组，并赋初值"Hello world"。

也可以使用指针定义字符串，如：

```
char *ps = "Hello world";
```

上述定义表示指针 ps 指向字符串"Hello world"在内存中的首地址。这里需要说明的是，字符串"Hello world"是字符串常量，它位于静态存储区。这条语句等价于：

```
char *ps;
ps= "Hello world";
```

需要说明的是，字符数组不允许先定义后赋值，如下面的操作是非法的：

```
char *str_array[20];
str_array = "Hello world";
```

也不能使用这种方式试图给字符串赋值：

```
str_array[] = "Hello world";
```

指针对于字符串就如同一个排头兵，通过指针可以方便地对字符串中每个元素进行读写操作，同时，通过指针也可以引用整个字符串，实现指针读取整个字符串的内容。

范例 9.15
PointerPrintString.c

PointerPrintString.c 使用指针输出"Hello world"。将一个指针指向存有"Hello world"的字符数组首地址，并使用该指针打印出字符数组中的字符串。

（资源文件夹\chat9\ PointerPrintString.c）

```
01    #include <stdio.h>
02    main()
03    {
04        char str_array[ ]="Hello world";    //定义字符数组 str_array，系统自动定义长度
05        char *ps = NULL;                     //定义 char 型指针 ps
06        ps = str_array;                      //使 ps 指向数组 str_array 首地址
07        printf("%s\n",ps);
```

```
08    }
```

程序第 6 行将字符数组的首地址赋给了某指针变量,程序运行输出结果:

Hello world

也可以使用指针操作字符串的一部分,如将上述程序第 7 行改为:

```
printf("%s\n",ps+6);
```

程序将输出:

world

2. 字符串结束符 "\0"

第 2 章中提到过,字符串以 "\0" 结尾,这个字符不需要自己输入,而是系统自动在每个字符串后面添加的。程序运行时遇到字符 "\0" 就认为字符串已经结束,同时终止对该字符串的操作。例如将范例 9.15 程序第 4 行改为:

```
char str_array[30]="Hello world";
```

程序中虽然定义 str_array 的维数为 30,但程序编译时自动在字符串最后添加 "\0" 用于表示字符串结束,程序中字符数组 str_array 在内存中的存储结构如图 9-17 所示。

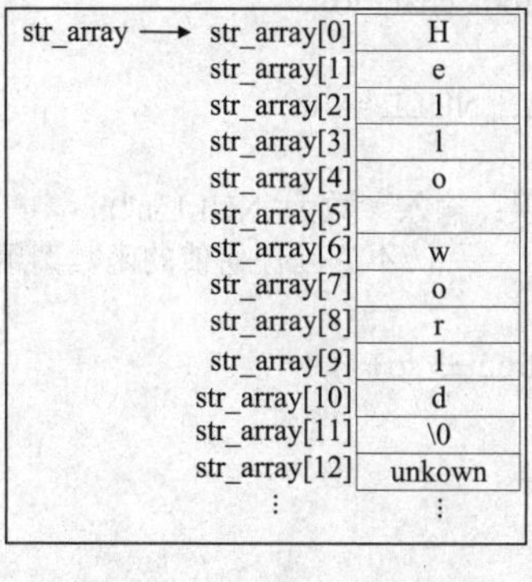

图 9-17 str_array 存储结构

在字符串中间,当人为添加字符 "\0" 时,程序仍然认为字符串已经结束,从而丢弃后续的处理。

范例 9.16

AddEndCharacterInString.c

AddEndCharacterInString.c 把字符串 "As a software engineer\0, I love C language" 存放在一个字符数组中,用指针指向字符数组的首地址,并打印到屏幕上,注意字符串中包含字符串结束符 "\0"。

(资源文件夹\chat9\ AddEndCharacterInString.c)

```
01    #include <stdio.h>
02    main()
03    {
04        char str_array[50]="As a software engineer\0, I love C language";   //定义含有 "\0" 的字符串
05        char *ps = NULL;
```

```
06        ps = str_array;
07        printf("%s\n",ps);        //输出字符数组 str_array 存储的字符串
08    }
```

程序执行时遇到中间的字符 "\0"，认为字符串已经结束，因此仅输出字符 "\0" 前面的部分。程序运行后输出：

As a software engineer

9.5.2 指针引用字符串

由于使用指针比数组名更方便对数组元素进行索引，因此，在许多对数组操作的场合，使用指针进行数组的读写，但是在使用指针时一定注意判断数组是否越界。下面通过实例分析如何使用指针操作字符数组。

范例 9.17

PointerScheduleString.c

PointerScheduleString.c 编写程序，子函数中实现将一个字符数组中的字符串复制到另一个字符数组中，要求用指针实现。程序目标需求分析：子函数中实现字符串复制；使用指针实现，即用指针操作字符串。

（资源文件夹\chat9\ PointerScheduleString.c）

```
01    #include <stdio.h>
02    void str_coppy(char *from, char *to)
03    {
04        if(NULL == from || NULL == to)
05        {
06            printf("错误：输入参数为 NULL\n");
07            return;              //不返回任何值的函数调用终止语句
08        }
09        for(;*from!='\0';from++,to++)
10        {
11            *to=*from;                        //循环赋值
12        }
13        *to='\0';                             //字符串末尾添加结束符
14    }
15    void main(void)
16    {
17        char str_array1[30]="This is a test";
18        char str_array2[30]={'\0'};
19        printf("复制前的字符串为:\n");
20        printf("str_array1:%s\n",str_array1);
21        printf("str_array2:%s\n",str_array2);
22        str_coppy(str_array1, str_array2);    //子函数调用
23        printf("复制后的字符串为:\n");
24        printf("str_array1:%s\n",str_array1); //函数调用后输出字符串
25    }
```

入参检查，若输入参数为 NULL，则退出程序

函数调用前输出字符串

程序子函数中增加了对输入参数的判断，由于输入参数是指针类型，因此有必要作非法判断以避免出现错误操作，这里还需要说明的一点是字符串复制时没有将字符串结束符'\0'

复制，因此需要在 for 循环结束后添加。另外需要强调的是程序中没有对数组下标做越界检查，这将是程序的一个隐含错误，如果 str_array1 的字符串远远超过 30 字符，在字符串复制时误将字符串复制到程序存储区，将对程序的运行带来灾难。程序运行结果为：

```
复制前的字符串为：
str_array1: This is a test
str_array2:
复制后的字符串为：
str_array1: This is a test
str_array2: This is a test
```

指针引用字符串的另一个用途是做格式输出控制。可以定义一个指针变量使其指向一个格式字符串，在 printf 函数中用它代替格式字符串。如：

```
char *out_form = NULL;
out_form ="first = %d, second = %d\n";
printf(format, first, second);
```

上述相当于：

```
printf("first = %d, second = %d\n", first, second);
```

只要改变指针变量 out_form 所指向的字符串内容，就可以方便地改变输入/输出的格式。这样的 printf 函数称为可变格式输出函数，在第 12 章会介绍另外一种可变 printf 函数的使用方法。

不能使用字符数组存储格式控制字符串，因为字符数组中的字符串不方便修改。

9.6 指针与二维数组

本节介绍指针与二维数组的关系，包括指针如何引用二维数组、指针数组和指向指针的指针等。相对一维数组而言，指针与二维数组的结合更加复杂，但基本原理与 9.3 节类似。

9.6.1 指针和二维数组的关系

与一维数组类似，二维数组也可以通过指针方式查找。由于二维数组中的元素在内存中是连续有序排列，因此使用指针也可以很方便地索引二维数组。

1. 指针方式引用二维数组

通过指针方式可以方便地由数组首地址查找数组中的元素。例如定义如下二维数组：

```
short    array[2][2] = {111,121,212,222};
```

可以通过下面的语句索引数组元素 array[1][1]：

((array+1)+1)

指针方式引用二维数组的方法多种多样,可以通过指针指向数组首地址索引数组元素,也可以通过指针指向某个数组元素地址索引数组元素。

范例 9.18

PoniterScheduleDoubleArray.c

PoniterScheduleDoubleArray.c 使用指针索引二维数组中的元素,设置一个指针用于存储格式定义字符串,在 printf 函数中使用这个字符串。打印指针方式索引二维数组的结果。

(资源文件夹\chat9\ PoniterScheduleDoubleArray.c)

```
01  #include <stdio.h>
02  void main(void)
03  {
04      char *p_format1 = "%x, %x, %x, %x, %x\n";     //格式定义
05      char *p_format2 = "%x, %x\n";
06      char *p_format3 = "%d, %d\n";
07      int array[2][3]={0,1,2,3,4,5};
08      printf(p_format1,array,*array,array[0],&array[0],&array[0][0]);
09      printf(p_format1,array+1,*(array+1),array[1],&array[1],&array[1][0]);
10      printf(p_format1,array+2,*(array+2),array[2],&array[2],&array[2][0]);
11      printf(p_format2,array[1]+1,*(array+1)+1);
12      printf(p_format3,*(array[1]+1),*(*(array+1)+1));
13  }
```

分别以指针形式和取地址形式输出数组 array 各元素的地址值和元素值

下面逐行解释 printf 语句中的参数列表的含义。程序第 1 个 printf 语句(程序第 8 行)参数列表如下。

(1)array 表示:二维数组首地址。

(2)*array 表示:二维数组中第一行首地址,等价于*(array+0)。

(3)array[0]表示:与*array 相同。

(4)&array[0]表示:二维数组中第一行首地址值,标准写法。

(5)&array[0][0]表示:二维数组中第一行第一个元素首地址值。

程序第 2 个 printf 语句(程序第 9 行)参数列表如下。

(1)array+1 表示:二维数组第二行首地址,即相对于首地址偏移一行元素的地址。

(2)*(array+1)表示:二维数组中第二行首地址值。

(3)array[1]表示:与*(array+1)相同。

(4)&array[1]表示:二维数组中第二行首地址值,标准写法。

(5)&array[1][0]表示:二维数组中第二行第一个元素首地址。

程序第 3 个 printf 语句(程序第 10 行)参数列表如下。

(1)array+2 表示:二维数组第三行首地址(不存在,非法操作),即相对于首地址偏移两行元素的地址。

(2)*(array+2)表示:二维数组中第三行首地址值(不存在,非法操作)。

(3)array[2]表示:与*(array+2)相同。

(4)&array[2]表示:二维数组中第三行首地址值,标准写法。

(5)&array[2][0]表示:二维数组中第三行第一个元素首地址。

程序第 4 个 printf 语句(程序第 11 行)参数列表如下。

（1）array[1]+1 表示：二维数组中第二行的第二个元素首地址，等价于*(array+1)+1。

（2）*(array+1)+1：同上。

程序第 5 个 printf 语句（程序第 12 行）参数列表如下。

（1）*(array[1]+1)表示：二维数组中第二行的第二个元素的值，等价于*(*(array+1)+1)。

（2）*(*(array+1)+1)表示：同上。

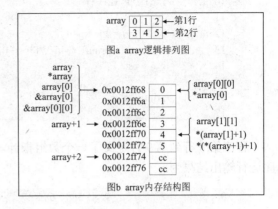

图 9-18　array 结构图

逻辑上，二维数组可以看作是几个一维数组的组合，但在内存中则是连续存放的一块区域，如图 9-18 所示是二维数组在逻辑上及内存中的结构图。

程序运行后输出结果为：

```
12ff68, 12ff68, 12ff68, 12ff68, 12ff68
12ff6e, 12ff6e, 12ff6e, 12ff6e, 12ff6e
12ff74, 12ff74, 12ff74, 12ff74, 12ff74
12ff70, 12ff70 12ff68 12ff68 12ff6
4, 4
```

2．数组指针

C 语言中可以通过数组指针变量来按行引用二维数组。数组指针变量的定义形式为：

类型说明符 (*指针变量名)[长度]

其中"类型说明符"表示该指针变量所指向数组的数据类型；"*"表示定义的变量为指针类型；"长度"表示二维数组的列长度，即二维数组的列数。

注意，"(*指针变量名)"两边的括号不可少。

与普通指针类似，数组指针也可以通过算术运算改变所指的内存位置。

范例 9.19　ApplyOfArrayPointer.c　通过数组指针引用二维数组中的元素，首先使数组指针指向数组首地址，通过指针变量自增运算获取不同行的首地址。

（资源文件夹\chat9\ApplyOfArrayPointer.c）

```
01    #include <stdio.h>
02    #define M  3
03    #define N  4
04    void main(void)
05    {
06        int i,j;
07        short  array[M][N]={0,1,2,3,4,5,6,7,8,9,10,11};
08        short  (*pst)[N]= NULL;           //定义数组指针
09        pst=array;                         //数组指针指向二维数组首地址
```

```
10          for(i=0;i<M;i++)
11          {
12              for(j=0;j<N;j++)
13                  printf("%4d ",*(*pst+j));
14              pst++;                              //数组指针自增运算
15          }
16          printf("\n");
17      }
```

程序第 8 行到第 9 行定义了一个数组指针,并且将该数组指针指向已知的二维数组。程序运行输出结果为:

0   1   2   3   4   5   6   7   8   9   10 11

试一试,使用如下定义代替程序第 8 行是否可行呢?运行修改后的程序验证可行性,并分析原因。

```
short   *pst = NULL;
```

数组指针也可以代替二维数组作函数形参。

范例 9.20

ArrayPointerAsFuncParameter.c 通过数组指针作函数形参,传递二维数组首地址,在子函数中实现输出二维数组中每一行的最大值。

ArrayPointerAsFuncParameter.c

(资源文件夹\chat9\ArrayPointerAsFuncParameter.c)

```
01  #include <stdio.h>
02  #define N 5
03  void max(int   (*ptr)[N])                   //函数定义
04  {
05      int i=0;
06      int j=0;
07      int max_value=0;
08      if(NULL == ptr)                         //非法入参判断
09      {
10          printf("错误:输入参数为 NULL\n");
11          return;
12      }
13      for(i=0;i<N;i++)
14      {
15          max_value=ptr[i][0];                //首行赋初值
16          for(j=0;j<N;j++)
17          {
18              if(max_value<*(ptr[i]+j))       //条件判断
19                  max_value=*(ptr[i]+j);      //赋值
20          }
21          printf("最大值为 %5d,第 %d 行\n", max_value, i);
22      }
23  }
24  void main(void)
```

```
25      {
26          int   array[N][N]={133,-89,0,1025,58,
27                              40,-78,69,889,20,
28                              56,28,-45,77,90,
29                              6,-18,-27,3,1,
30                              10001,5894,-78564,60,8};
31          max(array);                             //函数调用
32      }
```

程序中使用了数组指针 ptr 作入参接收二维指针 array 的数据，当然也可以使用二维数组作入参。程序运行输出结果为：

```
最大值为 1025 ，第 0 行
最大值为  889 ，第 1 行
最大值为   90 ，第 2 行
最大值为   27 ，第 3 行
最大值为 10001，第 4 行
```

9.6.2 指针数组

指针数组是一组有序的指针变量的集合，与普通数组类似，指针数组也是数组的一种，只不过指针数组的每个元素都是一个指针变量。此外，指针数组的所有元素都必须具有相同的存储类型，并且指向相同的数据类型。

指针数组的一般定义形式为：

类型说明符 *数组名[数组长度]

其中，"类型说明符"表示指针所指向的变量类型。例如：

int *p_array[5] 表示 p_array 是一个指针数组，它有 5 个元素，分别是 p_array[0]、p_array[1]、p_array[2]、p_array[3]、p_array[4]和 p_array[5]，每个元素值都是一个指针变量，用于指向整型变量。指针数组通常用于指向字符串首地址或一个二维数组。当用于指向二维数组时，指针数组中的每个元素被赋予二维数组每一行的首地址，此时也可理解为指向一个一维数组。

1. 指针数组存储字符串

指针数组可用于指向一组字符串。这里重写 9.4.2 节对数组 data 的定义：

```
static char data[8][N] = {"Sunday",           //静态字符数组定义
"Monday",
            "Tuesday",
            "Wednesday",
            "Thursday",
            "Friday",
            "Saturday",
            "Illegal input index"};
```

该定义可用如下的指针数组代替：

```
static char *data[N] = {"Sunday",            //静态字符数组定义
                        "Monday",
                        "Tuesday",
                        "Wednesday",                    ⎫ 定义指针数组 data，存储
                        "Thursday",                     ⎬ 表示星期名称的字符串
                        "Friday",                       ⎭
                        "Saturday",
                        "Illegal input index"};
```

做这样定义之后，数组 data 作为指针数组，其每个元素都指向一个字符串常量的首地址，如元素 data[1]指向字符串"Monday"的首地址。

2. 指针数组指向二维数组

指针数组也可以指向二维数组，如有如下定义和赋值：

```
int *p_array[2] = NULL;                              //定义含两个元素指针数组 p_array
int array[2][3] = {666, 555, 444, 333, 222, 111};    //定义二维指针 array
p_array[0] = array[0];                               //使 p_array[0]指向 array 第一行首地址
p_array[1] = array[1];                               //使 p_array[1]指向 array 第二行首地址
```

需要注意的是，不能试图通过对 p_array 做自增运算而获取 array 的第二行首地址，如执行：

```
p_array++
```

是非法的。

3. 指向指针的指针

通常也把指向指针的指针叫作二维指针，其一般定义形式为：

```
类型说明符  **指针变量名；
```

例如，有如下定义：

```
int **p_pointer;
```

表示 p_pointer 是一个指针变量，它指向另一个指针变量，而这个指针变量指向一个整型量。

范例 9.21　　　　DoubleArrayPointer.c 将一个二维指针指向另一个指针的地址，并使用这个指针输出一维指针所指的变量值。

DoubleArrayPointer.c　　　　（资源文件夹\chat9\DoubleArrayPointer.c）

```
01    #include <stdio.h>
02    void main(void)
03    {
04        int a=0;
05        int *pa=NULL;
06        int **p_pa=NULL;                             //定义二维指针变量
07        a=1234;
08        pa=&a;
09        p_pa=&pa;                                    //将指针变量 pa 的值赋于 p_pa
10        printf("a=%d,*pa=%d,**p_pa=%d\n",a,*pa,**p_pa);
```

```
11            printf("&a=%x,pa=%x,&pa=%x,p_pa=%x\n",&a,pa,&pa,p_pa);
12        }
```

上述程序中 pa 是一个指针变量,指向整型变量 *a*; p_pa 也是一个指针变量,它指向指针变量 pa。通过 p_pa 变量访问 *a* 的写法是**p_pa。如图 9-19 所示为指向指针的指针变量及其对应的指针变量的内存关系。

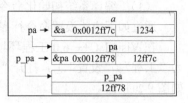

程序运行输出结果为:

```
a=1234,*pa=1234,**p_pa=1234
&a=12ff7c,pa=12ff7c,&pa=12ff78,p_pa=12ff78
```

图 9-19 a,pa,p_pa 内存结构图

注:不同的编译系统地址值可能会有差别,此处仅就一种编译系统说明。

4. main 函数参数

为了表述简单,我们在很多程序实例里面没有对 main 函数的参数做说明,其实和普通子函数的形参类似,main 也是有参数的,其一般定义形式如下:

main (int argc,char *argv[])

其中第二个形参变量 argv 定义形式就是指针数组类型。由于作为主函数的 main 函数不能被其他函数调用,因此不可能在程序内部获得入参值。那么,在什么地方把实参值赋予 main 函数的形参呢?

C 语言中,main 函数的参数值是从操作系统命令行获取的。其获取方式有两种,一种是通过编译系统初始化命令行,又叫命令行参数列表,另一种是在执行程序时随机输入。形参中第一个变量 argc 用于记录命令行中字符串个数,第二个变量 argv 用于记录每一个字符串首地址。

实训 9.2——输出 main 函数参数值

与普通函数类似,main 函数的参数也是形参,当需要使用这两个形参时,要配置对应的实参,而与其对应的实参值可以通过编译系统命令行和执行程序的输入获得。

文件	功能
ParameterOfMainFunc.c	依次输出命令行参数列表字符串

程序清单 9.2:ParameterOfMainFunc.c

```
01    #include <stdio.h>
02    void main(int argc,char *argv[])              //设置主函数参数
03    {
04        while(argc>0)
05        {
06            printf("%s\n",*++argv);               //打印主函数参数列表
07            argc--;                               //计算参数列表个数
```

```
08        }
09    }
```

(1) 编译系统初始化命令行。

通过如下方式设置命令行参数：

在 Visual C++ 6.0 工程环境中，依次选择菜单栏"Project"/"Settings"选项（中文版为"工程"/"设置"），打开"Project Settings"对话框，在对话框中转到"Debug"选项卡，如图 9-20 所示。

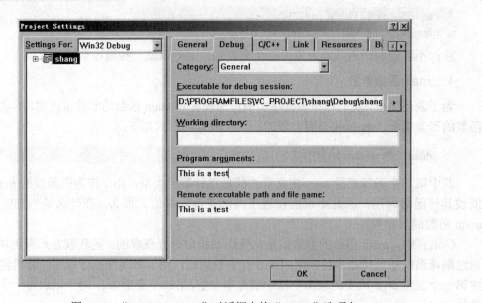

图 9-20 "Project Settings"对话框中的"Debug"选项卡

在输入列表"Program arguments"文本框中输入字符串"This is a test"，单击"OK"按钮结束操作。

执行上述操作后，运行程序输出结果为：

```
This
is
a
test
```

由结果说明程序运行时读取并输出了命令行参数的字符串设置。

(2) 随机参数输入。

程序经过编译链接并生成.exe 可执行文件后，也可通过执行.exe 文件时输入参数来控制 main 函数参数值的输入。

如上述程序经过编译链接后生成可执行文件 test.exe，并存储在 D：盘根目录下。可通过 cmd 命令编辑器运行该程序。

步骤 1：选择"开始"/"运行"选项，打开"运行"对话框，如图 9-21 所示。

步骤 2：在"打开"列表框中输入"cmd"，单击"确定"按钮，打开命令编辑器对话框，如图 9-22 所示。

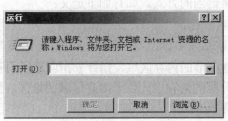

图 9-21 "运行"对话框

图 9-22 命令编辑器对话框

步骤 3：进入 D：盘根目录，输入 "test This is a test"，按 Enter 键查看结果，如图 9-23 所示。

由图 9-23 结果可知，通过在程序执行时输入命令参数也可以向 main 函数传递实参值。

main 函数参数主要用于程序执行时在命令行输入控制参数，以控制程序运行的分支，在测试中经常使用这种方式屏蔽或执行程序的某个模块。

图 9-23 结果查看

随堂实训9.2

使用 main 函数参数，编写程序，当遇到命令行参数列表中以 T 开头的字符串时，终止参数列表打印，并记录已打印的参数列表字符串个数，提示：

（1）命令行参数列表设置为字符串：

This is not a Test；

（2）读取*argv 所指字符串，并判断字符*(argv[0])是否为 T。
（3）设置变量 a，每输出一个字符串，置 a++。

9.7 内存分配

本节讲述在程序中如何进行内存的分配与释放。C 语言中所有的资源都是存储在内存中的，合理利用内存空间不仅使程序代码看起来简洁、明朗，还能提高程序的运行效率。

9.7.1 指针与内存分配

前面已经讲过，计算机中的存储空间按照存储内容不同分为程序存储区和数据存储区，详细可分为栈区、堆区、静态存储区、文字常量区和程序代码区，本节主要讨论在堆区的分配。

通过指针可以动态分配一块内存区域，而这一区域的索引就是该段内存的首地址。从前面学习中可知，指针能够指向内存中某段内存的首地址，而这就为动态内存分配提供了便利。通过指针来索引所分配的内存空间无疑是一种非常恰当的方式。如有如下定义：

```
int *p = NULL;
p = (int *)malloc(100);
```

上述定义表示为指针 p 分配了一段长度为 100 字节的内存区域，指针 p 指向这段内存的首地址。其中 malloc 称为内存分配函数，该函数分配的内存空间位于内存区域的堆区。数字 100 为所分配的字节数。前面的(int *)表示强制类型转换。

通过 malloc 函数分配的内存空间不会自动被释放掉，因此一定要在程序中设定内存释放的语句，否则，系统会因为被分配的内存区域不断增加而不能释放最终导致崩溃。内存释放函数使用 free 函数，如上述为 p 分配的内存空间可用如下语句释放：

```
free(p);
```

9.7.2 malloc 函数

malloc 函数是 C 语言中进行内存分配最常用的方式之一。要合理使用该函数，应该了解该函数在系统中的定义和执行方式。

C 语言中，malloc 函数的原型为：

```
void *malloc(long NumBytes)
```

说明：函数分配了长度为 NumBytes 个字节的内存区域，并返回指向这块内存的指针。返回类型为 void 型，因此需要在返回时对其进行强制类型转换，转换为需要的类型。如果分配失败，则返回空指针（NULL）。分配失败的原因有多种，比较常见的是内存空间不足。

C 语言中，malloc 函数的声明放在 malloc.h 中，因此，在使用该函数时应包含头文件 malloc.h 或者 stdlib.h，方法为：

```
#include <malloc.h>
#include <stdlib.h>
```

1. 使用malloc分配一定长度的内存区域

malloc 函数以字节为单位分配内存空间。如下范例 9.22 为指针 p 分配了一段 100 字节长度的内存。

范例 9.22

MallocFunctionApply.c

MallocFunctionApply.c 计算机的存储空间可以分配给程序员，使用 malloc 函数就可以实现这一功能，分配 100 个 int 型数据空间，给程序代码使用。

（资源文件夹\chat9\MallocFunctionApply.c）

```
01    #include <stdio.h>
02    #include <stdlib.h>
03    void main()
04    {
05        int *p = NULL;
06        p = (int *)malloc(100);        //分配 100 字节连续内存并将首地址赋给 p
```

```
07    }
```

程序为指针 p 分配了一段长度为 4*100 字节的内存区域,并将首地址传给指针 p。程序中没有对所分配的内存进行释放,因此是一种潜在的危险。

malloc 分配的内存空间可在其释放之前在程序任何位置进行读写操作。

范例 9.23

ReadWriteMemoryOfMalloc.c

ReadWriteMemoryOfMalloc.c 使用 malloc 函数分配内存空间以后,可以使用指针索引。这里分配 100 个字节的空间,输入一段英文,再输出到屏幕上。

(资源文件夹\chat9\ReadWriteMemoryOfMalloc.c)

```
01    #include <stdio.h>
02    #include <stdlib.h>
03    void main()
04    {
05        char *p = NULL;
06        p = (char *)malloc(100);                //内存分配
07        scanf("%s",p);                          //字符串输入
08        printf("%s",p);                         //字符串输出
09        free(p);                                //内存释放
10    }
```

程序第 6 行分配了 100 个字节的内存空间,第 7 行和第 8 行由键盘输入一段英文并输出,程序第 9 行为释放分配的内存空间,若内存空间不释放,这段内存将一直保留给该程序段,直到程序结束。执行程序并输入"This is a test"字符串,按 Enter 键,程序输出:

```
This is a test
This
```

程序遇空格将自动将其转为"\0"字符串结束符,因此程序输出为 This。

当系统内存不足时,可能会出现内存分配失败的情况。内存分配失败时,malloc 返回指针为 NULL,因此,为避免出现这种错误,可以使用下面的代码调用 malloca 函数:

```
if (!p = (char *)malloc(100))
{
    printf("错误:内存不足,分配失败\n");
    return;
}
```

为节省篇幅,本书调用 malloc 时一律省略这一检测过程,读者在编写程序时应自行添加类似代码。

2. 内存分配的隐患

由于 p 为指针变量,其值可以任意改变,那么在分配了一定内存空间后,假如 p 的值发生变化,此时再释放 p 所指的内存区域,将会使程序产生崩溃性错误。

范例 9.24

AbortOfMemoryFree.c

AbortOfMemoryFree.c malloc 函数分配内存使用指针来索引它的首地址，若改变该指针的值，将导致崩溃性错误，分配 100 个字节给指针 p，输入一段英文，试着修改指针的值，并输出指针所指的内存的英文。

（资源文件夹\chat9\ AbortOfMemoryFree.c）

```
01  #include <stdio.h>
02  #include <stdlib.h>
03  void main()
04  {
05      char *p = NULL;
06      p = (char *)malloc(100);        //内存分配
07      scanf("%s",p);                  //字符串输入
08      p=p+5;
09      printf("%s",p);                 //字符串输出
10      free(p);                        //内存释放
11  }
```

程序第 6 行表示分配了 100 个字节单元的内存空间，并将首地址赋给指针 p。执行程序，输入"This is a test"字符串，按 Enter 键，程序输出：

```
This is a test
屯屯屯屯屯屯屯屯屯屯屯屯屯屯屯屯屯屯屯屯屯屯屯屯屯屯屯屯屯屯屯屯屯屯屯屯屯屯屯屯
屯屯
```

程序退出并报告错误，这表明程序出现了严重错误。因此，当使用 malloc 函数分配了一段内存后，一定要保存所分配的内存首地址用于释放，否则程序将出现灾难性后果。

范例 9.25

ExternOfMemory.c

ExternOfMemory.c malloc 函数分配 5 个字节的内存空间，使用指针 p 管理这段内存，将字符串"Congratiulations"存放到这块内存中，输出这块内存中的数据。

（资源文件夹\chat9\ ExternOfMemory.c）

```
01  #include <stdio.h>
02  #include <stdlib.h>
03  void main()
04  {
05      char *p = NULL;
06      p = (char *)malloc(5);          //内存分配
07      scanf("%s",p);                  //字符串输入
08      printf("%s",p);                 //字符串输出
09      free(p);                        //内存释放
10  }
```

程序第 6 行分配 5 个字节的内存空间，并输入一个大于 5 个字符的英文单词，第 8 行输出这段内存的数据。执行程序，输入单词"Congratiulations"，程序输出：

```
Congratiulations
Congratiulations
```

程序虽然能够正确输出，但同时出现了崩溃的错误报告，说明内存越界产生了不可预知的错误。

第三种情况是内存分配过大，如上述程序改为：

```
char *p = NULL;
p = (char *)malloc(0xffffffff);
```

运行程序将出现崩溃性错误，说明系统无法为程序分配 0xffffffff 字节的内存区域。

9.7.3 memset 函数

memset 函数用于初始化一段分配的内存空间，其一般定义形式为：

```
void *memset(内存首地址, 初始化值, 初始化字节数);
```

其中内存首地址为通过 malloc 函数分配的内存区域首地址，即指针变量名。初始化值是指要将这段内存初始化为什么值；初始化字节数是指需要初始化的字节数，可以等于或小于分配的字节数，但不能超过分配的字节数。

范例 9.26　MemesetFunc.c memset 函数主要应用于对某段连续内存进行初始化操作，例如使用 malloc 分配 100 个字节内存，然后使用 memset 函数初始化为字符 "a"。

（资源文件夹\chat9\MemesetFunc.c）

```
01    #include <stdio.h>
02    #include <stdlib.h>
03    void main()
04    {
05        char *p = NULL;
06        p = (char *)malloc(100);                    //内存分配
07        memset(p, 'a', 100);                        //初始化内存区域
08        printf("%4c%4c%4c\n", *p, *(p+50),*(p+99));
09        free(p);                                    //内存释放
10    }
```

程序第 7 行表示分配了 100 个字节的内存段之后，使用 memset 函数将每个字节赋值为字符 "a"。程序运行结果为：

```
   a   a   a
```

9.7.4 free 函数

free 函数是和 malloc 函数组合使用的函数，对于 malloc 分配的内存区域，一定记住要使用 free 函数予以释放。

free 函数使用的一般形式为：

```
free(内存首地址)
```

free 函数释放内存后，指向该段内存的指针仍然会指向这段内存的首地址，只不过这段内存不能再被程序使用而已。因此，需要在调用 free 函数之后将原指针赋值为 NULL。

范例 9.27
freeFunc.c malloc 函数分配一段 100 字节的内存空间，输入一段英文，并输出，然后使用 free 函数释放这段内存。
freeFunc.c   （资源文件夹\chat9\ freeFunc.c）

```
01  #include <stdio.h>                //头文件包含
02  #include <stdlib.h>               //头文件包含
03  void main()
04  {
05      char *p = NULL;
06      p = (char *)malloc(100);      //内存分配
07      scanf("%s",p);                //字符串输入
08      printf("%s",p);               //字符串输出
09      free(p);                      //内存释放
10      p = NULL;                     //指针保护性赋值
11  }
```

程序第 10 行将指针 p 置为空，从而避免后续使用该指针时导致误操作。执行程序并输入"This is a test"字符串，按 Enter 键，程序输出：

```
This is a test
This
```

实训 9.3——指针实现简单月历计算

编写程序，分配一段内存，用于存储一年中每一天的日期数，如分配的内存第一个域为 1，第二个域为 2，最后一个域为 31 等，依此类推。要求将二月的日期数按序存入内存区域，并显示到屏幕上，每 10 个日期号为一行。

（1）需求分析。
需求 1，要求按照年数存储一年中每一天的日期数，应考虑平年和闰年的区别。
需求 2，动态分配内存，考虑平年和闰年的不同。
需求 3，将二月的日期数存入内存区域，应该设法定位二月一日在内存中的位置。
（2）技术分析。
对于需求 1，需要判断平年和闰年，判断依据为年数能够被 400 整除，或者能够被 4 整除但不能被 100 整除即为闰年，其他为平年。判断关键语句为：

```
if(((0==year%4)&&(0!=year%100))||(0==year%400))    //是否闰年判断
```

对于需求 2，根据平年和闰年不同，分配的内存区域数为 365 或 366，以 int 型为一个内存区域，则分配的字节数为：

```
day_num*sizeof(int) || (day_nam + 1)*sizeof(int)
```

写出完整的程序如下。

文件	功能
PointerSimpleUse.c	① 判断平年或闰年 ② 分配内存,用于存放日期 ③ 输出打印二月月历

程序清单 9.3：PointerSimpleUse.c

```
01    #include <stdio.h>
02    #include <stdlib.h>
03    void add_Fibra(int *p_month_in, int flag_set)
04    {
05         int fibra_day = 0;
06         int loop = 0;
07         if(1 == flag_set)
08         {
09              fibra_day = 29;
10         }
11         else
12         {
13              fibra_day = 28;
14         }
15         p_month_in = p_month_in + 30;
16         for(loop=1;loop<=fibra_day;loop++)
17         {
18              *p_month_in++ = loop;         //顺序赋值
19         }
20    }
21    void main()
22    {
23         int *p_month = NULL;
24         int *p_test = NULL;
25         int loop = 0;
26         int year = 0;
27         int day_num = 0;
28         int fibra_num = 0;
29         int flag = 0;
30         printf("请输入年数:\n");
31         scanf("%d",&year);                       //输入年数
32         if(year<=0)                              //错误输入判断
33         {
34              printf("错误：输入信息不合逻辑\n");
35              return;
36         }
37         printf("开始分配存储空间\n");
38         day_num = 365;
39         if(((0==year%4)&&(0!=year%100))||(0==year%400))   //是否闰年判断
40         {
41              printf("该年 %u 是闰年\n",year);
```

```
42              flag = 1;
43              fibra_num = 29;
44              p_month = (int *)malloc((day_num+1)*sizeof(int));//内存分配
45          }
46          else
47          {
48              printf("该年  %u  是平年\n",year);
49              fibra_num = 28;
50              p_month = (int *)malloc((day_num)*sizeof(int));
51          }
52          add_Fibra(p_month, flag);
53          p_test = p_month + 30;
54          for(loop=1;loop<=fibra_num;loop++)
55          {
56              printf("%4d",*p_test++);
57              if(0 = = loop%10)                              //换行控制
58                  printf("\n");
59          }
60          free(p_month);                                     //内存释放
61          p_month = NULL;                                    //保护性赋值
62      }
```

运行程序输出结果为:

```
请输入年数:
2009
开始分配存储空间
该年  2009  是平年
  1   2   3   4   5   6   7   8   9  10
 11  12  13  14  15  16  17  18  19  20
 22  23  24  25  26  27  28
```

在上述程序基础上,打印二月份的日历格式,带星期对应,即每 7 个日期数为一行,其中日期数要与该日期的星期数对应。

需要计算某日是星期几,计算公式为:

d=year-1+(year -1)/4- (year -1)/100+(year -1)/400+day_num;

其中 year 为输入的年数,day_num 为该日期在本年中的天数,d 取整数,当 d/7 余数为 0 时是星期天,余数为 1 时是星期一,依此类推。

另外,需要注意平年和闰年的差别。

进一步的需求:如果要打印三月份的日历牌如何处理呢?

9.8 疑难解答和上机题

9.8.1 疑难解答

（1）指针在计算机中存储的长度是多少呢？

解答：指针存储指的是指示内存位置的数据常量——地址。对于 32 位机来讲，地址使用 32 位数据表示，即 4 字节，因此，指针在 32 位机中的长度是 4 字节。

（2）指针就是一个内存地址吗？

解答：不是。和普通变量类似，通常来讲，指针也是一种变量，但是一种特殊的变量，它所存储的是一种特殊的数据常量——地址。当指针未被赋值时，它不指向任何内存地址。只有当指针被赋予有效的物理地址时，才可以说指针指向一块内存。

（3）数组名是一种指针类型吗？

解答：不是。数组名是一组连续内存空间的首地址，它是一个地址常量。通常来讲，指针是一种变量，其值可以改变。例如：

```
int  a[5];
int  p = a;
```

执行 p++合法，而执行 a++不合法。

（4）NULL 可以赋给普通指针么？

解答：不可以。C 语言中，NULL 是标准库文件中定义的宏，定义为#define NULL ((void *)0)，它所指的是 void 类型的指针常量 0，因此 NULL 只能赋给指针类型。

（5）若形参的类型为 int 型指针，实参可以是非 int 型的指针吗？

解答：可以。C 语言规定，任何类型的指针都用于存储 4 字节内存地址。因此，当使用 int 型指针变量作指针时，可以使用任何类型的指针作实参将内存地址传给形参。

（6）int 型指针可以指向字符串常量吗？

解答：可以。任何指针都是存储某内存位置的地址。字符串常量在系统中被存放在一块叫栈的内存区域，其首地址可以由某数组名指定，也可以赋给某指针变量。因此，int 型指针也可以指向字符串常量，但这种方法会很容易导致指针溢出操作。

（7）二维数组比一维数组占的内存空间多吗？

解答：不确定。数组在内存中是连续存放的，它在内存中占多少字节空间由数组的维数决定。例如：

```
int  a[10];
int  b[2][3];
```

则数组 a 占 10*4 个字节的内存空间。而数组 b 占 2*3*4 个字节的内存空间，因此，一维数组 a 所占的内存空间更大。

（8）main 函数参数名是关键字，其他函数不能使用这个参数名吗？

解答：不是。main 函数参数 argc 和 argv 是两个习惯的函数参数名。也可以将参数名换成 arc 或 arv 等任何符合用户自定义标识符的名字。

（9） malloc 函数分配的内存空间可以被任何指针类型引用指向其首地址吗？

解答：是。malloc 函数在 C 语言系统中是以 void 类型输出被分配的内存空间首地址。因此，该类型可以被赋给任何有效数据类型。不同的是，C 语言规定，malloc 分配的字节，在赋给某变量前，要将首地址转换为要使用的变量。

（10） 使用 malloc 函数分配内存空间后，必须使用 free 函数释放内存空间吗？

解答：是的。malloc 分配的内存空间被放在一段叫堆的内存空间。这部分内存是供用户编写程序时分配的，若程序没有释放，这段内存将一直保存。因此，一定要使用 free 函数将已分配的内存释放掉。

9.8.2 上机题

（1） 请编写一个函数 fun，它的功能是：比较两个字符串的长度（不得调用 C 语言提供的求字符串长度的函数），函数返回较长的字符串。若两个字符串长度相同，则返回第一个字符串。

（2） 求除 1 到 m 之内（含 m）能被 7 或 11 整除的所有整数，并将这些数放在数组 a 中，通过 n 返回这些数的个数。

（3） 有一个指针，指向某字符串常量，试编写程序，验证该字符串常量有多大。

（4） 试编写程序，利用指针运算，将字符串 str1 的内容赋给字符串 str2（程序中不得使用字符串处理函数）。

（5） 试编写一个函数 changevalue()，在主函数中输入两个数的值，在子函数中交换两个数的值。

（6） 有一段话，存储于字符数组中，试编写程序，将这段话中遇到第一个 H 值就将后面的字符串打印出来。

（7） 定义一个指针，使其指向二维数组。通过指针读写该二维数组的每一个元素值。

（8） 分配 100 个字节的空间，使用 for 循环依次对每个 int 型数据赋值，并计算各数值的和。

（9） 使用 malloc 分配一定内存空间，在 free 前后分别使用读写控制命令管理内存空间。

（10） 使用 malloc 分配一段长度为 30 字节的内存空间，将该空间的首地址赋给某变量，在子函数中输入这些内存的数据，然后输出这些数据中不能被 3 整除的数据。

第10章 结构体与共用体

结构体和共用体是 C 语言复合数据结构的主要表现方式。结构体可以将整型、字符型等基本数据类型封装成一个数据集合，也可以将数组、指针等复合数据类型封装成数据集合，用以存储复杂的数据类型。此外，结构体和共用体是 C 语言向高级语言演进的重要数据结构体类型，是面向对象数据结构的 C 语言表达形式，也是 C 语言中典型的构造类型。

本章学习重点：

- 结构体的定义
- 结构体变量的使用
- 结构体指针的定义和使用
- 结构体的内存结构
- 结构体指针作函数参数的使用
- 共用体的定义
- 共用体的内存结构

10.1 结构体的定义

在实际应用中，只有 int，float，char 等这些基本数据类型无法满足程序设计的需求，有时需要用不同的数据类型组合成一个有机的整体来使用。例如，存储一个学生的学籍信息，最重要的信息有学号、姓名、性别、年龄、院系等。这些数据有些需要使用 int 类型，有些需要使用数组，有些则需要使用指针类型来存储，为了能够将这些元素放在一起使用，C 语言利用结构体将这些基本数据类型和复合数据类型封装起来，构造出一种更为复杂的数据类型——结构体。

结构体（struct）是由一系列相同或不同的数据类型构成的数据结构，也简称为结构。C语言中，可以按照程序设计需求定义结构体类型，将多个相关的变量封装起来，成为一个有机的整体，这样的结构就是结构体。

例如，要存储一个班级的信息，包括班号、男生人数、女生人数和班主任姓名等，可以将这些信息封装成下面的格式：

```
{
    班号
    班主任姓名
    男生人数
    女生人数
}
```

然而这样的封装并不能被 C 语言识别，为了使这样的封装结构能够在程序中使用，C 语言规定了使用结构体封装其他数据类型的方式，并且可以对这些封装命名。结构体使用 struct 来定义其类型，例如，上述班级信息使用结构体定义为：

```
struct  ClassInfo
{
    int   ClassNumber;                    //成员1，定义班号
    char  ClassAdministratorName[30];     //成员2，定义班主任姓名
    int   MaleNumber;                     //成员3，定义男生人数
    int   FamaleNumber;                   //成员4，定义女生人数
};
```

这样，就定义了 C 语言可以使用的、可以存储班级信息的结构体，名为 ClassInfo。

C 语言中，结构体定义的一般形式为：

```
struct  结构体名
{
    成员表列;
};
```

其中，"结构体名"属于用户自定义标识符，应遵循用户自定义标识符的命名规则。"成员表列"可以是任何基本数据类型，也可以是数组或指针等复合数据类型，另外，也可以是其他的结构体或共用体类型。注意，大括号后应加分号。成员的一般表达形式为：

```
类型说明符   成员名;
```

其中成员名属于用户自定义标识符，同样遵循用户自定义标识符的命名规则。

范例 10.1   PeopleIDcardInfo.c 身份证上通常包括身份证持有人的姓名、性别、出生日期、籍贯等，使用 C 语言表示时，这些信息的格式各不相同。设计一个结构体，存储身份证信息。

PeopleIDcardInfo.c

（资源文件夹\chat10\ PeopleIDcardInfo.c）

```
01   #include <stdio.h>
02   void main()
03   {
```

```
04      struct   PeopleIDcardInfo            //结构体定义
05      {
06          char name[30];                   //成员1：姓名
07          char sex[10];                    //成员2：性别
08          unsigned int birth_year;         //成员3：出生年
09          unsigned int birth_month;        //成员4：出生月
10          unsigned int birth_day;          //成员5：出生日
11          char FamilyAddr[100];            //成员6：籍贯
12      };
13      }
```

定义结构体名位 PeopleIDcardInfo 的结构体，结构体成员包括姓名、性别等信息

程序第 4 行到第 12 行定义了结构体 PeopleIDcardInfo，成员表列一定要使用大括号封装起来。在第 12 行大括号后应添加分号。

 结构体是一种构造数据类型，并不是 C 语言表达式或语句，因此，不能在结构体中定义函数或语句等 C 语言逻辑功能的结构。

10.2　结构体变量

结构体是一种构造数据类型，C 语言使用结构体变量来对结构体成员进行引用。结构体变量的定义方式不同于基本数据类型的定义方式，它需要先定义结构体类型，然后定义结构体变量，或者定义结构体类型的同时定义结构体变量。

10.2.1　结构体变量的定义

结构体变量有两种定义形式，一种是定义结构体类型时定义结构体变量，另一种是先定义结构体类型，然后定义结构体变量。

结构体变量的一般定义形式为：

```
struct   结构体名
{
    成员表列;
}变量名1, 变量名2, …;
```

或者省略结构体名，直接定义结构体变量：

```
struct
{
    成员表列;
}变量名1, 变量名2, …;
```

另外，也可以先定义结构体类型，再定义结构体变量：

```
struct   结构体名
{
    成员表列
```

```
};
struct  结构体名  变量名1，变量名2，…;
```

例如，记录某次数学考试时学生张三的成绩，可以使用下面的结构体：

```
struct  MathScore
{
    char    name[30];           //成员1，定义姓名，char 型数组 name
    char    sex[10];            //成员2，定义性别，char 型数组 sex
    float   score;              //成员3，定义分数，float 型变量 score
};
struct  MathScore   Zhangsan;   //定义结构体变量 Zhangsan
```

10.2.2 结构体变量的初始化

与普通变量类似，结构体变量在引用前应先赋值。与数组的初始化类似，结构体变量的初始化可以在定义时执行，也可以在定义之后索引每个结构体成员执行。

1. 结构体变量定义赋初值

结构体变量可以在定义时赋初值，例如：

```
01  struct  MathScore
02  {
03      char    name[30];
04      char    sex[10];
05      float   score;
06  }Student1 = {"Zhangsan", "Male", 92};
```

上述程序代码定义了结构体类型 MathScore，同时定义了该类型的变量 Student1，并赋初值，将字符串"Zhangsan"赋给成员 name，将"Male"赋给成员 sex，将数字 92 赋给成员 score。一定注意，赋值时各成员的值应一一对应，例如若代码第 6 行改为：

```
}Student = {"Male", "Zhangsan", 92};
```

则程序将字符串"Male"赋给成员 name，将字符串"Zhangsan"赋给成员 sex，将数字 92 赋给成员 score。

2. 结构体变量成员赋初值

结构体变量定义后，不能使用一次赋值的方式对结构体变量的各个成员赋值，只能对每个成员单独赋值。此时需要使用结构体成员引用运算符"."，即通过点号索引结构体变量下面的各个成员。例如：

```
01  struct  MathScore
02  {
03      char    name[30];
04      char    sex[10];
05      float   score;
06  }Student1;
07  Student1.name = "Zhangsan";     //对结构体变量 Student1 的成员 name 赋初值
08  Student1.sex = ."Male";         //对结构体变量 Student1 的成员 sex 赋初值
09  Student1.score = 92;            //对结构体变量 Student1 的成员 score 赋初值
```

一定注意，不能使用如"Student1={"Zhangsan", "Male", 92};"的方式对变量 Student1 的各成员赋值。

3. 结构体变量间的赋值

若定义两个类型完全相同的结构体变量，当其中一个变量赋初值后，可以将已赋值的变量整体赋值给另一个变量。例如：

```
01  struct   MathScore
02  {
03      char   name[30];        //成员 1，定义姓名，char 型数组 name
04      char   sex[10];         //成员 2，定义性别，char 型数组 sex
05      float  score;           //成员 3，定义分数，float 型变量 score
06  }Student1 = {"Zhangsan", "Male", 92},  StudentCopy;
```

这里定义了两个 MathScore 类型的结构体变量 Student1 和 StudentCopy，可以执行如下定义：

```
StudentCopy = Student1;
```

但当两个结构体变量类型不一致时，不能使用这种变量赋值的操作方式。

10.2.3 结构体变量的引用

结构体定义以后，在程序中通常不能将结构体作为整体来操作，而只能通过引用结构体的各个成员来实现对结构体的使用。C 语言中，结构体变量定义以后可以通过结构体成员引用运算符"."索引结构体内所有的成员。

例如，某结构体 IDcard 中含有 name、sex 和 Tel 等成员。若定义了该结构体类型的变量：

```
struct   IDcard   YanSl,   Zhangyc;
```

则这两个结构体变量可以通过结构体成员引用运算符来引用每个成员：

```
YanSl.name = "Yan Shulei";      //为 YanSl 变量成员 name 赋值
YanSl.sex = "Male"              //为 YanSl 变量成员 sex 赋值
Zhangyc.Tel = 123456;           //为 Zhangyc 变量成员 Tel 赋值
```

范例 10.2

BookInfo.c

BookInfo.c 书店管理图书时需要将每本图书的信息输入到书库中，包括书名、定价和作者等。设计一个结构体，将一本名为 C language Study 的书的信息存储为结构体，作者为 Ward.Harfman，定价为 80.65 元。

（资源文件夹\chat10\ BookInfo.c）

```
01  #include <stdio.h>
02  struct   BookInfo
03  {                           定义简单的书籍信息结构
04      char Name[30];          体，包括书名、作者和定价
05      char Author[20];        三个成员
06      float PublishedPrice;
07  };
08  void main()
```

```
09  {
10      struct BookInfo C_language_Study;//定义书籍结构体变量,用以存储书籍信息
11      printf("输入书籍信息:\n");
12      printf("书名: ");
13      scanf("%s",C_language_Study.Name);
14      printf("作者: ");
15      scanf("%s",C_language_Study.Author);
16      printf("定价: ");
17      scanf("%f",&C_language_Study.PublishedPrice);
18      printf("输出书籍信息:\n");
19      printf("书名:      %s\n",C_language_Study.Name);
20      printf("作者:      %s\n",C_language_Study.Author);
21      printf("定价:      %f\n",C_language_Study.PublishedPrice);
22  }
```

> 输入书籍信息,使用结构体引用运算符引用结构体的三个成员:书名、作者和定价

> 输出书籍信息

程序第2行到第7行定义了全局的结构体类型BookInfo,由于定义的结构体放在了main()函数体外,因此,各程序模块和子函数都可以定义类型为BookInfo的结构体变量。

程序第13行及第15行引用结构体成员Name和Author,用于输入书籍的书名和作者。

程序第17行用于输入书籍的定价。

程序运行后输入:

```
输入书籍信息:
书名: C_language_Study
作者: Ward.Harfman
定价: 80.65
```

程序输出结果为:

```
Output Book Info:
书名:      C_language_Study
作者:      Ward.Harfman
定价:      80.650002
```

结构体变量的成员输入数值时,需要注意成员的数据类型。例如,上述程序第13行,由于结构体成员Name为char型数组名,因此输入格式控制用%s表示,且结构体成员引用时不需要添加地址符&。第17行输入结构体成员PublishedPrice的数值,为float型,因此使用%f作为输入格式。注意:输入字符串时不要使用空格,例如"C_language_Study"不能写成" C language Study",这样在输出时使用%s格式字符串将不能完全输出。

10.2.4 结构体数组

C语言中,结构体主要用于存储和处理具有相同数据结构的批量数据,仅使用一个结构体变量无法满足实际要求。例如,一个班内有30名学生,要存储这个班内所有学生的信息,若使用定义结构体变量的方法,需要定义30个结构体变量来存储,这将使程序编写异常复杂,为了使存储信息能够方便地表达和处理,C语言提供了结构体数组。

1. 结构体数组的定义

和结构体变量类似,结构体数组可以在结构体类型定义时定义,也可以在结构体类型定义后单独定义。

例如,范例 10.2 中书籍的信息,可以再添加几个成员如出版社、ISDN 号及书籍类型等。定义如下:

```
01    struct   BookInfo
02    {
03        char    Name[30];
04        char    Author[20];
05        float   PublishedPrice;
06        char    Publisher[30];
07        float   ISDN;
08        char    Category[30];
09    }Book[100];
```

第 9 行表示定义了共有 100 个元素的结构体数组,这 100 个元素都可以作为一个结构体变量使用,其中数组下标可以作为书的编号,比如要打印第 10 本书的书名,则可以使用如下语句:

```
printf("Number %d book's name: %s\n", 10, Book[9].Name);
```

也可以单独定义结构体数组,例如,上述结构体类型定义后,可以定义结构体数组如下:

```
struct  BookInfo  ComputerBook[20];
```

2. 结构体数组赋初值

结构体数组可以在定义时赋初值,例如,存储 5 个学生的某次数学成绩,可以使用下面的定义:

```
01    struct   Stu_math_Score
02    {
03        char    Name[30];
04        char    Sex;
05        int     StuNo;
06        float   Score;
07    }StuInfo[5] = {           //定义结构体数组
08                  {"Zhangsan", 'M', 1001, 86.5},
09                  {"Lijuan"  , 'F',  1002, 95},
10                  {"Wangjun", 'M',   1003, 88.5},
11                  {"Wangyi", 'F',    1004, 92},
12                  {"Chenli", 'F',    1005, 94.5}
13                  };
```

上述定义中第 7 行定义了含有 5 个元素的结构体数组 StuInfo,第 8 行到第 12 行对数组 StuInfo 的各个元素进行了赋值。

也可以在定义结构体数组之后通过引用结构体各成员进行赋值,引用方式与普通结构体变量相同。

实训10.1——身份证信息录入

每个人都有自己的身份证，身份证信息记录了个人基本的社会信息，包括姓名、性别、民族、出生日期、住址和身份证号码。设计一个数据库，存储20个人的身份证信息。并输出所有男性的身份信息。

（1）需求分析。

分析目标需求，程序中需要做到如下几条关键模块。

需求1，设计一个结构体类型，用于存储身份证信息。

需求2，输入20个人的身份信息，并输出男性信息。

（2）技术应用。

根据C语言标准以及开发平台版本，完善各个需求模块。

对于需求1，定义结构体IdentificationCard，成员变量有Name、Sex、Nationality、Birth_year、Birth_month、Birth_day、Addr和IDNo等，根据不同成员的功能设置为不同的数据类型。例如设置Sex为char型的数组。

对于需求2，定义结构体类型为IdentificationCard的结构体数组PeopleInfo[20]，用于存储20个人的身份信息。设计子函数void OutputMale(struct IdentificationCard PeopleInfoType[20])，输出男性的信息。

通过上述分析，写出完整的程序如下。

文件	功能
PeopleIDInfo.c	① 定义结构体IdentificationCard以及结构体数组PeopleInfo[20]，存储20个人的个人身份信息 ② 输入20个人的个人身份信息，输出男性的信息

程序清单10.1：PeopleIDInfo.c

```
01    #include <stdio.h>
02    struct   IdentificationCard
03    {
04        char Name[30];
05        char Sex[10];
06        char Nationality[20];
07        unsigned int Birth_year;
08        unsigned int Birth_month;
09        unsigned int Birth_day;
10        char Addr[80];
11        char IDNo[20];
12    };
13    void OutputMale(struct IdentificationCard PeopleInfoType[20])          //定义子函数
14    {
15        int i=0;
16        printf("开始处理函数 OutputMale()\n");
```

定义用于表示身份信息的结构体IdentificationCard。定义该类型为全局类型，以方便各模块使用

```
17          for(i=0;i<20;i++)
18          {
19              if('M' == PeopleInfoType[i].Sex[0] || 'm' == PeopleInfoType[i].Sex[0] )
20              {
21                  printf("人员编号 %d 姓名: %s\n", i+1, PeopleInfoType[i].Name);
22                  printf("人员编号 %d 性别: %s\n", i+1, PeopleInfoType[i].Sex);
23                  printf("人员编号 %d 民族: %s\n",
24                          i+1, PeopleInfoType[i].Nationality);
25                  printf("人员编号 %d 生日: %d", i+1, PeopleInfoType[i].Birth_year);
26                  printf("  %d", PeopleInfoType[i].Birth_month);
27                  printf("  %d\n", PeopleInfoType[i].Birth_day);
28                  printf("人员编号 %d 住址: %s\n", i+1, PeopleInfoType[i].Addr);
29                  printf("人员编号 %d 身份证号: %s\n", i+1, PeopleInfoType[i].IDNo);
30              }
31              else
32              {
33                  continue;
34              }
35          }
36      }
37      void main()
38      {
39          int   i=0;
40          struct IdentificationCard PeopleInfo[20];    //定义结构体数组存储人员信息
41          printf("输入人员信息:\n");
42          for(i=0;i<20;i++)
43          {
44              printf("人员编号 %d 姓名:", i+1);
45              scanf("%s",PeopleInfo[i].Name);
46              printf("人员编号 %d 性别:", i+1);
47              scanf("%s",&PeopleInfo[i].Sex);
48              printf("人员编号%d 民族: ", i+1);
49              scanf("%s",PeopleInfo[i].Nationality);
50              printf("人员编号%d 生日_年: ", i+1);
51              scanf("%d",&PeopleInfo[i].Birth_year);
52              printf("人员编号%d 生日_月: ", i+1);
53              scanf("%d",&PeopleInfo[i].Birth_month);
54              printf("人员编号%d 生日_日: ", i+1);
55              scanf("%d",&PeopleInfo[i].Birth_day);
56              printf("人员编号%d 住址: ", i+1);
57              scanf("%s",PeopleInfo[i].Addr);
58              printf("人员编号%d 身份证号: ", i+1);
59              scanf("%s",PeopleInfo[i].IDNo);
60          }
61          OutputMale(PeopleInfo);                      //调用子函数实现男性信息输出
62      }
```

程序第 2 行到第 12 行定义了结构体类型 IdentificationCard，作为身份信息数据库的模版。程序第 40 行定义了 IdentificationCard 类型的结构体数组 PeopleInfo[20]，作为数据库用于存储 20 个人的个人身份信息。程序第 42 行到第 60 行使用 for 循环录入 20 个人的信息。程序运行时输入人员身份信息：

```
输入人员信息：
人员编号 1 姓名: ZhangSan
人员编号 1 性别: Male
人员编号 1 民族: Han
人员编号 1 生日_年: 1985
人员编号 1 生日_月: 9
人员编号 1 生日_日: 9
人员编号 1 住址: Shangdong_Qingdao
人员编号 1 身份证号: 320001198509090001
人员编号 2 姓名: LiPing
  :
开始处理函数 OutputMale()
人员编号 1 姓名: ZhangSan
人员编号 1 性别: Male
人员编号 1 民族: Han
人员编号 1 生日: 1985  9  9
人员编号 1 住址: Shangdong_Qingdao
人员编号 1 身份证号: 320001198509090001
  :
```

本实训通过调用子函数 OutputMale()实现了对性别的判断，并在子函数中执行人员身份信息的输出，使用结构体数组名作函数形参和实参在实际应用中非常广泛，后续章节将做详细讨论。

实训中实现了输出数据库中男性的身份信息，修改程序，输出 20 个人中女性的身份信息。提示，可以修改程序第 20 行的 if 语句来区分身份性别信息。

另外，程序没有对入参做检查，在实际程序设计中，要设计输入参数的越界检查，例如对性别的输入，应仅限于输入 Male 或 Female，或者输入 M、m 或者 F、f。若输入其他字符或字符串，则以错误处理，重新输入或退出输入编写程序，实现对输入参数的检查，当输入不正确时，重新输入。

实训中的程序没有对输入人员个数做检查，每次运行程序都要完整输入 20 个人的信息，因此运行程序时一定注意不要输入错误。

10.2.5 结构体的嵌套

有时为了更详细地表述结构体中的某个成员，需要使用结构体的嵌套定义，结构体的嵌套是指结构体的某个或某些成员也是结构体变量，这样的结构就称为结构体的嵌套。

1. 结构体嵌套的定义

结构体嵌套的定义类似于函数的嵌套，应先将内层的结构体定义在前面。例如，在做个人身份信息的定义时，需要定义人员的出生日期，为了详细地表示人员的出生年月日，可以定义结构体 BirthDay：

```
01    struct   BirthDay                  //定义出生日期结构体 BrithDay
02    {
03        unsigned int    year;          //定义成员变量 year，表示年份
04        unsigned int    month;         //定义成员变量 month，表示月份
05        unsigned int    day;           //定义成员变量 day，表示日期
06    };
```

对出生年月日做了结构体定义后，可以将其作为一个成员放在人员身份信息的结构体中：

```
01    struct   IdentificationCard
02    {
03        char Name[30];
04        char Sex[10];
05        char Nationality[20];
06        struct   BrithDay    Birth;     //定义结构体成员 Birth
07        char Addr[80];
08        char IDNo[20];
09    }Zhangsan;
```

定义人员身份信息结构体 IdentificationCard，其中成员 Birth 以结构体类型 BrithDay 表示

2. 结构体嵌套的变量引用

结构体嵌套定义之后，可以使用结构体引用运算符进行两次或多次引用。例如，上述代码第 9 行同时定义了结构体变量 Zhangsan，该变量的 Birth 成员可以这样引用：

```
Zhangsan.Birth.year = 1984;              //引用成员 year
Zhangsan.Birth.month = 11;               //引用成员 month
Zhangsan.Birth.day = 23                  //引用成员 day
```

提示　　结构体嵌套的层数没有严格限制，可以嵌套一层，也可以嵌套多层。在实际应用中，当处理较复杂的数据结构时，往往需要定义嵌套多层的结构体构成数据库来存储要处理的数据。

10.3　结构体指针

C 语言中，可以定义结构体变量，也可以定义结构体类型的指针。当指针变量指向一个结构体变量时，就将这个指针变量称为结构体指针变量，简称结构体指针，此时，结构体指针变量的值是它所指向的结构体变量的首地址。此外，结构体指针也常用于建立链表，用于作链表的连接端点。

10.3.1 结构体指针的定义

和普通指针变量类似，结构体指针的定义也使用"*"作为指针定义的运算符，其一般表达形式为：

> struct 结构体类型名 *结构体指针变量名

其中，"结构体类型名"为已定义过的结构体，如范例10.2中定义的结构体BookInfo，"结构体指针变量名"属于用户自定义标识符，命名规则遵循用户自定义标识符的命名规则。例如，根据范例10.2中的结构体BookInfo，可以定义下面的结构体指针：

> struct BookInfo *pC_language_Study;

假如要使该结构体指针指向某个结构体变量，可以使用下面的赋值语句：

> pC_language_Study = &C_language_Study;

另外，和定义结构体变量类似，在定义结构体类型时也可以定义结构体指针。例如，要保存一个人的体检结果，可以定义如下结构体类型、结构体变量和结构体指针：

```
01    struct   PhysicalExamInfo
02    {
03        char    Name[30];         //定义成员变量Name，表示姓名
04        float   Height;           //定义成员变量Height，表示身高
05        float   Weight;           //定义成员变量Weight，表示体重
06        float   BloodPressure;    //定义成员变量BloodPressure，表示血压
07        float   Eyesight;         //定义成员变量Eyesight，表示视力
08    }Stu1, Stu2, *pStu;           //定义结构体变量Stu1, Stu2和结构体指针pStu
09    struct   PhysicalExamInfo   pStu = &Stu1;   //使结构体指针pStu指向结构体变量Stu1
```

一定区分清结构体类型名和结构体变量名的区别，结构体类型名用于指示结构体模版，如上面定义的PhysicalExamInfo，而结构体变量是定义某个结构体实体，用于表示实际的信息。不能试图将结构体指针指向结构体类型，例如：

> pStu = & PhysicalExamInfo

10.3.2 结构体指针引用结构体成员

使用结构体指针可以引用它所指的结构体变量的每一个成员。和结构体变量引用结构体成员不同，结构体指针引用各个成员时使用->运算符，C语言中，该运算符由减号和右尖括号组合而成。

例如，10.3.1节中定义的结构体指针pStu可以使用下面的方法引用结构体变量Stu1的各成员变量：

> pStu->Height = 185;   //使用结构体指针引用Stu1的成员Height，并赋值185
> pStu->Weight = 72;   //使用结构体指针引用Stu1的成员Weight，并赋值72
> printf("Name: %s\n", pStu->Name); //输出结构体变量Stu1的成员Name

范例 10.3

StuSchoolInfo.c

StuSchoolInfo.c 设计一个结构体,存储某个学生的主要学籍信息,包括姓名、性别、班号和学号等,使用结构体指针实现对结构体变量成员的输入和输出。
(资源文件夹\chat10\ StuSchoolInfo.c)

```
01    #include <stdio.h>
02    struct   StudentInfo
03    {
04        char Name[30];
05        char Sex[10];
06        unsigned int ClassNo;
07        char StudentID[15];
08    };
09    void main()
10    {
11        int   i=0;
12        struct StudentInfo Yansl, *pStu;    //定义结构体变量 Yansl 和结构体指针 pStu
13        pStu = &Yansl;                       //使指针 pStu 指向结构体变量 Yansl
14        printf("输入学生学籍信息:\n");
15        printf("学生姓名: ");
16        scanf("%s",Yansl.Name);
17        printf("学生性别: ");
18        scanf("%s",Yansl.Sex);
19        printf("学生班号: ");
20        scanf("%d",&Yansl.ClassNo);
21        printf("学生学号: ");
22        scanf("%s",Yansl.StudentID);
23        printf("使用指针输出学生学籍信息\n");
24        printf("学生姓名: %s\n", pStu->Name);
25        printf("学生性别: %s\n",pStu->Sex);
26        printf("学生班号: %d\n",pStu->ClassNo);
27        printf("学生学号: %s\n",pStu->StudentID);
28    }
```

第 04~07 行:定义存储学籍的结构体,包括姓名、性别、班号、学号。班号使用无符号整型表示

第 15~22 行:输入结构体变量 Yansl 的各个成员值,其中用于表示班号的成员 ClassNo 使用格式%d 输入,并且要加取地址符&

第 24~27 行:使用结构体指针 pStu 输出结构体变量 Yansl 的各个成员值

程序第 2 行到第 8 行定义了全局的结构体类型 StudentInfo,其中成员 ClassNo 被定义为 unsigned int 类型,程序第 13 行将定义的结构体指针 pStu 指向结构体变量 Yansl。程序第 16 行、第 18 行、第 20 行和 22 行输入 Yansl 的各个成员值,其中第 20 行输入成员 ClassNo 的值,由于该成员为 unsigned int 型变量,因此需要加&运算符索引该成员的地址。程序第 24 行到第 27 行使用结构体指针 pStu 输出结构体变量 Yansl 的各成员值。程序运行时依次输入姓名、性别、班号和学号之后,按 Enter 键,输出结果为:

```
输入学生学籍信息:
学生姓名:YanShulei
学生性别: Male
学生班号: 100203
学生学号: 201002030098
使用指针输出学生学籍信息
学生姓名:YanShulei
学生性别: Male
学生班号: 100203
学生学号: 201002030098
```

10.3.3 指向结构体数组的结构体指针

结构体指针可以指向一个已定义的结构体数组,也可以指向结构体数组的首地址,还可以指向结构体数组的某个元素地址,可以通过结构体指针值的递增和递减来改变其所指的元素,例如,定义了一个通信录结构体:

```
01   struct   AddrBook
02   {
03        char    Name[30];
04        char    MobilePhone[20];
05        char    Addr[50];
06        unsigned int ZipCode;
07   };
08   struct   AddrBook   Friends[20], Family[30], SchoolMates[30];
09   struct   AddrBook   *pAddrBook;
```

第 03~07 行:定义结构体类型 AddrBook,作为通信录模版

上述代码中第 8 行定义了三个 AddrBook 类型的结构体数组 Friends、Family 和 SchoolMates,维数分别为 20、30 和 30。

可以使用下面的代码通过指针 pAddrBook 索引各个结构体数组元素的成员:

```
01   pAddrBook = Friends;                    //将 pAddrBook 指向结构体数组 Friends 首地址
02   scanf("%s", pAddrBook->Name);
03   scanf("%s", pAddrBook->MobilePhone);
04   scanf("%s", pAddrBook->Addr);
05   scanf("%u", pAddrBook->ZipCode);
06   pAddrBook++;                            //使指针 pAddrBook 指向第二个结构体数组元素
07   scanf("%s", pAddrBook->MobilePhone);
     ⋮
mn   pAddrBook = &Family[10];                //使指针 pAddrBook 指向结构体数组 Family 的第 11 个元素
mn+1 scanf("%s", pAddrBook->Name);
     ⋮
```

第 02~05 行:输入第一个结构体数组元素的各个成员值
第 07 行:输入第二个结构体数组元素的各个成员值

程序第 1 行使结构体指针 pAddrBook 指向结构体数组 Friends 的首地址,即第一个元素地址,用以输入该数组各成员值。当第一个元素输入完毕后,程序第 6 行执行指针自增运算,指向数组 Friends 的第二个元素,用以输入第二个元素的各成员值。程序第 mn 行使指针 pAddrBook 指向数组 Family 的第 11 个元素。

结构体指针的递增和递减是将该指针指向下一个结构体存储首地址,并不是指向下一个成员变量,例如,pAddrBook = &SchoolMates[2]后,执行pAddrBook++,指针 pAddrBook 将指向结构体数组 SchoolMates 的第 4 个元素地址,即元素 SchoolMates[3]的地址。

10.4 结构体变量的内存分配

由于结构体类型是构造类型,其内部各个成员可以是各种数据类型结构,因此,结构体

变量或结构体数组在内存中的存储结构也和普通数据类型不同。与普通数据类型相比，结构体在内存中的逻辑结构更复杂，占用内存也更多。

10.4.1 动态分配结构体内存

在第 9 章曾经介绍过使用 malloc 函数动态分配内存，并将分配的内存块首地址赋给某类型的指针。同样，也可以使用 malloc 函数分配结构体类型的内存区域，并将内存块首地址赋给某结构体指针。分配内存空间可以使用 malloc 函数，也可以使用另一个内存分配库函数 calloc。

1. malloc分配动态内存

使用 malloc 函数分配结构体类型的动态内存空间，可以借助 sizeof 运算符计算结构体的内存字节数，然后按需要分配内存块。例如，设计一个简单的机动车驾驶证模版，包括注册号（RegisterCode）、车种（Sedan）、持有人（Owner）和引擎号（EngineCode）等，可以使用下面的结构体：

```
01    struct  TheLicenseOfMotorVehiclesOfPRC        //定义中华人民共和国机动车驾驶证模版
02    {
03        char  RegisterCode[20];
04        char  Type[20];
05        char  Owner[30];
06        char  EngineCode[20];
07    };
```

定义结构体类型后，可以使用 sizeof 运算符获取该结构体类型所占的内存字节大小，表达方式为：

```
int   i = 0;
i = sizeof(struct   TheLicenseOfMotorVehiclesOfPRC);
```

上述两条语句表示计算结构体类型 TheLicenseOfMotorVehiclesOfPRC 在内存中的字节大小，并将结果赋给 int 型变量 i。

使用 malloc 函数可以分配需要的内存空间，表达方式为：

```
struct  TheLicenseOfMotorVehiclesOfPRC  *pMotorVehicles;
pMotorVehicles = (struct   TheLicenseOfMotorVehiclesOfPRC *)malloc(i * 100);
```

上述第 1 行代码表示定义了一个 TheLicenseOfMotorVehiclesOfPRC 结构体类型的指针变量 pMotorVehicles，第 2 行代码表示分配了 100 个结构体类型的连续内存区域。

由于 malloc 函数返回指针类型为 void 型，在调用该函数时应对返回类型做强制类型转换，因此需要在 malloc 函数名前加强制类型转换(struct TheLicenseOfMotorVehiclesOfPRC *)。

使用 malloc 函数分配内存空间后，可以通过指针值的调整控制索引内存区域的位置。需要注意的是，应该设置一个指针变量用于指向分配内存区域首地址，否则被分配区域将因为找不到内存首地址而无法被释放。

范例 10.4

CarInfo.c

CarInfo.c 汽车销售系统中通常有一个简单的汽车搜索界面,包括车型、车名、车牌号、排量和价格等。设计一个简单的结构体模版,用于汽车销售系统的搜索界面数据库。动态分配一定的内存空间,存储已有的各种类型的汽车信息。

(资源文件夹\chat10\ CarInfo.c)

```
01  #include <stdio.h>
02  #include <stdlib.h>                              //头文件包含 stdlib.h
03  struct   CarInfo
04  {
05       float    Displacement;
06       float    Price;
07       char     Type[20];
08       char     CarName[30];
09       char     RegisterCode[30];
10  };
11  void main()
12  {
13       unsigned int   i=0, j=0;
14       struct   CarInfo  *pCarInfo, *pCarInfoCopy;  //定义两个结构体指针
15       i = sizeof(struct CarInfo);                  //获取结构体类型的内存字节大小
16       printf("结构体 CarInfo 占的字节数为:  %u\n", i);
17       pCarInfo = (struct  CarInfo *)malloc(i * 100);  //分配 100 个 CarInfo 结构体类型内存区域
18       pCarInfoCopy = pCarInfo;                     //记录内存区域首地址
19       printf("开始输入汽车信息: \n");
20       for(j=0;j<50;j++)
21       {
22            printf("No. %u 车名: ",j+1);
23            scanf("%s", pCarInfo->CarName);
24            printf("No. %u 车型: ",j+1);
25            scanf("%s", pCarInfo->Type);
26            printf("No. %u 车牌号: ",j+1);
27            scanf("%s", pCarInfo->RegisterCode);
28            printf("No. %u 价位: ",j+1);
29            scanf("%f", &pCarInfo->Price);
30            printf("No. %u 排量: ",j+1);
31            scanf("%f", &pCarInfo->Displacement);
32            pCarInfo++;                             //下一个汽车录入内存区域
33       }
34       printf("Output all car's Info\n");
35       pCarInfo = pCarInfoCopy;
36       for(j=0;j<10;j++)
37       {
38            printf("No. %u car's 车名: %s\n",j+1, pCarInfo->CarName);
39            printf("No. %u car's 车型: %s\n",j+1, pCarInfo->Type);
40            printf("No. %u car's 车牌号: %s\n",j+1, pCarInfo->RegisterCode);
41            printf("No. %u car's 价位: %f\n",j+1, pCarInfo->Price);
42            printf("No. %u car's 排量: %f\n",j+1, pCarInfo->Displacement);
43            pCarInfo++;                             //下一个汽车销售信息
44       }
```

```
45            free(pCarInfoCopy);                              //释放动态分配的内存区域
46      }
```

程序第 14 行定义了两个 CarInfo 结构体类型的指针 pCarInfo 和 pCarInfoCopy，第一个指针用于索引动态分配的内存块的每一个区域，第二个指针用于记录动态分配内存块的首地址。程序第 15 行计算 CarInfo 结构体类型的内存字节大小，用于动态分配内存块。程序第 17 行分配了 100 个 CarInfo 结构体类型的连续内存区域，并将首地址赋给指针 pCarInfo。程序第 18 行将动态分配的内存块首地址转存给指针 pCarInfoCopy，用以保存分配的区域初始位置。

程序第 32 行跳到下一个 CarInfo 结构体类型内存位置继续输入汽车销售信息。第 35 行将动态内存区域首地址重新赋给 pCarInfo，以遍历前 10 个 CarInfo 结构体类型内存块。程序第 45 行使用 free 函数释放分配的内存区域。

运行程序，输入各结构体成员值，程序输出：

```
结构体 CarInfo 占的字节数为：  88
开始输入汽车信息：
No. 1 car's 车名: Nissan
No. 1 car's 车型: Sedan
No. 1 car's 车牌号: YK10001
No. 1 car's 价位: 36.5
No. 1 car's 排量: 2.0
No. 2 car's 车名: Vov
    ⋮
Output all car's Info
No. 1 car's 车名: Nissan
No. 1 car's 车型: Sedan
No. 1 car's 车牌号: YK10001
No. 1 car's 价位: 36.500000
No. 1 car's 排量: 2.000000
No. 2 car's Name: Vov
    ⋮
```

不能使用指针 pCarInfo 将已分配的内存区域释放，因为此时由于 for 循环内 pCarInfo 做自增运算，其所指的位置已经不是动态分配内存的首地址了，因此必须使用 pCarInfoCopy 释放动态分配的内存。

2. calloc 分配动态内存

calloc 函数也用于分配内存空间。其一般调用形式为：

（类型说明符 *）calloc（n,size）

其中类型说明符为强制类型转换，目的是将分配空间的首地址赋给特定类型的指针。calloc 函数使用两个参数表示分配的内存空间大小。

两个参数 n 和 size 的作用是在内存动态存储区中分配 n 块长度为 size 字节的连续存储区域，函数的返回值为该区域的首地址，（类型说明符*）用于强制类型转换。

例如，定义了通信录结构体模版和相对应的结构体指针：

```
01   struct    AddrBook
02   {
03          char    Name[30];
04          char    MobilePhone[20];
05          char    Addr[50];
06          unsigned int ZipCode;
07   };
08   struct    AddrBook   *pAddrBook;
```
定义结构体类型 AddrBook，作为通讯录模版

可以使用 calloc 函数分配 100 个 AddrBook 结构体类型的内存区域，并将该内存区域的首地址赋给指针 pAddrBook，执行方法为：

```
pAddrBook = (struct   AddrBook   *)calloc(100, sizeof(struct   AddrBook));
```

与 malloc 类似，调用 calloc 函数时应包含头文件 stdlib.h，并且在程序结束时应使用 free 函数释放已分配的动态内存区域。

calloc 函数与 malloc 函数的区别有两点：一点是 calloc 函数一次可以分配 n 块相同字节的区域；另一点是 calloc 函数在分配内存区域的同时会初始化这段内存区域为 0。

10.4.2 结构体在内存中的存储结构

结构体在内存中的存储结构和计算机系统有关，不同的计算机系统，结构体的存储结构也各不相同，影响结构体存储结构的主要因素是结构体的字节对齐。

所谓结构体的字节对齐，是指编译系统在处理结构体时需要通过寻址找到结构体内部各成员的位置。为了方便地索引不同的数据类型，编译系统都限制了各种类型数据在内存中的存放位置，32 位机系统中，要求这些数据的首地址是 4 的倍数，这就是内存地址字节对齐的原理。

1. 结构体首地址选择

结构体变量的首地址必须能够被其最宽的基本数据类型成员的大小所整除。程序编译时，系统首先确定结构体中最宽的基本数据类型的成员，并寻找内存地址能被该基本数据类型所整除的位置作为结构体的首地址。该数据成员前面的各成员内存地址都应能够被该数据类型长度所整除。

例如，定义如下结构体：

```
struct  Test1
{
        char   c;
        int    i;
};
struct  Test1   ForTest
```

运行语句：

```
printf("%d\n", sizeof(ForTest));
```

输出结果为 8，这是因为系统需要做字节对齐。结构体 Test1 最宽的成员为长度为 4 字节的 int 型变量 i，因此结构体变量 ForTest 的首地址要能够被 4 整除，而变量 i 的地址也要被 4 整除。为了满足这些需求，要在 char 型变量 c 和 int 型变量 i 之间加入填充字节，如图 10-1 所示为结构体 Test1 的内存结构示意图。

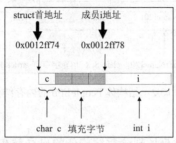

图 10-1 结构体 Test1 的内存结构

2. 结构体成员地址

结构体每个成员相对于结构体首地址的偏移量（offset）都是成员大小的整数倍，当结构体的成员结构不满足这一要求时将在成员之间加上填充字节。

3. 结构体总字节数

结构体的总字节数等于结构体最宽基本类型成员大小的整数倍，当不满足这一要求时，将在最后一个成员后面添加填充字节。

4. 嵌套结构体类型

当有嵌套结构体类型时，内部的嵌套结构体类型以其最大基本数据类型成员的大小为准。例如，定义一个人员基本信息的结构体：

```
01    struct  BirthDay
02    {
03        int    year;
04        short  month;
05        short  day;
06    };
07    struct  PeopleInfo
08    {
09        char  Name[20];
10        char  Sex;
11        struct  BirthDay  birth;
12    };
13    struct  PeopleInfo  Lihong;
```

上述定义执行语句：

printf("%d\n", sizeof(PeopleInfo));

输出结果为 32。上述定义中，由于 PeopleInfo 结构体类型中最大的成员宽度为 struct BirthDay birth，其长度按照内部最大的基本数据类型 int year 计算，为 4，因此 struct BirthDay birth 成员前面的所有成员地址应该能够被 4 整除。成员 Sex 后应该有 3 个填充字节，如图 10-2 所示为结构体类型 PeopleInfo 的内存结构示意图。

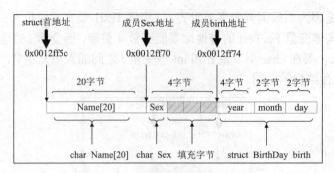

图 10-2　结构体 PeopleInfo 的内存结构

 　　对于不同的系统应区别分析结构体的内存结构，例如，16 位机和 64 位机都有不同的寻址规则，这些系统中的结构体内存结构也各不相同。

10.5　结构体指针作函数参数

结构体变量和结构体指针都可以作为函数参数进行传递，但使用结构体变量作函数传递时，需要传送结构体中的每个成员，当结构体成员比较多时，将给程序带来很大不便。可以使用结构体指针或结构体名实现结构体变量向子函数的传递，这样传递到子函数形参的仅仅是内存的地址，因此可以大大减少程序执行时时间和空间的开销。

10.5.1　结构体指针作函数参数的定义

结构体指针作函数参数时与普通指针作函数参数类似，可以将指针名作实参传递给形参，子函数定义时形参的类型应与传入的实参类型相同。

1. 结构体数组名作函数参数

当使用结构体数组名作函数参数时，形参可以使用结构体数组，也可以使用结构体指针类型。例如，定义结构体：

```
01  struct  Test
02  {
03      short   Input;
04      int     Output;
05  }ForTest[10];
```

可以定义下面的函数将结构体数组 ForTest 的首地址传入函数体：

```
void TestStr(struct Test VisualArray[10])   //使用结构体数组形参接收实参地址的传递
{
    函数体
}
```

可以通过下面的语句调用该子函数，并将结构体数组 ForTest 的首地址传递给形参：

第10章 结构体与共用体

TestStr (ForTest);

这样定义的缺点是形参 struct Test VisualArray[10]中数组名 VisualArray 不能作为指针使用，由于数组名是地址常量，因此不能对自身做算术运算。优点是可以通过形参数组常量表达式的大小，明确限定所要处理的实参传入内存块的大小。

2. 结构体变量作函数参数

在上述结构体 Test 定义的基础上，定义：

```
struct    Test   *pForTest;                              //定义结构体指针 pForTest
pForTest = (struct   Test *)malloc(100 * sizeof(struct   Test));    //分配 100 个 Test 结构体类型的内存
```

若定义子函数：

```
void   TestStr2(struct   Test   *pVisualTest)
{
      数体
}
```

此时可以调用子函数 TestStr2，并将动态分配的内存区域首地址传递给形参：

TestStr2 (pForTest);

动态分配的内存区域在程序结束时应该使用 free 函数释放，可以在分配内存的函数体内释放，也可以在被调函数体内释放，此时注意一定记录动态分配内存块的首地址。

10.5.2 结构体指针作函数参数的应用

实际程序设计中结构体指针作函数参数应用非常广泛，通常对数据库的遍历、计算等均可以通过结构体指针实现。

范例 10.5　CalcAverageAge.c　有一个工作小组，为更好地掌握小组中各成员的工作能力，需要统计该组人员中男性和女性的平均年龄。试设计一个子函数，实现这一功能，分别打印出男性和女性的平均年龄。（资源文件夹\chat10\ CalcAverageAge.c）

```
01    #include <stdio.h>
02    struct   PeopleInfo
03    {
04         char    *Name;              定义基本人员信息模版，
05         char    *Sex;               包括姓名、性别和年龄
06         unsigned short Age;
07    }people[6]={
08              {"Zhang yongchun", "Female", 23},
09              {"Yan shulei", "Male", 28},
10              {"Li hui", "Male", 30},           初始化 6 个数组元素
11              {"Guo Shuhua", "Male", 31},
12              {"Zhang Shouxiang", "Male", 51},
13              {"Chen Lili", "Female", 28}
14              };
```

```
15    void AverageAge(struct   PeopleInfo *pPeople, int    n)          //定义子函数，计算平均年龄
16    {
17         int i=0;
18         unsigned   int Mnum=0, Msum=0;
19         unsigned   int Fnum=0, Fsum=0;
20         printf("开始处理函数  AverageAge()\n");
21         for(i=0;i<n;i++)                                              //遍历小组每个成员信息
22         {
23              if('M' == pPeople->Sex[0] || 'm' == pPeople->Sex[0])
24              {
25                   Mnum++;                                              男性人数统计，
26                   Msum=Msum+pPeople->Age;                              总年龄计算
27              }
28              else
29              {
30                   Fnum++;                                              女性人数统计，总年龄计算
31                   Fsum=Fsum+pPeople->Age;
32              }
33              pPeople++;                                              //指向下一个人员信息
34         }
35         printf("男性平均年龄: %f\n", (float)Msum/Mnum);              //输出男性平均年龄
36         printf("女性平均年龄: %f\n", (float)Fsum/Fnum);              //输出女性平均年龄
37    }
38    void main()
39    {
40         AverageAge(people, 6);                                        //函数调用
41    }
```

程序第 15 行定义了子函数 AverageAge 头部，形参 n 用于传入要遍历的人员个数。程序第 35 行和第 36 行输出要计算的男性平均年龄和女性平均年龄。为提高精度，对变量 Msum 和 Fsum 做了强制类型转换为 float 型的操作。程序执行输出结果为：

```
开始处理函数 AverageAge()
男性平均年龄: 35.000000
女性平均年龄: 25.500000
```

10.6 共用体的定义

C 语言中另外一种常用的构造类型是共用体，和结构体类似，共用体也由其他基本数据结构组合而成，但在内存结构中结构体和共用体却有本质区别。

10.6.1 共用体的定义

C 语言中，共用体使用关键字 union 定义，其定义的一般表达形式为：

```
union   共用体名
{
```

成员表列
};

其中，"共用体名"属于用户自定义标识符，遵循用户自定义标识符的命名规则，"成员表列"中可以包含一个或多个共用体成员。共用体成员的一般表达形式为：

类型说明符 成员名；

成员名的命名应符合标识符的规定。例如，有如下的共用体定义：

```
01    union   data
02    {
03         int    temp;
04         char   stable[10];
05    };
```

上述代码定义了一个名为 data 的共用体类型，它含有两个成员，一个为整型，成员名为 temp；另一个为字符数组，数组名为 stable。

和结构体类似，共用体定义之后，就可以定义该类型的共用体变量。

共用体的 C 语言关键字表达为 union，有些书籍也称其为联合体，但从 C 语言中 union 的特点来分析，作者认为使用"共用体"这个名字更为合适。

10.6.2 共用体变量的定义与应用

共用体变量的定义和结构体类似，可以在共用体类型定义时定义共用体变量，也可以在共用体类型定义后单独定义共用体变量。例如，沿用 10.6.1 节定义的共用体 data，可以按下面的方式定义共用体变量：

```
01    union   data
02    {
03         int    temp;
04         char   stable[10];
05    }Data_test1, Data_test2;
```

或者通过下面的方式定义共用体变量：

union   data   Data_test3, Data_test4;

与结构体变量的赋值不同，对共用体变量的赋值，只能对共用体变量的成员进行赋值，不允许在变量定义时对每个成员赋值。

另外，也可以定义共用体类型的数组和指针，其定义方式与结构体类似，区别在于共用体数组不允许在定义时赋初值。

范例 10.6

CycleArea.c

CycleArea.c 为了使圆半径和圆的面积对应，在计算时可以将两者配对，即在处理时通过圆半径推得圆的面积。设计一个共用体模版，存储 5 个不同的圆的半径，并通过运算获取对应的圆面积。其中半径为不大于 255 的整数。

（资源文件夹\chat10\ CycleArea.c）

```
01  #include <stdio.h>
02  #define  PI  3.14
03  union  CycleInfo
04  {
05       short    r;                    定义共用体 CycleInfo，包含两个成员
06       float    cycleArea;             r 和 cycleArea，分别表示圆的半径和
07  };                                   面积
08  void main()
09  {
10       int   i=0;
11       union   CycleInfo   cycle[3];          //定义有 3 个元素的 CycleInfo 共用体类型数组 cycle
12       cycle[0].r = 5;                对 3 个数组元素的
13       cycle[1].r = 10;               成员 r 赋值
14       cycle[2].r = 18;
15       printf("计算圆面积\n");
16       for(i=0;i<3;i++)
17       {
18            cycle[i].cycleArea = PI*cycle[i].r*cycle[i].r;         //计算圆面积
19            printf("No. %d  圆面积为: %f\n", i+1, cycle[i].cycleArea); //输出圆面积
20       }
21  }
```

程序第 2 行定义了宏 PI 为常量 3.14，本书第 12 章将对宏定义做详细讲述。程序第 3 行到第 7 行定义了共用体 CycleInfo。程序第 16 行到第 20 行遍历计算共用体 CycleInfo 类型的数组 cycle 元素成员 cycleArea 值。程序运行输出结果为：

```
计算圆面积
No. 1 圆面积为: 78.500000
No. 2 圆面积为: 314.000000
No. 3 圆面积为: 1017.359985
```

10.7　共用体的内存结构

共用体的突出特点是它的各成员共用一块内存，因此，在同一时间段内只有一个成员的值合法，这也是共用体名称的由来。

1. sizeof获取共用体内存字节数

通过 sizeof 运算符可以获取共用体类型的内存字节大小。例如，定义了共用体：

```
01  union   Test
02  {
03       char   c;
04       int    i;
05  };
```

可以通过下面的语句获取共用体 Test 的内存字节大小：

```
    printf("%d\n", sizeof(union    Test));
```

执行该语句输出结果为:4。

共用体的字节长度为共用体成员中最宽的字节长度。因此,使用 sizeof 运算符获取的共用体字节大小即为最大成员的内存字节大小。

2. 共用体的内存结构

共用体中各成员的地址都指向共用体的首地址。因此,各成员都共用一块内存,基于以上规则,在程序执行过程中,仅有一个成员值是合法的。

例如,沿用上述共用体的定义 Test,定义共用体变量如下:

```
01      union   Test   JustTest;
02      JustTest.i = 65;
03      printf("%c", JustTest.c);
```

上述代码中第 1 行定义了 Test 类型共用体变量 JustTest,第 2 行将 JustTest 成员 *i* 赋值为 65,代码第 3 行输出 JustTest 成员 *c* 的值。执行这 3 行代码,输出结果为:A。如图 10-3 所示是共用体变量 JustTest 的内存结构。

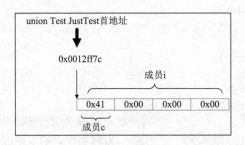

图 10-3　共用体变量 JustTest 的内存结构

修改共用体的一个成员将影响其他成员的值,因此在修改某个成员之前,应确定其他成员值已不再使用,或确保其他成员值已被备份。

实训 10.2——教师学生信息卡设计

学校里,教师与学生的某些学校记录信息可以使用通用的表格存储,例如,教师信息中的姓名、年龄、性别、职业和系别等,学生信息中的姓名、年龄、性别、职业和班号等。设计一个模版,输入教师和学生的信息,再以表格形式输出。

(1) 需求分析。

分析目标需求，程序中需要做到如下几条关键模块。

需求1，教师和学生共用一个模版。

需求2，根据教师和学生的不同，录入不同的信息。

(2) 技术应用。

根据C语言标准以及开发平台版本，完善各个需求模块。

对于需求1，定义结构体，成员包含姓名、年龄、性别、职业和union类型的成员DifferPart，其中DifferPart包含两个成员，即表示教师系别的department和表示学生班号的ClassCode。

对于需求2，通过输入的职业不同，区别教师和学生，录入不同的union成员值，并按不同的职业输出教师或学生信息。

通过上述分析，写出完整的程序如下。

文　　件	功　　能
TeacherStudentInfo.c	① 定义公共模版，以结构体Table表示 ② 设计两个函数用于信息的录入与输出

程序清单10.2：TeacherStudentInfo.c

```
01    #include    <stdio.h>
02    #include    <stdlib.h>
03    struct Table
04    {
05        char name[32];
06        int  age;
07        char job[32];
08        union DifferPart
09        {
10            int  ClassCode;
11            char Department[20];
12        }TeacherStudent;
13    };
14    void InputInfo(struct Table *InputTable, unsigned int n)
15    {
16        unsigned int i=0;
17        struct Table *CopyInput = InputTable;
18        printf("开始处理函数  InputInfo()\n");
19        for(i=0;i<n;i++)
20        {
21            printf(请输入 No. %d 个人的姓名 年龄和工作:\n", i+1);
22            scanf("%s   %d   %s", InputTable->name,
23                                  &InputTable->age,
24                                  InputTable->job);
25            if('S'==InputTable->job[0] || 's'==InputTable->job[0])
26            {
27                printf("请输入学生的班号: ");
28                scanf("%d", &InputTable->TeacherStudent.ClassCode);
29            }
```

定义union类型的模版，用于区别教师和学生的不同成员参数：系别和班号

定义用于记录教师和学生信息的模版

判断是否为学生，若是，输入学生的班号信息

```
30              else
31              {
32                      printf("请输入教师的系别: ");              ⎫ 输入教师
33                      scanf("%s", InputTable->TeacherStudent.Department);  ⎬ 系别信息
34              }                                                 ⎭
35              InputTable++;              //指向下一个人员信息位置
36      }
37  }
38  void OutputInfo(struct Table *OutputTable, unsigned int n)
39  {
40      unsigned int i=0;
41      printf("开始处理函数  OutputInfo()\n");
42      for(i=0;i<n;i++)
43      {
44          if('S'==OutputTable->job[0] || 's'==OutputTable->job[0])    ⎫ 判断是
45          {                                                            ⎪ 否为学
46              printf("输出学生信息:\n");                                 ⎬ 生,若
47              printf("   name      age       job      classCode\n");   ⎪ 是,输
48              printf("   %s        %d        %s       %d\n", OutputTable->name,  ⎪ 出学生
49                                          OutputTable->age,            ⎬ 信息
50                                          OutputTable->job,            ⎪
51                          OutputTable->TeacherStudent.ClassCode);     ⎭
52          }
53          else
54          {
55              printf("输出教师信息:\n");                                 ⎫
56              printf("   name      age       job      classCode\n");   ⎪
57              printf("   %s        %d        %s       %s\n", OutputTable->name,  ⎬ 输出教
58                                          OutputTable->age,            ⎪ 师信息
59                                          OutputTable->job,            ⎪
60                          OutputTable->TeacherStudent.Department);    ⎭
61          }
62          OutputTable++;              //指向下一个人员信息位置
63      }
64  }
65  void main()
66  {
67      int size=0;
68      struct Table *TableBothTeaAndStu;              //定义结构体指针
69      struct Table *CopyTableBothTeaAndStu;          //定义结构体指针
70      size = sizeof(struct Table);                   //计算结构体类型 Table 的内存大小
71      printf("结构体 Table 的大小为: %d\n",size);
72      TableBothTeaAndStu = (struct Table *)malloc(5 * size);    //内存分配
73      CopyTableBothTeaAndStu = TableBothTeaAndStu;              //备份内存区域首地址
74      InputInfo(TableBothTeaAndStu, 5);              //调用函数输入人员信息
75      TableBothTeaAndStu = CopyTableBothTeaAndStu;              //备份内存区域首地址
76      OutputInfo(TableBothTeaAndStu, 5);             //调用函数输出人员信息
77  }
```

程序第 3 行到第 13 行定义了结构体类型 Table,作为教师和学生信息的共用模版。程序第 8 行到第 12 行为嵌套的共用体类型 DifferPart,用于区别教师和学生的不同成员变量。程

序定义了两个函数 InputInfo()和 OutputInfo()用于输入和输出人员信息。

程序第 72 行分配了 5 个结构体类型 Table 的内存块,并将首地址赋给 TableBothTeaAndStu,同时第 73 行对该地址做了备份,存放在指针 CopyTableBothTeaAndStu 上。程序第 74 行和第 76 行分别调用输入和输出函数 InputInfo()和 OutputInfo(),用于输入和输出人员信息。程序运行输入信息,输出结果为:

```
结构体 Table 的大小为: 88
开始处理函数 InputInfo()
请输入 No.1 个人的姓名 年龄和工作:
YanShulei 28 Teacher
请输入教师的系别: Computer
请输入 No.2 个人的姓名 年龄和工作:
Zhangyongchun 22   student
请输入学生的班号: 100203
 ⋮
开始处理函数 OutputInfo()
输出教师信息:
    name         age      job       classCode
    YanShulei    28       Teacher   Computer
输出学生信息:
    name              age      job        classCode
    Zhangyongchun     22       student    100203
 ⋮
```

本实训通过定义嵌套的共用体和结构体模版设计了人员信息模版,实现了教师和学生共用信息模版的程序设计。同时,使用共用体,既节省了程序空间,又便于模版的统一和管理。

程序设计中没有考虑动态分配的内存空间的释放,试调整程序,释放程序中动态分配的内存空间,设计在不同的函数中实现。

 调用系统库函数 free(),实现对动态内存的释放。可以在子函数中释放,也可以在主函数中最后释放。

10.8 疑难解答和上机题

10.8.1 疑难解答

(1)结构体成员中可以包含指针吗?

解答:可以。C 语言规定,结构体内部可以包含任何 C 语言规定的基本数据类型和复合数据类型及构造类型。

（2）可以在结构体中定义 switch 语句吗？

解答：不可以。结构体是一种数据类型，并不是一个语法结构，更不是一条语句，它只能由各种其他的数据类型组合而成，而不能包含任何的逻辑结构。

（3）可以将一个结构体变量的所有成员值一次性赋给另一个结构体变量吗？

解答：可以。但有个前提，就是两个结构体变量的类型完全相同。例如：

```
struct    Test
{
        char    a;
        int    b;
}test1, test2={'A', 121};
test2 = test1;
```

上述赋值语句是合法的。

（4）结构体数组名的值和结构体的大小有没有关系？

解答：没有。和普通数组名一样，结构体数组名也是一个地址常量，它的大小为 32 位无符号地址常量，和以它为首地址的结构体内存区域大小没有任何关系。

（5）内层嵌套的结构体是否应该定义在外层结构体前面？

解答：是的。就如同定义变量一样，变量在定义之前是不能使用的，否则程序编译时将找不到该变量。结构体嵌套的定义跟函数嵌套的定义类似，应该将被调函数或内部嵌套结构体定义在前面。

（6）结构体指针可以赋值为 NULL 吗？

解答：可以。在每次定义任何指针时，除非特殊说明，都应首先将 NULL 赋给这个变量，避免该指针没有赋值就参与到程序运算中。这也是程序员应该遵守的规则，结构体指针同样应遵守这一规则，限于篇幅原因，本书部分指针定义时省去了赋值操作。

（7）可以以指针形式使用结构体数组名吗？

解答：可以。和普通指针类似，结构体数组名也可以作为指针常量使用，例如，定义了结构体数组：

```
struct    Test    test1[10]
```

可以使用下面的方式引用数组中的元素：

```
*(test1)  ->a = 65;
*(test1+1)  ->c = 'A';
```

（8）可以将其他类型的指针赋给结构体指针吗？

解答：可以。但是要进行强制类型转换。例如：

```
struct    Test *pTestfor = NULL;
void    *p;
p = (void *)malloc(100);
pTestfor = (struct    Test *)p;
```

（9）假如定义了结构体类型的指针 pType，那么使用 sizeof(pType)将得到什么结果呢？

解答：32 位机中，结果为 4。因为 pType 为一个指针，它本身的值为内存的某个地址值，是一个 32 位的常量，因此使用运算符 sizeof 获取其内存长度时将返回其值的长度为 4，即 4

字节。

（10）共用体变量就是一个基本数据类型变量，这样理解对吗？

解答：不对。虽然共用体中各个成员变量共用同一块内存，但它仍然是一种构造类型，在不同的程序执行时间，可以使用共用体的不同成员对共用体内存值进行修改和重用。

10.8.2 上机题

（1）设计一个结构体模版，用于存储违章车辆信息，包括车牌号、记录日期、违章路口位置等。

（2）试编写程序，设计一个结构体模版，用于存储小型超市里的物品记录清单，包括物品名称、单价、条形码、生产日期等。

（3）有一个书店，需要设计一个数据库，用于存储购买书籍信息，包括书名、索书号、定价、出版社、作者等信息，试编写程序，使用结构体数组设计一个简单的数据库，实现上述功能。

（4）银行系统中记录有每个人的银行卡信息，试编写程序，设计一个银行卡的信息模版，包括银行名称、开卡人姓名、卡号、开卡日期等。

（5）试利用结构体设计一个电视节目单，用于存储每天每个时段的电视节目，如分为早、中、晚三个阶段。动态分配一块内存，用于存储该节目单，其中包括50个电台的电视节目。

（6）设计一个简单的学生成绩管理数据库，包括学生姓名、学号、性别、各科成绩等，统计男生和女生的平均成绩，并统计同一科目的平均成绩。

（7）设计一个飞机航班班次模版，用于展示早、中、晚三个时间段的飞机航班情况，使用结构体实现，并记录一周内的航班信息。

（8）设计一个结构体，其中有两个成员，int 型变量 number 和 char 型变量 c，定义10个元素的该结构体类型数组，输入各元素两个成员的值，按 number 大小顺序输出对应的成员 c 的值。

（9）试设计一个共用体类型模版，记录平年和闰年中二月的天数，输入某一年，输出对应的二月天数。注意对输入的年数做入参检查。

（10）试编写程序，设计一个结构体模版，用于展示某次运动会的运动员信息，包括运动员姓名、年龄、性别、国别、参赛项目、运动员编号等信息。动态分配100个运动员信息的存储区域，输入前10个人的信息，并定义子函数输出后5个人的信息。

第11章　链　表

链表是一种物理存储结构上非连续的数据结构，它由一系列数据节点连接而成，这些节点也称为链表的元素，是链表中数据的主要载体。每个节点包括两个部分，一个是存储数据元素的数据域，另一个是存储下一个节点地址的引用域。其中，各节点在链表中的逻辑顺序是通过链表中的指针链接顺序实现的。

本章学习重点：

- 链表的定义
- 结构体实现单链表
- 结构体实现双向链表
- 链表中插入节点
- 链表中删除节点

11.1　什么是链表

C 语言中，可以通过定义结构体数组或者动态分配结构体类型的内存块实现各种信息模版的数据库。但是，使用结构体并不能很好地对各个信息块进行增加、删除、排序和插入等操作。例如，定义了一个结构体内存块，用于存储一个班级的所有学生信息，现在要按照学生的平均学习成绩排序，这时就需要将内存块按照对应学生的成绩优劣顺序串连起来，实现这种操作的结构就是链表。

链表是物理上的一个个不连续的内存块按照一定的逻辑顺序连接而成的数据结构，每个数据块构成一个节点。节点是链表的基本元素，因此，也可以说链表由节点组合而成。

1．链表的节点

在存储每个节点数据元素时，除了存储节点本身要承载的数据信息外，还要存储与它相邻的节点的地址信息，这两部分的组合称为节点（Node）。通常，把存储数据信息的内存区域叫作节点的数据域（Data Domain），把存储与其相邻节点地址的内存区域叫作节点的引用域（Reference Domain），又称为指针域（Pointer Domain），为方便说明，本书使用引用域进行说明，如图 11-1 所示为链表节点的逻辑结构示意图。

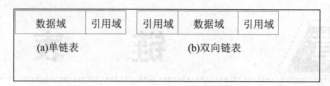

图 11-1　链表节点逻辑结构

2. 单链表的逻辑结构

将各个单链表节点按一定顺序连接起来，就构成了链表。单链表中有一个表头节点和一个表尾节点，表头节点（Header）作为链表的开头，是索引链表的起始位置，一般表头节点仅有引用域，而没有数据域，表尾节点是单链表中最后一个节点，通常表尾节点的引用域赋值为空，即为 NULL。

单链表可以仅使用一个节点表示，这样的链表称为空链表。单链表通过节点引用域的指向位置确定链表的连接顺序，如图 11-2 所示为单链表的逻辑结构示意图。

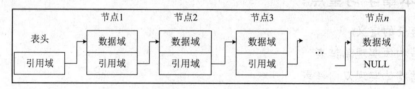

图 11-2　单链表逻辑结构

3. 双向链表的逻辑结构

双向链表也称为双链表，是链表的一种，它的每个数据节点中都有两个引用域，一个用于指向下一个节点，称为直接后继或后继节点，另一个用于指向上一个节点，称为直接前驱或前驱节点，如图 11-3 所示为双向链表的逻辑结构示意图。

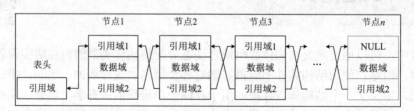

图 11-3　双向链表

4. 循环链表的逻辑结构

循环链表是将单链表或双向链表的表尾指向表头，从而使链表构成一个环形结构，因此称为循环链表。循环链表没有明确的表尾和表头，可以将任何节点作为链表的表头，进而索引链表中的所有节点。

11.2 结构体实现单链表

C 语言中,可以使用结构体定义链表的节点。由于链表的节点需要包含引用域,用于指向下一个节点的位置,因此,节点中必须包含指针类型成员,用来存放下一个节点的地址。

11.2.1 单链表节点的结构体实现

定义链表节点时应明确所定义的节点用于单链表还是双向链表。对于单链表,应区分节点的类型,即头节点和普通节点。

1. 普通节点的定义

普通节点中应该包括数据域和引用域两部分。使用结构体定义单链表节点的一般表达形式为:

```
struct 节点名
{
    数据域
    引用域
};
```

其中,"节点名"(Node)属于用户自定义标识符,应遵循用户自定义标识符的命名规则,"数据域"是结构体的一部分成员,用于定义节点的数据信息,"引用域"一般使用节点的结构体类型指针表示。例如,要定义一个学生数学成绩的链表,可以使用下面的节点定义:

```
01  struct  StuNode                    //定义结构体 StuNode
02  {
03      char   Name[32];         ⎫
04      float  Score;            ⎬ 数据域
05      struct StuNode *next;           //引用域,以结构体指针表示
06  };
```

上述代码定义了一个结构体类型的链表节点,其中第 1 行 StuNode 为节点的结构体类型名,第 3 行和第 4 行为数据域,用于存储每个节点承载的数据,第 5 行定义了 StuNode 类型的指针变量 next,用于指向下一个节点。

2. 头节点的定义

单链表中,头节点仅含有引用域,通常使用 header 表示,因此头节点可以使用一个结构体指针来表示。例如,可以使用下面的代码定义上述讨论的链表头节点:

```
struct  StuNode  *header;
```

当链表没有普通节点时称为空节点,对于空节点的链表表头节点,应该赋值为空,可以使用如下语句实现:

```
header  =  NULL;
```

通常将节点的引用域设置为与该节点类型相同的结构体指针，取名为 next，将表头节点取名为 header。对于这些约定，C 语言并没有做严格限制，但为了统一表达，建议读者遵守此约定。

11.2.2 单链表的结构体实现

使用结构体构造链表的方式很多，可以定义表示链表节点的结构体变量实现简单链表，也可以将结构体数组串联起来构成链表，另外，还可以将动态分配的内存区域连接起来构成链表。

1. 结构体变量构成链表

将几个具有节点属性的结构体变量连接起来，也可以构成链表。例如，可以使用 11.2.1 中设计的链表节点，设计一个简单链表。

首先定义几个 StuNode 类型的结构体变量，用于表示链表节点：

```
struct   StuNode   Zhangsan, Lisi, Wangwu, Zhaoliu;
```

定义链表的表头节点：

```
struct   StuNode   *header = NULL;
```

下面可以将各个节点连接起来构成一个简单的链表，代码如下：

```
01    header = &Zhangsan;          //表头节点指向节点 Zhangsan
02    Zhangsan.next = &Lisi;       //Zhangsan 的引用域指向节点 Lisi
03    Lisi.next = &Wangwu;         //Lisi 的引用域指向节点 Wangwu
04    Wangwu.next = &Zhaoliu;      //Wangwu 的引用域指向节点 Zhaoliu
05    Zhaoliu.next = NULL;         //Zhaoliu 的引用域为 NULL
```

上述代码将各个结构体变量连接起来构成简单的单链表，如图 11-4 所示为该链表的逻辑结构示意图。

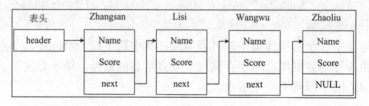

图 11-4　结构体变量链表的逻辑结构示意图

对于单链表，表尾节点的引用域一定要设置为 NULL，否则程序将无法确定链表的结束位置。

2. 结构体数组构成单链表

将结构体数组中各个元素设置为链表节点的结构，并且将各元素按一定规则连接起来也可以构成单链表。

第11章 链表

范例 11.1

ListAndStructArray.c

ListAndStructArray.c 已知有一个含有5个元素的结构体数组，用于存放学生的数学成绩，每个元素中含有学生姓名、学号和成绩。设计一个链表，将学生成绩由高到低排列，并输出排序后的学生信息。

（资源文件夹\chat11\ ListAndStructArray.c）

```c
01  #include <stdio.h>
02  struct StuNode
03  {
04      char *Name;                          数据域
05      char *StudentNo;                                        节点的结构体定义
06      float Score;
07      struct StuNode *next;        //引用域
08  }StuArray[5] = {
09                  {"Xiang yong", "200901030001", 95.5},
10                  {"Liu Qiang", "200901030002", 92},
11                  {"Li cheng", "200901030003", 88},            数据域赋值
12                  {"Meng qingtao", "200901030004", 89},
13                  {"Yin hui", "200901030005", 91.5}
14                  };
15  void OutputListInfo(struct StuNode *ListHeader)       //链表信息输出函数
16  {
17      int i=0;
18      struct StuNode *ListNode=NULL;
19      ListNode = ListHeader;
20      printf("\t 开始处理函数 OutputListInfo()\n");
21      printf("\t 姓名\t\t 学号\t\t 成绩\n");
22      for(i=0;i<5;i++)                                  //for 循环遍历链表
23      {
24          printf("\t%s    \t%s    %f\n", ListNode->Name, ListNode->StudentNo, ListNode->Score);
25          if(NULL!= ListNode->next)
26          {
27              ListNode = ListNode->next;
28          }                                              判断链表是否结束，若链表
29          else                                           结束，则退出循环
30          {
31              break;
32          }
33      }
34  }
35  void main()
36  {
37      struct StuNode *header = NULL;              //设置表头节点
38      header = &StuArray[0];
39      StuArray[0].next = &StuArray[1];
40      StuArray[1].next = &StuArray[4];            构建链表
41      StuArray[4].next = &StuArray[3];
42      StuArray[3].next = &StuArray[2];
43      StuArray[2].next = NULL;                    //设置表尾节点引用域
```

```
44              OutputListInfo(header);                                      //调用链表遍历函数
45          }
```

程序第 38 行到第 43 行根据学生成绩的高低顺序构建了一个简单链表,将数组元素按照学生成绩的高低重新进行了排列。程序第 38 行将表头指向第一个节点,第 45 行将表尾节点的引用域设置为 NULL,以表示链表的结束。

程序第 21 行、第 22 行和第 25 行中 printf 函数内部的\t 用于跳至下一个制表位,相当于键盘的 Tab 键,用于输出信息的对齐。程序运行输出结果:

```
开始处理函数 OutputListInfo()
姓名            学号              成绩
Xiang yong      200901030001     95.500000
Liu Qiang       200901030002     92.000000
Yin hui         200901030005     91.500000
Meng qingtao    200901030004     89.000000
Li cheng        200901030003     88.000000
```

程序子函数 "void OutputListInfo(struct StuNode *ListHeader)" 中没有进行入参检查,可以在代码第 19 行后添加如下代码实现:

```
if(NULL == ListHeader)
{
    printf("错误:指针 ListHeader 为 NULL\n");
    return;
}
```

3. 动态分配节点构成单链表

可以将动态分配的每一个节点连接起来构成单链表。需要注意的是,动态分配的内存需要在程序结束时加以释放,因此需要保存每个节点的内存区域首地址。

例如,使用 11.2.1 节定义的结构体链表节点,动态分配一定内存块构成链表。首先定义指向内存区域的结构体指针用于表示链表的节点:

```
struct  StuNode  *stupointer1, *stupointer2, *stupointer3;
struct  StuNode  *header = NULL;
```

为几个结构体指针动态分配内存:

```
stupointer1 = (struct   StuNode *)malloc(sizeof(struct   StuNode));
stupointer2 = (struct   StuNode *)malloc(sizeof(struct   StuNode));
stupointer3 = (struct   StuNode *)malloc(sizeof(struct   StuNode));
```

将几个动态分配的内存区域连接构成链表:

```
header = stupointer1;                    //表头指向第一个节点
stupointer1->next = stupointer2;         //第一个节点指向第二个节点
stupointer2->next = stupointer3;         //第二个节点指向第三个节点
stupointer3->next = NULL;                //第三个节点引用域赋值为 NULL
```

这样,就将几块物理存储结构上不连续的动态内存连接在一起,构成了一个有机的整体。

程序运行结束后，一定记住将分配的内存空间释放，可以使用如下代码实现：

free(stupointer1);　　free(stupointer2);　　free(stupointer3);

另外，也可以从后向前依次删除动态分配的节点内存。

4. 单向循环链表的结构与实现

单向循环链表与单向链表类似，区别在于表尾节点的引用域不是指向 NULL，而是指向链表的第一个节点，如图 11-5 所示为单向循环链表的结构示意图。

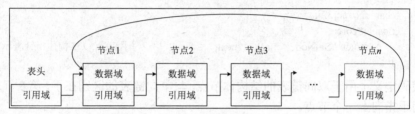

图 11-5　单向循环链表的结构示意图

判断循环链表的条件是表尾节点引用域是否指向表头节点，因此，对于仅有一个节点的循环链表，其引用域指向该节点本身。

建立循环链表时，必须使其最后一个节点的引用域指针指向表头节点，而不是像单链表那样置为 NULL。遍历链表时，当被遍历的节点引用域等于表头指针时，说明已到表尾。

11.3　结构体实现双向链表

遍历单链表时只能将链表向前遍历，而不能从某个节点查找其前一个节点，若要使链表具有双向遍历的功能，就需要使用双向链表。双向链表的每个节点都有两个引用域，因此，每个节点既可以指向上一个节点，也可以指向下一个节点。双向链表的实现与单链表类似，也可以将双向链表看成两个单链表的组合。

11.3.1　双向链表节点的结构体实现

双向链表也叫双链表，是链表的一种，它的每个数据节点中都有两个指针，分别指向直接后继和直接前驱，所以从双向链表中的任意一个节点开始，都可以很方便地访问它的前驱节点和后继节点。

1. 双向链表节点的定义

双向链表的节点中应该包含一个数据域和两个引用域两部分，使用结构体定义双向链表节点的一般表达形式为：

```
struct  节点名
{
        数据域
        引用域 1
        引用域 2
};
```

该结构的执行规则与单链表节点的执行规则相同，将 11.2.1 节的结构体链表节点添加一个引用域，即可变为双向链表节点的结构体表达，修改后的结构如下：

```
01    struct   StuNode
02    {
03        char    Name[32];
04        float   Score;                                    }数据域
05            struct   StuNode   *last, *next;              //引用域，以结构体指针表示
06    }
```

上述代码定义了用于双向链表的结构体节点，与单向链表的区别在于，第 5 行增加了 last 引用域，用于指向上一个节点。

2. 单节点双向链表

当双向链表仅有一个节点时，可以将该节点中的直接前驱指向其本身，而直接后继赋值为 NULL。例如，定义双向链表的表头和一个节点，沿用上面介绍的结构体表达，执行代码如下：

```
struct   StuNode   *StuTest, *header = NULL;              //定义结构体变量表示表头和节点
StuTest = (struct   StuNode   *)malloc(sizeof(struct   StuNode));   //动态分配内存
```

这时可以将表头指向节点，构成仅有一个节点的双向链表：

```
header = StuTest;                  //表头指针指向第一个节点
StuTest->last = header;            //节点的直接前驱指向节点本身
StuTest->next = NULL;              //节点的直接后继赋值为 NULL
```

如图 11-6 所示为单节点双向链表的逻辑结构示意图。

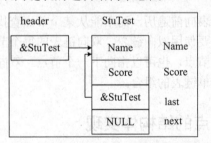

图 11-6 单节点双向链表的逻辑结构示意图

3. 多节点双向链表

多节点双向链表在建立时应将中间节点的直接前驱指向其前一个节点，将其直接后继指向其下一个节点。例如，有三个双向链表节点 *pointerlist1，*pointerlist2，*pointerlist3 和表头 *header，则链表可通过下面的代码实现：

```
header = pointerlist1;                                    //表头指针指向第一个节点
```

```
    pointerlist1->last = pointerlist1;      ⎫
pointerlist1->next = pointerlist2;          ⎬ 第一个节点引用域设置
    pointerlist2->last = pointerlist1;      ⎫
pointerlist2->next = pointerlist3;          ⎬ 第二个节点引用域设置
    pointerlist3->last = pointerlist2;      ⎫
pointerlist3->next = NULL;                  ⎬ 第三个节点引用域设置
```

范例 11.2

TravelDbpointList.c

TravelDbpointList.c 有一个含有 5 个元素的结构体数组,用于存放学生的数学成绩,每个元素中含有学生姓名、学号和成绩。用一个双向链表,将这 5 个元素按成绩高低进行连接,设计一个函数,输入链表中间节点的地址,输出其两侧的节点数据域信息。

(资源文件夹\chat11\ TravelDbpointList.c)

```
01  #include <stdio.h>
02  struct StuNode
03  {
04      char *Name;                                  ⎫
05      char *StudentNo;           数据域             ⎬  节点的结构体定义
06      float Score;                                 ⎪
07      struct StuNode *last, *next;     //引用域    ⎭
08  }StuArray[5] = {
09                  {"Xiang yong", "200901030001", 95.5},  ⎫
10                  {"Liu Qiang", "200901030002", 92},     ⎪
11                  {"Li cheng", "200901030003", 88},      ⎬ 数据域赋值
12                  {"Meng qingtao", "200901030004", 89},  ⎪
13                  {"Yin hui", "200901030005", 91.5}      ⎭
14                  };
15  void OutputListInfo(struct StuNode *ListHeader)
16  {
17      int i=0;
18      struct StuNode *ListNode=NULL;
19      if(NULL == ListHeader)
20      {
21          printf("错误:输入指数为 NULL.\n");    ⎫
22          return;                              ⎬ 入参检查
23      }                                        ⎭
24      ListNode = ListHeader;             //接收输入节点
25      printf("\t 开始处理函数 OutputListInfo()\n");
26      printf("\t 姓名\t\t 学号\t\t 成绩\n");
27      ListNode = ListHeader->last;       //遍历输入节点的前驱节点
28      printf("\t%s\t%s\t%f\n", ListNode->Name, ListNode->StudentNo,ListNode->Score);
29      ListNode = ListHeader->last->last;//遍历输入节点前驱的前驱节点
30      printf("\t%s\t%s\t%f\n", ListNode->Name, ListNode->StudentNo,ListNode->Score);
31      ListNode = ListHeader->next;         //遍历输入节点的后继节点
32      printf("\t%s\t%s\t%f\n", ListNode->Name, ListNode->StudentNo,ListNode->Score);
33      ListNode = ListHeader->next->next;    //遍历输入节点后继的后继节点
34      printf("\t%s\t%s\t%f\n", ListNode->Name, ListNode->StudentNo,ListNode->Score);
35  }
36  void main()
37  {
```

```
38        struct    StuNode    *header = NULL;
39        header = &StuArray[0];
40        StuArray[0].next = &StuArray[1];
41        StuArray[0].last = &StuArray[0];
42        StuArray[1].next = &StuArray[4];
43        StuArray[1].last = &StuArray[0];
44        StuArray[4].next = &StuArray[3];       构建链表
45        StuArray[4].last = &StuArray[1];
46        StuArray[3].next = &StuArray[2];
47        StuArray[3].last = &StuArray[4];
48        StuArray[2].next = NULL;
49        StuArray[2].last = &StuArray[3];
50        OutputListInfo(&StuArray[4]);    //调用函数,输出/输入节点两侧的节点数据域信息
51    }
```

程序第 39 行到第 49 行根据学生成绩的高低顺序构建了一个简单链表,设计时将节点的直接前驱和直接后继按一定顺序进行了连接。程序第 40 行将第一个元素的直接前驱指向其本身,第 42 行将第二个元素的直接前驱指向第一个元素。程序第 50 行调用子函数 OutputListInfo() 将中间节点传递给形参,以在子函数内完成节点遍历。程序运行输出结果为:

```
开始处理函数 OutputListInfo()
姓名              学号                成绩
Liu Qiang         200901030002        92.000000
Xiang yong        200901030001        95.500000
Meng qingtao      200901030004        89.000000
Li cheng          200901030003        88.000000
```

11.3.2 双向链表节点的内存分配

动态分配内存单元用于双向链表的节点。例如,沿用 11.3.1 节定义的双向链表节点的结构体定义,动态分配一定内存块构成链表,首先定义指向内存区域的结构体指针用于表示链表的节点:

```
struct    StuNode    *bidirectionalchain1, * bidirectionalchain2;
struct    StuNode    * bidirectionalheader= NULL;
```

为几个结构体指针动态分配内存:

```
bidirectionalchain1 = (struct    StuNode *)malloc(sizeof(struct    StuNode));
bidirectionalchain2 = (struct    StuNode *)malloc(sizeof(struct    StuNode));
```

将几个动态分配的内存区域连接构成链表:

```
bidirectionalheader = bidirectionalchain1;         //表头指向第一个节点
bidirectionalchain1->next = bidirectionalchain2;   //第一个节点的后继指向第二个节点
bidirectionalchain2->next = NULL;                  //第二个节点的后继为 NULL
bidirectionalchain2-> last = bidirectionalchain1;  //第二个节点的前驱指向第一个节点
bidirectionalchain1->last = bidirectionalchain1;   //第一个节点的前驱指向其本身
```

提示　　动态分配双向链表内存后,若要删除已分配的内存单元,需要从后向前依次删除各节点的内存区域,这样可避免前面的节点被删除而无法寻找后面的节点。

链表的每个动态内存节点所占的空间主要由该节点的数据域结构决定,例如,11.3.1 节定义的节点结构体类型中,每个节点所占用的内存结构大小可通过下面语句显示在屏幕上:

```
printf("%d\n",sizeof(struct StuNode));
```

下面分析结构体内各个域的内存个数:

```
01    struct    StuNode
02    {
03        char    Name[32];                //32 字节内存单元
04        float   Score;                   //4 字节内存单元
05        struct  StuNode  *last, *next;   //8 字节内存单元
06    }
```

根据结构体内存结构的字节对齐,每个节点在内存中占 44 字节。

不能使用 sizeof(header)获取节点的内存字节数,header、last 和 next 等变量均属于指针类型,指针变量在内存中均占 4 字节。

11.4 链表节点的插入与删除

链表建立后,可以对链表的节点进行插入和删除操作。对插入和删除操作的执行是通过改变链表引用域的指针实现的。

11.4.1 单链表节点的插入

若有一个已经存在的链表,可以向该链表中插入一个或多个节点,单链表的插入可以根据链表的结构分为下面几种情况。

1. 在空链表中插入新节点

在空链表中插入新节点,即表示向链表中插入第一个节点,也表示向链表中插入最后一个节点。沿用 11.2.1 节的结构体链表节点,构建一个空链表:

```
struct  StuNode  *header = NULL;
```

上述代码定义了一个 StuNode 结构体类型的指针 header 表示链表的表头,这样的指针就表示一个空链表。现在创建一个节点,并将该节点连接到链表中,代码为:

```
01    struct  StuNode  *newNode = NULL;                              //定义新节点
02    newNode = (struct  StuNode)malloc(sizeof(struct  StuNode));    //分配新节点内存
03    header = newNode;                                              //表头指向第一个节点
04    newNode->next = NULL;                                          //表尾节点
```

上述代码实现了向空链表中插入一个新节点的操作,其中第 4 行将表尾节点的引用域 next 赋值为 NULL。

2. 在单链表中间插入新节点

在链表中间插入新节点时，应将链表插入位置的前一个节点的引用域指向要插入的节点，然后将要插入节点的引用域指向插入位置的下一个节点，如图 11-7 所示为新节点的插入过程。

例如，定义链表 StudenList，表头为 StuHeader，使用前面讲述的节点结构体 struct StuNode，定义如下：

```
struct  StuNode   *StuHeader;
```

若要在中间节点*p10 和*p11 中间插入节点*padd，执行代码为：

```
padd -> next = p11;
p10 ->next = padd;
```

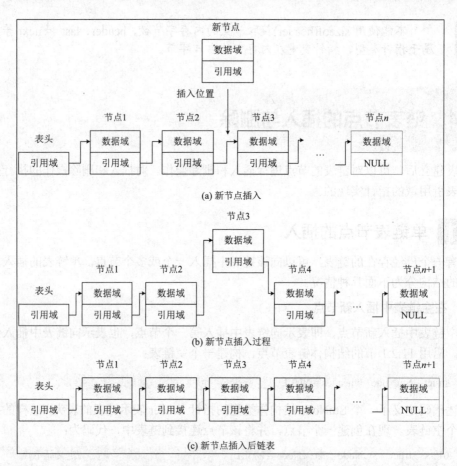

图 11-7　单链表新节点插入示意图

11.4.2　双向链表节点的插入

由于双向链表节点中含有后继指针和前驱指针，因此双向链表的插入比单向链表更复杂。例如，要向已知双向链表中插入一个新节点，沿用 11.3.1 节的链表节点结构体定义：

```
01    struct  StuNode
02    {
03         char   Name[32];           } 数据域
04         float  Score;
05         struct StuNode *last, *next;        //引用域，以结构体指针表示
06    }
```

若节点类型为 StuNode 的链表中两节点名为*pa 和*pb，要在这两个节点间插入节点*px，可以使用下面的代码：

```
    px -> last = pa;    } 新加节点 px 与前一个节点 pa 的连接
    pa -> next = px;

    px -> next = pb;    } 新加节点 px 与后一个节点 pb 的连接
    pb -> last = px;
```

如图 11-8 所示为双向链表节点插入的过程示意图。

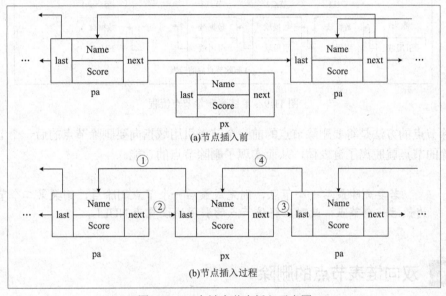

图 11-8 双向链表节点插入示意图

11.4.3 单链表节点的删除

单链表节点的删除也是通过改变与该节点相关的前后节点引用域的指向实现的，例如，要删除已知链表的某个节点，对于单链表，需要记住要删除节点的前一个节点。其操作步骤为：

（1）要删除节点的前一个节点的直接后继指针指向删除节点的后一个节点。
（2）若要删除的节点是动态分配内存，则需要使用 free 函数释放内存。

如图 11-9 所示为删除节点的过程。

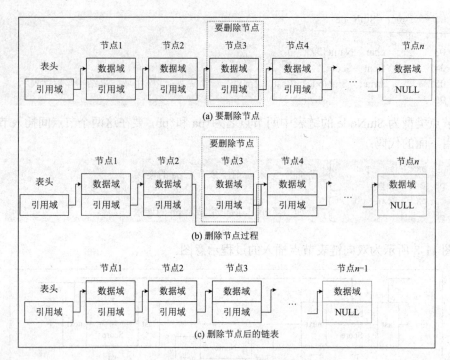

图 11-9 单链表删除节点流程

删除节点的方法是将要删除节点的前一个节点引用域指向要删除节点的后一个节点,这样要删除的节点就脱离了链表体,从而实现了删除节点的功能。

 若要删除最后一个节点,则完成最后一个节点删除后,倒数第二个节点将成为最后一个节点,此时应将该节点的引用域设置为 NULL。

11.4.4 双向链表节点的删除

双向链表节点的删除的操作步骤如下:
(1) 要删除节点的前一个节点的直接后继指针指向删除节点的后一个节点。
(2) 要删除节点的后一个节点的直接前驱指针指向删除节点的前一个节点。
(3) 若要删除的节点是动态分配内存,则需要使用 free 函数释放内存。

沿用 11.3.1 节的链表节点结构体定义,若节点类型为 StuNode 的链表中三个节点名为*pa、*pb 和*pc,要删除节点*pc,可以使用下面的代码:

```
pa -> next = pc;
pc -> last = pa;
free(pb);
```

如图 11-10 所示为双向链表节点删除的过程示意图。

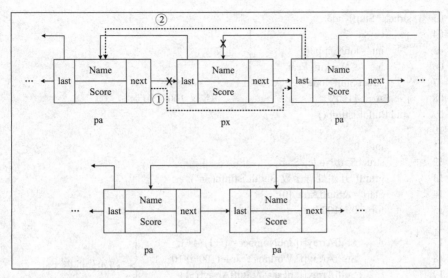

图 11-10 双向链表节点删除示意图

实训 11.1——新员工录入员工信息表

公司一般以工作工龄确定员工工作证标注的工号,公司将 100 名员工信息以链表形式存储起来,并以工龄将链表排序,构成顺序表,现从公司其他部门新转来一个员工,编写程序,将新加入的员工信息录入员工信息表中。

(1)需求分析。

分析目标需求,程序中需要做到如下几条关键模块。

需求 1,构建一个 100 个节点的链表,表示已有信息表。

需求 2,将新建节点的员工信息插入已有链表中。

(2)技术应用。

根据 C 语言标准以及开发平台版本,完善各个需求模块。

对于需求 1,定义结构体类型数组表示 100 个链表节点,用于存储 100 个员工信息。然后,将各节点按照工龄大小顺序构成有序链表。

对于需求 2,动态分配结构体内存单元,用于表示链表要插入的节点,并对节点数据域赋值,将该节点插入到链表中。

通过上述分析,写出完整的程序如下。

文件	功能
ListCopanyStuffInsert.c	① 定义顺序链表,存储 100 个员工的基本信息 ② 插入新建链表节点

程序清单 11.1:ListCopanyStuffInsert.c

```
01    #include    <stdio.h>
02    #include    <stdlib.h>
```

```
03   struct  StuffNode
04   {
05        int   JobNumber;              ⎫
06        int   WorkingYear;            ⎬ 定义
07        struct StuffNode  *next;      ⎭
08   }StuffArray[100];                  //定义 100 个节点
09   void BuildListInfo()
10   {
11        int i=0;
12        struct StuffNode *Start;
13        printf("开始处理函数 BuildListInfo()\n");
14        Start = &StuffArray[0];
15        for(i=0;i<100;i++)
16        {
17             StuffArray[i].JobNumber = (i+1)*4+3;        ⎫
18             StuffArray[i].WorkingYear = (100-i)/10 + 1; ⎬ 初始化链表
19             StuffArray[i].next = &StuffArray[i+1];      ⎭
20        }
21        StuffArray[99].next = NULL;    //最后一个链表节点引用域赋值 NULL
22   }
23   void main()
24   {
25        struct StuffNode *header = NULL;
26        struct StuffNode *newStuff = NULL;
27        struct StuffNode *TempNode = NULL;
28        newStuff = (struct StuffNode *)malloc(sizeof(struct StuffNode));
29        printf("请输入转入员工工龄:");                    ⎫ 输入转入员工工龄
30        scanf("%d", &newStuff->WorkingYear);             ⎭
31        header = &StuffArray[0];
32        BuildListInfo();
33        TempNode = header;
34        for(;NULL!=TempNode->next;)
35        {
36             if(newStuff->WorkingYear == TempNode->WorkingYear &&
37                newStuff->WorkingYear>TempNode->next->WorkingYear)
38             {
39                  newStuff->next = TempNode->next;                    ⎫
40                  TempNode->next = newStuff;                          ⎪
41                  newStuff->JobNumber = TempNode->JobNumber+1;        ⎬ 寻找节点插入位置
43                  break;                                              ⎪
44             }                                                        ⎪
45             TempNode = TempNode->next;                               ⎭
46        }
47        if(NULL==TempNode->next)
48        {
49             TempNode->next = newStuff;                          ⎫
50             newStuff->next = NULL;                              ⎬ 插入到表尾
51             newStuff->JobNumber = TempNode->JobNumber+1;        ⎭
52        }
53        TempNode = header;
```

```
54         for(;NULL!=TempNode->next;)
55         {
56              printf("Stuff's JobNumber: %d, Stuff's JobNumber: %d\n",
57                      TempNode->JobNumber, TempNode->WorkingYear);
58              TempNode=TempNode->next;
59         }
60         free(newStuff);                    //释放分配空间
61    }
```
} 输出链表

程序中子函数 void BuildListInfo()用于建立一个顺序链表，程序第 34 行到第 46 行 for 循环语句查找插入节点位置并完成节点插入，同时计算员工工号，并将其赋给该节点数据域变量。程序运行结果为：

```
请输入转入员工工龄:5
开始处理函数 BuildListInfo()
Stuff's JobNumber: 7, Stuff's JobNumber: 11
Stuff's JobNumber: 11, Stuff's JobNumber: 10
  ⋮
Stuff's JobNumber: 247, Stuff's JobNumber: 5
Stuff's JobNumber: 248, Stuff's JobNumber: 5
Stuff's JobNumber: 251, Stuff's JobNumber: 4
```

本实训实现了在顺序链表中插入节点，通过对比各节点数据域的关系确定插入点的位置，然后对应插入点位置确定数据域关键字段。

在本实训基础上完善代码，完成插入多个节点的操作，验证能否通过子函数实现节点的插入。例如，同时插入几个节点，假如子函数可以实现节点插入，可以仅编写一个函数模版，然后调用该函数插入不同节点即可。

 注意链表遍历时程序第 45 行和第 58 行的操作，若缺少了这两条代码，程序将进入死循环。

11.5 疑难解答和上机题

11.5.1 疑难解答

（1）链表在内存中的存储方式可以是连续的吗？

解答：可以。当把数组串联起来构成的链表就是内存连续的链表，C 语言没有限定链表的物理内存位置，只要是符合链表结构的内存结合形式，都可以作为链表看待。

（2）链表的节点定义中数据域仅能放置 char 型或 float 型等基本数据类型吗？

解答：不是。链表的结构体可以放置任何数据类型，如数组、指针和结构体等。

（3）链表的节点定义中数据域和引用域位置是固定的吗？

解答：不是。C 语言中，链表节点的结构就是一个结构体表达，其中数据域和引用域可以放在任何位置，这并不影响指针的性能，差别在于引用域一般为 32 位的指针，占用 4 个字节，因此一般将其放在最后。例如：

```
struct Test
{
    char    a;
    int     b;
    struct  Test  *next;
};
```

（4）链表的表头指针一定要取名为 header 吗？

解答：没有。和普通结构体指针一样，header 是用户自定义的标识符，读者在编写程序时可以任意设计标识符的名字，一般为了统一起见，都将 header 设为头指针，但这仅是不成文的约定。

（5）可以将一个链表赋给另一个链表吗？

解答：不可以。链表是结构体指针的集合，是由结构体构成的数据结构，由于两个链表节点的结构体不同，因此，不能简单地将一个链表赋给另一个链表。

（6）动态分配的内存区域可以作为链表节点插入链表吗？

解答：可以。动态分配的内存同时也是结构体类型之一，因此只要能跟已存在的链表结构匹配，就可以将该节点插入到链表中。

（7）可以将非链表结构体类型的结构体指针用于某已存在的链表吗？

解答：不可以。链表是一个统一的有机整体，它要求链表各节点具有相同的属性和参数，因此，对于非链表节点的结构体指针，不能简单地将其插入到链表中。

（8）可以向双向链表里插入一个节点吗？

解答：可以。双向链表插入节点更加灵活，可以通过节点的前驱和后继获得其前一个节点或后一个节点，操作更加灵活。

（9）删除链表节点后被删除的链表节点是否将被系统清空？

解答：不是。被删除的链表节点仅表示该节点不属于该链表的成员，但该节点本身还存在，此时可以通过其他途经继续访问该节点，若某节点不能被以任何方式引用，那么该位置就成为垃圾内存。

（10）循环链表中有表头和表尾吗？

解答：循环链表中任何位置都可以作为表头和表尾位置。

11.5.2 上机题

（1）设计一个结构体链表节点，包括学生学习成绩、姓名、班号等。

（2）在题目 1 的基础上，设计一个链表，记录一个 5 人学习小组的考试成绩，并按照学生成绩排列成顺序链表。

（3）设计一个链表，用于存储 10 个员工的日常工作状态，包括员工的工号(int WorkingId)、工作时段（早班、中班和晚班）(char WorkTime)和员工年龄(short Age)，并按照员工年龄大小从前到后排列。

（4）有一个循环链表，存储了一个篮球队的 12 名队员信息，包括队员姓名（char Name[30]）、队员年龄（short Age）和身高（short High）。遍历该链表，找出身高最高的队员，并打印出该队员的姓名和年龄（注：题目中已存在的链表需要读者自行编写）。

（5）奥运会按照成绩存储跳高成绩，并按成绩优劣构成一个双向链表，由于有人被举报违法，因此被取消掉资格，试设计一个方案，遍历链表，删除违规的运动员信息。

（6）世博会的参会国家名单以及参展信息已被设计成一个单向链表 ExpoEmblem，表头为 header。链表已按照国家名首字母排序，每个节点表示一个国家的参展信息，包括国家名（char CountryName[48]）、参展模型名称（char ShowName[60]）。现有一个国家决定加入世博会，试设计一段程序，将这个国家的信息添加到链表中。

（7）有两个节点类型相同的链表 StuList1 和 StuList2，存储了两组同学的成绩，试编写一段代码，将两个链表合成一个链表。

（8）公司实行末位淘汰制，某次综合考评结果按照优劣顺序保存在一个单向链表 CheckEffective 中，节点中包括工号（int WorkingID）和考评结果（float CheckResult）。试设计一段代码，删除考评成绩最末位的员工信息，表示该员工离职。

（9）新建一个含有 5 个节点动态分配内存的链表，每个节点包括一个 int 型变量的数据域，遍历链表，将数据域信息打印到屏幕上，然后删除该链表（注意链表删除时从后向前删除，并释放分配的内存空间）。

（10）将抽样调查的一组农民收入情况设计成一个链表 FarmerIncome 保存起来，编写一段代码，遍历链表，计算农民的平均收入（遍历链表，并记录链表中所存的农民信息人数，累计农民的总收入，然后计算平均收入）。

第12章　编译预处理

C 语言中，编译预处理是对代码优化和执行逻辑分支的一个重要功能，它由预处理代码完成。C 语言提供了多种预处理功能，如前面各章节中使用的头文件包含 #include 及宏定义 #define 等，按功能主要有三种，即宏定义、文件包含和条件编译。预处理命令由#(hash 字符)开头，它在 C 语言中独占一行，且#位于行的最左边。

本章学习重点：
- 宏定义的概念和应用
- 头文件包含
- 条件编译

12.1　宏定义

C 语言中，预处理命令是由 ANSI C（American National Standard Institute C）统一规定的，但它本身不属于 C 语言的组成部分，因此编译系统不能直接对它进行编译。基于以上原因，系统在对程序进行编译（词法和语法分析、代码生成和优化等）之前，首先需要对程序中的预处理命令进行"预处理"。例如，程序中使用#include 命令包含头文件 stdio.h：

```
#include   <stdio.h>
```

系统在预处理时，将 stdio.h 文件中的代码原样代替该命令，经过预处理后的代码将增加很多内容，成为真正要执行的目标代码。编译预处理主要为程序调试、移植等提供便利，是一个非常实用的功能。

12.1.1　什么是宏定义

宏定义使用#define 命令表示，其原理是将一个常量或字符串使用另外一个用户自定义标识符表示，系统编译前会将这些标识符替换成前面提到的常量或字符串，因此宏定义又称为宏代换或宏替换。按照宏定义是否带参数可以分为无参数宏定义和有参数宏定义。

1. 无参数宏定义

无参数宏定义的一般表达形式为:

```
#define 标识符 字符串
```

其中,"标识符"属于用户自定义标识符,遵守用户自定义标识符的命名规则,是宏定义的"宏名",通常也称为符号常量。例如,定义圆周率 π,可以使用下面的宏定义:

```
#define PI 3.14
```

定义上述宏 PI 后,程序在预处理时将代码中所有的 PI 都替换成 3.14 来处理。例如程序中有如下代码:

```
S = PI * r * r;
```

则系统在程序预处理时将上述代码更改为:

```
S = 3.14 * r * r;
```

2. 嵌套宏定义

宏定义允许嵌套定义,即在前面定义的宏可以作为字符串应用于后面的宏。例如,可以将圆面积的计算定义成宏:

```
#define PI 3.14
#define S PI * r * r
```

若程序中存在代码:

```
r = 10;
printf("圆面积 S = %f\n", S);
```

系统在预编译时将第二行语句中 S 替换为:

```
printf("圆面积 S = %f\n", PI * r * r);
```

由于 PI 也是宏定义,因此系统将继续作替换工作:

```
printf("圆面积 S = %f\n", 3.14 * r * r);
```

程序中 printf 函数内双引号中的 S 将不被替换,这是因为在 printf 函数中,输出字符串中非控制字符系统将不做任何处理,而仅仅是在屏幕上输出谢谢字符。

3. 有参数宏定义

C 语言允许宏定义时含有参数,因此在系统做宏替换时,除了一般的字符串替换,还要做参数的替换,有参数宏定义的一般表达形式为:

```
#define 标识符(参数表) 字符串
```

其中,"参数表"按照程序代码中的参数指示进行替换,例如,计算长为 a、宽为 b 的长方形周长,可以定义宏:

```
#define  L(a,b)  2*((a) + (b))
```

若程序中有如下代码:

```
Perimeter = L(8, 4.5);
```

系统预编译时首先执行第一步替换:

```
Perimeter = 2*((a) + (b));
```

然后执行第二步替换:

```
Perimeter = 2*((8) + (4.5));
```

需要注意的是,宏名 L 和参数表列之间不应该有空格,如:

```
#define  L  (a,b)  2*((a) + (b))
```

这样定义时,程序代码预编译时被替换为:

```
Perimeter = (a,b)  2*((a) + (b)) (8, 4.5);
```

这显然是不正确的代码格式,程序在编译时将报告错误。

当在程序中调用宏时,若宏定义时参数没有使用括号封装且调用时输入参数为表达式时,宏替换将产生错误。例如:

```
#define  PI   3.1415926
#define  S(r)   PI *r *r
```

若代码为:

```
Area = S(3+1);
```

则预编译时代码被替换为:

```
Area = PI * 3+2 * 3+2;
```

这显然不是正确的计算方法,因此,在使用有参数宏定义时,一定要将参数加括号进行封装。

有参数的宏类似于函数调用,但与函数调用有本质的区别,宏与函数对比如表 12-1 所示。

表 12-1 宏与函数对比

功能对比	函　　数	宏
参数传递方式	实参到形参为单向值传递	实参的字符串替换形参
处理时间及内存分配	程序运行时处理,为函数内的数据分配临时内存单元	预编译时进行宏展开处理,不分配内存
参数类型	实参和形参类型一致	字符串替换,不考虑参数类型
返回值	可以有一个返回值	对应不同参数,可以有多个返回值
对源代码的影响	不影响源代码	预编译执行宏展开后使程序加长
时间占用量	占用程序运行时间	不占用运行时间,仅占用编译时间

由于宏替换是在系统预编译时进行的,因此宏在定义和调用时需要注意一些必要的规则,以避免程序难以维护和执行时出现错误。宏定义时应注意的规则如下。

（1）作为用户自定义标识符,C 语言没有对宏名做严格限制,但为了区别普通的程序代码,通常将宏名用大写字母表示。

（2）使用宏可提高程序的通用性和易读性,减少不一致性,防止输入错误和便于修改。例如,数组大小常用宏定义。

（3）预处理是在编译之前的处理,而程序编译的一个主要功能是语法检查,因此系统不对宏定义做语法检查。任何合法的宏定义在程序预编译时都不会报告错误。

（4）宏定义由#define 命令表示,末尾不加分号。

（5）宏定义不属于任何函数,因此应将宏定义写在函数外边,作用范围为从定义开始以后的程序。通常为便于理解,将宏定义放置在文件的最前面。

（6）宏定义允许嵌套定义。

（7）与变量定义不同,宏定义不分配内存空间,仅是代码的替换。

（8）C 语言允许定义相同名称的宏,但必须参数不相同。

知识点播：

C 语言由 Dennis M. Ritchie 在 1973 年设计和实现,随着 C 语言使用的日益广泛,出现了许多新的问题,因而许多人强烈要求对 C 语言进行标准化。最后,这个标准化的工作在美国国家标准局（ANSI）的框架中进行（1983—1988）,最终结果是 1988 年 10 月颁布的 ANSI 标准 X3.159-1989,也就是后来人们所说的 ANSI C 标准。由这个标准定义的 C 语言被称做 ANSI C。

由于 ANSI C 标准定义的合理性和全面性,很快被采纳为国际标准和各国的标准。ANSI C 标准化工作的一个主要目标是清除原来 C 语言中的不安全、不合理、不精确、不完善的内容。

12.1.2 宏定义的应用

C 语言中,宏定义是程序中经常使用的一类预处理命令,使用宏定义可提高程序的通用性和易读性,防止不一致性,减少输入错误和便于修改,并且对程序维护和执行起到事半功倍的效果。

1. 常量的宏定义

使用宏,我们可以给数值、字符和字符串命名。例如,可以为常量定义宏：

```
#define    ARRAY_LEN      50
#define    FALSE          1
#define    TRUE           0
#define    PI             3.14159
#define    LINE_FEED      '\n'
```

使用宏定义重命名常量有很多显著的优点：

（1）程序易读性强。
（2）便于维护和修改。

范例 12.1

SphereVAndS.c

SphereVAndS.c 计算半径为 r 的球体体积 V 和表面积 S，计算这两个数据值时需要用到圆周率 π，π 的取值会影响计算结果的精度。将圆周率 π 定义成宏 PI，程序维护时通过修改宏值来改变计算结果的精度。

（资源文件夹\chat12\ SphereVAndS.c）

```
01  #include  <stdio.h>
02  #define   PI   3.14                              //定义常量3.14为宏PI
03  void   CalculateSphereVandS(float r)             //定义函数
04  {
05      float   Volume=0, SurfaceArea=0;
06      printf("开始处理函数：CalculateSphereVandS()\n");
07      Volume = 4*PI*r*r*r/3.0;                     //计算球体体积
08      SurfaceArea = 4*PI*r*r;                      //计算球体表面积
09      printf("半径为 %f 的球体体积为：   %f\n", r, Volume);       //打印球体体积
10      printf("半径为 %f 的球体表面积为:%f\n", r, SurfaceArea);    //打印球体表面积
11      return;
12  }
13  void main()
14  {
15      float   r=0;
16      printf("请输入球半径 r: ");
17      scanf("%f", &r);                             //键盘输入球半径r
18      CalculateSphereVandS(r);                     //调用子函数，计算球体体积和表面积
19  }
```

程序第 2 行将圆周率近似值 3.14 定义成宏 PI，系统在预编译阶段，将第 7 行和第 8 行分别扩展为：

```
Volume = 4*3.14*r*r*r/3.0;
SurfaceArea = 4*3.14*r*r;
```

程序运行时输入 r 的值 3，输出结果为：

```
请输入球半径 r: 5
开始处理函数：CalculateSphereVandS()
半径为 5.000000 的球体体积为：   523.333313
半径为 5.000000 的球体表面积为：314.000000
```

若需要提高计算精度，可以修改圆周率的宏定义，假如将圆周率精确到小数点后 5 位，可以将第 2 行程序修改为：

```
#define   PI   3.14159
```

重新运行程序将输出结果：

```
请输入球半径 r: 5
开始处理函数：CalculateSphereVandS()
半径为 5.000000 的球体体积为：   523.598328
半径为 5.000000 的球体表面积为：314.158997
```

当键盘输入参数后,需要对输入数据做检查,可以使用下面的代码对输入的半径 r 值进行检查:

```
if(r<=0)
{
    printf("错误:输入参数不合法!\n");
    return;
}
```

2. 定义宏作数组维数

通常定义数组时要指定数组的维数,但很多情况下,使用数组表示数组维数让人很难理解数组长度的含义,此时可以将数字定义成宏,使用宏名表示数组长度的含义,即方便程序后续维护时对数组长度的修改,也便于程序的阅读和理解。

例如,要定义一个班级内学生的某科成绩,可以定义成下面的宏和数组:

```
#define   STU_NUM   56
float   Math_Score[STU_NUM];
```

当程序员阅读这条代码时,很容易就知道数组所存储的内容及数组长度的含义。在工程设计中,几乎大部分数组定义都使用宏作数组定义时的长度指示。

3. 带参数的宏定义

有时为了简化代码的编写,将一段代码定义成宏,由宏来表示代码。当系统进行预编译时,将这些宏扩展成要执行的代码,从而达到宏替换代码的目的。

范例 12.2 MaxValWithMcro.c 设计一个宏,判断输入的两个参数哪一个大,并返回较大的数值,设计宏时应注意参数的封装。
MaxValWithMcro.c   (资源文件夹\chat12\ MaxValWithMcro.c)

```
01  #include  <stdio.h>
02  #define   MAX(a,b)   ((a)>(b))? (a):(b)      //定义一个判断参数大小的宏 MAX
03  void main()
04  {
05      int a=0,b=0;
06      int max =0;
07      printf("请输入两个参数 a 和 b: ");
08      scanf("%d   %d", &a, &b);                //输入两个参数值
09      max = MAX(a,b);                          //调用宏,计算两个参数的较大者
10      printf("较大的数为:%d\n", max);
11  }
```

程序第 2 行定义了宏 MAX,并带有两个参数 *a* 和 *b*,系统在预编译阶段,将第 9 行展开为:

```
max = ((a)>(b))? (a):(b)
```

程序运行时输入两个参数值为 12 和 58,输出结果为:

```
请输入两个参数 a 和 b: 12   58
较大的数为: 58
```

4. 带参数的宏重定义printf函数

工程应用中，有时需要将标准输出函数 printf 进行重新封装，使其按照一定格式将信息显示到屏幕上。例如，有时在使用 printf 打印信息后，经常需要在输出字符串最后执行换行操作，字符为'\n'，若忘记输入该字符，有可能使输出信息乱序而无法查看，可以通过下面的定义：

```
#define  PRINT(a, b)    printf(a,b); printf('\n');
```

这样，编写代码时可以使用宏 PRINT 代替 printf 函数，并且可以省略输入换行符'\n'。

实训 12.1——程序不同 Log 的打印

Log 在工程中应用非常广泛，在代码维护和测试阶段，经常需要代码打印出提示信息来指示程序运行的位置和状态，以前面讨论过的判断闰年的程序为例，在代码中，需要使用 printf 输出一些指示信息。设计一系列不同级别的宏，取代 printf 函数。例如，对于错误信息的打印，可以使用宏 TRACE_ERROR 表示，对于信息指示的打印，可以使用宏 TRACE_INFO 表示。

（1）需求分析。

分析目标需求，程序中需要做到如下几条关键模块。

需求 1，定义几种类别的宏，用于表示输出信息的类型。

需求 2，根据不同的需求，使用不同类型的宏输出信息。

（2）技术应用。

根据 C 语言标准以及开发平台版本，完善各个需求模块。

对于需求 1，使用宏 TRACE_INFO 表示一般指示信息，使用宏 TRACE_WAR 表示警告的信息，使用宏 TRACE_ERROR 表示错误的信息。

对于需求 2，根据要输出的信息，调用需要的宏。

通过上述分析，写出完整的程序如下。

文件	功能
TraceMcroPrint.c	① 定义几种不同类型的宏，分别表示输出信息的级别 ② 每种类型的宏根据输出信息区别调用

程序清单 12.1：TraceMcroPrint.c

```
01    #include   <stdio.h>
02    #define    TRACE_INFO(a)      printf("INFO: "); printf(a);       封装输出函数，
03    #define    TRACE_WAR(b)       printf("WAR: "); printf(b);        定义宏输出
04    #define    TRACE_ERROR(c)     printf("ERROR: "); printf(c);
05    void LeapYear(int  int_year)
06    {
```

```
07      TRACE_INFO("开始处理函数 LeapYear()\n")
08      if((0==int_year%4 && 0!=int_year%100) || 0==int_year%400)
09      {
10          TRACE_INFO("%d 是闰年\n",int_year);          } 判断是否是闰年
11      }
12      else
13      {
14          TRACE_INFO("%d 是平年\n",int_year);
15      }
16  }
17  void main()
18  {
19      int year=0;
20      TRACE_INFO("请输入年数: ");
21      scanf("%d",&year);                    //输入待判断的年份
22      while(year<=0)
23      {
24          TRACE_ERROR("输入错误,请重新输入:");
25          scanf("%d", &year);                //重新输入年份
26      }
27      LeapYear(year);
28  }
```

程序中第 2 行到第 4 行分别定义了几种类型的宏,用于输出不同类型的信息。程序第 7 行预编译时,将被扩展为:

```
printf(" INFO: "); printf("开始处理函数 LeapYear()\n");
```

后面代码的宏展开可依此类推得到,程序运行时输入-2009 和 2010,输出结果为:

```
请输入年数: -2009
输入错误,请重新输入:2010
开始处理函数 LeapYear()
2010 是平年
```

本实训使用宏定义实现了对标准输出函数 printf()的重新封装,在封装时根据输出信息的类型定义了几种不同的封装类型。工程应用中,经常需要在程序运行时打印一些指示信息,而有些重要的错误信息能够帮助维护人员迅速定位到出问题的位置,因此,定义具有级别的输出宏在工程中有广泛应用。

当代码很多(例如几百万行)时,打印的 Log 信息将非常多,并且在屏幕上难以分析。设计一个方案,将打印的信息保存到指定的文件中,可以使用 fprintf()函数将信息打印到指定文件。

12.1.3 宏定义的终止

宏定义也可以在代码中被终止,使用命令#undef 可以实现这一功能。C 语言中,#undef

命令的一般表达形式为:

> #undef　　宏名

其中宏名为已经定义过的宏。例如,有如下的代码:

> #define　　ADD(x,y)　(x)+(y)　　　　//定义带参数的宏 ADD
> Test1()
> {
> 　　代码段 1
> }
> #undef　　ADD(x,y)　　　　　　　//终止宏 ADD
> Test2()
> {
> 　　代码段 2
> }

由于在函数 Test2()之前使用#undef 终止了宏 ADD,因此在函数 function()中宏 ADD 不再起作用。此外,#undef 也可用于函数内部。

12.2　文件包含

文件包含是 C 语言中另一个非常重要的预编译命令,它使用#include 定义命令行。文件包含中要包含的文件有两种类型,一种是头文件,后缀名为.h,另一种是源代码文件,后缀名为.c,两种不同的文件包含有其特定的含义。另外,与宏定义类似,文件包含也可以嵌套执行。

12.2.1　头文件包含

头文件包含是把被包含的相关文件插入该命令行位置并取代该命令行,进而把被包含的相关文件中的代码和当前的源程序文件连成一个源文件。因此,头文件包含也会使源程序代码量增加。

头文件包含的一般表达形式为:

> #include　<文件名>

或者

> #include　" 文件名"

两者的差别在于,使用尖括号"<"和">"时,系统预编译时到系统目录查找被包含文件。所谓系统目录,是指编译系统安装目录下的某些文件夹,例如,当 Visual C++软件安装在计算机的 D：盘时,标准输入/输出头文件 stdio.h 将位于系统目录:
D:\programfiles\VC98\Include
C 语言中,绝大部分系统头文件都位于这个目录下。
当需要调用系统定义的库函数时,就需要包含与该函数对应的头文件,例如,调用数学函数 sqrt()，就需要包含头文件 math.h；当调用内存分配函数 malloc()时，就需要包含头文件 stdlib.h。

使用双引号包含头文件时，系统预编译时首先在用户当前目录下查找该文件，若未找到，则转到系统目录下寻找。所谓用户当前目录，是指用户新建开发项目时的文件目录，大部分自定义的头文件都使用这种方式。

实训 12.2——银行卡信息录入

现代生活中，几乎人人都有一张银行卡，银行卡的信息主要包括卡主姓名、卡号、身份证号和余额等。已知某银行分行营业部中银行卡信息使用一个结构体数组来存储，共有 5000 人。设计一套代码，将结构体声明等放在自定义头文件中，在主程序中实现对第 800 到 802 个人的信息录入，并将第二个录入的人员信息打印出来。

（1）需求分析。

分析目标需求，程序中需要做到如下几条关键模块。

需求 1，建立一个.h 文件，用于存储结构体类型定义以及其他宏定义。

需求 2，建立.c 文件，并在主程序中定义一个 5000 维结构体数组，用于存储银行卡持有人员信息。

需求 3，设计一个子函数，输入需要录入的人员信息。

（2）技术应用。

根据 C 语言标准以及开发平台版本，完善各个需求模块。

对于需求 1，新建文件 PeopleInfoBanck.h，并在该文件中包含标准输入/输出头文件 stdio.h，定义结构体 PeopleInfoBankCard 用于银行卡信息模版。

对于需求 2，定义 5000 维的结构体数组用于存储银行卡持有人员信息。

对于需求 3，设计子函数输入第 800 到 802 之间三个人的信息，并输出第 2 个人的信息。

由上述分析可知，程序需要两个文件，即头文件和源代码文件，两个文件的文件名和文件功能如下。

文件	功能
PeopleInfoBank.h	① 定义输出信息的宏，定义数组长度宏 ② 定义存储持卡人信息的结构体类型模版
PeopleInfoBank.c	① 源代码文件，定义 5000 维的结构体数组，用于存储持卡人信息 ② 定义子函数，用于输入/输出持卡人信息

程序清单 12.2_1：PeopleInfoBank.h

```
01    #include <stdio.h>
02    #define  PEOPLE_NUM    5000               //定义数组长度
03    #define  TRACE_INFO(a)    printf("Info: "); printf(a);
04    #define  TRACE_CARDIFOR(a,b)    printf("Info: "); \
05                                    printf(a,b);printf("\n");
```
信息输出宏定义

```
06    struct   PeopleInfoBankCard
07    {
08         char    Name[30];
09         char    CardID[20];              定义银行卡信息结构体模版
10         char    IdentityCard[20];
11         char    Money[20];
12    };
```

程序第 2 行定义了宏 PEOPLE_NUM，用于指定结构体数组的长度。程序第 3 行到第 5 行定义了用于输出 u 信息的宏 TRACE_INFO 和 TRACE_CARDIFOR。其中第 4 行中反斜杠 "\" 的功能是指示系统本行程序尚未结束，要执行换行处理。

头文件是程序预编译时在源程序文件中要展开的代码，但程序执行时，先从主函数开始执行，下面是主函数程序的代码：

程序清单 12.2_2：PeopleInfoBank.c

```
01    #include   "PeopleInfoBank.h"                //包含头文件 PeopleInfoBank.h
02    struct   PeopleInfoBankCard PeopleInfo[PEOPLE_NUM]={0}; //定义结构体数组
03    void InputInfo(int Star_Flag, int End_Flag)    //输入银行卡信息函数
04    {
05         int   i=0;
06         TRACE_INFO("开始处理函数 InputInfo()\n");
07         TRACE_INFO("请输入银行卡持有人信息: \n");
08         for(i=Star_Flag;i<=End_Flag;i++)
09         {
10              TRACE_INFO("持卡人姓名：");
11              scanf("%s", PeopleInfo[i].Name);
12              TRACE_INFO("持卡人卡号：");                    输入持卡人信息
13              scanf("%s", PeopleInfo[i].CardID);
14              TRACE_INFO("持卡人身份证号：");
15              scanf("%s", PeopleInfo[i].IdentityCard);
16              TRACE_INFO("卡余额：");
17              scanf("%s", PeopleInfo[i].Money);
18         }
19    }
20    void OutputInfo(int   OutIndex)                 //输出持卡人信息
21    {
22         TRACE_INFO("开始处理函数 Output()\n");
23         TRACE_CARDIFOR("持卡人姓名：%s", PeopleInfo[OutIndex].Name);
24         TRACE_CARDIFOR("持卡人卡号：%s", PeopleInfo[OutIndex].CardID);
25         TRACE_CARDIFOR("持卡人身份证号：%s", PeopleInfo[OutIndex].IdentityCard);
26         TRACE_CARDIFOR("卡余额：%s", PeopleInfo[OutIndex].Money);
27    }
28    void main()
29    {
30         InputInfo(800, 802);                        //调用输入信息函数
31         OutputInfo(801);                            //调用输出信息函数
32    }
```

程序第 1 行包含了头文件 PeopleInfoBank.h，由于该文件与源程序文件在同一个项目工作空间中，因此使用双引号包含该头文件，系统预编译时将首先在用户当前路径中寻找该文件。由于程序第 2 行定义了结构体数组 PeopleInfo，因此头文件包含一定要放在第 1 行，否则系

统编译时可能因为无法找到结构体类型 PeopleInfoBankCard 而报错。

程序编译时应保证系统的两个文件和 PeopleInfoBank.c 在工作空间中的位置，如图 12-1 所示。

其中文件 PeopleInfoBank.c 应位于 Source Files 目录下，文件 PeopleInfoBank.h 应位于 Header Files 目录下。

程序运行输入持卡人信息，按 Enter 键输出结果：

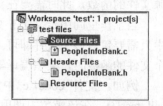

图 12-1 多文件工作空间配置

```
Info: 开始处理函数 InputInfo()
Info: 请输入银行卡持有人信息：
Info: 持卡人姓名：YanShulei
Info: 持卡人卡号：6228481000022222222
Info: 持卡人身份证号：371122198311111111
Info: 卡余额：8848.14
Info: 持卡人姓名：ZhangYongchun
    ⋮
Info: 开始处理函数 Output()
Info: 持卡人姓名：ZhangYongchun
Info: 持卡人卡号：6228482000033333333
Info: 持卡人身份证号：371122198512121222
Info: 卡余额：10010.10
```

本实训采用多文件系统实现了基本的银行卡持卡人信息的录入和输出。程序中在主程序代码最前面首先包含该头文件信息，以保证程序代码的正确编译和执行。

在本实训基础上扩充代码，将存储银行卡信息的结构体模版加以完善，添加如持卡人性别（Sex）、出生日期和发卡日期等信息。其中，出生日期和发卡日期可定义成结构体：

```
struct    BirthDay
{
    unsigned    int year;
    unsigned    short    month;
    unsigned    short    day;
};
struct    StartDay
{
    unsigned    int year;
    unsigned    short    month;
    unsigned    short    day;
};
```

将上述两个结构体嵌入到结构体模版中，输入最后一组 5 个人的银行卡信息，并输出最后一个人的信息。

12.2.2 头文件中的函数声明

当一个项目中有多个源文件统一编译时，有时需要在某个源文件中调用另外一个或几个源文件的函数，此时需要在头文件中进行函数声明，并包含该头文件。

当工作空间中定义了.h文件后，可以将函数声明等放在.h文件中，此时在某源代码文件中只需要包含该头文件即可。但当工作空间中未定义任何.h文件时，当一个文件中调用另一个文件的函数时，某些编译器支持包含源文件名的操作，而有些编译器则不支持。

例如，文件 code1.c 中定义了函数 test1()和函数 test2()，文件 code2.c 中定义了函数 call_test1()，在该函数中调用了函数 test1()，如图 12-2 所示。

当出现这种情况时，需要使用头文件作中转，以保证 code2.c 文件中的函数能够顺利调用函数 test1()。方法为首先新建 code.h 文件，并将被调函数 test1()在 code.h 中使用 extern 进行声明，执行代码为：

  extern void test1();

然后在主调函数所在文件 code2.c 的头部，包含文件 code.h，这样程序在预编译时将自动索引到函数 test1()，并能够在文件 code2.c 中被顺利调用，如图 12-3 所示为函数调用的执行状态图。

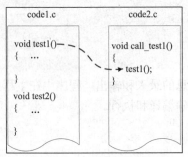

图 12-2 多文件函数调用

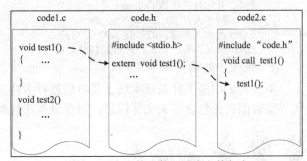

图 12-3 多文件函数调用头文件包含

通常编译系统也允许包含后缀为.c 的文件，但.c 文件作为源代码文件，当这类文件被包含后，系统执行预编译后程序将变得非常冗长，并且系统编译时容易产生错误，因此建议读者谨慎包含后缀为.c 的源代码文件。

12.3 条件编译

条件编译指令主要用于决定程序中哪些代码可以被编译，哪些不可以被编译。条件编译类似于 if 条件语句，但表达形式与 if 语句却截然不同，系统编译时，根据条件编译选项中表达式值的真假或者宏是否被定义来确定编译条件。条件编译中常用的命令有#if、#else 和#endif 编译命令组，#ifdef、#undef 和#endif 编译命令组，#ifndef、#define 和#endif 命令组等。

12.3.1 #if…#else 和#endif 命令

#if…#else 和#endif 有两种组合形式，分别为#if…#endif 和#if…#else…#endif，这两种组合的执行都类似于 if 条件语句，所不同的是两种执行都必须使用#endif 结尾。

1. #if…#endif命令

#if…#endif 命令的一般表达形式为:

```
#if    表达式
       代码段
#endif
```

其中,"表达式"是任何可以转换为数值的表达式,若表达式的值为真(值非 0),则编译后面的代码;若表达式的值为假(值为 0),则不编译,其中#endif 命令表示#if 预处理指令的结束,不能省略。

在程序维护与调试阶段,经常使用#if 预处理命令限制某段代码的编译和执行,即设置表达式的值为 0,这样就可以起到注释代码的作用。

范例 12.3

IfPreProcessCommand.c

IfPreProcessCommand.c 有一段程序,在调试时不想执行某段程序,使用#if 预处理命令将这段代码隔离起来,使系统编译时忽略这部分代码。

(资源文件夹\chat12\IfPreProcessCommand.c)

```
01   #include   <stdio.h>
02   #define   PI   3.14159                        //定义宏 PI
03   void main()
04   {
05       float   r=0;
06       float   S=0, V=0;
07       printf("请输入半径 r: ");
08       scanf("%f", &r);                          //输入半径 r 的值
09       #if  0                                    //条件编译
10           S = 4 * PI * r * r;                   //计算表面积      } 条件编译设置编译开关
11           printf("半径为 %f 的圆球表面积为: %f\n", r, S);
12       #endif
13       V = 4 * PI * r * r * r/3.0;               //计算体积
14       printf("半径为 %f 的圆球体积为:    %f\n", r, V);
15   }
```

程序第 9 行使用了#if 0 的条件编译命令,在工程应用中,这样的设置通常称为编译开关,当表达式使用如第 9 行中的 0 表示时,表示开关关闭,即在#if 和#endif 范围内的代码不被编译,也不被执行;当表达式设置为 1 时,表示开关打开,代码将被编译并执行。程序执行时输入半径为 5,输出结果为:

```
请输入半径 r: 5
半径为 5.000000 的圆球体积为:    523.598333
```

编写代码时不要忘记#endif 命令行,若忘记该行,系统预编译时将无法结束#if 预处理命令而出现编译错误。

2. #if…#else…#endif命令

#if…#else…#endif 命令的一般表达形式为:

```
#if    表达式
       代码段1
#else
       代码段2
#endif
```

其中，表达式与#if…#endif命令中的表达式一样，遵循相同的规则。当表达式为真（值非0）时，编译和执行代码段1；当表达式为假（值为0）时，编译和执行代码段2。

范例 12.4

IfElsePreProcessCommand.c 设计一个编译开关，通过编译开关控制程序的执行，若开关打开，则将已知字符串中小写字母转换为大写，否则将大写字母转换为小写。

IfElsePreProcessCommand.c

（资源文件夹\chat12\ IfElsePreProcessCommand.c）

```
01    #include <stdio.h>
02    #define STRING_LENGTH 30              //定义数组长度
03    #define LOWERCASE 1                    //定义编译开关
04    void main()
05    {
06        char str[STRING_LENGTH]="Basic C Language Study",c;
07        int i=0;
08        while ((c=str[i])!='\0')           //遍历字符串
09        {
10            i++;
11    #if   LOWERCASE                        //定义编译开关
12            if (c>='A' && c<='Z')
13            {
14                c=c+32;
15            }
16    #else
17            if (c>='a' && c<='z')
18            {
19                c=c-32;
20            }
21    #endif
22            printf("%c",c);                //输出字符
23        }
24        printf("\n");
25    }
```

第12~15行：小写转大写
第17~20行：大写转小写

程序第3行定义了用于编译开关的宏LOWERCASE，程序第11行判断宏是否为真，若为真，则执行下面的代码，将字符串中大写字母转换为小写；若为假，则执行#else后的代码，将字符串中小写字母转换为大写。程序运行输出：

basic c language study

若将程序第3行中数字改为0，则程序运行后输出：

BASIC C LANGUAGE STUDY

12.3.2　#ifdef…#endif 和#ifndef…#endif 命令

#ifdef…#endif 和#ifndef…#endif 命令都是判断是否定义了某个宏，因此，它们一般和已

知的一个宏定义组合使用。

1. #ifdef…#endif命令

#ifdef…#endif 命令的一般表达形式为:

```
#ifdef    宏名
        代码段 1
#else
        代码段 2
```

其中,"宏名"可以是任何已定义或未定义的宏。若程序在之前已定义了该宏,则编译代码段 1,否则编译代码段 2。

范例 12.5

CipherCodeExchange.c

CipherCodeExchange.c 输入一行电报文字,输出时有两种格式:一种为原文输出,另一种将字母变成其下一个字母(例如字母 a 变为 b,字母 z 变为 a,其他字符保持不变)。定义一个宏,使用#ifdef 命令来控制是否要译成密码。

(资源文件夹\chat12\ CipherCodeExchange.c)

```
01    #include <stdio.h>
02    #define  ENCRYPTION   1              //定义宏 ENCRYPTION
03    #define MAX 100                      //定义宏 MAX
04    void main()
05    {
06        int i = 0;
07        char Telegram[MAX];
08        printf("请输入电报报文: ");
09        gets(Telegram);                  //输入报文
10    #ifdef  ENCRYPTION                   //判断是否已定义过宏 ENCRYPTION
11        for(i=0;Telegram[i]!='\0';i++)
12        {
13            if((Telegram[i]>='a'&&Telegram[i]<'z') || (Telegram[i]>='A'&&Telegram[i]<'Z'))
14            {
15                Telegram[i]+=1;
16            }
17            else if(('z'==Telegram[i]) || ('Z'==Telegram[i]))
18            {
19                Telegram[i]=Telegram[i] -25;   //最后一个字母的转换
20            }
21        }
22        printf("电报密码报文为: ");
23        puts(Telegram);                  //输出密码电文
24        printf("\n");
25    #else
26        printf("电报报文为: ");
27        puts(Telegram);                  //输出原文电报
28        printf("\n");
29    #endif
30    }
```

（第 11~21 行为：生成密码）

程序第 2 行定义了用于编译开关的宏 ENCRYPTION,定义该宏的目的是表明是否要对电文进行加密操作。程序第 10 行#ifdef 语句分析是否定义过宏 ENCRYPTION,若定义过,则编译后面的代码,执行电文加密操作;若没有定义过,则编译第 25 行程序,直接输出电文。程序运行输出:

请输入电报报文: ten clock, attack!
电报密码报文为: ufo dmpdl, buubdl!

若将第 2 行定义宏 ENCRYPTION 的代码删除，则运行程序将输出：

请输入电报报文: ten clock, attack!
电报密码报文为: ten clock, attack!

2. #ifndef…#endif命令

#ifndef…#endif 命令的一般表达形式为：

```
#ifndef    宏名
           代码段 1
#else
           代码段 2
```

与#ifdef…#endif 命令类似，宏名可以是任何已定义或未定义的宏，若程序在之前从未定义过该宏，则编译代码段 1，否则编译代码段 2。

工程应用中，经常使用这类命令定义分析某个宏有没有定义。例如，需要编写一套即可以在 Linux 系统运行也可以在 Windows 系统运行的代码，就需要使用编译开关，而有时又不确定某个代码文件中是否已经定义了编译开关，因此需要对编译开关进行判断，典型的表达方式为：

```
#ifndef    LINUX              ┐
#define    LINUX              ├ 判断是否已定义宏 LINUX
#endif                        ┘
#ifdef    LINUX               ┐
    Linux 代码段              ├ 编译 Linux 代码
#else                         ┘
    Windows 代码段            ┐ 编译 Windows 代码
#endif                        ┘
```

12.4 疑难解答和上机题

12.4.1 疑难解答

（1）使用宏定义命令#define 需要包含头文件吗？

解答：不需要。预处理命令是 C 语言支持的预处理命令系统，不需要任何说明就可以使用。

（2）#include 命令只能包含后缀为.h 文件吗？

解答：不是。#include 命令可以包含任何存在的文件，只要指定路径正确，编译系统在预编译时都可以找到该文件，例如：

```
#include    "C:/document/test.txt"
```

只要在目录 C:/document/下存在文件 test.txt，程序预编译时就不会出错，但程序编译时有可能出现错误。

（3）程序执行时的预编译和编译有什么不同呢？

解答：程序运行时首先进行代码预编译，预编译阶段是系统处理预处理命令的过程，系统将所有预处理命令进行分析，将宏展开，头文件展开等，以为后续的程序编译作准备。程序编译阶段是对代码进行语法检查及代码转换为汇编的阶段，在这一阶段中，代码中的语法错误将被检测出来。

（4）宏定义时定义宏名必须是大写吗？

解答：不是。将宏名定义为大写，仅仅是工程应用中大部分程序员不成文的约定，目的是为了区分代码中定义的变量，但如果有其他的表示方法能够正确区分宏和变量，也可以使用小写字母或数字以及下画线表示。

（5）if 语句和#if 对代码的影响是一样的吗？

解答：不一样。if 语句是程序代码中的条件分支语句，它仅在代码执行时起作用。#if 是预处理命令，它在系统预编译时起作用。

（6）宏定义#define 和条件编译#if 对代码长度都有什么影响？

解答：#define 预处理命令在预编译时扩展宏，将使代码量增加。#if 预处理命令在预编译时会选择部分代码进行编译，将使代码量减少。

（7）可以仅使用#if 命令而不使用#else 吗？

解答：可以。和分支语句 if…else 语句类似，C 语言没有规定#if 命令后必须含有#else 命令分支。

（8）可以仅使用#if 而不使用#endif 吗？

解答：不可以。和分支语句 if…else 不同，C 语言规定，对于预处理命令，#if 必须使用#endif 结束。

（9）使用#ifdef 命令时，当定义的宏为 0 时，还会编译其后的代码吗？

解答：会。#ifdef 预处理命令的功能是判断是否有相关的宏已经被定义，而不管定义的宏值，例如：

```
#define  A   0
#ifdef   A
    printf("A has been defined\n");
#endif
```

程序由于已经定义了宏 A，因此，程序将输出"A has been defined"，而不管 A 被定义时被赋予的值。

（10）使用#ifndef 命令时，当定义的宏为 1 时，还会编译其后的代码吗？

解答：不会。只要定义了该宏，不管宏被赋予的值是多少，都不会编译后面的代码。

12.4.2 上机题

（1）试编写一条命令，将身份证号码定义成宏。

（2）宏可以完成简单的函数功能，试编写一个含有两个参数的宏，当第一个参数大于第二个参数时，输出两个参数的和，否则输出两个参数的差。

（3）在题（2）的思想基础上，编写一个含有两个参数的宏，当第一个参数大于第二个参数时，交换两个参数值，否则，不交换。

（4）设计一个宏，求以这个宏的一个参数为边长的正方形面积。

（5）分别使用函数和宏计算键盘输入的半径为 r 的圆面积和周长。

（6）设计一个条件编译宏，输入一个 6 位数密码，当调试时原样输出，当正常执行时输出*。

（7）试编写代码，设计一个编译开关，当开关宏为 1 时，输出键盘输入的两个参数 x 和 y 的积，否则输出两个参数的商（注意，计算除法时应先判断除数是否为 0）。

（8）试编写一段代码，使用#ifdef 预处理命令判断，若定义了某个宏，则输出已输入的字符串，否则，输出"Only for test!"。

（9）试在一段可运行的代码中，添加#if 0 控制预处理命令行，将其中一段代码注释掉，代替注释符/* */。

（10）试编写一套既可以在 Linux 系统上运行，又可以在 Windows 系统上运行的 C 语言源程序，通过定义宏判断当前系统是 Linux 还是 Windows。

第13章 文件

C语言中,出于某种需求,有时需要对磁盘文件进行读和写操作,并且随着工程的增大,源代码数量的增加,对磁盘文件的操作也逐渐增多。基于以上原因,C语言提供了几种对磁盘文件的输入/输出接口函数,供用户调用,用户可以使用这些函数完成对文件的读和写等操作。

本章学习重点:
- 文件的概念
- 文件的打开和关闭
- 文件的读写
- 文件的定位

13.1 文件和文件指针

C 语言中,为了方便数据的输入和输出,按存储格式的不同将数据分为不同的文件类型。程序中读写外部的文件需要使用文件指针,文件指针是 C 语言规定的用于读写文件的有效工具。

13.1.1 流和文件

C 语言中的文件源于流的概念,流是 C 语言的数据表达形式,根据不同的流格式,将文件分为两种不同的类型,即文本流和二进制流。程序运行时,经常需要对数据进行输入和输出操作,通常将数据作为流看待,即将数据的输入和输出看作是数据的流入和流出。当使用键盘等物理设备向程序中输入数据时称为数据的流入,当使用打印机、显示器等物理设备接收程序输出的数据时称为数据的流出,此时对于输入和输出的数据不加区分地看作同样类型的数据,这样就产生了流的概念。

1. 文本流和二进制流

C 语言中，流可以分为两种类型，一种是文本流（Text Stream），另一种是二进制流（Binary Stream）。文本流是指流中的数据以字符形式出现，每个字符以一个字节的 ASCII 码表示，例如，文本流中，流输入时，回车符"\n"被转换成回车和换行的代码 0AH，流输出时，代码 0AH 被转换成控制字符"\n"。二进制流是指流中的数据是二进制数字序列，对于字母，使用一个字节的二进制 ASCII 码 61H 表示，对于数字，使用一个字节的二进制数表示，对控制字符如"\n"等，不进行变换。

例如，2010 这个数，在文本流中，每个数字都使用与它对应的 ASCII 码表示，查附表 1，得到 2010 的表示方法为 00110010　00110000　00110001　00110000，共占 4 个字节。在二进制流中，2010 被作为数组转换为二进制形式 00000111　11011010，共占 2 个字节。

处理数字数据时，二进制流比文本流节省空间，可以大大加快数据传输的速度，提高效率，所以对于大量数字流，可以使用二进制流。对于字符而言，使用文本流更容易清晰地看清数据的内容，因此，对于字符流，一般使用文本流。

2. 文本文件和二进制文件

C 语言中，流就是一种文件的表示形式，为了习惯表示，将以流表示的文件称为流式文件，流的输入/输出也称为文件的输入/输出。C 语言中，将文件输入/输出操作称为标准输入/输出，或称为流式输入/输出。通常将文本流形式的数据文件称为文本文件，将二进制流形式的数据文件称为二进制文件。

系统在执行文件的输入/输出操作时，按照是否具有缓冲区可将文件系统分为两种类型，一种是缓冲文件系统，在该系统下，文件操作时系统自动地在内存中为每一个正在使用的文件开辟一个缓冲区。另一种是非缓冲文件系统，在该系统下，文件操作时系统不自动开辟确定大小的缓冲区，而由程序为每个文件设定缓冲区。通常文本文件用缓冲文件系统，二进制文件用非缓冲文件系统。

13.1.2 文件指针

C 语言中，为了方便对文件的输入/输出操作，引入了文件指针。所谓文件指针，是指系统定义的一个特殊指针，该指针可以指向被调用的文件，并通过这个指针对文件进行读和写等操作。

文件指针使用 FILE 类型定义，它被定义在标准输入/输出头文件 stdio.h 里，FILE 类型实际上是一个结构体类型模版，该结构体中包含如缓冲区地址、缓冲区当前存取字符的位置、对文件是读还是写、是否出错、是否已经遇到文件结束标志等信息。

定义文件类型的一般表达形式为：

    FILE *指针变量名；

其中，FILE 应为大写，是系统定义的专门用于定义文件指针的数据结构，该结构中含有文件名、文件状态和文件当前位置等信息。"指针变量名"是用户自定义标识符，遵守用户自定义标识符的命名规则。

例如，可以定义下面的指向文件的指针变量：

```
FILE    *fp1, *fp2;
```

上述定义表示 fp1 和 fp2 是指向 FILE 结构的指针变量，通过 fp1 和 fp2 即可找到存放某个文件信息的结构变量，然后按结构变量提供的信息找到该文件，实施对文件的操作。习惯上也把 fp1 和 fp2 称为指向一个文件的指针。

13.2 文件的打开和关闭

C 语言中，文件的存在就是为了存储数据，和现在常用的 Word 文件类似，在对文件进行读和写操作时需要首先将文件打开，对文件中的数据处理完毕之后要进行关闭操作。C 语言的文件打开和关闭需要使用文件指针及调用文件处理函数来操作。

13.2.1 文件的打开

打开一个文件需要使用文件指针和文件打开函数，文件打开的一般表达形式为：

```
FILE    *指针变量名;
指针变量名= fopen(文件路径，文件打开方式);
```

其中，"指针变量名"是 FILE 类型的指针变量，且必须是 FILE 类型。fopen 是 C 语言中文件打开的函数，该函数的声明在头文件 stdio.h 中。"文件路径"是指要打开文件的绝对路径及文件名，所谓绝对路径，即指计算机中完整地描述文件位置的路径，例如，计算机中 D 盘目录下 C_language 文件夹下有一个 test.txt 文件，则该文件的绝对路径为：D:\C_language\test.txt。"文件打开方式"是指要打开文件的类型和文件打开的操作要求。文件路径和文件打开方式都使用双引号封装，以字符串形式传入函数体。

函数 fopen 返回类型为 FILE 的指针，若返回 NULL，表明函数打开文件失败。

例如，以只读方式打开在 D 盘下的二进制文件 test.txt，可以使用下面的两条代码：

```
FILE    *fp = NULL;
fp = fopen("D: \\test.txt",    "rb");
```

其中，"D: \\test.txt"表示要打开 D 盘下的文件 test.txt，"rb"表明以只读方式打开二进制文件。

字符串中，特殊字符需要进行特殊处理，例如使用标准输出函数 printf 输出%，需要使用%%来输出。同样，对于字符"\"也需要使用双斜杠，即"\\"来表示斜杠，因此，路经 D: \test.txt 在 fopen 函数中的表示方法为 D: \\test.txt。

C 语言中可以处理的文件主要有两种类型，一种是二进制文件，通常以后缀.bin 表示，另一种是文本文件，通常以后缀.txt 表示；对文件的打开方式主要有文件读、文件写和文件末尾添加数据。针对这些对文件的各种操作，C 语言规定了 12 种文件打开方式，如表 13-1

所示为文件打开方式映射表。

表 13-1 文件打开方式

文件类型	打开方式	含义
二进制文件	rb	以只读方式打开一个二进制文件
	wb	以只写方式打开一个二进制文件，若文件不存在，则新建该文件名的二进制文件
	ab	打开一个二进制文件，并将新输入的数据添加到文件末尾
	rb+	以读写方式打开一个二进制文件
	wb+	以读写方式打开一个二进制文件，若文件不存在，则新建该文件名的二进制文件
	ab+	以读写方式打开一个二进制文件，并将新输入的数据添加到文件末尾
文本文件	rt	以只读方式打开一个文本文件
	wt	以只写方式打开一个文本文件，若文件不存在，则新建该文件名的文本文件
	at	打开一个文本文件，并将新输入的数据添加到文件末尾
	rt+	以读写方式打开一个文本文件
	wt+	以读写方式打开一个文本文件，若文件不存在，则新建该文件名的文本文件
	at+	以读写方式打开一个文本文件，允许读，或在文件末追加数据

表中，打开方式的字母和字符都有特定的含义，例如，字母 r 表示对文件的读权限，w 表示对文件的写权限，各字符的含义如下。

r：read 的缩写，设置对文件的"读"权限。

w：write 的缩写，设置对文件的"写"权限。

a：append 的缩写，设置对文件的末尾添加数据操作。

t：text 的缩写，设置文件类型为文本文件。

b：banary 的缩写，设置文件类型为二进制文件。

+：设置允许对文件进行"读"和"写"操作。

C 语言中默认的文件方式为文本文件，因此，当不指定使用什么类型的文件时，系统默认文件处理方式为文本文件。

由于 C 语言中的文件打开不能通过可视化界面查看文件是否成功打开，因此，使用 fopen 函数打开文件时，需要检查文件指针以确定是否正确打开了该文件。

范例 13.1 FileOpen.c 使用 fopen 函数以只读方式打开 D 盘下文件名为 test.txt 的文本文件，若打开成功，则输出成功信息；若不成功，表明 D 盘下没有该文件，此时，使用写方式打开文件，并检查 D 盘是否有新建文件 test.txt。

FileOpen.c-

（资源文件夹\chat13\ FileOpen.c）

```
01    #include <stdio.h>                                        预处理命令：头文件
02    #define  INFO(a)   printf("信息: ");printf(a);printf("\n");   包含和宏定义
03    #define  ERROR(a)  printf("错误: ");printf(a);printf("\n");
04    void main()
05    {
06        FILE *fp = NULL;                    //定义文件指针 fp
07        fp = fopen("D:\\test.txt", "rt");   //以只读方式打开文本文件 test.txt
08        if(NULL == fp)                      //判断文件打开是否成功
```

```
09          {
10              ERROR("文件 test.txt 打开错误!");
11              fp = fopen("D:\\test.txt", "wt");           //新建文件
12              if(NULL == fp)                              //判断新建文件是否成功
13              {
14                  ERROR("新建文件 test.txt 错误!");
15              }
16              else
17              {
18                  INFO("新建文件 test.txt 成功!");
19              }
20          }
21          else
22          {
23              INFO("成功,新建文件 test.txt 完成!");
24          }
25      }
```

右侧大括号标注：文件打开失败,新建文件

程序第 6 行定义文件指针 fp 并赋初值 NULL,以保证该指针不会被误用。程序第 7 行以只读方式打开 D 盘目录下的文本文件 test.txt,并将返回指针赋给 fp。程序第 8 行到第 20 行进行文件打开失败时的处理,其中第 11 行使用写方式打开文本文件,目的是新建该文件,若新建失败,则输出失败信息。

第一种情况,若 D 盘目录下没有文件 test.txt,则程序运行 1 次,输出结果：

> 错误: 文件 test.txt 打开错误!
> 信息: 新建文件 test.txt 成功!

上述信息表示文件打开失败,表明 D 盘中没有 test.txt 文件,在第 1 次程序运行基础上,再运行一次,输出结果为：

> 信息: 新建文件 test.txt 成功!

第二种情况,若 D 盘目录下已存在文件 test.txt,则程序运行 1 次,输出结果：

> Info: Successfully, file test.txt open OK!

第一种情况下程序运行调用 fopen 函数后返回指针值赋给文件指针 fp,由于 D 盘下不存在文件 test.txt,因此函数 fopen 返回 NULL,程序打印错误信息,并继续执行代码第 11 行,由于第 11 行程序以写方式打开文件,但该文件不存在,因此系统新建该文件名的文本文件,并返回该文件的起始地址。当第 2 次运行程序时,由于第 1 次程序运行时已经新建了文件 test.txt,因此第 2 次运行时将提示文件打开成功的信息。

第二种情况下由于 D 盘下已存在文件 test.txt,因此程序调用 fopen 函数返回文件存储起始地址,打印出成功的信息。

运行该程序前,请先保证计算机上有 D 盘分区,并且当前登录计算机的用户具有对 D 盘写权限,否则程序执行将出现错误或执行不正确,当没有 D 盘分区时,可将程序中的 D 改为 C,然后再运行程序。

13.2.2 文件的关闭

当使用 fopen 函数打开文件后，文件内容就开放给程序进行读取或写入，当文件使用后，需要将打开的文件进行关闭，否则文件将暴露在程序中，并有可能篡改文件内容而导致恶性结果。文件的关闭使用文件关闭函数 fclose 来操作。

C 语言中，文件关闭的一般表达形式为：

fclose (文件指针);

其中，"文件指针"是指接收 fopen 函数返回值的 FILE 类型的指针变量。函数 fclose 为返回 int 型的函数，当函数关闭文件成功时，返回 0，否则返回 EOF，EOF 为系统定义的宏，默认时该宏被定义为-1。使用 fclose 函数时也应包含头文件 stdio.h。

范例 13.2 FileClose.c 使用 fopen 函数以只读方式打开 D 盘下文件名为 hellofriends.txt 的文本文件，然后关闭打开的文件，并判断文件是否关闭成功。

FileClose.c

（资源文件夹\chat13\ FileClose.c）

```
01   #include <stdio.h>
02   #define  INFO(a)   printf("信息: ");printf(a);printf("\n")      预处理命令：头文件包
03   #define  ERROR(a)  printf("错误: ");printf(a);printf("\n")      含和宏定义
04   void main()
05   {
06       int   i = 1;                                      //定义变量 i，接收 fclose 函数的返回值
07       FILE *fp = NULL;                                  //定义文件指针 fp
08       fp = fopen("D:\\hellofriends.txt", "rt");
09       if(NULL == fp)
10       {
11           ERROR("文件 hellofriends.txt 打开失败!");
12       }
13       else
14       {
15           INFO("成功, 文件 hellofriends.txt 打开完成!");
16       }
17       i= fclose(fp);                                    //关闭文件
18       if(0 == i)
19       {
20           INFO("文件关闭成功!");
21       }
22       else
23       {
24           ERROR("文件关闭失败!");
25       }
26   }
```

程序第 17 行关闭已打开的文件，并将返回值赋给变量 i，程序第 18 行到第 25 行判断文件关闭是否成功，若成功，则输出成功信息；若不成功，则输出不成功信息。

程序运行时，分为两种情况，一种情况是 D 盘目录下没有文件 hellofriends.txt，另一种情况是 D 盘目录下存在文件 hellowfriends.txt。

当 D 盘路径下没有文件 hellofriends.txt 时，输出结果为：

> 错误：文件 hellofriends.txt 打开失败!

并且，程序会出现崩溃性错误，如图 13-1 所示。之所以出现这种错误，是因为将值为 NULL 的指针 fp 作为实参传给 fclose 函数，在执行函数体 fclose 时出现错误。

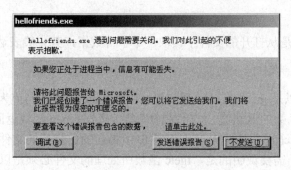

图 13-1　fclose 错误

当 D 盘路径下含有文件 hellofriends.txt 时，输出结果为：

> 信息：成功，文件 hellofriends.txt 打开完成!
> 信息：文件关闭成功!

鉴于上述第一种情况将导致程序出现崩溃性错误，因此，在调用函数 fopen 之后和 fclose 之前，一定注意对文件指针进行检查，若指针值为 NULL，则输出错误信息，以帮助分析问题原因。

13.3　文件的读写

文件打开时可以设置文件打开后的权限，例如，使用"wb+"格式表明可以对打开的二进制文件进行读和写操作。对文件的读和写操作是处理文件最主要的两个操作，根据不同的文件处理权限，C 语言提供了多种文件处理函数，以实现对文件的读和写操作，主要文件处理函数如表 13-2 所示。下面将依次介绍各种函数的功能与应用。

表 13-2　文件处理函数

函数类别	函 数 名	功　　能
字符处理函数	fgetc	字符读取函数
	fputc	字符写入函数
字符串处理函数	fgets	字符串读取函数
	fputs	字符串写入函数
数据段处理函数	freed	数据块读取函数
	fwrite	数据块写入函数
格式化处理函数	fscanf	格式化输入函数
	fprintf	格式化输出函数

13.3.1 字符处理函数 fgetc 和 fputc

字符处理函数 fgetc 和 fputc 分别从文件中读取和写入一个字符，因此这两个函数对文件的操作是以字节为单位进行的。

1. fgetc函数

fgetc 函数的功能是从打开的文件中读取一个字符数据，其一般表达形式为：

变量 = fgetc(文件指针);

其中"变量"可以是 int 型或 char 型变量，由于 fgetc 函数返回值为字符型，因此，一般以 char 型接收 fgetc 函数的返回值。"文件指针"是指接收 fopen 函数返回值的文件指针变量。

例如："c = fgetc(fp);"表示从文件指针 fp 所指向的已打开的文件中读取一个字符，并将该字符赋给变量 c。需要说明的是，fgetc 函数所处理的文件必须是以读或读写方式打开的文件，但 fgetc 函数可不向任何变量赋值，而仅执行读取操作。

fgetc 函数的调用会使系统对该文件的维护产生影响。文件被打开后，系统为该文件分配一个位置指针，该指针的主要功能是用来指向文件的当前读写位置。

每调用一次 fgetc 函数，位置指针就会向后移动一个字节。因此，fgetc 函数的调用将影响位置指针所指的位置，所以即便没有将 fgetc 函数的返回值赋给任何变量，其调用仍然会对文件的位置指针产生影响。

范例 13.3
Funcfgetc.c

Funcfgetc.c 在 D 盘目录 D:\C_language\下新建文本文件 helloall.txt，并使用 fgetc 函数读取硬盘中的文本文件，使用 putchar 函数输出文件内读取出的字符。

（资源文件夹\chat13\ Funcfgetc.c）

```
01    #include <stdio.h>                                              预处理命令：头文件
02    #define  INFO(a)    printf("信息: ");printf(a);printf("\n");     包含和宏定义
03    #define  ERROR(a)   printf("错误: ");printf(a);printf("\n");
04    void main()
05    {
06        int   i = 1;
07        char c;
08        FILE *fp = NULL;
09        fp = fopen("D:\\C_language\\helloall.txt", "rt");    //文件打开
10        if(NULL = = fp)
11        {
12            ERROR("文件 hellofriends.txt 打开失败!");          文件打开失败，结束程序
13            return;
14        }
15        else
16        {
17            INFO("成功，文件 hellofriends.txt 打开完成!");
18        }
19        c=fgetc(fp);                        //读取文件中的第一个字符
20        while(EOF!=c)
```

```
21          {
22                  putchar(c);          //打印字符
23                  c=fgetc(fp);
24          }
25          putchar('\n');
26          i= fclose(fp);               //关闭文件
27          if(0 == i)
28          {
29                  INFO("文件关闭成功!");
30          }
31          else
32          {
33                  ERROR("文件关闭失败!");
34          }
35    }
```

执行范例 13.3 的程序前，先在 D 盘下新建文件夹 C_language，并在路径 D:\C_language\ 下新建文件 helloall.txt，然后在文件中输入字符串"hello all, welcome to study C_language!"并保存。程序第 9 行以只读方式打开新建立的文本文件。程序第 19 行调用函数 fgetc，读取文件的第一个字符，执行该行代码后，隐含于系统内的文件位置指针将指向文件的第二个字符。程序第 20 行到第 24 行执行 while 循环，依次打印输出读入的字符。程序第 22 行调用 putchar 函数打印出读入的字符，程序第 23 行调用 fgetc 函数依次读入文件的每个字符。程序执行输出结果为：

> 信息: 成功, 文件 hellofriends.txt 打开完成!
> hello all, welcome to study C_language!
> 信息: 文件关闭成功!

调用 fopen 函数打开文件时，应注意文件打开的路径，例如范例 13.3 中的路径"D:\\C_language\\helloall.txt"，对每层路径的嵌入应该使用双斜杠 "\\" 表示。

2. fputc函数

fputc 函数的功能是向打开的文件中写入一个字符数据，其一般表达形式为：

> 变量 = fputc(字符，文件指针);

其中"变量"可以是 int 型或 char 型变量，由于 fputc 函数返回值为整型，因此，一般以 int 型接收 fputc 函数的返回值。"字符"是指要写入的字符数据，"文件指针"是指接收 fopen 函数返回值的文件指针变量。

例如："i = fputc('m', fp);"表示向文件指针 fp 所指向的已打开的文件中写入一个字符'm'，若写入成功，则返回写入的字符值，否则返回 EOF。

需要说明的是，fputc 函数所处理的文件必须是以写、读写或者文件末尾添加方式打开的文件。当以写或读写方式打开文件时，使用 fputc 函数将会从文件起始位置输入字符，若文件中已有数据，则原数据将被覆盖；当以文件末尾添加方式打开文件时，使用 fputc 输入的数据将被添加到文件末尾。每调用一次 fputc 函数，文件的位置指针都向后移动一个字节，为下一次输入作准备。

实训 13.1——建立 readme 文件

许多文件或安装程序包中都含有自述文件，通常命名为 readme，这些文件都是为了说明文件的使用方法或者程序的安装方法。在计算机路径 D:\C_language\下新建并打开一个 readme 文件，使用 fputc 函数向该文件中输入一个关于 C 语言的简单说明文档，以字符"#"号结束。然后使用 fgetc 函数输出文件的内容。

（1）需求分析。

分析目标需求，程序中需要做到如下几个关键模块。

需求 1，新建并打开一个文件名为 readme 的文本文件。

需求 2，使用 fputc 函数按字符输入说明文档，当输入"#"号时，结束输入。

需求 3，使用 fgetc 函数按字符输出说明文档，直到文件结束。

需求 4，文件处理后，关闭文件。

（2）技术应用。

根据 C 语言标准以及开发平台版本，完善各个需求模块。

对于需求 1，使用 fopen 函数，"wt+"方式打开文件 readme.txt，当指定路径 D:\C_language\下该文件不存在时，系统自动新建该文件，并将其打开。

对于需求 2，新建子函数 write_readm()，输入说明文档信息，当输入"#"号时，输入结束。函数结束时应处理文件指针，使其指向文件开头。

对于需求 3，新建子函数 read_readm()，输出说明文档信息。

对于需求 4，函数调用结束后，调用函数 fclose 关闭文件。

通过上述分析，写出完整的程序如下。

文件	功 能
readme.c	① 新建文件 readme.txt，然后将其打开 ② 新建子函数 write_readm()，输入说明文档 ③ 新建子函数 read_readm()，输出说明文档 ④ 关闭文件

程序清单 13.1：readme.c

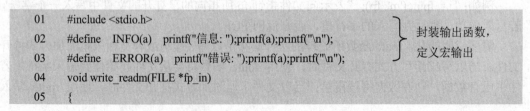

```
06          char  ch1;
07          INFO("开始处理函数 write_readm()");
08          if(NULL == fp_in)                    //入参检查
09          {
10              ERROR("输入参数为 NULL!");
11              return;
12          }
13          INFO("请输入一段自述文件，以#号结束");
14          ch1=getchar();                        //输入第一个字符
15          while ('#'!=ch1)                      //以#号结束输入
16          {
17              fputc(ch1,fp_in);                 //输入字符
18              ch1=getchar();
19          }
20          rewind(fp_in);                        //将文件指针置位到文件开头
21      }
22      void read_readm(FILE *fp_out)
23      {
24          char ch2;
25          INFO("开始处理函数 read_readm()");
26          if(NULL == fp_out)                    //入参检查
27          {
28              ERROR("输入参数为 NULL!");
29              return;
30          }
31          INFO("开始输出 readm 文件:");
32          ch2=fgetc(fp_out);                    //读出字符
33          while(EOF!=ch2)
34          {
35              putchar(ch2);
36              ch2=fgetc(fp_out);
37          }
38          rewind(fp_out);                       //将文件指针置位到文件开头
39      }
40      void main()
41      {
42          int   i = 1;
43          FILE *fp = NULL;
44          fp = fopen("D:\\C_language\\readm.txt", "wt+");  //打开文件
45          if(NULL == fp)
46          {
47              ERROR("文件 readm.txt 打开失败!");
48              return;
49          }
50          else
51          {
52              INFO("成功, 文件 readm.txt 打开完成!");
53          }
54          write_readm(fp);                      //调用写入数据文件
```

```
55          read_readm(fp);                    //调用读出数据文件
56          putchar('\n');
57          i= fclose(fp);                     //文件关闭
58          if(0 == i)
59          {
60              INFO("文件关闭成功!");
61          }
62          else
63          {
64              ERROR("文件关闭失败!");
65          }
66      }
```

程序在执行前应确保计算机当前用户可以访问路径 D:\C_language，对文件夹 C_language 具有写权限，并且文件夹下不存在文件 readme.txt。

程序第 44 行使用读/写方式打开路径 D:\C_language\下文本文件 readme.txt，若文件不存在，则新建该文件并将其打开。程序第 54 行调用子函数 write_readm()，在该函数中实现说明文档的输入。程序第 55 行调用子函数 read_readm()，在该函数中实现说明文档的输出。程序第 20 行和第 38 行调用了库函数 rewind()，调用该函数的作用是使文件指针返回文件头部。

程序运行输入说明文档，并以"#"号结束：

> 信息：成功，文件 readm.txt 打开完成!
> 信息：开始处理函数 write_readm()
> 信息：请输入一段自述文件，以#号结束
>   Name: C programming language
>   Author: Yan shulei
>   Detail discription:
>   C is one of the most popular programming languages. It is widely used on many diferent software platforms.
>   Thank you!

按 Enter 键，程序输出结果为：

> 信息：开始处理函数 read_readm()
> 信息：开始输出 readm 文件：
>   Name: C programming language
>   Author: Yan shulei
>   Detail discription:
>   C is one of the most popular programming languages. It is widely used on many diferent software platforms.
>   Thank you!
> 信息：文件关闭成功!

本实训通过调用文件处理函数 fopen、fclose、fputc、fgetc 和 rewind 等实现了通过 C 语言建立 readme 文件的方法，文件的建立和处理是计算机处理中非常常见的操作，但使用 C 语言实现文件的建立和处理是可以在各种类型平台使用的有效方法。

熟悉程序代码，完成下面的几个调整。

（1）程序删除第20行后，查看运行输出的结果，分析出现这种结果的原因。提示：当删除第20行代码后，文件指针将指向文件末尾，当再次调用fgetc函数时，会使文件指针返回的字符产生错误。

（2）将两个子函数融合到主函数中执行，注意，融合时的指针名等参数设计。

13.3.2 字符串处理函数 fgets 和 fputs

对于数据量较大的文本文件，每次仅读写一个字符很难满足实际需求，因此，C语言提供了字符串处理函数 fgets 和 fputs。

1. fgets函数

fgets 函数的功能是从打开的文件中读取一段字符串到字符数组中，其一般表达形式为：

fgets(字符数组名, n, 文件指针);

其中，"字符数组名"是已定义的字符数组，n 是正整数，表示从文件中读取含有 n-1 个字符的字符串，"文件指针"是指接收 fopen 函数返回值的文件指针变量。例如：

char　array_ch[100];
fgets(array_ch, 20, fp);

表示从文件指针 fp 所指向的已打开的文件中读取长度为 19 的字符串，并将该字符串放进字符数组 array_ch 中。需要说明的是，与 fgetc 函数类似，fgets 函数所处理的文件必须是以读或读/写方式打开的文件。

由于字符串最后一个字符为字符串结束符 "\0"，因此，当需要读取 n 个字符的字符串时，实际读取的字符串长度为 n-1。

在读取文件时，fgets 函数比 fgetc 函数更方便，使用也更灵活。

范例 13.4　Funcfgets.c 在D盘目录D:\C_language\下新建文本文件 ExpoEmblem.txt，使用 fgets 函数读取长度为 50 的该文本文件字符串，并打印出读取的字符串。
Funcfgets.c　（资源文件夹\chat13\ Funcfgets.c）

```
01    #include <stdio.h>
02    #define  _ ,
03    #define  INFO(a)    printf("信息: ");printf(a);printf("\n");
04    #define  ERROR(a)   printf("错误: ");printf(a);printf("\n");
05    void main()
06    {
07        int  i = 1;
08        char array_ch[100];
```
预处理命令：头文件包含和宏定义

```
09          FILE *fp = NULL;
10          fp = fopen("D:\\C_language\\ExpoEmblem.txt", "rt");            //文件打开
11          if(NULL == fp)
12          {
13              ERROR("文件 ExpoEmblem.txt 打开失败!");
14              return;
15          }
16          else
17          {
18              INFO("成功, 文件 ExpoEmblem.txt 打开完成!");
19          }
20          fgets(array_ch, 60, fp);                //读取文件中前59个字符构成的字符串
21          INFO("输出字符串：%s"，array_ch);        //将字符串打印到屏幕上
22          i= fclose(fp);                          //关闭文件
23          if(0 == i)
24          {
25              INFO("文件关闭成功!");
26          }
27          else
28          {
29              ERROR("文件关闭失败!");
30          }
31      }
```

与范例 13.3 执行时的操作类似，执行范例 13.4 程序前，同样需要在 D 盘的文件夹 C_language 下新建文件 ExpoEmblem.txt，然后在文件中输入字符串"Welcome to shanghai, 2010 Expo emblem waiting for you!"并保存。程序第 10 行以只读方式打开新建立的文本文件。程序第 20 行调用函数 fgets，读取文件中前 59 个字符构成的字符串，并将该字符串复制到数组 array_ch 中。程序执行输出结果为：

信息: 成功, 文件 ExpoEmblem.txt 打开完成!
信息: 输出字符串：Welcome to shanghai, 2010 Expo emblem waiting for you!
信息: 文件关闭成功!

2. fputs函数

fputs 函数的功能是向打开的文件中写入一段字符串，其一般表达形式为：

变量 = fputc(字符串，文件指针);

其中"变量"可以是 int 型或 char 型变量，由于 fputs 函数返回值为整型，因此，一般以 int 型接收 fputs 函数的返回值。"字符串"是指要写入的字符串数据，它可以是字符串常量，也可以是字符数组名，还可以是指向字符串的字符指针。"文件指针"是指接收 fopen 函数返回值的文件指针变量。

例如："i = fputs("Welcome!", fp);"表示向文件指针 fp 所指向的已打开的文件中写入一段字符串"Welcome"。若写入成功，则返回写入的字符值，否则返回 EOF。

与 fputc 函数类似，fputs 函数所处理的文件必须是以写、读/写或者文件末尾添加方式打开的文件。当以写或读/写方式打开文件时，使用 fputs 函数将会从文件起始位置输入字符串，若文件中已有数据，则原数据将被覆盖。当以文件末尾添加方式打开文件时，使用 fputs 输入

的数据将被添加到文件末尾。

范例 13.5

Funcfputs.c

Funcfputs.c 在 D 盘目录 D:\C_language\下新建并打开文本文件 NewWorld.txt，使用 fputs 函数写入一段字符串，并使用 fgets 函数将输入的字符串原样输出。

（资源文件夹\chat13\ Funcfputs.c）

```
01   #include <stdio.h>
02   #define    _,
03   #define    INFO(a)    printf("信息: ");printf(a);printf("\n");
04   #define    ERROR(a)   printf("错误: ");printf(a);printf("\n");
05   void main()
06   {
07       int   i = 1;
08       char *array_ch_in="New dream, new world!";      //输入字符串
09       char array_ch_out[50];                           //接收数组
10       FILE *fp = NULL;
11       fp = fopen("D:\\C_language\\NewWorld.txt", "wt+");   //文件打开
12       if(NULL == fp)
13       {
14           ERROR("文件 NewWorld.txt 打开失败!");
15           return;
16       }
17       else
18       {
19           INFO("成功, 文件 NewWorld.txt 打开完成!");
20       }
21       fputs(array_ch_in, fp);                          //文件中写入字符串
22       rewind(fp);                                      //文件指针复位
23       fgets(array_ch_out, 30, fp);                     //读出字符串
24       INFO("输出字符串：%s" _ array_ch_out);
25       i= fclose(fp);                                   //关闭文件
26       if(0 == i)
27       {
28           INFO("文件关闭成功!");
29       }
30       else
31       {
32           ERROR("文件关闭失败!");
33       }
34   }
```

预处理命令：头文件包含和宏定义

程序第 8 行定义了字符指针用于指向一段字符串，用于向文件中写入，也可以定义字符指针，并动态分配一段内存，由键盘输入。程序第 9 行定义了字符数组，用于接收读出的字符串。程序第 21 行向文件中写入定义的字符串。程序第 22 行将文件指针复位，以保证文件读取的正确。程序第 23 行从文件中读取 30 个字符，并保存到字符数组 array_ch_out 中。程序运行输出结果为：

信息: 成功, 文件 ExpoEmblem.txt 打开完成!

信息：输出字符串：New dream, new world!
信息：文件关闭成功!

文件打开时应使用读/写方式打开文件，否则程序将无法向文件中写入和读取。

13.3.3 数据段处理函数 fread 和 fwrite

在工程应用中，有时需要从文件中对数据进行批量的复制或存储，但使用前面讲述的文件处理函数无法满足要求，因此 C 语言提供了数据段处理函数 fread 和 fwrite。

1. fread函数

数据段读取函数 fread 可以按照规定的字节数读取文件中的数据段，其调用的一般形式为：

fread(文件指针, size, n, 文件指针);

其中，"文件指针"是指指向有效内存空间的地址变量名或数组名，"size"为要读取的数据段大小，n 表示要读取的次数，"文件指针"是指接收 fopen 函数返回值的文件指针变量。

例如：要读取 2 次文件指针 fp 所指的文件中 200 字节大小的数据段，并将这段数据放到数组 array 中，可以使用下面的语句：

int   array[300];
fread(array, 200, 2, fp);

需要注意的是，当对这段数据只读一次时，可以将表示次数的参数设为 1，但不能省略。调用 fread 函数时，所处理的文件必须是以读或读/写方式打开的文件。

2. fwrite函数

数据段写入函数 fwrite 可以按照规定的字节数向打开的文件中写入一段数据，其一般表达形式为：

变量 = fwrite(文件指针, size, n, 文件指针);

其中，变量的使用和 fputs 函数相同。函数中的参数，如文件指针、size 等与 fread 函数类似，区别在于 fwrite 函数是将指针名所指的内存区域中 size 字节单元数据写入到文件 n 次。

例如：要向文件中写入一个结构体类型的数据，可以使用下面的代码：

```
01    struct    Project
02    {
03        char    ProjectName[32];
04        int    ProjectIncome;
05    }Lte = {"LTE_eNodeB", 23500};              定义结构体 Project
06    i = fwrite(&Lte, sizeof(struct Project), 1, fp);    //向文件中写入数据段
```

上述代码表示向文件指针 fp 所指的已打开的文件中写入一段结构体数据。

实训 13.2——项目信息录入与输出

工程应用中，经常需要在工程代码的开始或结束位置输出或存储项目信息。WCDMA 项目和 LTE 项目是当前通信领域中体现 3G 和 4G 网络的主要通信架构，设计一个方案，将两个项目的主要信息存储到指定目录的文件中，并输出该项目信息，项目信息包括项目名称、项目负责人、项目收益、项目支出和项目起止时间等。

（1）需求分析。

分析目标需求，程序中需要做到如下几条关键模块。

需求 1，建立一个 .h 文件，用于存储结构体类型定义以及其他宏定义，定义结构体，用于表达项目信息。

需求 2，建立一个 .c 文件，处理打开文件和关闭文件操作，同时进行项目信息录入。

需求 3，设计两个子函数，一个用于向文件中写入信息，另一个用于从文件中读出信息，并显示到屏幕上。

（2）技术应用。

根据 C 语言标准以及开发平台版本，完善各个需求模块。

对于需求 1，新建头文件 ProjectManagement.h，并在该文件中包含标准输入/输出头文件 stdio.h，定义结构体 Project 用于项目信息模版。

对于需求 2，新建源代码文件 ProjectManagement.c，处理主函数操作，打开文件 ProjectManagement.txt，并输入两个项目信息。

对于需求 3，新建源代码文件 ProjectSavePrint.c，设计子函数 ProjectSave()用于向打开的文件中写入项目信息，设计子函数 ProjectPrint()用于从打开的文件中读出项目信息，然后显示到屏幕上。

由上述分析可知，程序需要三个文件，即头文件和两个源代码文件，文件名和文件功能如下。

文件	功　　能
ProjectManagement.h	① 定义输出信息的宏 ② 定义项目信息的结构体类型模版
ProjectManagement.c	① 源代码文件，打开和关闭文件 ② 键盘录入项目信息
ProjectSavePrint.c	① 针对文件写入和读出项目信息

程序清单 13.2_1：ProjectManagement.h

```
01    #include <stdio.h>
02    #include <stdlib.h>
03    #define  PROJNUM   2            //定义结构体数据长度
04    #define  _,
```

```
05    #define    INFO(a) printf("Info:");printf(a);
06    #define    INFOLINEF(a)    printf("Info: ");printf(a);printf("\n");     信息输出宏定义
07    #define    ERROR(a) printf("Info: ");printf(a);
08    #define    ERRORLINEF(a)    printf("Error: ");printf(a);printf("\n");
09    struct Date
10    {
11        unsigned int year;
12        unsigned int month;                      定义日期时间显示模版
13        unsigned int day;
14    };
15    struct Project
16    {
17        char ProjName[32];
18        char ProjManager[32];
19        float   ProjIncome;
20        struct Date    ProjStart;
21        struct Date    ProjEnd;                  定义项目信息模版
22        float   ProjOutcome;
23    };
24    void ProjectSave(struct Project *ProjAddr, FILE    *fp_in);        //函数声明
25    void ProjectPrint(FILE    *fp_out);                                //函数声明
```

程序第 2 行定义了宏 PROJNUM，用于指定结构体数组的长度。程序第 5 行到第 8 行定义了用于输出信息的宏 INFO、INFOLINEF、ERROR 和 ERRORLINEF。程序第 9 行到第 14 行定义了日期结构体模版，该结构体将用于表示项目信息的起止时间。程序第 15 行到第 23 行定义了项目信息结构体模版，用于表示项目的各种信息。

程序第 24 行和第 25 行对函数 ProjectSave()和 ProjectPrint()进行了声明，用于表示在其他文件中含有对该文件的定义。

头文件是程序预编译时在源程序文件中要展开的代码，在程序执行时，先从主函数开始执行，下面是主函数所在源文件程序的代码。

程序清单 13.2_2：ProjectManagement.c

```
01    #include    "ProjectManagement.h"              //包含头文件 ProjectManagement.h
02    void main()
03    {
04        int i;
05        struct Project    *pProj = NULL, *pProjCopy = NULL;
06        FILE *fp;
07        fp=fopen("D:\\C_language\\ProjectManagement.txt","wb+");
08        if(NULL==fp)
09        {
10            ERRORLINEF("文件 NewWorld.txt 打开失败!");          文件打开以及
11            return;                                              是否成功判断
12        }
13        else
14        {
15            INFOLINEF("成功，文件 ProjectManagement.txt 打开完成!");
16        }
17        pProj = (struct Project *)malloc(PROJNUM*sizeof(struct Project));    //内存分配
```

```
18          pProjCopy = pProj;                              //动态内存首地址备份
19          INFOLINEF("-------------------------------------------");
20          for(i=0;i<PROJNUM;i++,pProj++)
21          {
22              INFO("输入项目名称：");
23              scanf("%s",pProj->ProjName);
24              INFO("输入项目管理员名：");
25              scanf("%s",pProj->ProjManager);
26              INFO("输入项目收益：");
27              scanf("%f", &pProj->ProjIncome);
28              INFO("输入项目开始日期：");
29              scanf("%u  %u  %u",
30                              &pProj->ProjStart.year,
31                              &pProj->ProjStart.month,
32                              &pProj->ProjStart.day);
33              INFO("输入项目结束日期：");
34              scanf("%u  %u  %u",
35                              &pProj->ProjEnd.year,
36                              &pProj->ProjEnd.month,
37                              &pProj->ProjEnd.day);
38              INFO("输入项目开销：");
39              scanf("%f", &pProj->ProjOutcome);
40          }
41          ProjectSave(pProjCopy, fp);                     //函数调用，向文件中写入数据段
42          INFOLINEF("-------------------------------------------");
43          rewind(fp);                                     //文件指针返回文件首部
44          ProjectPrint(fp);                               //函数调用，读出文件中的数据段
45          rewind(fp);                                     //文件指针返回文件首部
46          i= fclose(fp);
47          if(0 == i)
48          {
49              INFOLINEF ("文件关闭成功!");
50          }
51          else
52          {
53              ERRORLINEF ("文件关闭失败!");
54          }
55          free(pProjCopy);                                //释放动态分配的内存空间
56          INFOLINEF("-------------------------------------------");
57      }
```

程序第 1 行包含了头文件 ProjectManagement.h，由于该文件与源程序文件在同一个项目工作空间中，因此使用双引号包含该头文件，系统预编译时将首先在用户当前路径中寻找该文件。包含头文件的作用有两个，一是可以对头文件中定义的宏加以引用，二是调用函数时可以通过头文件中的函数声明索引到函数的定义位置。程序中调用的两个函数 ProjectSave() 和 ProjectPrint() 定义在另一个源文件 ProjectSavePrint.c 中，程序代码如下：

程序清单 13.2_3：ProjectSavePrint.c

```
01   #include "ProjectManagement.h"              //包含头文件 ProjectManagement.h
```

```
02   void ProjectSave(struct Project *ProjAddr, FILE   *fp_in)
03   {
04       int   i=0;
05       i = fwrite(ProjAddr, PROJNUM*sizeof(struct Project), 1, fp_in);   //写入数据
06       if(0 == i)
07       {
08           ERRORLINEF("文件写入失败!");
09       }
10       else
11       {
12           INFOLINEF("文件写入成功!");
13       }
14       rewind(fp_in);                                      //文件指针返回文件首部
15   }
16   void ProjectPrint(FILE   *fp_out)
17   {
18       int   i = 0;
19       struct   Project   OutProject[2];
20       fread(OutProject, PROJNUM*sizeof(struct Project), 1, fp_out);   //读出文件数据
21       for(i=0;i<PROJNUM;i++)
22       {
23           INFOLINEF("项目名称: %s"_ OutProject[i].ProjName);
24           INFOLINEF("项目负责人: %s"_ OutProject[i].ProjManager);
25           INFOLINEF("项目收入: %f"_ OutProject[i].ProjIncome);
26           INFOLINEF("项目开始日期: %d 年 %d 月 %d 日"_
27                                   OutProject[i].ProjStart.year _
28                                   OutProject[i].ProjStart.month _
29                                   OutProject[i].ProjStart.day);
30           INFOLINEF("项目结束日期: %d 年 %d 月 %d 日"_
31                                   OutProject[i].ProjEnd.year _
32                                   OutProject[i].ProjEnd.month _
33                                   OutProject[i].ProjEnd.day);
34           INFOLINEF("项目支出: %f"_ OutProject[i].ProjOutcome);
35       }
36   }
```

与主函数所在源代码文件 ProjectManagement.c 类似，程序第 1 行中也应该包含头文件 ProjectManagement.h，在函数 ProjectSave()中，调用了文件写入函数 fwrite，将主函数中录入的项目信息写入到文本文件中。在函数 ProjectPrint()中，调用文件读出函数 fread，将写入的项目信息读出，并显示到屏幕上。

项目工作空间中共含有 3 个文件，其中源代码文件 ProjectManagement.c 和 ProjectSavePrint.c 位于 Source Files 目录下，ProjectManagement.h 位于 Header Files 目录下，程序编译时应保证系统的两个文件和 PeopleInfoBank.c 在工作空间中的位置，如图 13-2 所示。

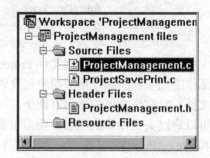

图 13-2　实训 13.2 多文件工作空间

程序运行根据提示信息，依次输入需要的信息：

Info: 成功, 文件 ProjectManagement.txt 打开完成!

```
Info: ------------------------------------------------------------
Info:输入项目名称：WCDMA
Info:输入项目管理员名：Lasluo.H
Info:输入项目收益：980000
Info:输入项目开始日期：2010 10 31
Info:输入项目结束日期：2011 12 31
Info:输入项目开销：560000
Info:输入项目名称：LTE
Info:输入项目管理员名：Ben.Jemin.W
Info:输入项目收益：590000
Info:输入项目开始日期：2010 10 10
Info:输入项目结束日期：2013 12 31
Info:输入项目开销：120000
信息输入完毕后，按 Enter 键，程序将输出结果：
Info: 文件写入成功！
Info: ------------------------------------------------------------
Info: 项目名称：WCDMA
Info: 项目负责人：Lasluo.H
Info: 项目收入：980000.000000
Info: 项目开始日期：2010 年 10 月 31 日
Info: 项目结束日期：2011 年 12 月 31 日
Info: 项目支出：560000.000000
Info: 项目名称：WCDMA
Info: 项目负责人：Lasluo.H
Info: 项目收入：980000.000000
Info: 项目开始日期：2010 年 10 月 31 日
Info: 项目结束日期：2011 年 12 月 31 日
Info: 项目支出：560000.000000
Info: 文件关闭成功！
Info: ------------------------------------------------------------
```

本实训设计了工程应用中一个基本的环节，即项目信息的存储和读出，对于面向市场的项目，设计一个简洁明了的项目信息提示是一个非常重要的步骤。

在本实训基础上，扩充代码，对项目信息的结构体模版加以完善，添加如项目难度、项目组人员数等信息。

另外，程序没有对键盘输入的信息做检查，例如输入的月数和日期，应遵循日常生活规律，可以对输入的月数做如下检查：

```
if(pProj->ProjStart.month>12)
{
        ERRORLINEF("输入错误，请重新输入");
}
```

完善代码，实现上述功能。

与 fputc 函数类似，fputs 函数所处理的文件必须是以写、读/写或者文件末尾添加方式打开的文件。当以写或读/写方式打开文件时，使用 fputs 函数将会从文件起始位置输入字符串，若文件中已有数据,则原数据将被覆盖。当以文件末尾添加方式打开文件时,使用 fputs 输入的数据将被添加到文件末尾。

13.3.4 标准格式读写函数 fprintf 和 fscanf

fprintf 和 fscanf 函数与前面使用的 printf 和 scanf 函数类似,都属于格式化输入/输出函数,区别在于 printf 和 scanf 函数是与设备终端(如显示器、键盘和鼠标等)之间的数据交互,而 fprintf 和 fscanf 函数是对计算机磁盘文件进行读或写数据。

1. fprintf函数

fprintf 函数用于由程序向磁盘文件中输出数据,其一般表达形式为:

> fprintf(文件指针,格式字符串,输出参数表列);

其中,"文件指针"与前面几种文件处理函数中涉及的文件指针相同,"格式字符串"和"输出参数表列"与 printf 函数定义相同,fprintf 函数调用时返回 int 型数值,其返回值有两种:函数调用成功时,则返回实际输出的字符数;函数调用失败时,则返回 EOF。

2. fscanf函数

fscanf 函数用于从磁盘文件中读入数据,送到程序中处理,其一般表达形式为:

> fscanf(文件指针,格式字符串,输入参数表列);

与 fprintf 函数类似,fscanf 函数调用时同样返回 int 型数值,其返回值有两种:函数调用成功时,则返回实际输入的字符数;函数调用失败时,则返回 EOF。

范例 13.6
FuncFprintfFscanf.c

FuncFprintfFscanf.c 打开 D 盘目录 D:\C_language\下二进制文件 FprintfFscanf.bin,若文件不存在,则新建该文件。使用 fprintf 向文件中输入 int 型、float 型和字符串,然后使用 fscanf 函数读取这些数据,并使用 printf 函数打印到屏幕上查看。

(资源文件夹\chat13\ FuncFprintfFscanf.c)

```
01  #include <stdio.h>
02  void main( void )
03  {
04      int i=10, cp_i=0;
05      double f=1.5, cp_f=0.0;
06      char str_out[50];
07      FILE *stream;
08      char str[50] = "This is a test for fprintf & fscanf";
09      stream = fopen( "D:\\C_language\\FprintfFscanf.bin", "wb+");    //文件打开
10      fprintf(stream, "%d ", i);
11      fprintf(stream, "%f\n", f);
12      fprintf(stream, "%s\n", str);
13      rewind(stream);                                                  //重置文件指针
14      fscanf(stream, "%d", &cp_i);
15      fscanf(stream, "%lf", &cp_f);
16      fscanf(stream, "%s", str_out);
17      printf("文件中读出的信息为: \n");
```

将数据信息写入文件 FprintfFscanf.bin

将数据信息从文件 FprintfFscanf.bin 读出

```
   18           printf("整型变量值:    cp_i = %d\n", cp_i);
   19           printf("字符型变量值: cp_f = %f\n", cp_f);     将读出的数据信息
   20           printf("字符串:        str_out = %s\n", str);   打印到屏幕上
   21           fclose( stream );                              //关闭文件
   22      }
```

程序第 10 行到第 12 行向文件 FprintfFscanf.bin 中输入变量 i、f 的值,以及数组 str 中的字符串。程序第 14 行到第 16 行将数据从文件中读出,并分别赋给变量 cp_i、cp_f 和数组 str_out。程序第 18 行到第 20 行将读出的数据打印到屏幕上,限于篇幅,程序没有对文件关闭是否成功做检查,读者可自行添加这段程序代码。

程序运行时,若路径 D:\C_language\下没有文件 FprintfFscanf.bin,则程序运行时将自动新建该文件并将其打开,并且屏幕输出结果为:

```
文件中读出的信息为:
整型变量值:    cp_i = 10
字符型变量值: cp_f = 1.500000
字符串:        str_out = This is a test for fprintf & fscanf
```

若路径 D:\C_language\下含有文件 FprintfFscanf.bin,则程序运行时将打开该文件并进行读/写操作。程序运行完毕后打开路径 D:\C_language\下文件 FprintfFscanf.bin,使用文本模式查看文件中的内容为:

```
10
1.500000
This is a test for fprintf & fscanf
```

当代码中既要向文件中写入数据又要从文件中读取数据时,应在打开文件时将打开方式设置为读/写方式。

13.4 文件的定位

程序对文件的读/写是通过系统维护的文件内部位置指针来定位的,若想在代码中控制位置指针的位置,需要使用 rewind 函数、fseek 函数和 ftell 函数。

1. rewind函数

前面的代码中已多次使用过该函数,rewind 函数的功能是将位置指针重新置位到文件首部,其一般表达形式为:

```
rewind(文件指针);
```

该函数返回类型为 void 类型,因此不需要将返回值赋给任何变量。

2. fseek函数

rewind 函数只能将位置指针移动到文件首部,但不能控制位置指针的具体位置。通过 fseek 函数,就可以方便地定位位置指针,其一般表达形式为:

fseek(文件指针,位移量, 起始点);

该函数的原形声明为：

int fseek(FILE *stream, long offset, int fromwhere);

其中，"位移量"指需要移动的字节数，且为 long 型，当使用常量表示位移量时，应在数字后加字母 L，以表示该数字为 long 型常量。"起始点"表示开始计算位移量的位置，C 语言规定了三种起始点，即文件首部、文件末尾和当前指针位置。C 语言对这三种起始点做了封装定义，其表示方法如表 13-3 所示。

表 13-3 文件定位位置

起 始 点	表示符号	数字表示
文件首部	SEEK_SET	0
当前位置	SEEK_CUR	1
文件末尾	SEEK_END	2

例如，要使文件位置指针指向文件末尾，可以使用下面的方法表示为：

fseek(fp, 0L, SEEK_END);

3. ftell 函数

ftell 函数用于返回当前位置指针的位置，其一般表达形式：

变量 = ftell(文件指针);

其中，变量需要是 long 型的变量，ftell 函数返回 long 型数据，该数据表示当前文件指针偏离文件首部的字节数。例如，可以使用下面的方法获取文件指针的位置：

long i;
i = fseek(fp);

13.5 疑难解答和上机题

13.5.1 疑难解答

（1） 在编码格式上，文本文件和二进制文件有什么差别？

解答：文本文件与二进制文件在磁盘存储中并没有区别，即它们在物理上是相同的，区别在于逻辑编码的方式不同。文本文件是基于字符编码的文件，常用的编码是 ASCII 编码，因此，文本文件的编码是定长的编码，都是 8bit 为一个字符。二进制文件是基于值编码的文件，因此其编码方式是变长的。

（2） 在普通的 Windows XP 系统中，可以使用编辑器如记事本或写字板等工具打开文本文件或者二进制文件吗？

解答：可以。文本文件和二进制文件都可以打开，但是其查看格式不同，当使用二进制格式查看文件时，由于二进制文件是变长编码，因此系统无法正确解出文件的具体内容，只能看到二进制码流。当使用文本方式打开文件时，则可以顺利地读出文件的内容。

（3）当一个文件被设置为"只读"属性时，还可以对它进行写操作吗？

解答：不可以。程序不会修改文件的属性，因此，若在操作系统中将某文件设置为只读属性，那么该文件不能使用写方式打开；若强制打开该文件，将出现崩溃性错误，错误信息如图13-3所示。

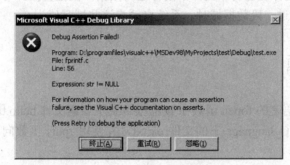

图13-3 打开"只读"文件错误提示

（4）文件指针必须使用 FILE 定义吗？

解答：是。C 语言明确规定了文件指针的类型为 FILE 类型。FILE 类型在 stdio.h 里面加以定义，其定义语句为：

```
struct _iobuf {
        char * _ptr;
        int    _cnt;
        char * _base;
        int    _flag;
        int    _file;
        int    _charbuf;
        int    _bufsiz;
        char * _tmpfname;
     };
typedef struct _iobuf FILE;
```

（5）文件指针名必须是 fp 吗？

解答：不是。和普通指针一样，文件指针也是用户自定义标识符，只要遵守用户自定义标识符的命名都可以作为文件指针。

（6）文件打开之后必须要关闭吗？

解答：是。文件打开后，文件指针将作为文件内部的位置指针而存在，若没有对文件进行关闭操作，文件将被暴露在外面，并且有被修改的可能，因此，为了保护文件的完整性，一定要记得在文件处理后关闭文件。

（7）文件在关闭之前是否需要将文件指针返回到文件首部？

解答：不需要。文件关闭之后，fclose 函数将返回 0，并且释放文件指针，并且，此时文件已关闭，文件指针不指向文件的任何位置，因此，不需要对文件指针进行复位操作。

（8）可以使用 fprintf 函数将打印信息存到文件中吗？

解答：可以。这是工程应用中常用的方法，当打印信息比较多时，屏幕显示无法满足要求,此时需要将打印信息转移到文件中去,可以使用 fprintf 代替 printf 函数的打印。

(9) 当文件指针指向文件末尾时,可以进行自减定位吗?

解答:不可以。文件指针是由系统维护的位置指针,当其指向文件末尾时,若没有写入操作,文件指针不会做自增运算,也不会做自减运算。

(10) 对于一个空文件,可以使用 fseek 定位位置指针到非 0 的位置吗?

解答:可以。空文件仅说明该文件中没有任何数据,但位置指针可以定位该文件到任何位置,当使用 fseek 跳过一段数据域时,系统自动将这些域赋值为 0。

13.5.2 上机题

(1) 试使用 C 语言的 fopen 函数在 D 盘根目录下新建文件 hello.txt。

(2) 试打开 D:\C_language\下的文件 ok.txt,并使用 fputs 函数向该文件中输入一段英文文字。

(3) 试编写一段程序,使用读写方式打开 D:\C_project\test\目录下的文件 visualprojectDSP.txt。该文件为工程项目.dsp 文件的.txt 格式,文件内容为:

> \# Microsoft Developer Studio Project File - Name="test" - Package Owner=<4>
> \# Microsoft Developer Studio Generated Build File, Format Version 6.00
> \# ** DO NOT EDIT **
> …
> !MESSAGE "test - Win32 Release" (based on "Win32 (x86) Console Application")
> !MESSAGE "test - Win32 Debug" (based on "Win32 (x86) Console Application")
> !MESSAGE

试使用文件指针修改该文件的前 100 个字符,将前 100 个字符变成*号。然后读出并打印到屏幕上。

(4) 在 D:\C_language\下新建文件 haha.txt,在该文件中输入"Do you know this is a test?",然后使用 fputs 函数读出这句话,并打印到屏幕上。

(5) 打开 D:\C_language\下的空文件 starsymble.txt,向该文件中写入一串*号,然后读出,并计算这些*号的个数。

(6) 打开 D:\C_language\下的非空文件 myfile.txt,使用 ftell 函数计算该文件的大小,并将结果打印到屏幕上。

(7) 设计一个宏,将输出信息写入文件中,而不是打印到屏幕上。

(8) 有一篇英文,名为 TheSeaAndOldMan.txt,存储在 D:\document\目录下,试编写程序,使用文件打开函数打开该文件,并将所有文章输出到目录上。

(9) 动态分配一块长度为 1000 字节的内存,将第(3)题中的文件 visualprojectDSP.txt 中的前 1000 字节内容复制到该内存中,然后打印到屏幕上(注意,分配的内存在程序结束时应释放)。

(10) 通过文件打开函数打开 C:\windows\下的文本文件 setupapi.log,该文件为 Windows 操作系统安装时的日志文件,记录了 Windows 系统安装的详细过程,读取该文件,并将该文件打印到屏幕上。

第14章 C语言标准数学库函数

数学计算是计算机最擅长，应用也最多的运算方式，计算机的大部分运算方法都是基于数学运算执行的。C语言提供了很多用于数学计算的库函数，合理利用这些函数，将对程序编写和运行起到事半功倍的作用。使用这些函数时，必须在程序文件头加入头文件包含#include <math.h>。

本章学习重点：
- 平方根计算函数
- 指数函数
- 取对数函数
- 求绝对值函数
- 三角函数
- 取整函数

14.1 平方根计算函数 sqrt

函数名：sqrt

函数功能：计算输入参数的平方根

函数声明：double sqrt(double x);

说明：函数输入参数必须以 double 类型输入，函数返回类型为 double 型，因此必须使用 double 类型变量接收返回的数据。当输入数据不是 double 类型时，应使用强制类型转换将其转换为 double 类型。另外，sqrt 函数的输入参数值不允许为负值，若输入负值作为函数入参，将得不到正确的结果。因此，在调用该函数前，应检查函数输入参数。

范例 14.1　　sqrt.c 计算函数 $y = 2x^2$ 中 x 的值。键盘输入 3 次 y 的值，计算 x 的值，注意输入数值后进行检查。

sqrt.c　　　　（资源文件夹\chat14\ sqrt.c）

```c
01  #include <math.h>
02  #include <stdio.h>
03  #define  NUM  3
04  void main()
05  {
06      double   y = 0.0, x = 0.0;
07      double result = 0.0;
08      int   i = 0;
09      for(i=0;i<NUM;i++)
10      {
11          printf("第 %d 次，共 3 次。请输入函数 y 的值：", i+1);
12          scanf("%lf", &y);
13          if(y<0)
14          {
15              if(i<2)
16              {
17                  printf("Error:函数值应大于等于 0，请重新输入\n");
18                  continue;
19              }
20              else
21              {
22                  printf("Error:函数值应大于等于 0，请重新输入\n");
23                  printf("已达最大测试次数 3 次，程序结束\n");
24                  break;
25              }
26          }
27          x = sqrt(y/2.0);
28          printf("函数值为 %lf 时，自变量可以是：%lf 或 %lf\n", y, x, -x);
29      }
30  }
```

程序第 9 行到第 29 行输入 3 次 y 的值，以测试 3 次函数 sqrt，程序第 13 行到第 26 行进行输入参数检查，当输入数值不满足要求时，重新输入；当达到最大输入次数时，结束程序。程序运行输出结果为：

```
第 1 次，共 3 次。请输入函数 y 的值：1000
函数值为 1000.000000 时，自变量可以是：22.360680 或 -22.360680
第 2 次，共 3 次。请输入函数 y 的值：800
函数值为 800.000000 时，自变量可以是：20.000000 或 -20.000000
第 3 次，共 3 次。请输入函数 y 的值：-50
Error:函数值应大于等于 0，请重新输入
已达最大测试次数 3 次，程序结束
```

14.2 指数函数 exp 和 pow

指数函数是数学中最重要的函数之一，常用的是以 e 为底的指数函数，通常表达为 e^x，其中 e 是数学常数，即自然对数底数，近似值为 2.718281828。使用自然对数，可以定义一般

的指数函数，函数 $a^x=(e^{\ln a})^x=e^{x \ln a}$ 定义了所有以 a 为底的实数 x 的指数函数，通常称作底为 a 的指数函数。C 语言中，指数函数 e^x 和 a^x 分别使用两个不同的函数表示。

14.2.1 指数函数 exp

函数名：exp
函数功能：用于求输入数值的以 e 为底的指数次幂
函数声明：double   exp(double   x);
说明：函数 exp 的输入参数必须以 double 类型输入，函数返回类型为 double 型，因此必须使用 double 类型变量接收返回的数据。当输入数据不是 double 类型时，应使用强制类型转换将其转换为 double 类型。可以输入的最大正数值约为 709.78，最小值约为-14.5。

范例 14.2
expFunc.c

expFunc.c 为验证函数 exp 对各不同数值的兼容性，从键盘输入不同的值三次，调用数学库中的函数，计算函数 $y1 = e^x$ 的函数值。（资源文件夹\chat14\ expFunc.c）

```
01    #include <math.h>
02    #include <stdio.h>
03    #define    NUM    3
04    void main()
05    {
06        double y1=0.0, y2=0.0;
07        double x=0.0, m=0.0, n=0.0;
08        int   i = 0;
09        for(i=0;i<NUM;i++)
10        {
11            printf("第 %d 次输入，共 3 次。请输入幂指数 x m n: ", i);
12            scanf("%lf   %lf   %lf", &x, &m, &n);
13            y1 = exp(x);                              //调用函数 exp
14            printf("e^%lf= %lf\n", x, y1);            //输出指数计算结果
15        }
16    }
```

程序第 9 行到第 15 行输入 3 次 x、m 和 n 的值，以测试 3 次函数 exp，程序第 13 行调用函数 exp 计算幂指数，当达到最大输入次数时，结束程序。程序运行输出结果：

```
第 1 次输入，共 3 次。请输入幂指数 x m n: 2   3   2
e^2.000000= 7.389056
第 2 次输入，共 3 次。请输入幂指数 x m n: 10   -3   4
e^10.000000= 22026.465795
第 3 次输入，共 3 次。请输入幂指数 x m n: -5   -2   3
e^-5.000000= 0.006738
```

14.2.2 指数函数 pow

函数名：pow
函数功能：用于求输入数值 x 和 y 组成的指数，即 x^y 的指数次幂。

函数声明：double pow(double x, double y);

说明：函数 pow 的输入参数必须以 double 类型输入，由于对于指数 y 为小数的情况，需要考虑底数的符号，因此规定 x 的值应为大于 0 的数。函数调用后返回类型为 double 型的数值，必须使用 double 类型变量接收返回的数据。由于函数 pow 可以输入底数和指数的数值，使用函数 pow 可以近似代替函数 sqrt 和 exp。

范例 14.3
powFunc.c

powFunc.c 验证函数 pow 的正确性，分别计算常数 $\sqrt{5}$、$7^{3.5}$ 和 e^5。并分别调用 sqrt 函数和 exp 函数，与 pow 函数的计算结果进行比较，分析这几个函数的特点。

（资源文件夹\chat14\ powFunc.c）

```
01   #include <math.h>                                  //头文件包含
02   #include <stdio.h>
03   void main()
04   {
05       int i=0;
06       printf("开始计算.\n");
07       printf("根号 5 的值：\n");
08       printf("          sqrt(5)     = %f\n", sqrt(5));          //调用 sqrt 函数输出结果
09       printf("          pow(5, -2) = %f\n", pow(5,0.5));         //调用 pow 函数输出结果
10       printf("7 的 3.5 次方：\n");
11       printf("          pow(7,3.5)= %f\n", pow(7,3.5));         //调用 pow 函数计算 7^3.5
12       printf("e 的 5 次方：\n");
13       printf("          exp(5)     = %f\n", exp(5));            //调用 exp 函数计算 e^5
14       printf("          pow(e, 5) = %f\n", pow(2.718281828, 5)); //调用 pow 函数计算 e^5
15   }
```

程序第 8 行和第 9 行分别调用 sqrt 函数和 pow 函数计算 $\sqrt{5}$ 的值，程序第 11 行计算 $7^{3.5}$ 的值，程序第 13 行和第 14 行分别计算 e^5 的值。注意，程序第 9 行中 pow 函数内的数值 0.5 不能写成 1/2，由于整型数据除法结果仍为整型，因此，这样将得不到正确结果。程序运行输出结果为：

```
开始计算
根号 5 的值：
          sqrt(5) = 2.236068
          pow(5, -2) = 2.236068
7 的 3.5 次方：
          pow(7,3.5)= 907.492700
e 的 5 次方：
          exp(5) = 148.413159
          pow(e, 5) = 148.413159
```

调用函数 pow 时，应注意避免出现底和指数构成开根号公式，且此时底配置为负数。例如，pow(-10, 0.25)，即计算 $\sqrt[4]{-10}$，这在 C 语言中是非法的。

14.3 取对数函数 log 和 log10

对数函数是指数函数的反函数，通常对数函数具有和指数函数类似的参数配置格式。数学上，对数函数按照底数区分不同的对数。例如，求一个数的自然对数，可以写为 $\log_e x$，也可以写为 $\ln x$。另外一种较常见的是以 10 为底的对数，通常写为 $\log_{10} x$，读作以 10 为底 x 的对数。C 语言中，计算对数的函数主要有两个，分别为自然对数计算函数 log 和以 10 为底的对数函数 log10。

14.3.1 自然对数函数 log

函数名：log

函数功能：用于求一个数的自然对数

函数声明：double log(double x);

说明：函数 log 输入参数必须以 double 类型输入，函数返回类型为 double 型。在数学运算中，x 称为真数，真数的值只能是大于 0 的数，因此在调用函数时一定注意，不要输入小于等于 0 的 x 值，否则将导致程序运行结果出现错误。

范例 14.4　Log.c 计算函数 $y = e^x$ 中 y 的值。键盘输入 3 次 x 的值，计算 y 的值，注意输入数值后进行检查，避免输入数值越界。

Log.c　　　　　　　　　　（资源文件夹\chat14\ Log.c）

```
01    #include <math.h>
02    #include <stdio.h>
03    #define  NUM  3
04    void main()
05    {
06        int i = 0;
07        double result1=0.0, result2=0.0;
08        double x = 0.0;
09        for(i=0;i<NUM;i++)
10        {
11            printf("第 %d 次输入，共 3 次。请输入真数 x: ", i+1);
12            scanf("%lf", &x);
13            if(x<=0)
14            {
15                printf("您输入的信息错误，请重新输入：");
16                if(2 = = i)
17                {
18                    printf("已达最大次数，退出\n");
19                    break;
20                }
21                continue;
22            }
23            result1 = log(x);
24            printf("对数 loge(%lf)= %lf\n", x, result1);
```

```
25        }
26    }
```

程序第 9 行到第 25 行输入 3 次 x 的值,以测试 3 次函数 log 和 log10,程序第 13 行判断输入参数是否符合要求,当输入数值不满足要求时,重新输入;当达到最大输入次数时,结束程序。程序运行输出结果为:

```
第 1 次输入,共 3 次。请输入真数 x: 10
对数 loge(10.000000)= 2.302585
第 2 次输入,共 3 次。请输入真数 x: 2.17
对数 loge(2.170000)= 0.774727
第 3 次输入,共 3 次。请输入真数 x: 0
您输入的信息错误,请重新输入:已达最大次数,退出
```

14.3.2 10 为底的对数函数 log10

函数名:log10

函数功能:用于求一个数的以 10 为底的对数

函数声明:double log10(double x);

说明:函数 log10 输入参数必须以 double 类型输入,函数返回类型为 double 型。与 log 函数的要求相同,真数 x 的值只能是大于 0 的数。

范例 14.5

log10.c

log10.c 电子测量测试中,经常遇到对信号功率的换算问题。为便于计算和表达,经常将功率为 W(瓦特)的功率换算成 dBm 的值,其计算方法为:x W = 10log(x W/1mW) dBm。试设计一个小程序,完成 W 到 dBm 的换算。

(资源文件夹\chat14\ log10.c)

```
01    #include <math.h>
02    #include <stdio.h>
03    void main()
04    {
05        int i=0;
06        double x=0.0, result=0.0;
07        printf("请输入要换算的参数值: ");
08        scanf("%lf", &x);
09        for(i=0;i<3;i++)                       //三次输入机会选择
10        {
11            if(x<=0)                           //若输入不合法,则提示重新输入
12            {
13                printf("输入错误,参数不合法,请输入 x>0 的参数.\n");
14                scanf("%f", &x);
15            }
16            else                               //输入合法,退出输入
17            {
18                break;
19            }
20        }
21        if(i==3 && x<=0)                       //判断是否达到最大输入次数
```

```
22      {
23              printf("已达最大次数,退出程序.\n");
24              return;
25      }
26      result = 10*log10(x*1000);              //转换公式
27      printf("输入功率值为    %lf W,转化为 dBm 为    %lfdBm.\n", x, result);
28  }
```

程序第 9 行到第 20 行通过 for 循环控制输入参数的输入次数,默认最大输入次数为 3 次,程序第 21 行到第 25 行判断当输入次数达到最大时,提示错误,并退出程序。程序运行输出结果为:

```
请输入要换算的参数值:-5
输入错误,参数不合法,请输入 x>0 的参数:50
输入功率值为   50.000000 W,转化为 dBm 为   46.989700dBm.
```

14.4 绝对值函数 abs 和 fabs

数学上,绝对值又称为模,主要用于表示距离或数量的大小,绝对值的定义也存在于复数、有序数等数学计算领域。一个数的绝对值永远为非负,没有负号。通常数值 x 的绝对值表示为|x|。在几何领域,一个数的绝对值可表示为数轴上的点到原点的距离。C 语言中,主要有两类表示绝对值的函数,分别是 abs 和 fabs。

14.4.1 绝对值函数 abs

函数名:abs
函数功能:用于求一个 int 型数值的绝对值
函数声明:int abs(int x);
说明:函数 abs 输入参数必须以 int 类型输入,函数返回类型为 int 型。因此,必须使用 int 类型变量接收返回的数据,当输入数据不是 int 类型时,应使用强制类型转换将其转换为 int 类型。

范例 14.6 abs.c 自编函数实现 abs 的功能。注意对正数和负数的不同处理方式,然后输入数值验证程序的正确性。

abs.c   （资源文件夹\chat14\ abs.c)

```
01  #include <stdio.h>
02  int self_abs(int x)
03  {
04      if(x<0)                 //判断是否为负数
05      {
06          return -x;          //负数处理
07      }
08      else
09      {
10          return x;           //正数处理
```

```
11        }
12    }
13    void main()
14    {
15        int i=0;
16        int in_x=0;
17        for(i=0;i<3;i++)
18        {
19            printf("请输入 in_x 的值：");
20            scanf("%d", &in_x);
21            printf("处理后的数值: %d\n", self_abs(in_x));
22        }
23    }
```

程序第 2 行到第 12 行定义了计算绝对值的函数 self_abs，程序第 4 行判断输入参数是否小于 0，若小于 0，则取负号返回值，否则返回原数值。程序运行输出结果为：

```
请输入 in_x 的值: 101
处理后的数值: 101
请输入 in_x 的值: -80
处理后的数值: 80
请输入 in_x 的值: 0
处理后的数值: 0
```

14.4.2 绝对值函数 fabs

函数名：fabs

函数功能：用于求一个 double 型数值的绝对值

函数声明：double fabs(double x);

说明：函数 fabs 输入参数必须以 double 类型输入，当输入整型数值时，程序将自动将整型数值转换为浮点型，函数返回类型为 double 型。因此，必须使用 double 类型变量接收返回的数据。

范例 14.7

Fabs.c 键盘输入 x 的值，自编函数计算数学函数：
$$y = \begin{cases} |x-1| & x < -10 \\ x+1 & x \geq -10 \end{cases}$$ 的值。

（资源文件夹\chat14\ Fabs.c）

```
01    #include <math.h>
02    #include <stdio.h>
03    double func_abs(double x)
04    {
05        if(x>0)
06        {
07            return x;
08        }
09        else
10        {
11            return -x;
```

```
12              }
13      }
14      double Section_func(double xx)
15      {
16              if(xx<-10)
17              {
18                      return func_abs(xx-1);
19              }
20              else
21              {
22                      return   func_abs(xx+1);
23              }
24      }
25      void main()
26      {
27              double result=0.0;
28              double x = 0.0;
29              printf("输入 x 的值: ");
30              scanf("%lf", &x);
31              result = Section_func(x);
32              printf("所求的函数 y = %lf\n", result);
33      }
```

程序第 3 行到第 13 行定义了计算绝对值的函数 func_abs,程序第 14 行到第 24 行定义了计算数学函数值 y 的函数 Section_func,在该函数中调用 func_abs 用于计算绝对值。程序运行输出结果:

```
输入 x 的值: -12.58
所求的函数 y = 13.580000
```

函数 abs 和 fabs 都使用了与自编函数类似的函数描述形式,因此,若不去调用库函数,也可以自行定义函数用于绝对值计算。

14.5 三角函数

在数学运算和工程应用中,经常需要计算三角函数,C 语言提供了几乎所有的基本三角函数计算库函数,根据不同的情况选择使用合适的库函数,是进行数学计算的基本手段。

14.5.1 正弦函数 sin 和 asin

正弦函数 sin 和 asin 是 C 语言中表达正弦函数的主要计算形式。工程应用中,正弦函数的应用非常广泛,例如水的波动,气象学中根据风的波动频率和幅度进行天气预报,电子工程应用中根据正弦波发射无线电信号等。但工程中需要将理论的正弦函数数字化及实例化,因此,C 语言提供了计算正弦函数值的函数 sin 和 asin。

函数名：sin 和 asin

函数功能：函数 sin 用于计算 double 型数值的正弦函数值，函数 asin 用于计算 double 型数值的反正弦函数值

函数声明：double　sin(double　x);
　　　　　double　asin(double　x);

说明：函数 sin 输入参数必须以 double 类型输入，函数返回类型为 double 型。因此，必须使用 double 类型变量接收返回的数据，当输入数据不是 double 类型时，应使用强制类型转换将其转换为 double 类型。asin 函数是 sin 函数的反函数，其功能是计算参数 x 的反正弦函数值，asin 函数的输入参数只能是[-1, 1]之间的数值。

范例 14.8　　sinasin.c　键盘输入 x 的值，计算 $y = \sin(x)$ 的值，然后将输出的结果作为输入参数，计算 asin(y)的值。

sinasin.c　　　　（资源文件夹\chat14\ sinasin.c）

```
01    #include <math.h>
02    #include <stdio.h>
03    void main()
04    {
05        double y=0.0;
06        double x = 0.0;
07        printf("输入 x 的值：");
08        scanf("%lf", &x);
09        y = sin(x);
10        printf("sin(x): sin(%lf)  = %lf\n", x, y);
11        printf("asin(y): asin(%lf) = %lf\n", y, asin(y));
12    }
```

程序第 10 行调用函数 sin，计算输入参数 x 的正弦函数值，程序第 12 行调用反正弦函数 asin 计算 y 的反正弦函数值。程序运行输出结果为：

输入 x 的值：1.57
sin(x):　sin(1.570000) = 1.000000
asin(y): asin(1.000000) = 1.570000

14.5.2　其他三角函数

数学上，三角函数即可以相同替换，也可以相互推导，获取需要的数值。C 语言中，为方便计算，库函数还提供了例如余弦函数和正切函数及其反函数的函数体。

1. 余弦函数cos和acos

函数名：cos 和 acos

函数功能：函数 cos 用于计算 double 型数值的余弦函数值，函数 acos 用于计算 double 型数值的反余弦函数值

函数声明：double　cos(double　x);
　　　　　double　acos(double　x);

说明：函数 cos 输入参数必须以 double 类型输入，函数返回类型为 double 型。因此，必须使用 double 类型变量接收返回的数据，当输入数据不是 double 类型时，应使用强制类型转

换将其转换为 double 类型。acos 函数是 cos 函数的反函数，其功能是计算参数 x 的反余弦函数值，acos 函数的输入参数只能是[-1, 1]之间的数值。

2. 正切函数tan、atan和atan2

函数名：tan、atan 和 atan2

函数功能：函数 tan 用于计算 double 型数值的正切函数值，函数 atan 用于计算 double 型数值的反正切函数值，函数 atan2 用于计算 y/x 的反正切函数值

函数声明：　double　tan(double　x);
　　　　　　　double　atan(double　x);
　　　　　　　double　atan(double　x,　double　y);

说明：三个函数输入参数必须以 double 类型输入，函数返回类型为 double 型。因此，必须使用 double 类型变量接收返回的数据，当输入数据不是 double 类型时，应使用强制类型转换将其转换为 double 类型。atan 函数和 atan2 函数是 tan 函数的反函数，其功能是计算参数 x 或者 y/x 的反正切函数值，其中，x 或 y/x 的值只能是[-1.57, 1.57]之间的数值，且 x 不为 0。

范例 14.9

tancot.c

tancot.c 键盘输入 x 的值，计算 ysin = sin(x)、ycos = cos(x)和 ytan = tan(x)的值，然后计算 ysct = ysin/ycos 的值，当 ycos 为 0 时不进行计算，计算 ycsc = ycos/ysin，并与 ytc = 1/ytan 的值进行比较，当 ysin 或 ytan 为 0 时，不进行比较。

（资源文件夹\chat14\ tancot.c）

```
01    #include <math.h>
02    #include <stdio.h>
03    void main()
04    {
05        double ysin=0.0,ycos=0.0,ytan=0.0;
06        double ysct=0.0,ycsc=0.0,ytc=0.0;
07        double x = 0.0;
08        printf("输入 x 的值：");
09        scanf("%lf", &x);
10        ysin = sin(x);
11        ycos = cos(x);
12        ytan = tan(x);
13        printf("ysin=%lf, ycos=%lf, ytan=%lf\n", ysin, ycos, ytan);
14        if(0!=ycos)
15        {
16            ysct = ysin/ycos;
17            printf("ysct=%lf, ytan=%lf\n",ysct,ytan);
18        }
19        if(0!=ysin && 0!=ytan)
20        {
21            ycsc = ycos/ysin;
22            ytc = 1/ytan;
23            printf("ycsc=%lf, ytc=%lf\n", ycsc, ytc);
24        }
25    }
```

程序第 10 行、第 11 行和第 12 行分别调用库函数计算 x 的正弦、余弦和正切函数值。程序第 14 行到第 18 行计算使用正弦和余弦计算后得到的正切函数值，并将输出结果与库函数计算得到的正切函数值进行比较。函数第 19 行到第 24 行分别使用正弦和余弦计算余切，使用正切计算余切，并输出结果进行比较。程序运行时输入 1.57，输出结果为：

```
输入 x 的值：1.57
ysin=1.000000, ycos=0.000796, ytan=1255.765592
ysct=1255.765592, ytan=1255.765592
ycsc=0.000796, ytc=0.000796
```

理论上讲，函数 $y=\tan(x)$ 中 x 的值不能为 $\pm(n\pi+\frac{\pi}{2})$，但实际操作中，输入数据只能无限接近这一数值，因此不需要对 tan 函数的输入参数做检查。

14.6 取整函数 floor 和 ceil

工程设计中，为便于计算和表达，经常遇到将小数点后数字舍弃的现象，例如运动员赛跑时的记录，通常将毫秒级的记录进行四舍五入，而对于很多商业活动中的产品交易，通常将交易价格中小数点后的数字舍去。这就产生了两种不同的小数点舍弃方式，为适应不同的需求，C 语言提供了两种不同的取整函数，分别为 floor 和 ceil。

14.6.1 取整函数 floor

函数名：floor
函数功能：用于对数据进行舍入取整
函数声明：double floor(double x);
说明：函数 floor 输入参数都是 double 类型，函数返回类型为 double 类型。因此，必须使用 double 类型变量接收返回的数据，该函数用于计算 x 舍去小数点后的数值。英语中 floor 为地板的意思，即向下取整，对于正数如 5.6，使用 floor 函数计算 floor(5.6)结果为 5，对于负数如-3.5，使用 floor 函数计算 floor(-3.5)结果为-4。

范例 14.10　　　　　floor.c 试编写一段代码，实现 floor 函数，即对于正数，去掉小数点后数字，对于负数，取与该数最接近的小于该数值的整数值。
floor.c　　　　　　（资源文件夹\chat14\ floor.c）

```
01    #include <stdio.h>
02    double  self_floor(double x)
03    {
04        if(x<0)                               //判断输入参数是否小于 0
05        {
06            return (float)((int)(x-0.999999));    //负数处理
07        }
08        else
```

```
09          {
10              return (float)((int)x);                    //正数处理
11          }
12      }
13      void main()
14      {
15          int i=0;
16          double in_x=0.0;
17          for(i=0;i<5;i++)
18          {
19              printf("请输入 in_x 的值：");
20              scanf("%lf", &in_x);
21              printf("处理后的数值: %lf\n", self_floor(in_x));
22          }
23      }
```

程序第 2 行到第 12 行定义了子函数 self_floor，函数中针对正数和负数的不同返回结果分别进行处理，对于负数，由于要求输出小于数值 x 的最大整数，因此使用接近-1 的实数实现，如程序第 6 行。程序运行输出结果为：

```
请输入 in_x 的值：101
处理后的数值: 101.000000
请输入 in_x 的值：50.26
处理后的数值: 50.000000
请输入 in_x 的值：-8
处理后的数值: -8.000000
请输入 in_x 的值：-9.75
处理后的数值: -10.000000
请输入 in_x 的值：86.79999
处理后的数值: 86.000000
```

注意，不能输入非数字的参数值给变量 in_x，这样将导致程序输出结果错误。

14.6.2 取整函数 ceil

函数名：ceil

函数功能：用于对数据进行进位取整

函数声明：double   ceil(double   x);

说明：函数 ceil 的输入参数和 floor 类似，是 double 类型，函数返回类型也同样为 double 类型。因此，必须使用 double 类型变量接收返回的数据，当输入数据不是 double 类型时，应使用强制类型转换将其转换为 double 类型。

范例 14.11

floorceil.c

floorceil.c 商店使用的商品零售机可以设置找零方式，当设置标志位 flag 为 1 时采用舍入找零方式，当 flag 为 0 时采用进位方式找零，编写程序段实现上述功能。

（资源文件夹\chat14\ floorceil.c）

```
01    #include <math.h>
02    #include <stdio.h>
03    void main()
04    {
05        int flag = 0;
06        double change=0.0;
07        printf("请输入找零类型\n0->进位方式\n1->舍入方式\n->");
08        scanf("%d", &flag);
09        printf("请输入商品结账找零 ->");
10        scanf("%lf", &change);
11        if(1 == flag)
12        {
13            printf("舍入方式找零\n");
14            change=floor(change);
15        }
16        else
17        {
18            printf("进位方式找零\n");
19            change=ceil(change);
20        }
21        printf("找零：%lf\n", change);
22    }
```

程序第 8 行和第 10 行输入找零类型和应找零数值，程序第 11 行到第 15 行处理舍入方式找零，程序第 17 行到第 20 行处理进位方式找零。程序运行输入找零方式和应找零数值，输出结果为：

```
请输入找零类型
0->进位方式
1->舍入方式
->0
请输入商品结账找零 ->201.47
进位方式找零
找零：202.000000
```

14.7 疑难解答和上机题

14.7.1 疑难解答

（1） 怎样计算 int 型的平方根数？

解答：可以使用强制类型转换将要计算的数值转换为 double 类型，否则，由于函数调用时的参数传递类型不一致，可能造成传递数值不匹配而出现错误。

（2） 对于求指数函数 exp，对输入数值有限制吗？

解答：没有。C 语言中，没有对指数函数 exp 的输入参数做检查，但由于要计算的是指数的数值，由于计算机位长的限制，指数不能太大，因此，对于指数函数返回值的计算，需要考虑计算机的实际计算能力,避免产生错误。

(3) 可以使用 $\log(x)-\log(y)$ 代替 $\log(x/y)$ 吗?

解答:不可以。C 语言中,要求 log 的参数为大于零的数,对于 $\log(x/y)$,当 x 和 y 都为负数时,仍能够得到正确的结果,但此时不能使用 $\log(x)-\log(y)$ 计算。

(4) 自定义的函数 self_abs,当输入浮点数值时,将返回什么数值?

解答:由于 self_abs 函数为计算整型数值函数,当输入浮点数值时,程序将浮点数强制转换为整型,因此,程序将仅返回整型数的绝对值数,例如,输入 89.56,程序将返回 89。

(5) 对于函数 fabs,当输入整型数值时,是否能够返回正确的数值?

解答:由于 fabs 函数处理浮点型数据的绝对值,并返回浮点类型,因此,当输入参数为整型时,系统自动将该参数转换为浮点型。例如,输入 45,则返回 45.000000。

(6) 由于 $\sin^2 x+\cos^2 x=1$,是否可以通过公式 $\cos x=\pm\sqrt{1-\sin^2 x}$ 计算 $\cos x$ 的值?

解答:在数学上,可以根据勾股定理计算数值的三角函数,C 语言中,由于存在精度要求,因此,通过公式计算的数值不能精确表达三角函数值,但可以近似得到函数的数值。例如,对于 $\sin x$ 和 $\cos x$,当输入 1.57 时,$\sin x=1.000000$,$\cos x = 0.000796$。

(7) 对于 sqrt 函数,若输入参数值为负值,是否会导致程序崩溃?

解答:虽然 Visual C++ 6.0 没有针对负数计算复数平方根的函数,但 Visual C++ 6.0 并没有对负数开根号加以限制,但输出结果并不正确。因此,虽然程序不能输出正确结果,但并没有对工程造成崩溃的影响。

(8) 能不能在函数 pow 中嵌套 sqrt 函数,例如计算 $5^{\sqrt{3}}$?

解答:可以。C 语言可以在 pow 函数中嵌套其他数学函数。计算 $5^{\sqrt{3}}$ 时,可以使用下面的代码打印其结果:

```
printf("result = %f\n", pow(5, sqrt(3)));
```

(9) 对于 log 函数,是否能够输入负数作输入参数?

解答:C 语言并不建议负数作为 log 的入参,并且负数作为 log 的参数也不符合数学法则。但与 sqrt 函数类似,Visual C++ 6.0 系统并没有对 log 函数进行崩溃处理,而只是进行错误信息打印。

(10) 正弦函数 sin() 是否允许输入大于 3.14 的数值?

解答:三角函数 sin() 的输入参数按照数学规则进行计算。若 $x = 2n\pi + x'$,那么 sin() 函数的输出结果为:

```
result=sin(2nπ+x')=sin(x')
```

因此,对于 sin() 函数的输入参数,并没有数值限制,而根据数学规则加以变换。

14.7.2 上机题

(1) 试通过下面的公式编写程序,近似计算指数函数 e^x 的值,并与库函数计算结果进行比较,近似计算公式为:

$$e^x = 1 + x + \frac{x^2}{2!} + \frac{x^3}{3!} + \cdots + \frac{x^n}{n!}$$

（2）试通过下面的公式编写程序，近似计算指数函数 sin(x) 的值，并与库函数计算结果进行比较，近似计算公式为：

$$\sin(x) = x - \frac{x^3}{3!} + \frac{x^5}{5!} + \cdots + (-1)^{n-1} \frac{x^{2n-1}}{(2n-1)!} + \cdots$$

（3）试通过下面的公式编写程序，近似计算指数函数 cos(x) 的值，并与库函数计算结果进行比较，近似计算公式为：

$$\cos(x) = 1 - \frac{x^2}{2!} + \frac{x4}{4!} - \cdots + (-1)^n \frac{x^{2n}}{(2n)!} + \cdots$$

（4）试编写一个函数，计算 int 类型和 double 类型的参数绝对值，要求区分 int 类型和 double 类型的差别。

（5）试通过下面的公式编写程序，近似计算对数函数 ln(x) 的值，并与库函数计算结果进行比较，近似计算公式为：

$$\ln(x) = (x-1) - \frac{(x-1)^2}{2} + \frac{(x-3)^3}{3} - \cdots + (-1)^{n-1} \frac{(x-1)^n}{n} + \cdots$$

（6）试借助库函数 floor 或者 ceil，实现数据的四舍五入。

（7）试编写程序，通过数学库函数的组合，计算下列公式，计算结果精确到小数点后 5 位：

$$\log(20 + \sin(\frac{1}{6}\pi) * \cos(\frac{1}{6}\pi))$$

（8）试编写一段程序，计算下列数学公式的值：

$$\sqrt{5! + 17^{\sqrt{3}}} * 3^{\sqrt{5}} * 4^{\sqrt{5}} * 5^{\sqrt{5}}$$

（9）已知某直角三角形斜边长为 $10^{\sqrt{5}}$ cm，某底角为 $\frac{3}{7}\pi$，试编写一段程序，计算与该角对应的直角边的边长。要求计算结果精确到小数点后 3 位。

（10）试编写程序，计算下列数学函数，且对计算结果进行四舍五入操作。

$$y = \begin{cases} \sqrt[3]{\sin(x) + \cos^2(x)} & x > 0 \\ \left|\frac{e^{\tan(x)}}{3^x}\right| & x \leq 0 \end{cases}$$

第15章 字符串处理

C语言中,字符串处理异常频繁,经常需要对字符串进行输入、输出、合并、修改、比较、转换、复制和搜索等操作。为了高效统一地进行字符串处理,C语言提供了丰富的字符串处理函数,使用这些函数可大大减轻编程的负担。用于字符串处理的库函数,在使用前应包含头文件 string.h。

本章学习重点:
- 字符串复制函数 strcpy
- 字符串链接函数 strcat
- 字符串比较函数 strcmp
- 字符串长度计算函数 strlen
- 字符串查找函数 strchr
- 字符串输入输出函数 gets 和 puts
- 字符串特殊处理函数 stricmp、strnset 和 strstr

15.1 字符串复制函数 strcpy

字符串复制函数是最常用的字符串处理函数之一,计算机文档编辑中的文本复制就是一类典型的字符串复制过程,因此字符串复制在工程设计中应用广泛。C语言提供了字符串复制函数 strcpy(),使用该函数可以将已知的字符串复制到另一个内存区域中,但 C 语言库函数也存在不足之处,使得函数在工程中的实际应用并不广泛。下面以 strcpy()函数为例,说明库函数中定义的字符串处理函数的局限性。

15.1.1 库函数 strcpy

函数名:strcpy

函数功能:把 src 所指的由 NULL 结束的字符串复制到 dest 所指的数组中

函数声明：char *strcpy(char *dest, char *src);

说明：函数输入参数为两个 char 型指针 dest 和 src，函数返回类型为 char 型指针。src 和 dest 所指的内存区域不可以重叠，dest 所指的内存区域必须有足够的空间放置 src 所指的字符串，函数返回指向 dest 的指针。

范例 15.1

strcpyfunc.c

strcpyfunc.c 一个数组中存储着一段电报电文，试调用函数 strcpy，将这段电文复制到另外一个数组中，并打印出复制后的电文文件。

（资源文件夹\chat15\ strcpyfunc.c）

```
01    #include <string.h>
02    #include <stdio.h>
03    void main()
04    {
05        char telegram1[100];
06        char telegram2[50]="All guys need to work on Sunday";
07        strcpy(telegram1, telegram2);
08        printf("%s\n", telegram1);
09    }
```

程序第 5 行定义了一个大小为 100 字节的数组 telegram1，用于存储来自第二个数组的字符串，第 6 行定义了数组 telegram2 并赋初值，程序第 7 行调用函数 strcpy 将数组 telegram2 中的字符串复制到 telegram1 中。程序运行输出结果为：

All guys need to work on Sunday

调用 strcpy 函数时，接收字符串的数组或指针所指的内存区域一定要大于被复制的字符串长度，否则系统可能由于字符长度不够而被恶意修改。

1. strcpy的两个参数

调用 strcpy 函数时，输入的两个参数应遵循一定的规则：

（1）指针或数组 dest 的存储区域必须足够大，以便能够容纳 src 所存储的字符串。

（2）src 可以使用字符串常量表示，例如：

```
char   str[50];
strcpy(str, "People need not to work on Sunday");
```

（3）字符串复制时会连同字符串结束符"\0"一同复制到目的数组 dest 中。

（4）可以使用参数指定复制字符串长度，例如，可以进行下面的函数调用方式：

```
strcpy(str, "People need not to work on Sunday", 10);
```

上述代码的作用是将字符串"People need not to work on Sunday"中前 10 个字符"People nee"复制到字符串 str 中，并取原字符数组中的字符。

2. strcpy函数原形

在 C 语言的库函数中，strcpy 函数的源代码说明如下：

```
01    char *strcpy(dst, src) – copy one string over another
02    Purpose:
03    Copies the string src into the spot specified by
04    dest; assumes enough room.
05    Algorithm:
06    char * strcpy (char * dst, char * src)
07    {
08        char * cp = dst;
09        while( *cp++ = *src++ ); /* Copy src over dst */
10        return( dst );
11    }
```

代码第 1 行到第 5 行为微软对函数 strcpy 的说明,代码第 6 行到第 11 行为函数源代码说明。分析代码可以看出,源程序中存在如下问题。

- 没有检查输入的两个指针是否有效。
- 没有检查两个字符串是否以 NULL 结尾。
- 没有检查目标指针的空间是否大于等于原字符串的空间。

对于上述源代码中存在的问题,可以通过增加代码的方法完善 strcpy,在工程应用中,通常以自定义 strcpy 函数的方式实现对字符串的复制。

15.1.2 自定义函数 strcpy

工程应用中,为了避免调用库函数对代码兼容的局限性,也经常自己定义 strcpy 函数,通常使用的 strcpy 函数程序代码如下:

```
01    char *strcpy(char *strDest, const char *strSrc)
02    {
03        if((NULL = = strDest)||( NULL = = strSrc))
04        {
05            printf("Invalid argument(s)");
06            return
07        }
08        char *strDestCopy=strDest;
09        while (('\0'!=*strDest++=*strSrc++))
10            ;
11        *strDest = '\0';
12        return    strDestCopy;
13    }
```

代码中有以下需要注意的地方:

(1) 程序定义时为了避免函数调用对源函数参数的影响,将第二个输入参数设为 const char 指针类型,目的是为了避免指针被无意识修改而造成错误。const char*strSrc 的含义是定义一个 const 类型的字符指针,这种类型只允许程序读该指针所指区域而不允许更改。

(2) 程序第 3 行到第 7 行是对输入参数进行检查,当输入参数值为 NULL 时,提示错误。

(3) 定义字符指针用于保存输入的第一个参数指针值。

(4) 函数处理完成后返回 strDest 所指的内存区域首地址。

15.2 字符串链接与比较函数 strcat 和 strcmp

实际应用中,经常需要将一段文档链接到另一段文档之后,或者将一段数据放到另一段数据之后,这样的操作可以使用字符串链接函数实现。此外,有时需要对两个字符串的大小进行判断,以实现字符串大小的分类,C 语言中,可以通过字符串比较函数实现。

15.2.1 字符串链接函数 strcat

函数名:strcat
函数功能:把 src 所指的字符串链接到 dest 所指的数组字符串后面
函数声明:char *strcat(char *dest, char *src);
说明:函数输入参数为两个 char 型指针 dest 和 src,函数返回类型为 char 型指针。dest 所指的内存区域必须留有足够的空间放置 src 所指的字符串,函数返回指向 dest 的指针。

范例 15.2 selfstrcat.c 自己编写一个函数,完成 strcat 的功能,并验证是否能够达到预期要求。

selfstrcat.c (资源文件夹\chat15\ **selfstrcat.c**)

```
01  #include <string.h>
02  #include <stdio.h>
03  char *self_strcat(char *dest, const char *src)
04  {
05      char *tmp = dest;
06      if((NULL==dest) || (NULL==src))
07      {
08          printf("Error: input parameter is NULL\n");
09          return NULL;
10      }
11      while(*dest)
12      {
13          dest++;
14      }
15      while((*dest++ = *src++) != '\0')
16          ;
17      return tmp;
18  }
19  void main()
20  {
21      char self_test[100]="C language is a common and basic program language";
22      char lib_test[100]="C language is a common and basic program language";
23      char str_connect[50]=" Welcome to use visualc++";
24      strcat(lib_test, str_connect);
25      self_strcat(self_test, str_connect);
26      printf("自定义函数: %s\n", self_test);
27      printf("库函数:     %s\n", lib_test);
28  }
```

第 15 章 字符串处理 | 365

程序第 5 行定义 tmp 指针用于存储输入参数 dest 的值。程序第 6 行到第 10 行进行输入参数检查，若输入参数为 NULL，则打印错误信息并返回主调函数。程序第 11 行到第 14 行用于获取指针 dest 所指区域中字符串的末尾。程序第 15 行和第 16 行用于字符串的链接，其中第 16 行使用空行表示。程序第 17 行返回最初保存的 dest 的值。程序第 24 行和第 25 行分别调用函数 strcat 和 self_strcat，并验证自定义函数的正确性。程序运行输出结果为：

自定义函数：C language is a common and basic program language Welcome to use visualc++
库函数：　　C language is a common and basic program language Welcome to use visualc++

15.2.2 字符串比较函数 strcmp

函数名：strcmp
函数功能：对 str1 和 str2 两个指针所指字符串进行比较，根据两者大小返回不同的数值
函数声明：int　*strcmp(char　*str1,　char　*str2);
说明：函数输入参数为两个 char 型指针 str1 和 str2，函数返回类型为 int 型。函数对两个字符串的大小判断按照从左至右的顺序逐个字符比较，当 str1 的字符大于 str2 的对应字符时，则判定 str1>str2，否则 str1<str2；当两个字符串中每个对应字符都相同时，str1=str2。根据两个字符串的大小不同，函数分别返回大于、等于和小于 0 三类数值。

（1）当 str1>str2 时，函数返回大于 0 的数，通常返回值为 1。
（2）当 str1=str2 时，函数返回 0。
（3）当 str1<str2 时，函数返回小于 0 的数，通常返回值为-1。

例如，有两个字符串：

```
char    *str1 = "Hello world";
char    *str2 = "Hello friends";
```

当使用 strcmp 函数判断两个字符串大小时，函数执行方式为从左至右判断每个字符，判断第一个字符，H = H；判断第二个字符，e = e，…，判断第七个字符，w>f，此时，判断结束，结果为 str1>str2，因此，函数返回值 1。

范例 15.3

selfstrcmp.c

selfstrcmp.c 自己编写一个函数，完成 strcmp 的功能，从键盘输入两个字符串，分别使用自定义函数和库函数判断输入的两个字符串大小关系，并验证是否能够达到预期要求。

（资源文件夹\chat15\ selfstrcmp.c）

```
01    #include <string.h>
02    #include <stdio.h>
03    int self_strcmp(char *str1, char *str2)
04    {
05        if((NULL== str1)  || (NULL == str2))
06        {
07            printf("Error:输入参数错误，值为 NULL\n");
08            return 0xffffffff;
09        }
10        while(*str1 && *str2 && (*str1==*str2))
11        {
12            str1++;
```

```
13              str2++;
14          }
15          return *str1-*str2;
16      }
17      void main()
18      {
19          int self_ret=0, lib_ret=0;
20          char str_in1[50];
21          char str_in2[50];
22          printf("请输入两个比较字符串：\n");
23          printf("字符串 1: ");
24          scanf("%s", str_in1);
25          printf("字符串 2: ");
26          scanf("%s", str_in2);
27          self_ret=self_strcmp(str_in1, str_in2);
28          lib_ret=strcmp(str_in1, str_in2);
29          if (0xffffffff == self_ret)
30          {
31              printf("Error: 函数调用失败，返回 0xffffffff\n");
32              return;
33          }
34          printf("自定义函数返回值: %d\n", self_ret);
35          printf("库函数返回值: %d\n", lib_ret);
36      }
```

程序第 3 行到第 16 行定义了函数 self_strcmp，用于对输入的两个字符串进行大小比较。程序第 27 行和第 28 行分别调用 self_strcmp 函数和 strcmp 函数，并对自定义函数做返回值检查。程序运行输出结果为：

```
请输入两个比较字符串：
字符串 1: hello
字符串 2: help
自定义函数返回值: -4
库函数返回值: -1
```

自定义函数返回值-4，库函数返回值-1，因此可以判断 str1<str2，并且库函数对返回值进行了归一化处理，即将返回的数值处理成 1 或-1 的数值。

利用库函数判断两个字符串大小时，不能将值为 NULL 的指针作为实参传递到被调函数中，执行这样的操作将导致程序在运行时出现崩溃现象。

15.3 字符串长度与查找函数 strlen 和 strchr

文档编辑中，经常需要统计文档的字符数，以确定文档的篇幅。C 语言中，可以通过字符串长度计算函数 strlen()，计算一段字符文档的长度，即字符个数，此外，也可以使用字符串查找函数 strchr()，查找字符串中指定的某字符串。

15.3.1 字符串长度计算函数 strlen

函数名：strlen
函数功能：对 str 指针所指字符串进行长度计算
函数声明：int strlen(char *str);
说明：函数对输入的字符串进行长度计算，返回字符串的长度。函数在计算字符串长度时，将不计算字符串结束符"\0"，因此函数返回的是字符串的实际长度。
例如，字符串 str 通过 strlen 函数计算的长度为 11：

```
char   *str = "Hello world";
```

范例 15.4

selfstrclen.c 自己编写一个函数，完成 strlen 的功能，定义一个字符串，将该字符串作为实参输入到自定义函数和库函数中，分析两个函数返回值的结果是否相同，并验证是否能够达到预期要求。
（资源文件夹\chat15\ selfstrclen.c）

```
01   #include <string.h>
02   #include <stdio.h>
03   int self_strlen(char *str)
04   {
05        char *p = str;
06        if(NULL == str)
07        {
08             printf("Error: 输入参数错误，值为NULL\n");
09             return 0xffffffff;
10        }
11        while('\0' != *p++)
12             ;
13        return p - str - 1;
14   }
15   void main()
16   {
17        int self_ret=0, lib_ret=0;
18        char str_in[100] = "It is test function strlen()";
19        self_ret=self_strlen(str_in);
20        lib_ret= self_strlen (str_in);
21        if (0xffffffff == self_ret)
22        {
23             printf("Error:   函数调用失败，返回 0xffffffff\n");
24             return;
25        }
26        printf("自定义函数返回值：%d\n", self_ret);
27        printf("库函数返回值：%d\n", lib_ret);
28   }
```

程序第 3 行到第 14 行定义了函数 self_strlen，用于对输入的字符串进行大小比较。程序第 19 行和第 20 行分别调用 self_strlen 函数和 self_strlen 函数，并对自定义函数做返回值检查。程序运行输出结果为：

```
自定义函数返回值: 28
库函数返回值: 28
```

自定义函数返回值和库函数返回值相同,都为28,因此可以得到字符串的长度为28。

 自定义字符串长度计算函数时,应注意要计算的是字符串的实际长度,因此,字符串结束符"\0"不应被计算在内。

15.3.2 字符串查找函数 strchr

函数名: strchr

函数功能: 查找指针 str 所指字符串中第一次出现字符 ch 的位置

函数声明: int strchr(char *str, char ch);

说明: 函数首先查找 str 所指的字符串中第一次出现字符 ch 的位置,然后以指针形式返回该位置。

例如,定义下面的字符串和字符指针:

```
char    str[50] = "Now, we start to search a character in this string";
char    *pch;
```

调用函数 strchr 来检查第一个出现字符 s 的位置,可以使用下面的语句:

```
pch = strchr(str, 's');
printf("%.15s", pch);
```

代码执行上面的输出函数后输出:

```
start to search
```

范例 15.5
selfstrchr.c

selfstrchr.c 自己编写一个函数,完成 strchr 的功能。写一段英文,在这段英文中查找第一个":"的位置,并打印该标点之后的文字。

(资源文件夹\chat15\ selfstrchr.c)

```
01    #include <stdio.h>
02    #include <string.h>
03    char *self_strchr(char *str, char ch)
04    {
05        if(NULL = = str)
06        {
07            printf("Error: 输入参数错误,为 NULL\n");
08            return NULL;
09        }
10        while((NULL != *str) && (*str != ch))
11        {
12            str++;
13        }
14        if(NULL = = *str)
15        {
16            printf("Error: 未找到对应字符位置\n");
```

```
17                return NULL;
18            }
19            else
20            {
21                return str;
22            }
23        }
24        void main()
25        {
26            char str_in[100]="Note: I'll do my best to study function strchr well";
27            char *self_pch, *lib_pch;
28            self_pch=self_strchr(str_in, ':');
29            lib_pch=strchr(str_in, ':');
30            if((NULL == self_pch) || (NULL == lib_pch))
31            {
32                printf("Error:   函数调用失败,返回 NULL\n");
33                return;
34            }
35            printf("输出文字：\n");
36            printf("自定义函数结果：%s\n", self_pch+2);
37            printf("库函数结果：%s\n", lib_pch+2);
38        }
```

程序第 3 行到第 23 行定义了函数 self_strchr,用于查找已知的字符串中的字符,并返回对应字符中的位置。程序第 10 行到第 13 行遍历字符串,若找到对应字符,则停止遍历。程序第 14 行到第 22 行进行返回值分析,根据不同情况返回相应的数值。程序运行输出结果为:

> 输出文字：
> 自定义函数结果：I'll do my best to study function strchr well
> 库函数结果：I'll do my best to study function strchr well

自定义函数结果和库函数结果相同,说明自定义函数达到了库函数的基本性能需求。

15.4 字符串输入/输出函数 gets 和 puts

C 语言中,字符串的输入和输出,除了使用标准输入/输出函数 scanf 和 printf 之外,也可以使用字符串输入/输出函数 gets 和 puts,但它们并不属于字符串处理函数,而属于标准输入/输出函数。因此,调用字符串输入/输出函数时,应包含头文件 stdio.h。

15.4.1 字符串输入函数 gets

字符串输入函数用于从键盘、鼠标等终端设备输入字符串。gets 函数具有与 scanf 函数相同的字符串输入功能,但 gets 函数并不需要指定输入格式。字符串输入函数的一般表达形式为:

> gets(字符串输入指针);

其中,"字符串输入指针"可以是字符数组首地址,也可以是字符指针。例如:

```
01    char string[80];
02    gets(string);
03    printf("输入的字符串是： %s\n",string);
```

若输入的字符串为：Test function gets。则输出：

输入的字符串是：Test function gets

需要注意的是，输入的字符串长度不应大于为其分配的内存区域长度，若输入字符串超过规定长度，系统将有可能因为内存区域被重写而出现崩溃。

范例 15.6　　　Gets.c 定义两个字符数组，其中第一个数组初始化为一个简单字符串，另一个字符串用于接收键盘输入的 20 个字符串，程序运行时输入超过 30 个
Gets.c　　　字符的字符串，输出两个字符串的内容。
（资源文件夹\chat15\ Gets.c）

```
01   #include <stdio.h>
02   #include <string.h>
03   void main()
04   {
05       char   copy_ch[10]="For test!";      //测试字符串定义
06       char   input_char[20];                //输入字符串定义
07       printf("请输入字符串：\n");
08       gets(input_char);                     //字符串输入
09       printf("输出字符串：\n");
10       printf("input_char: %s\n", input_char);
11       printf("copy_ch: %s",copy_ch);
12   }
```

程序第 6 行定义了用于输入字符串的数组 input_char，程序第 8 行输入字符串，并使字符串大于 30 个字符，以使下标越界覆盖 copy_ch 的内存区域。程序运行输出结果为：

请输入字符串：
aaaaaaaaaaaaaaaaaaaaaaaaaaaaaaaa
输出字符串：
input_char: aaaaaaaaaaaaaaaaaaaaaaaaaaaaaaaa
copy_ch: aaaaaaaaaaaaaaaa

同时，程序执行完输出字符串之后，出现崩溃，并终止程序继续执行。

15.4.2 字符串输出函数 puts

字符串输出函数用于将程序中存储的字符串输出到显示器等终端设备。puts 函数具有跟 printf 函数相同的字符串输出功能，但 puts 函数并不需要指定输出格式。字符串输入函数的一般表达形式为：

puts(字符串输出指针);

其中"字符串输出指针"可以是字符数组首地址，也可以是字符指针。例如，沿用上面的例子：

```
01   char string[80];
02   gets(string);
```

```
03        put("输出字符串： %s\n",string);
```

若输入的字符串为：Test function gets。则输出：

输入的字符串是：Test function gets

由于 puts 函数仅用于输出字符串数据，并且 puts 函数参数中不含有输出长度参数，因此，使用 puts 函数时应注意函数仅通过判断字符是否为 "\0" 来作为字符串的结束标志。

范例 15.7　Puts.c　设计两个字符数组并赋初值，一个赋值时在字符串中间含有 "\0" 字符，另一个赋值越界。使用 puts 函数输出字符串。（资源文件夹\chat15\ Puts.c）

```
01    #include <stdio.h>
02    void main()
03    {
04        char   puts_ch1[10]="dfsd\0dfadf";              //含 "\0" 的字符串 1
05        char   puts_ch[20];                             //保护字符串
06        char   puts_ch2[20]="aaaaaaaaaaaaaaaaaaaaaaaa"; //字符串 2
07        char   puts_ch3[20]="bbbbbbbbbbbbbbbbbbbbbbbb"; //字符串 3
08        puts(puts_ch1);                                 //字符串 1 输出
09        puts(puts_ch2);                                 //字符串 2 输出
10        puts(puts_ch3);                                 //字符串 3 输出
11    }
```

程序第 4 行定义了字符数组 puts_ch1，并赋值为一段字符串，在字符串中包含字符 "\0"。程序第 6 行和第 7 行将一串标志字符串赋给字符数组 puts_ch2 和 puts_ch3。程序运行输出：

dfsd
aaaaaaaaaaaaaaaaaaaa 烫烫烫烫烫烫烫烫烫 dfsd
bbbbbbbbbbbbbbbbbbbbaaaaaaaaaaaaaaaaaaaa 烫烫烫烫烫烫烫烫烫 dfsd

15.5　其他字符串处理函数

除了常用的字符串处理函数，C 语言编译系统还提供了一系列特定的字符串处理函数，这些函数为了某些特定的需求而设计，程序员可以根据不同的需要选择不同的函数模型。需要注意的是，这些字符串处理函数都是有针对性的字符串处理，因此使用时一定要掌握这些函数的调用格式。

15.5.1　特定字符串比较函数 stricmp

与 strcmp() 函数类似，stricmp() 函数也是字符串比较函数，所不同的是 stricmp() 函数不区分大小写，而仅比较字母是否为同一个。

函数名：stricmp
函数功能：对 str1 和 str2 两个指针所指字符串进行比较，不区分大小写
函数声明：int   stricmp(char   *str1,   char   *str2);
函数输入参数为两个 char 型指针 str1 和 str2，函数返回类型为 int 型。函数对两个字符

串的大小判断按照从左至右的顺序逐个字符比较,但在比较过程中不区分字母大小写,当 str1 的字符大于 str2 的对应字符时,则判定 str1>str2,否则 str1<str2;当两个字符串中每个对应字符都相同时,str1=str2。根据两个字符串的大小不同,函数分别返回大于、等于和小于 0 三类数值。

(1) 当 str1>str2 时,函数返回大于 0 的数,通常返回值为 1。

(2) 当 str1=str2 时,函数返回 0。

(3) 当 str1<str2 时,函数返回小于 0 的数,通常返回值为-1。

范例 15.8　　　stricmp.c 定义两个指针,并赋值为常量字符串,调用函数 stricmp,验证该函数的功能,使用分支语句判断并输出相关信息。

stricmp.c　　　(资源文件夹\chat15\ stricmp.c)

```
01  #include <string.h>
02  #include <stdio.h>
03  int main(void)
04  {
05      char *buf1 = "Just for Test stricmp";    //定义常量字符串 1
06      char *buf2 = "just for test STRICMP";    //定义常量字符串 2
07      int p_result;                            //接收输出结果
08      p_result = stricmp(buf2, buf1);          //调用函数判断字符串大小
09      if (p_result > 0)
10      {
11          printf("字符串 2 比字符串 1 大.\n");
12      }
13      if (p_result < 0)
14      {
15          printf("字符串 2 比字符串 1 小.\n");
16      }
17      if (p_result == 0)
18      {
19          printf("字符串 2 与字符串 1 相同.\n");
20      }
21      return 0;
22  }
```

程序第 9 行到第 12 行使用 if 分支语句判断并打印字符串 2 比字符串 1 大的信息。程序第 13 行到第 15 行使用 if 分支语句判断并打印字符串 2 比字符串 1 小的信息。程序第 17 行到第 20 行分析并打印两字符串相等的数据。程序运行输出结果为:

字符串 2 与字符串 1 相同.

由打印信息可知,字符串 2 与字符串 1 相同。

15.5.2 字符串重设函数 strnset

函数名:strnset

函数功能:对 str 指针所指字符串中指定的前 n 个字符进行字符替换

函数声明:char *strnset(char *str, char letter, unsigned n);

函数输入参数为一个 char 型指针 str,一个 char 型字符变量 letter,一个 unsigned int 类型

变量 n。函数返回类型为 char 型指针。函数功能是将字符串 str 所指的字符串中前 n 个字符替换为字符 letter。

范例 15.9

strnset.c

strnset.c 定义一个字符数组，存放由 26 个字母组成的字符串，调用函数 strnset，将前 13 个字母设为 "a"，以验证函数 strnset 的有效性。
（资源文件夹\chat15\ strnset.c）

```
01    #include <string.h>
02    #include <stdio.h>
03    int main(void)
04    {
05        char string[50] = "abcdefghijklmnopqrstuvwxyz";    //常量字符串
06        char letter = 'a';                                  //定义替换字符
07        printf("重设之前的字符串: %s\n", string);
08        strnset(string, letter, 13);                        //调用函数 strnset
09        printf("重设之后的字符串: %s\n", string);
10    }
```

程序第 8 行调用函数 strnset 用于重设字符串 string 中的前 13 个字符，程序运行输出结果为：

重设之前的字符串：abcdefghijklmnopqrstuvwxyz
重设之后的字符串：aaaaaaaaaaaaanopqrstuvwxyz

范例 15.9 中，程序第 5 行不能试图使用 char *string = "abcdefghijklmnopqrstuvwxyz"，因为字符串常量被存储于常量存储区，该区域内的存储数据不允许被改变，因此若使用指针代替字符数组将使程序运行出现崩溃。

15.5.3 字符串子串查找函数 strstr

函数名：strstr()
函数功能：在 str1 指针所指字符串中查找指定字符串 str2
函数声明：char *strstr(char *str1, char *str2);

函数输入参数为一个 char 型指针 str1，一个 char 型指针 str2，函数返回类型为 char 型指针。函数功能是在字符串 str1 所指的字符串中查找子串 str2，若找到，返回子串起始位置；若未找到，返回 NULL。需要注意的是，函数查找的同时也查询子串的回文串，即子串本身及其回文串都作为被搜索对象处理。

范例 15.10

strstr.c

strstr.c 定义一个字符数组，存放由 26 个字母组成的字符串，调用函数 strnset，将前 13 个字母设为*，以验证函数 strnset 的有效性。
（资源文件夹\chat15\ strnset.c）

```
01    #include <string.h>
02    #include <stdio.h>
03    void main()
04    {
05        char *string1 = "abcdefghijklmnopqrstuvwxyz";    //被查找串
06        char *string2 = "lmno";                           //查找串
```

```
07              char *string3 = "onml";                              //查找回文串
08              char *ptr1, *ptr2;
09              ptr1 = strstr(string1, string2);                     //查找字符串 1
10              ptr2 = strstr(string1, string3);                     //查找字符串 1 的回文串
11              if(ptr1)
12              {
13                  printf("strstr 函数查找到串\"lmno\"的位置: %c\n", *ptr1);
14              }
15              else
16              {
17                  printf("strstr 未发现匹配字符串\n");
18              }
19              if(ptr2)
20              {
21                  printf("strstr 函数查找到串\"onml\"的位置: %c\n", *ptr2);
22              }
23              else
24              {
25                  printf("strstr 未发现匹配字符串\n");
26              }
27          }
```

程序第 11 行到第 18 行分别对是否查找到字符串"lmno"进行 if 分支判断，程序第 19 行到第 26 行分别对是否查找到字符串"onml"进行 if 分支判断。程序运行输出结果为：

```
strstr 函数查找到串"lmno"的位置: l
strstr 函数查找到串"onml"的位置: l
```

范例 15.10 中，程序第 13 行和第 21 行输出字符串"lmno"和"onml"时，应注意双引号的打印，由于双引号属于特殊字符，因此输出时应使用\加以区分。

实训 15.1——文章中字符串查找与替换

编辑文档时，经常需要在文章中查找关键字，有时还需要替换找到的关键字，使用 C 语言库函数 strstr 和 strset 等也可以实现简单的字符串查找和替换。本实训将读取一篇英文文章（资源文件夹：\第 15 章\源代码\ HowToBeHappy.txt）到程序中，在程序中查找指定的字符串（"and"），并使用特殊字符'*'代替查找到的第一个关键字后面 100 个字符。

（1）需求分析。

分析目标需求，程序中需要做到如下几条关键模块。

需求 1，使用文件打开函数 fopen 打开文件 HowToBeHappy.txt。

需求 2，复制打开的文件内容到本地内存。

需求 3，查找指定字符串，若查找到，则替换，否则打印没有找到字符串的提示信息。

（2）技术应用。

根据 C 语言标准以及开发平台版本，完善各个需求模块。

第 15 章 字符串处理

对于需求 1，使用文本文件只读格式（"rt"）调用函数 fopen，打开文件 HowToBeHappy.txt，为方便操作，本程序将文件复制到磁盘 D 盘根目录下执行。

对于需求 2，首先调用函数 malloc 动态分配一定内存空间（本实训分配 5000 字节），然后调用函数 fgets 将文件中的文章内容复制到动态分配的内存区域。

对于需求 3，调用函数 strstr 查找字符串"and"，判断是否查找成功，若查找到，调用函数 strset 替换指定字符区域。

根据上述分析，设计程序代码。

文件	功能
StringFindReplace.c	① 动态分配内存 ② 打开文件 HowToBeHappy.txt ③ 查找字符串并执行替换

程序清单 15.1：StringFindReplace.c

```
01   #include <stdio.h>
02   #include <string.h>
03   #include <stdlib.h>
04   void main()
05   {
06       char *string = NULL;
07       char *string1 = "and";
08       char *ptr1 = NULL;
09       char *stringCopy=NULL;
10       FILE  *fp;
11       string = (char *)malloc(5000);
12       if(NULL == string)
13       {
14           printf("分配内存失败，返回!!!!!!!!!!\n");
15           return;
16       }
17       else
18       {
19           printf("内存分配成功，进行下一步处理!!!!!!!!\n");
20       }
21       fp=fopen("D:\\ HowToBeHappy.txt", "rt");    //打开文件 HowToBeHappy.txt
22       if(NULL == fp)
23       {
24           printf("文件 HowToBeHappy.txt 打开错误!!!!!!!!!\n");
25           return;
26       }
27       else
28       {
29           printf("文件 HowToBeHappy.txt 打开成功!!!!!!!!!!\n");
30       }
31       fgets(string, 5000, fp);                    //复制文件内容到本地内存
32       fclose( fp );                               //关闭文件指针
33       ptr1 = strstr(string, string1);             //字符串查找
```

（12–16 行：判断内存分配是否成功，若不成功，则退出程序）

（22–26 行：判断文件是否成功，若不成功，则退出程序）

```
34          if(ptr1)
35          {
36                  printf("strstr 函数查找到串\"and\"!!!!!!!!!!\n");
37          }
38          else
39          {
40                  printf("strstr 未发现匹配字符串!!!!!!!!!\n");
41                  return;
42          }
43          strnset(ptr1, '*', 100);                            //修改指定字符区域
44          printf("打印出修改后的文章内容:\n");
45          printf("\t");
46          printf("%s", string);                               //打印修改后的文章内容
47      }
```

行34—42右侧注释：判断字符串查找是否成功，若不成功，则退出程序

程序第 7 行定义了被查找字符串"and"，程序第 12 行到第 20 行对第 11 行分配的内存区域进行检查，验证内存分配是否成功，程序第 21 行打开指定文件 HowToBeHappy.txt，并在第 22 行到第 30 行判断文件打开是否成功，程序第 31 行将文章内容复制到动态分配的内存区域，程序第 34 行关闭文件指针；以保护原文件不受破坏，程序第 33 行查找文章中指定字符串，并在第 35 行到第 42 行验证查找是否成功。

程序第 43 行对查找到的文章位置进行字符串重新设置，并在第 46 行打印出修改后的文章内容。程序运行后输出结果为：

```
内存分配成功，进行下一步处理!!!!!!!!
文件 HowToBeHappy.txt 打开成功!!!!!!!!!!
strstr 函数查找到串"and"!!!!!!!!!!
打印出修改后的文章内容:
        Be optimistic. In the 1970s, researchers followed people who'd won the l
ottery ***********************************************************************
************************** They called it hedonic adaptation, which suggests th
at we each have a baseline level of happiness. No matter what happens, good or b
    :
```

本实训实现了对指定程序外部文件中文件内容的简单处理操作。文件打开时应注意 fopen 函数打开文件的路径，由于"\"为转义字符，因此需要使用"\\"来表示一个"\"，否则程序将无法正常打开文件 HowToBeHappy.txt。

在本实训代码基础上，对程序中所有出现单词 will 的位置进行处理，将单词 will 设置为****，然后将这段文字重新保存到磁盘中一个文本文件中，取名 CopyHowToBeHappy.txt。

1. 对整篇文章进行字符串查找和替换，应保存每次查找后的指针位置，并从该位置开始继续向后查找，可以使用 while 循环实现，直到文件结束或达到最大空间位置。
2. 向磁盘中写入信息，可以调用函数 fputs 或 fprintf。

15.6　疑难解答和上机题

15.6.1　疑难解答

（1）可以使用 strcpy 函数将字符串常量复制到 dest 数组中吗？

解答：可以。C 语言中，由于字符串常量也是以地址索引的，因此，可以使用 strcpy 函数将字符串常量复制到字符数组中。例如：

```
char    str[50];
strcpy(str, "Questions and answers");
```

（2）使用 strcpy 函数将 src 中的字符串复制到 dest 中之后，dest 中的原字符串还会保留吗？

解答：不会。字符串复制函数 strcpy 采用的是覆盖方式，即将 src 中的字符串不加判断地复制到 dest 数组中，并且是从数组起始位置开始复制。例如：

```
char    str[50]="Please remember, This year is 2010";
strcpy(str, "Qestions and ansers");
```

则字符数组 str 中的字符串将改为："Qestion and answersis year is 2010"。

（3）若 dest 被设为 NULL，使用 strcat 函数时会产生什么结果？

解答：若 dest 被设为 NULL，调用 strcat 函数时，将使程序崩溃。因此，调用函数前务必检查 dest 指针或数组是否为空，若为空，则禁止调用 strcat 函数。程序崩溃时弹出的对话框如图 15-1 所示。

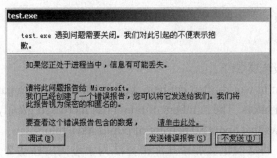

图 15-1　程序崩溃对话框

（4）若将 src 赋为 NULL，调用 strcat 函数时是否会出错？

解答：会出错。C 语言的 strcat 对输入的两个指针参数都进行了入参检查，因此，若 src 为 NULL，与 dest 为 NULL 类似，程序将出现崩溃错误。

（5）若 src 中的字符串长度大于 dest 定义的长度，调用 strcat 函数时是否出现错误？

解答：不会出错。strcat 函数不检查 src 和 dest 的长度匹配，但如果 src 字符串的长度大于 dest，调用 strcat 函数时，很可能因为 src 字符串大于 dest 字符串而使内存读写越界，从而产生严重的内存泄露。因此，建议读者在使用 strcat 函数时确认 src 字符串的长度小于 dest 中的空余空间。

（6）字符串比较函数 strcmp 是否允许两个输入参数为 NULL？

解答：不允许。和所有的字符串处理函数一样，strcmp 函数不允许输入参数为 NULL，若出现这种情况，程序将出现崩溃。

（7）函数 strchr 是否可以查找特殊字符如 "\n" "\0" "\\" 等？

解答：可以。strchr 函数的检查原理是查找 str 输入字符串中与 ch 字符 ASCII 码值相等的字符串位置。因此，任何字符都可以被用来检测。

（8）能否将动态分配内存的指针作为字符串输入函数 gets() 的输入参数？

解答：可以。C 语言允许任何可以指向字符串或者表示字符串首地址的指针作为 gets() 函数的输入参数。

（9）当函数 gets() 或 puts() 的输入参数为 NULL 时，是否会出现程序崩溃？

解答：会出现程序崩溃。C 语言中，gets() 和 puts() 函数对输入参数进行严格检查，当输入参数为 NULL 时，程序将因为处理异常而终止，并弹出如图 15-2 所示的对话框。

图 15-2 "Microsoft Visual C++ Debug Library" 对话框

15.6.2 上机题

（1）已知有一段电文如下：

Nowadays, children in world often get help with schoolwork from parents, but many students today also get help from tutors. The numbers of tutors has increased greatly in the past ten years. A recent investigation shows that about 80 percent of pupils have tutors.

试编写一段程序，将这段电文加密（加密算法为字母向后移动 2 个字符位置，字母 Y、Z、y、z 分别使用 A、B、a、b 代替），然后调用 strcpy 函数将加密后的电文复制到一个数组中。

（2）已知有一篇短文如下：

How to be healthy? Above all, don't smoke. Cigarette smoke is a toxic cocktail of around 70 cancer-causing chemicals and hundreds of other poisons. Smoking is the single biggest cause of cancer in the world.

因内容不够充实，需要在文后添加部分内容，试设计一段程序，调用 strcat 函数，将下面的文章添加到原文章后面。

Eat at roughly the same times each day. This might be two, three or more times but a routine encourages a reasonable weight. Watch your portions. Don't heap food on your plate (except for vegetables) and think twice before having second helpings. Try to have five portions of fruit and vegetables a day. Eat foods with reduced fat. Cut fat off meat. Eat foods with reduced salt. Walk every day. Be happy. Happiness helps healthiness, especially mental health. For many tips on how to be happy.

（3） 现在，许多软件都具有文本比较功能，试编写一段简单的文本比较代码，调用函数 strcmp，比较下面的两段文字。

文字段一：

Find happiness in the job you have now. Many people expect the right job or the right career to dramatically change their level of happiness, but happiness research makes it clear that your level of optimism and the quality of your relationships eclipse the satisfaction you gain from your job.

文字段二：

Find happiness in the job you have now. Many people expect the right job or the right career to dramatically change their level of happiness, but happiness research makes it clear which your level of optimism and the quality of your relationships eclipse the satisfaction you gain from your job.

（4） 有一段英文文档（资源文件夹：\第 15 章\源代码\ HowToBeHappy.txt），试编写一段程序，调用 strlen 函数，计算文档的总长度。（提示：可以使用文件打开工具 fopen 打开文件）

（5） 试调用函数 strchr，查找一篇文章（资源文件夹：\第 15 章\源代码\HowToBeHappy.txt）中的单词个数，方法为通过判断空格的存在判断单词的个数（这里假设标点符号后面都带一个空格）。

（6） 试设计一段程序，调用函数 gets，从键盘输入下面一段英文存放到一个字符数组中，用于作为文档输入脚本。字符串如下：

Please log in using the block on the right to access your My Modules page. Familiarise yourself with Learn by clicking on the Quick Start Guide or the Learning about Learn module link below.

（7） 试设计一个 C 语言脚本程序，使用 puts 函数输出题目（6）的字符数组中存储的英文文档，当需要输出存储的英文文档时，只需要载入该脚本即可实现文档的输出。

（8） 试编写一段代码，用于比较题目（3）中两段英文字符串，使用 stricmp()函数，仅分析不同字符的区别而忽略大小写。

（9） 试编写一段代码，动态分配一段内存给 char 型指针*p，并将题目（6）中的字符串存储到该内存区域中，调用函数 strnset()，重新设置已知内存区域中由内存起始位置起第 10、20、30、40、50、60、70、80、90 个字符位置，使用字符*代替。

（10） 试设计一段程序，实现文档的关键字查找，调用函数 strstr 实现，查找文章（资源文件夹:\第 15 章\源代码\HowToBeHappy.txt）中字符串 happy 的位置，并返回该字符串的位置。

第16章 C语言调试

代码编写后,经常需要使用调试器进行代码调试和功能验证。程序调试前需要对代码进行修正,以使代码风格统一,逻辑清晰。注释是程序的重要组成部分,是代码后期维护和阅读的有效帮助信息。程序的调试可以使用单步调试,也可以使用断点设置,进行部分代码调试。

本章学习重点:

- ◆ 注释的编写
- ◆ 代码风格的设计
- ◆ 程序单步调试
- ◆ 程序断点设置与调试

16.1 C语言开发入门

程序开发时养成良好的编程习惯及掌握有效的编程规则将在程序开发中起到事半功倍的效果。程序开发时经常遇到的两个问题是代码编写和注释编写,代码的编写规范是程序能够高效运行的保障,是编写高质量程序的指导说明书,注释就像戏剧中的旁白,是帮助程序员理解程序的有效参照。

16.1.1 注释的编写

注释是C语言代码中一个非常重要的部分。C语言中,注释主要用于说明代码的功能,标注代码的含义等。注释不是C语言源程序,因此程序编译时不对注释做任何处理,注释仅使程序阅读者便于理解代码。工程应用中,为了代码的后期维护,为便于程序的理解,代码的注释将为程序维护人员提供很大的帮助,因此,许多项目团队在开发代码时就明确规定注释所占代码的比例,有的甚至要求注释要达到代码量的50%。

C语言中,代码的注释主要有三种表达形式,一种是使用"//"符号,一种是使用"/*"

和"*/"符号,还有一种是采用宏编译开关的形式。

1. 使用"//"注释代码

使用"//"注释代码时,应将符号"//"放于注释内容的左边,此时,从"//"向后该行所有内容都被作为注释内容看待。使用这种方式时,仅对单行产生作用,即仅对当前行的"//"符号之后的信息加以注释。例如,对某行代码进行如下注释:

```
01    if(0 = = num%2)              //判断是否为偶数
02    {
03        printf("偶数.");
04    }
```

上述代码中 if 条件语句用于判断 num 是否为偶数,在该行后使用"//判断是否为偶数"作为注释。使用"//"可以放在代码后面,也可以是单独的注释行,例如:

```
//Now start to calculate abstract
y = abs(x);
```

上述第 1 行代码即用于对第二条代码进行注释,这里一定要注意,注释总是放在代码的当前行或者前一行,不能将注释放在代码的后面。

　　　　"//"注释时只能是单行注释,当注释内容多于一行时请在每行的注释内容前使用"//"。此外,为提高代码的可移植性,一般都使用简洁的英文描述,以防止将代码移植到其他硬件平台时出现不兼容的情况。

2. 使用"/*"和"*/"注释代码

"/*"和"*/"用于单行和多行注释,"/*"放于注释内容的开始位置,"*/"放于注释内容的结束位置,"/*"和"*/"位置不能颠倒。

当注释内容为单行时,可以使用下面的注释方式:

```
/* define function   max()   */
int  max(int   a,   int   b);
```

当注释内容为多行时,可以使用下面的注释方式:

```
/*      1: January
    2: Febrary
    3: March
    4: April
    …
*/
```

范例 16.1　　NotationType2.c 设计一个文件说明的注释模版,将某项目工程的文件或函数简明扼要地描述出来,包括项目名称、文件名称、文件主要功能等。要求内容全面、简洁、美观大方。

NotationType2.c

（资源文件夹\chat16\ NotationType2.c）

```
01    /* Mode of file description                                              */
02    /*--------------------------------------------------------------------*/
```

```
03      /* Copyright(c) 2010 by All freedom People. All rights reserved      */
04      /*-------------------------------------------------------------------*/
05      /* File name         : PeopleIDInfo.c                                 */
06      /* Project           : C_language_Study_book                          */
07      /* Project Name      : book study                                     */
08      /* Module Name       : book figure design                             */
09      /*-------------------------------------------------------------------*/
10      /* Description       : This file is used to Configuration of People's ID card */
11      /*-------------------------------------------------------------------*/
12      /* Author: Yan shulei                                                 */
13      /*-------------------------------------------------------------------*/
14      /* Creation Date    : Apri. 01, 2010                                  */
15      /*-------------------------------------------------------------------*/
16      /* Modification history                                               */
17      /* Date           Author       state        Description               */
18      /* 2010-05-25     Yan shulei    OK          change value              */
19      /*-------------------------------------------------------------------*/
20      /* Source code    files                                               */
21      /*-------------------------------------------------------------------*/
```

上述注释内容标注了源代码文件相关的各种说明信息。注释第 1 行说明下面的注释为注释模版，注释第 3 行说明该源文件的版权归属，注释第 5 行到第 8 行说明源文件的文件名以及所属工程、工程名及子模块名，注释第 10 行为该源文件的概括性描述，注释第 12 行为源代码编写者名称，注释第 14 行为源文件创建时间，注释第 16 行到第 18 行为源文件修改记录，注释第 20 行表示该文件的文件类型，有源文件(Source code)和头文件(Header file)之分。

在注释时，也可以只在注释内容开始位置使用"/*"和结尾位置使用"*/"来设置注释。需要注意的是，"/*"和"*/"并不是成对出现，而是以开始位置和结束位置为主，并且结束位置仅出现一次就可以，例如，下面的注释方式是错误的：

```
01          /*   set parameters value
02               /*   set input value */
03               Start call function OpenFiles()
04          */
```

上述注释中第 1 行使用了"/*"作为注释开始，在注释中第 2 行又试图进行嵌套的注释，但代码编译时将第 2 行结束前所有内容都作为注释处理，因此第 2 行"/*"符号将不起作用，而"*/"符号将与第 1 行"/*"符号匹配，第 3 行和第 4 行将不作为注释处理，如果此时将这段注释放在代码中编译，系统将提示错误。

3. 条件编译开关注释代码

在程序调试时，经常需要将部分代码屏蔽以方便检查错误。使用"//"或"/*"和"*/"时，经常遇到因输入符号错误而出现编译不成功的情况，为了有效避免这类情况出现，可以使用条件编译开关屏蔽部分代码，这样既容易操作，又便于程序维护和理解。例如，本书范例 12.3 中的代码：

```
01      #if  0                                                    //条件编译
```

第16章 C语言调试

```
02        S = 4 * PI * r * r;                              //计算表面积
03        printf("半径为 %f 的圆球表面积为：%f\n", r, S);
04    #endif
05        V = 4 * PI * r * r * r/3.0;                       //计算体积
06        printf("半径为 %f 的圆球体积为：   %f\n", r, V);
```

代码中第1行和第4行使用条件编译方式屏蔽了代码第2行和第3行，当需要将屏蔽的代码释放时，将第1行条件编译值0改为1即可。

16.1.2 代码风格

代码风格的优劣就像一幅画的好坏，如果代码没有良好的风格，代码格式混乱，将很难维护和阅读。代码风格编辑较差的代码，虽然也可以编译通过，但对于一个项目和工程的后期设计和维护而言，将造成很大的困难。

一位程序设计大师曾经说过："代码主要是写给人看的，而不是写给机器看的，只是顺便也能用机器执行而已。"代码和语言文字一样是为了表达思想、记载信息，所以一定要写得清楚整洁。代码风格并不是死板的教条，它只是为了便于代码理解和阅读而自行定义的规则。通常，各公司都有自己的一套代码风格规则，即便一个公司内部，由于编译系统不同，各部门之间的代码风格也可能各不相同。下面列举出部分被程序员认可的代码编写规则。

1. 代码缩进

代码缩进将对代码的美观度产生较大影响，通常为了提高代码的美观程度，函数体内代码按照层次关系依次缩进4个字符，函数不缩进。例如，有如下函数定义：

```
01    int  max(int  a,  int  b)
02    {
03        int max;
04        if(a>b)
05            return a;
06        else
07            return b;
08    }
```

上述代码中，第1行、第2行和第8行属于函数定义代码，顶格编写，函数体内，第3行、第4行和第6行为函数体内的第1级代码，缩进4个字符书写，第5行和第7行为if…else语句内代码，因此基于第4行和第6行缩进4个字符。

很多程序员习惯使用Tab键进行缩进，由于Tab键可以缩进8个字符，并具有对齐的效果，因此得到许多程序员的青睐。但某些编译系统并不支持Tab键的缩进格式，因此，为了提高代码移植性，建议不要使用Tab键缩进。

2. 大括号封装

为使代码逻辑更加清晰，建议将大括号单独作为一行，并成对对应。例如，对于if…else语句、while语句、for循环语句、switch语句等，均使用大括号封装，并且大括号单独占一行，如下面的if语句：

```
01  if(a>b)
02  {
03      return a;
04  }
05  else
06  {
07      return b;
08  }
```

3. 变量定义初始化

基本数据类型的变量，定义时应该初始化，如果不需要初始化的，则初始化为0，例如：

```
int    i = 0;
float  sum = 0;
```

此外，变量应该定义在函数开头位置，而不应该定义在程序运行时，在使用 for 循环时，经常有程序员使用下面不符合规范的定义方式：

```
for(int   i = 0; i<10; i++)
```

上面的代码在 for 循环语句中定义了循环变量 *i*，这将影响程序的顺序执行，并且不利于程序的移植和阅读。

4. 避免使用复合运算符

尽量避免使用晦涩难懂的运算符，特别是涉及多个运算符运算的表达式，需要考虑运算符优先级和结合性时，应避免这类代码的出现。例如，下面的代码均不是通俗易懂的代码，应该避免：

```
a+++b--;
a+=b*=c+2;
```

简单的自增/自减运算符可以提高代码的运算效率，并且这两个运算符也是程序中最常见的变量运算方式。

5. switch语句

switch 语句中一定要包含 default 语句，不论是否可能出现这样的情况。此外，每个 case 表达式应包含一个 break 语句，若需要连续执行几个 case 表达式，则应该使用输出信息指示，最后 default 语句应该包含打印信息。例如：

```
01  switch(m)
02  {
03      case 1:                                             //case 1
04      case 2:                                             //case 2
05      {
06          printf("1 & 2 cases Test OK!\n");
07          break;                                          //break 语句
08      }
09      default:                                            //default 语句
```

```
10          printf("ERROR: no suitable case.\n");         //default 输出信息
11      }
```

6. 宏定义

宏名一律使用大写字母、下画线和数字表示，应尽量使用带参数的宏，因为带参数的宏不方便程序的调试，并且宏名应该简明扼要，表达信息明确、清晰，字符尽量少。例如，下面的宏定义均应避免：

```
#define  Ok       1
#define  1_PRINT  10
```

7. 标识符命名

用户自定义标识符命名应遵守标识符命名规则，并且标识符应简单明了，书写统一。定义变量时可以使用特定的方式表示变量定义的数据类型，例如，可以对每个变量使用下面的前缀：

```
in:     int
un:     unsigned int
ch:     char
str:    struct
arr:    array
p:      pointer
l:      long
f:      float
d:      double
s:      short
```

此外，定义的变量应该避免产生歧义，对于用于循环语句的循环变量，应使用 int 型，以避免产生变量循环溢出。循环变量的定义应避免使用简单的字符如 i、j、k 等，而使用简明的单词如 loop1、loop2 等表示。例如，可以使用下面的方式定义变量：

```
char   chStart;
int    inLoop1=0;
float  fSum=0;
```

这样定义既便于程序维护和阅读，也便于自己查看某变量的类型和状态。

8. 函数设计

函数设计应尽量简单，一个函数完成一个功能模块，如果一个函数中需要完成多个功能，可以将其分成几个函数实现。函数名应该重点体现函数的作用，并且设置统一的命名规则，如函数前缀设置为项目模块简写，后缀使用函数重要性等。此外，函数一定要在头文件中加以声明，以方便其他文件调用。函数入口处应首先输出函数调用的信息，以方便程序执行时检查程序的运行状态，对于非 void 类型的函数，一定要返回值，并且在返回前应输出函数结束信息。例如，可以使用下面的定义方式：

```
int  C_language_Calc_Sum(int a, int b)
{
     printf("Start to process function C_language_Calc_Sum()\n");
     ⋮
```

```
            printf("Function C_language_Calc_Sum() end.\n");
        return xx;
    }
```

9. 入参检查

对于输入参数，应该进行合理性检查，以避免程序出现崩溃，输入参数包括键盘输入的数值和文件输入的数值，函数输入参数等。对于键盘输入的数值，应验证其是否符合实际要求，例如，当要求输入年份或者月份时，应检查输入的数值是否符合实际，当函数输入参数为指针类型时，应检查指针是否为空。例如，函数体内应做如下的检查：

```
01    void C_language_Process_Student_Info(struct    stu    *pInputStuInfo)
02    {
03        printf("Start to process function C_language_Process_Student_Info().\n");
04        if(NULL = = pInputStuInfo)                              //入参检查
05        {
06            printf("Error: input parameter is null.\n"); //返回信息输出
07            return;                                             //函数退出
08        }
09        ...
10    }
```

10. 数据检查时变量应放在"= ="或"!="后面

当需要变量和常量进行关系比较时，为避免'= ='或'!='误写成'=',应将变量放在关系运算符后面，从而避免代码键入错误时导致程序出现逻辑错误。例如，下面是合理的定义：

```
    if(NULL = =pStu)
    ...
```

16.2 C语言单步调试与跟踪

C 程序编写完成后，要进行编译链接操作，以生成可执行的程序。但在很多情况下，初次编写的代码并不能顺利通过编译，此时就需要对代码进行适当的调试，调试的方式多种多样，本节首先介绍程序的单步调试。

下面以范例 8.1 的代码为例，介绍如何进行 C 语言的单步调试与跟踪。

1. 单步调试的类别

单步调试分为函数内部单步调试和函数调用单步调试两种，前者是程序运行开始后仅在主函数体内进行的单步调试与跟踪过程，后者是指出现函数调用时要跟踪到被调函数体内进行的单步调试过程。

2. 打开范例8.1程序

打开范例 8.1 程序 SubFuncCalcMaxVal.c 所在的 Visual C++工程，按 Ctrl+F7 组合键，进行代码编译，以保证没有语法错误，准备进行单步调试。

3. 主函数体内单步调试

主函数内单步调试可以通过按 F10 键执行，也可以通过按 F11 键执行，还可以通过在菜单栏中选择"Build/Start Debug/Step Into"命令执行。打开编译通过的 SubFuncCalcMaxVal.c 所在的 Visual C++工程，按 F10 键，程序将出现如图 16-1 所示的状态。

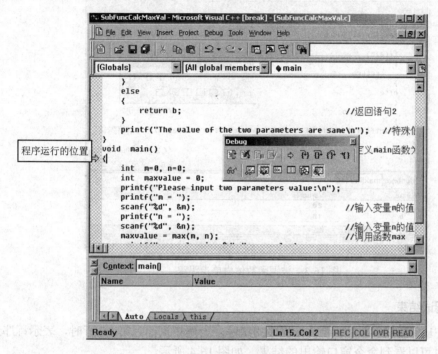

图 16-1　单步调试第 1 步

图 16-1 中箭头为程序运行的位置，每按一次 F10 键，箭头就会指向下一个要执行的程序位置。Debug 对话框为程序调试时的按钮。

按钮用于重新启动单步调试，也可以使用 Ctrl+Shift+F5 组合键实现该按钮功能。
按钮用于停止本次调试，也可以使用 Shift+F5 组合键实现该按钮功能。
按钮用于执行函数体内单步调试，也可以使用 F11 键实现该按钮功能。
按钮用于执行函数体外单步调试，也可以使用 F10 键实现该按钮功能。
按钮用于跳出函数体，也可以使用 Shift+F11 组合键实现该按钮功能。
按钮用于跳过函数调用过程，也可以使用 Shift+F10 组合键实现该按钮功能。

4. 单步调试

继续按下 F10 键，程序将顺次执行下去，当程序执行到代码第 20 行时，将等待键盘输入参数 m 的值，此时需要在命令窗口输入 m 的值，并按 Enter 键进行下一步操作，如图 16-2 所示。

5. 被调函数单步调试

当输入参数 n 的值后，程序将执行第 23 行以进行函数 int max(int a, int b)的调用。此时应按 F11

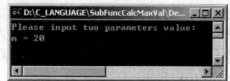

图 16-2　输入参数 m 的值

键以进入函数 int max(int a, int b)体内，如图 16-3 所示。

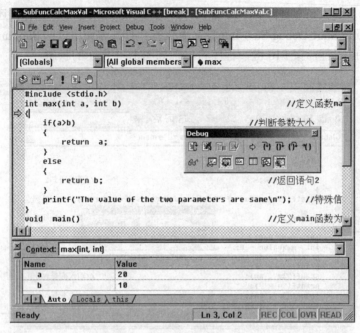

图 16-3 被调函数体内单步跟踪

6. 单步调试结束

可以使用 F11 键或 F10 键继续进行程序的跟踪，当程序执行到第 25 行时，表示程序运行已结束，此时可以看到命令窗口输出的结果，如图 16-4 所示。

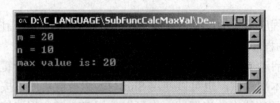

图 16-4 单步调试输出结果

16.3 C 语言断点调试与跟踪

断点是程序调试时最常用的手段之一。在 C 语言中，断点可以看成是一个输入信号，在程序调试阶段，它通知调试器在某个特定点上暂时中断程序执行，通常称为程序的挂起。当程序在某个断点处挂起时，称这种状态为中断模式。中断模式下程序并不会终止，也不会结束程序的执行，仅仅是将程序暂时停住，以备后续调查。当需要继续执行程序时，可以按照一定的操作继续执行程序。

16.3.1 设置调试断点

断点设置的方法有很多，可以根据不同需要选择不同的方法设置断点，经常使用的断点设置方法有快捷键设置断点、菜单选择设置断点和右键选择断点，根据断点所起作用的方式，可以把断点分为三类，即位置断点、逻辑条件断点和 Windows 消息断点。下面仍以范例 8.1 中的代码为例，介绍几种设置断点的方法。

1. 设置位置断点

位置断点是指根据行号作为标准来设置断点，可以通过几种方法设置位置断点。打开范例 8.1 程序 SubFuncCalcMaxVal.c 所在的 Visual C++工程，按 Ctrl+F7 组合键操作，进行代码编译，以保证没有语法错误，准备进行断点设置。

将光标移动到要设置断点的行，选择要设置断点的位置，通过快捷键 F9 可以设置断点，设置断点之后，在断点行左侧将出现红色圆点，表示断点设置成功。以断点设置在第 23 行为例，如图 16-5 所示为设置位置断点后的状态。

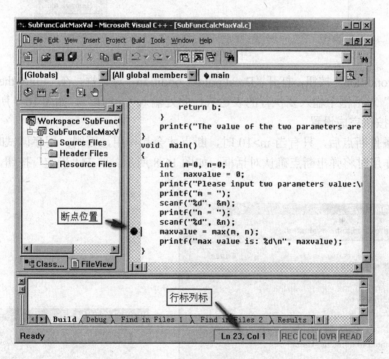

图 16-5 设置位置断点

除了使用快捷键 F9 外，还有另外两种方法设置位置断点，分别是通过选择"Insert"/"Remove Breakpoint"命令设置位置断点；单击工具栏中的 按钮设置位置断点，作用与使用快捷键 F9 相同。

 设置断点的行必须含有有效的代码，不能在空行的位置设置断点。

2. 设置条件断点

条件断点是指在满足某些设定的条件时断点才起作用，可以通过按 Alt+F9 组合键打开"Breakpoints"对话框，转到"Location"选项卡，在"Break at:"文本框中输入 23，单击右侧按钮，选择"Line23"命令，则断点位置将被设置在第 23 行，如图 16-6 所示。

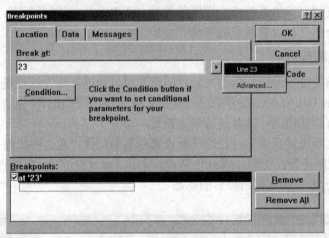

图 16-6　设置断点位置

单击"Condition"按钮，打开"Breakpoint Condition"对话框，在"Enter the expression to be evaluated:"对话框中输入要执行的表达式，此处输入"m>10"，如图 16-7 所示。设置后，单击"OK"按钮完成设置。

设置了条件断点后，只有当 m>10 时，断点才会起作用，否则，程序调试时将跳过该断点。断点起作用时将弹出断点确认对话框，如图 16-8 所示。单击"确定"按钮，程序将挂起在断点位置。

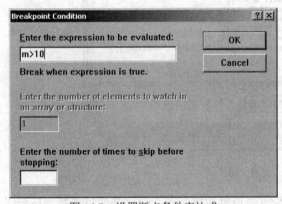

图 16-7　设置断点条件表达式

图 16-8　断点确认

3. 设置Windows消息断点

Windows 消息类型断点只能工作在 x86 或 Pentium 系统上。通过按 Alt+F9 组合键打开"Breakpoints"对话框，转到"Messages"选项卡，在"Break At WndProc"文本框中输入 Windows 函数的名称，在"Set One Breakpoint From Each Message To Watch"下拉列表框中选择对应的消息。

也可以在菜单栏中选择"Edit/Break point"命令,打开"Breakpoints"对话框。

16.3.2 断点调试

断点设置后,就可以进行代码的调试工作。通过查看中断位置的变量和内存数据,可以检查程序是否正确。

下面以实训 8.1 中的代码为例,说明如何进行断点调试。打开实训 8.1 程序 SubFuncCalcPartsFunction.c 所在的 Visual C++工程,按 Ctrl+F7 组合键,进行代码编译,以保证没有语法错误,准备进行断点调试。

1. 设置断点

在第 8 行处设置条件断点,条件为 i= =a-1。在第 26 行、第 27 行和第 28 行处设置位置断点。如图 16-9 所示为设置断点后的状态。

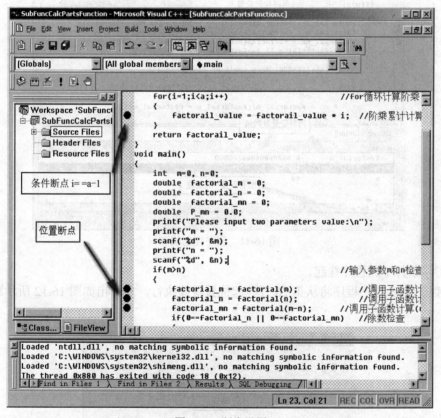

图 16-9 断点设置

2. 断点控制跳转程序

设置断点之后,可以控制程序在不同的断点位置挂起,可以通过快捷键 F5 执行程序。

下面逐步介绍程序调试时的各阶段状态。

(1) 启动调试。

按 F5 键启动调试程序,此时程序要求输入参数 m 和 n 的值,本例中输入 m=12,n=10。按 Enter 键进入下一步操作,如图 16-10 所示为命令输入对话框。

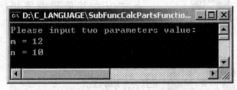

图 16-10 命令输入对话框

(2) 参数检查及程序控制。

输入参数后,程序将挂起在第 26 行的位置,此时标志中断的红色处将出现黄色箭头,表明程序挂起的位置。此外,在程序中断阶段,可以查看当前状态下所有参数的数值,如图 16-11 所示。

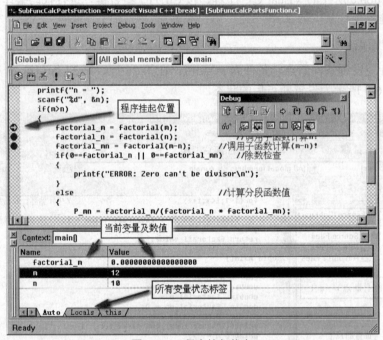

图 16-11 程序挂起状态

(3) 条件中断程序挂起。

继续按下 F5 键,程序将从第 26 行挂起位置继续执行,并弹出如图 16-12 所示断点确认对话框。

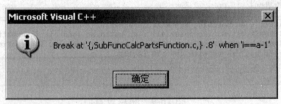

图 16-12 断点确认

单击"确定"按钮,程序将挂起在条件中断位置,本例为第 8 行,此时部分变量的值也将相应改变,如图 16-13 所示为程序挂起在条件中断位置的状态。

第 16 章 C 语言调试

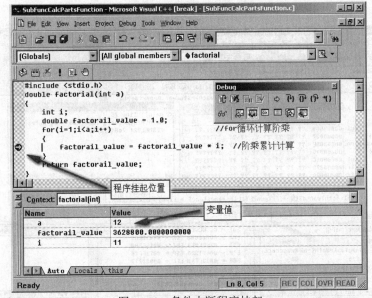

图 16-13 条件中断程序挂起

（4）继续按 F5 键，程序将依次在第 27 行、第 8 行、第 28 行、第 8 行的中断位置挂起。

（5）若要在程序执行完毕前查看程序输出结果，可以在任何一个程序中断挂起状态下添加中断，例如，可以在代码最后一行即第 44 行添加位置中断，在程序中断挂起时，光标定位到第 44 行，按下 F9 键即可。当程序挂起在第 44 行位置处，可以查看输出命令窗口的打印结果，如图 16-14 所示。

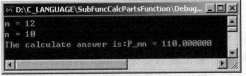

图 16-14 输出结果

 在程序跳转调试过程中，也可以使用单步调试对程序执行详细的调试。单步调试的方法与 16.2 节介绍相同，可以通过快捷键 F10 或 F11 来实现。

16.4 查看动态内存

在程序中断位置，可以查看动态内存以检查数据在计算机内存中的存储状态。动态内存的查看可以通过地址检查，也可以通过指针变量查看内存状态。

下面以实训 10.2 的代码为例说明如何查看动态内存。打开实训 10.2 程序 TeacherStudentInfo.c 所在的 Visual C++工程，按 Ctrl+F7 组合键，进行代码编译，以保证没有语法错误，准备进行动态内存查看。

1. 打开内存检查窗口

在代码第 75 行设置位置断点，按 F5 键执行程序，将程序挂起在第 75 行处。通过在菜单栏中选择"Edit/Debug Windows"命令可以打开各种调试程序需要的窗口，如图 16-15 所示为各窗口的状态。

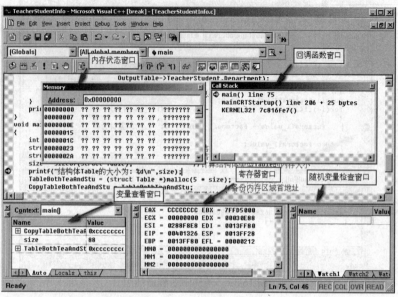

图 16-15　程序调试窗口

2. 基本数据变量查看

可以通过 Memeory 窗口查看普通变量的内存地址和内存中的数据存储。为便于观察，关闭 Call Stack 窗口和 Registers 窗口。双击选中变量 size，然后将其拖动到 Memory 窗口中，则在放置位置显示变量 size 的内存地址，"Address:"文本框中显示 size 变量名，如图 16-16 所示。本例中变量 size 的内存地址为 0x0013FF7C，该行对应的 4 个字节即为变量 size 的值，为 0x00000058，即十进制值 88，也可以将鼠标放到变量 size 位置，系统将自动显示变量 size 的值，本例为 88。

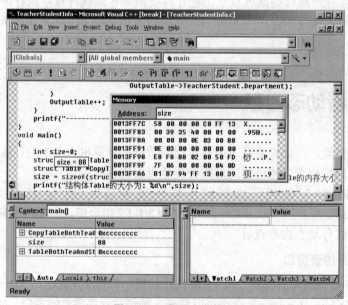

图 16-16　变量内存检查

3. 指针内存检查

在程序第 80 行处设置位置断点，继续按 F5 键调试程序，并输入相关信息。按 Enter 键后，程序将挂起在第 80 行位置。拖动指针变量 TableBothTeaAndStu 到右下角 Wathc1 窗口和 Memory 窗口，在这两个窗口将分别看到该指针变量所指内存空间的内容和内存数据结构，如图 16-17 所示为指针变量 TableBothTeaAndStu 的内存数据结构。

4. 断点取消

当不需要程序中设置的断点时，可以将光标移到有中断的行，按 F9 键取消断点，也可以打开"Breakpoints"对话框，单击"Remove"或"Remove All"按钮删除部分或全部断点。

 内存检查需要关注的内容很多，主要可以通过 Watch 窗口查看其内容是否正确，也可以通过 Memory 窗口查看指针所指内存数据块中的二进制码流是否正确。

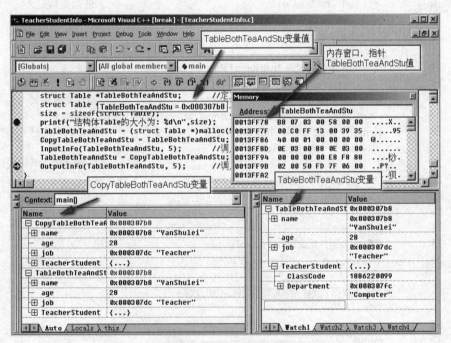

图 16-17　指针变量内存检查

实训 16.1——代码风格设计

沿用实训 10.2 的代码，设计一个规范统一的代码程序，使程序代码清晰明了，代码中定义了统一的变量定义规则、函数定义格式等。

程序代码如下。

文件	功能
CodingRule.c	① 设计统一的代码规则 ② 使用统一的代码规则定义数据变量和函数

程序清单 16.1：CodingRule.c

```
01  #include    <stdio.h>
02  #include    <stdlib.h>
03  struct Table
04  {
05      char arrchName[32];                         //char 型数组定义
06      int  inAge;                                 //int 型变量定义
07      char arrchJob[32];                          //char 型数组定义
08      union DifferPart
09      {
10          int  inClassCode;                       //int 型变量定义
11          char arrchDepartment[20];               //char 型数组定义
12      }TeacherStudent;
13  };
14  void InputInfo(struct Table *pstrInputTable, unsigned int n)
15  {
16      unsigned int unLoop1=0;                     //循环变量定义
17      struct Table *pstrCopyInput = pstrInputTable;  //结构体指针变量定义
18      printf("开始处理函数 InputInfo()\n");         //函数入口信息
19      if(NULL == pstrInputTable)
20      {
21          printf("错误：输入参数为 null.\n");        //括号封装，单行表示
22          return;                                  //输入参数检查
23      }
24      printf("------------------------------------\n");
25      for(unLoop1=0;unLoop1<n;unLoop1++)
26      {
        …
        //输入数据代码，参阅实训 10.2 中的代码
        …
42      }
43      printf("------------------------------------\n");
44  }
45  void OutputInfo(struct Table *pstrOutputTable, unsigned int n)
46  {
47      unsigned int unLoop1=0;
48      printf("开始处理函数 OutputInfo()\n");
49      if(NULL == pstrOutputTable)
50      {
51          printf("错误：输入参数为 null.\n");        //输入参数检查
52          return;
53      }
54      printf("------------------------------------\n");
55      for(unLoop1=0;unLoop1<n;unLoop1++)
```

```
56              {
                    …
                    //输出数据代码,参阅实训 10.2 中的代码
                    …
76              }
77              printf("----------------------------------------\n");
78          }
79          void main()
80          {
81              int inSize=0;                                           //int 型变量定义
82              struct Table *pstrTableBothTeaAndStu;                   //结构体指针变量定义
83              struct Table *pstrCopyTableBothTeaAndStu;               //结构体指针变量定义
84              inSize = sizeof(struct Table);
85              printf("结构体 Table 的大小为: %d\n",inSize);
86              pstrTableBothTeaAndStu = (struct Table *)malloc(5 * inSize);
87              pstrCopyTableBothTeaAndStu = pstrTableBothTeaAndStu;
88              InputInfo(pstrTableBothTeaAndStu, 5);
89              pstrTableBothTeaAndStu = pstrCopyTableBothTeaAndStu;
90              OutputInfo(pstrTableBothTeaAndStu, 5);
91          }
```

上述代码定义了统一的变量代码编写风格、函数定义规则等。程序分别在第 6 行、第 10 行和第 81 行定义了 int 型变量,第 5 行和第 11 行定义了 char 型数组,第 16 行和第 47 行分别定义了 unsigned int 型变量等。具体设计为:

int:	in
char:	ch
array:	arr
pointer:	p
struct:	str
unsigned int:	un

程序第 18 行和第 48 行分别对两个自定义函数进行了入口信息打印。程序第 19 行到第 23 行对自定义函数 InputInfo()入参进行了检查,程序第 49 行到第 53 行对自定义函数 OutputInfo()入参进行了检查。

函数定义过程中在函数入口处进行信息输出,说明程序已执行到该函数内部,然后检查函数输入参数,若输入指针参数为 NULL,则打印错误信息,并退出函数体。

本实训通过定义统一的代码规则实现了代码格式的统一,为代码的维护和调试做了充分准备。良好的代码风格将在程序设计中为程序设计的高效率起到非常巨大的作用。

随堂实训 16.1

根据范例 16.1 的描述,为上述程序设计一个文件注释说明,使用"/*"和"*/"实现,要求注释美观大方,简明扼要,重点突出,易于维护。

16.5 疑难解答和上机题

16.5.1 疑难解答

（1）代码的注释"/*"和"*/"必须成对出现吗？

解答：不是。"/*"符号后面所有的符号都被看作是注释，直到遇到"*/"为止，因此，在"/*"后可以有多个"/*"符号，而一旦遇到"*/"符号，则认为注释结束。

（2）代码风格是必须要遵守的规则吗？

解答：不是。代码风格是为了使程序编写条理更加清晰，逻辑更加明确而自己定义的编辑规则，C语言并没有对代码编辑作任何规则要求，因此，代码风格的规则可以根据自身习惯设计，但为了使代码便于他人阅读和维护，建议使用统一而简单的代码规则。

（3）单步调试是C语言特有的代码调试方式吗？

解答：不是。代码的调试并不是针对某种计算机语言而定的，程序的调试是程序编译和调试软件的要求，本书以Visual C++ 6.0为运行环境讲解C语言，因此单步调试基于Visual C++ 6.0的环境来讲解，此外，在Linux环境下，也可以使用gdb等调试器进行代码调试。其他计算机语言也可以支持单步调试，如Java，汇编语言等。

（4）断点会影响程序运行的最后结果吗？

解答：不会。断点是为了程序的调试和程序运行期间检查程序运行状态而设计的，当处于中断处时，仅将程序挂起，计算机转而执行其他程序。中断操作并不影响程序的结果输出。

（5）程序执行到断点而停止，是否意味着程序将一直停留在断点处？

解答：是的。程序执行到断点位置而挂起，等待下一条指令的到来，在没有下一条指令指示前，程序将一直保持在断点位置。

（6）一个函数只能设置一个断点吗？

解答：不是。断点只是将程序暂时挂起的一种调试手段，程序员可以在程序的任何有效代码位置设置断点。但断点过多将导致系统占用寄存器过多。系统内存占用过大，将造成系统运行变慢等，因此，对于不需要的断点，应及时删除。

（7）断点只能在程序执行完毕后才能添加和删除吗？

解答：不是。断点可以在任何时候、任何情况下删除。可以通过快捷键F9添加和删除对应行的断点。

（8）动态内存只能在调试时查看吗？

解答：是的。对于Visual C++ 6.0系统，只有在程序运行时才对工程分配相应的系统资源和内存空间，此时，可以通过内存查看窗口查看到程序占用内存的状况。

（9）使用注释符号//或/*与使用宏编译开关#if有什么差别？

解答：//或/*…*/等在C语言中称为注释符，当系统进行代码编译时忽略这些代码，即程序在生成二进制代码时并不包含这些代码。而宏编译开关#if…#endif属于宏编译器。程序运行时判断是否属于宏编译内容，若满足条件，则执行，否则，不执行。因此，程序在预编译阶段，生成的代码量不相同。

（10） C 语言调试只能使用 Visual C++ 6.0 的环境吗？

解答：不是。C 语言的调试环境很多，在 Linux 系统中，可以通过 gdb 工具进行调试。在 DSP 编程系统中，可以通过 Visual DSP++或 CCS 通过 JTAG 硬件工具进行代码在线调试；对于单片机系统，也可以通过 Keil C 进行代码的调试操作。

16.5.2 上机题

（1） 为本书实训 12.2 设计一个文件头的说明，使用"/*"和"*/"符号实现。

（2） 试修改本书实训 7.2 的代码，使代码规则满足本章 16.1.2 节介绍的代码规则，并运行程序验证是否有错误。

（3） 试调试本书实训 8.3 的代码，设置位置断点和条件断点，查看汉诺塔盘子移动一部分时的输出状态。

（4） 本书实训 8.1 中的代码第 26 行、第 27 行和第 28 行 3 次调用函数 factorial()，试在这三行代码处设置位置断点，调试程序，分别从这三个断点处进入函数 factorial()内进行单步调试。

（5） 试分别在本书范例 9.11 程序中记录函数调用的位置，在每个函数调用行设置断点，调试程序，在每次断点处使用动态内存查看方法查看变量内存中的数据。

（6） 适当修改本书范例 4.4 的代码，通过格式%x 打印出变量 a、b 和 c 的地址值，调试程序，通过查看内存地址的方法查看变量 a、b 和 c 的地址值，并检查键盘输入后值的变化。

（7） 在本书范例 10.1 中代码第 62 行设置断点，调试程序，查看结构体数组 PeopleInfo 中的各元素值。

（8） 在本书范例 10.2 中代码第 76 行设置断点，调试程序，查看指针 TableBothTeaAndStu 所指的内存块中数据内容。

（9） 在本书范例 11.1 中代码第 60 行设置断点，调试程序，查看指针 header 所指内存的结构，记录并分析 header 所指的链表结构，验证是否成功建立了一个正确的链表。

第17章 软件测试

程序设计中,软件质量是软件的生命,它直接影响软件的使用与维护。软件测试是对软件质量的验证和保证,是软件工程设计的一个重要环节,它是工程领域中的质量检验部分,是确保软件工程质量的重要方面。

本章学习重点:

- 软件测试模型、分类和流程
- 如何分析被测软件
- 搭建软件测试环境
- 函数级测试流程
- 模块级测试流程

17.1 软件测试概述

简单地说,软件测试就是为了发现程序的错误并改正。在 IEEE 提出的软件工程标准术语中,软件测试的定义为,使用人工和自动手段来运行或测试某个系统的过程,其目的在于检验它是否满足规定的需求或弄清楚预期结果与实际结果之间的差别。

17.1.1 什么是软件测试

软件测试是对代码错误进行查找的过程,同时也是程序运行的过程。程序运行需要输入数据,为测试而设计的数据称为测试用例。测试用例的设计原则是尽可能暴露程序中的错误。

通常来说,软件测试的目的是为了发现尽可能多的缺陷,并通过弥补这些缺陷来提高软件的质量。同时,以最少的人力、物力和时间找出软件中潜在的各种错误,回避软件发布后由于潜在的软件缺陷和错误造成的隐患所带来的商业风险。

1. 软件测试与程序设计

软件测试与程序设计相辅相成、互为补充。通常程序开发始于软件测试，如图 17-1(a)所示。但对于比较复杂的程序设计，有时也将测试分成两部分进行，在程序开发过程中对部分软件程序进行同步测试，程序开发结束后对程序进行系统化的总测试，如图 17-1(b)所示。

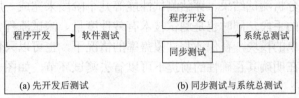

图 17-1　程序开发与软件测试

2. 软件测试的发展

软件测试是伴随着软件开发的发展而产生的，特别是随着软件商用化的普及，为了提高商用软件的健壮性，软件测试作为一个单独的流程就应运而生了。在早期的程序开发过程中，软件测试的含义比较狭窄，通常将测试看作是程序的"调试"，目的是纠正软件中已知的故障，这部分工作常常由软件开发人员自己完成。

到 20 世纪 80 年代，软件测试的定义发生了改变，测试已不单纯是一个发现错误的过程，它还包含软件质量评价的内容。商用软件的开发分成了开发人员和测试人员，并且开始一起探讨软件工程和测试的问题。

进入 21 世纪，随着计算机技术的飞速发展，应用软件的开发也越来越复杂，为了保证这些软件的质量，软件测试也随之发展起来。到目前为止，已经产生了很多专门的软件测试系统和工具，也涌现了很多著名的软件测试专家。系统的软件测试理论也逐渐规模化，作为软件工程中的一个质量监督环节，软件测试行业正如火如荼地发展着。

17.1.2　软件测试模型、分类和流程

和软件开发类似，软件测试也有不同的模型，软件测试的模型是根据软件开发流程演化而来的。为了更加细致准确地定位软件的错误和缺陷，也将软件测试分为不同的种类，通常软件测试可以按照开发的不同阶段划分，也可以按照测试技术和测试实施组织划分。

1. 软件测试模型

软件测试涉及软件开发生命周期的每个阶段。在软件开发需求阶段，主要确认需求定义是否符合用户的需要；在软件设计和代码编写阶段，主要确认设计和编程是否符合需求定义；在软件测试阶段，主要检查系统执行是否符合系统规格说明；在软件维护阶段，需要对软件进行重新测试，以确保更改的部分和没有更改的部分都能正常工作。

最典型的测试模型称为 V 模型，如图 17-2 所示。软件测试 V 模型是按照软件开发流程执行的测试，在软件运行过程中，不断分析软件执行的结果与预期结果是否一致，以判断程序是否符合设计需求。

2. 软件测试分类

根据软件的不同开发阶段，可以将软件测试分为单元测试、集成测试、系统测试和验收测试。按照测试技术的不同，可以将软件测试分为黑盒测试和白盒测试。按照不同的测试主体，可以将软件测试分为开发方测试、用户测试和第三方测试。

3. 软件测试流程

通常软件测试工作主要通过制订测试计划、设计测试用例、分析测试覆盖率、执行测试、分析测试结果、评估测试性能等几个阶段来完成。所谓测试覆盖率，是用来度量测试完整性的手段，同时也是测试技术有效性度量。测试流程并不是一成不变的死板教条，对于比较简单的模块，在保证测试覆盖率的情况下，也可以只包含其中一部分测试流程，甚至部分代码在明确其正确性的前提下可以省去测试环节，如图 17-3 所示为基本测试流程图。

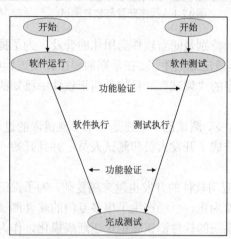

图 17-2 软件测试 V 模型

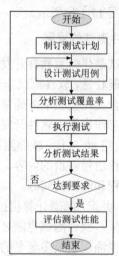

图 17-3 基本测试流程图

17.2 搭建软件测试环境

测试环境会根据测试的类别而不断变化，同时也跟被测软件的开发环境和软件规模有关。对于单元测试，通常使用白盒测试，而对于系统测试，则通常使用黑盒测试。

所谓白盒测试，是指把测试对象看作一个打开的盒子，允许测试人员利用程序内部的逻辑结构及有关信息，设计或选择测试用例，对程序所有逻辑路径进行测试。通过在不同点检查程序的状态，确定实际的状态是否与预期的状态一致。所谓黑盒测试，也称功能测试或数据驱动测试，前提是已知产品所具有的功能，通过测试来检测每个功能是否都能正常使用。

由于测试目的和测试需求不同，白盒测试和黑盒测试的环境也有很大差别。白盒测试时，一般使用源代码开发工具或运行调试工具搭建，而黑盒测试则根据具体测试级别的不同需要配备特殊的硬件设备或专门的测试工具。

17.2.1 分析被测软件

软件开发完或开发过程中，最细致也最能避免程序问题的做法，就是对程序进行函数级测试，业界通常称为 function 测试。软件测试前，应先对被测软件进行分析评估，判断软件测试的工作量。对被测软件的分析，主要考虑被测软件的函数个数，每个函数中要测试的功能点等。

以实训 10.2 为例，实训 10.2 中共有两个功能子函数，一个主函数和一个结构体类型说明，若要验证每个函数的代码是否正确，应根据函数功能进行函数级测试，以确定测试用例。

1. void InputInfo(struct Table *InputTable, unsigned int n)函数测试

首先，对函数做输入参数检查，输入参数为指针类型或数组类型时，应对参数做检查，当输入参数 InputTable 为 NULL 时，输出错误信息。

其次，分配一定内存，对函数进行功能测试，即分配 n 个 struct Table 空间给指针 InputTable，然后调用函数 InputInfo()，测试向分配的内存中存储数据时函数功能是否正确。

2. void OutputInfo(struct Table *OutputTable, unsigned int n)函数测试

首先，对函数做输入参数检查，当输入参数 OutputTable 为 NULL 时，输出错误信息。

其次，分配一定内存，对函数进行功能测试，分配 n 个 struct Table 空间给指针 OutputTable，调用函数 OutputInfo()，输出指针 OutputTable 中的信息，验证这些信息是否正确。

3. struct Table结构体类型验证

验证 struct Table 结构体类型是否正确，首先分配一块内存，用于存储一个 struct Table 类型变量并对其赋值，然后检查内存状态，分析结构体是否正确。

4. 测试顺序

为使测试流程清晰，避免重复测试操作，提高效率，应对测试用例进行排序。由于函数级测试中均使用到结构体 struct Table，因此，为了保证结构体 struct Table 的正确性，应先验证 struct Table 结构体类型说明。

函数 InputInfo 用于输入数据到指针 InputTable 所指内存，函数 OutputInfo()用于输出指针 OutputTable 所指内存的数据，因此，将函数 InputInfo 的测试用例设计在函数 OutputInfo()之后。

5. 设计测试用例

根据前面讨论，设计出测试用例，测试用例应尽量详尽，以使测试人员能够很容易地执行测试过程。下面针对实训 10.2 设计测试用例，如表 17-1 所示。

表 17-1　实训 10.2 设计测试用例

测试用例名	测试目标	测试过程	测试结果	*注明
test case 01	验证结构体 struct Table 类型定义是否符合软件需求	① 定义 struct Table 结构体类型变量 TestStruTable； ② 为 TestStruTable 中每个元素赋值； ③ 查看内存中数据存储是否正确； ④ 结束	正确	无
test case 02	验证函数 InputInfo 输入参数检查	① 调用函数 InputInfo()； ② 函数中参数 InputTable 实参值设为 NULL 或 0； ③ 结束	打印参数错误信息	无
test case 03	验证函数 InputInfo 的功能	① 定义 struct Table 结构体指针； ② 动态分配 n 个 struct Table 结构体内存块； ③ 调用函数 InputInfo()，输入 n 个 struct Table 类型结构体数据； ④ 释放分配的内存； ⑤ 结束	输入人员数据信息	动态分配内存之后一定要释放

(续表)

测试用例名	测试目标	测试过程	测试结果	*注明
test case 04	验证函数 OutputInfo 输入参数检查	① 调用函数 OutputInfo(); ② 函数中参数 OutputTable 实参值设为 NULL 或 0; ③ 结束	打印参数错误信息	无
test case 05	验证函数 OutputInfo 的功能	① 定义 struct Table 结构体指针; ② 动态分配 n 个 struct Table 结构体内存块; ③ 输入 n 个 struct Table 类型结构体数据; ④ 调用函数 OutputInfo(); ⑤ 释放分配的内存; ⑥ 结束	输出人员数据信息	无

17.2.2 搭建软件测试环境

测试环境是根据测试用例的复杂程度搭建的，当测试用例比较简单且没有复杂的连带关系时，可以自己搭建简单的测试环境。但测试环境本身必须正确无误，并且不会给被测软件带来负面的影响，因此，搭建测试环境时应小心谨慎，避免出现软件本身的错误。

以测试实训 10.2 为例，搭建测试环境，根据表 17-1 中设计的测试用例，设计软件测试环境。为避免使用软件本身的代码，测试环境中包含主函数 main()。

1. 设计测试文件

测试环境中应包含一个测试控制文件，即测试环境的主函数所在的文件，命名为 test_10_2.c。测试环境中还应包含一个头文件，用于对 struct Table 的定义以及部分子函数的声明。为顺利调用被测函数 InputInfo() 和 OutputInfo()，测试环境中还应包含被测文件 TeacherStudentInfo.c，为避免被测文件中 struct Table 的定义和主函数 main() 与测试环境中的设计冲突，因此，被测文件 TeacherStudentInfo.c 的部分代码应首先被屏蔽。针对每个测试用例，设计测试代码，分别定义为 test_case_01.c、test_case_02.c、test_case_03.c 和 test_case_04.c。

经过上述讨论，测试环境中应包含如下测试文件，用以测试的执行，如表 17-2 所示。
根据上述讨论的测试文件描述，搭建测试环境。

2. 搭建测试环境

测试环境应在代码编写和调试工程环境下搭建，选择 Visual C++ 6.0 工程环境。工程命名为 test_10_2。将代码文件 test_case_01.c、test_case_02.c、test_case_03.c、test_case_04.c 和 TeacherStudentInfo.c 放于 Source Files 文件夹下，test_10_2.h 放于 Header Files 文件夹下。如图 17-4 所示为测试环境搭建完毕后的工程工作空间列表。

表 17-2 测试环境文件

文件名	功能说明
test_10_2.c	测试控制文件
test_case_01.c	测试用例 test case 01 文件
test_case_02.c	测试用例 test case 02 文件
test_case_03.c	测试用例 test case 03 文件
test_case_04.c	测试用例 test case 04 文件
test_10_2.h	测试环境头文件
TeacherStudentInfo.c	被测文件（部分代码屏蔽）

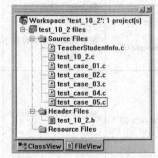

图 17-4 工程工作空间列表

17.3 软件测试过程

软件测试过程是伴随着软件的开发和测试环境的搭建一起进行的，测试环境要根据代码的开发进程不断改进，测试过程也随着开发的流程而不断变化。同时，软件的测试过程也在很大程度上影响着测试环境的调整，软件测试过程中的具体测试方法也根据测试目标的不同而各有差异。

17.3.1 函数级软件测试

函数级软件测试又称 function 测试，是软件测试中最详尽、最细致的测试方式。函数级测试是对开发代码的直接测试，这一过程中最容易发现问题，也是对开发代码的最直接验证，在测试流程中占有重要的地位。函数级测试主要是对每个函数一一进行功能和性能验证，同时也是典型的白盒测试。

函数级测试需要搭建相应的软件环境，17.2.2 节中所描述的就是典型的函数级测试环境。此外，函数级测试应针对每个开发代码函数设计测试用例，编写测试脚本，以方便代码验证。

下面仍以对实训 10.2 的测试为例，说明函数级测试的过程。

1. 测试用例test case 01

测试用例 test case 01 主要用于验证开发代码中定义的 struct Table 结构体类型是否正确，通过设计合理的测试脚本，实现对结构体 struct Table 定义的测试。

范例 17.1

Test_case_01.c

Test_case_01.c 设计测试 struct Table 定义类型的代码，验证所定义的结构体类型能够满足需求，定义一个结构体变量，并对该变量赋初值，查看内存数据结构，并输出各元素的值。

（资源文件夹\chat17\ Test_case_01.c）

```
01    #include "test_10_2.h"                          //包含头文件
02    extern struct Table;                            //声明外部结构体类型 Table
03    void test_case_01()                             //测试用例函数
04    {
05        struct Table TestStruTable = {"Yan Shulei", 28, "Engineer", 20091204};
06        printf("输出 struct Table 类型所占内存字节数：%d\n", sizeof(struct Table));
07        printf("输出结构体变量 TestStruTable 的信息：\n");
08        printf("Name: %s\n",TestStruTable.name);
09        printf("age:    %d\n",TestStruTable.age);
10        printf("job:    %s\n",TestStruTable.job);
11        printf("ClassCode: %d\n",TestStruTable.TeacherStudent.ClassCode);
12    }
```

程序第 1 行包含了测试工程头文件 test_10_2.h，该文件中包含了对 struct Table 的定义以及部分子函数的声明，程序第 2 行用于声明在头文件 test_10_2.h 中定义的结构体 Table，程序第 5 行定义了结构体变量 TestStruTable 并赋初值，程序第 6 行输出结构体 struct Table 所占的字节数，程序第 8 行到第 11 行输出结构体变量 TestStruTable 中各元素的信息。

在文件 test_10_2.c 中，设计如下代码：

```
01    #include "test_10_2.h"
02    void main()
03    {
04        test_case_01();
05    }
```

代码设计了测试控制主函数 main()，第 5 行调用函数 test_case_01()，用于执行测试脚本，在文件 test_10_2.c 下运行程序，输出如下信息：

输出 struct Table 类型所占内存字节数：88

输出结构体变量 TestStruTable 的信息：

```
Name: Yan Shulei
age:  28
job:  Engineer
ClassCode: 20091204
```

2. 测试用例test case 01内存检查

要查看 struct Table 结构体类型变量 TestStruTable 在内存中的数据，可以在文件 test_case_01.c 第 6 行处设置断点，断点设置后，通过查看内存结构，可以看到如图 17-5 所示的内存存储结构。

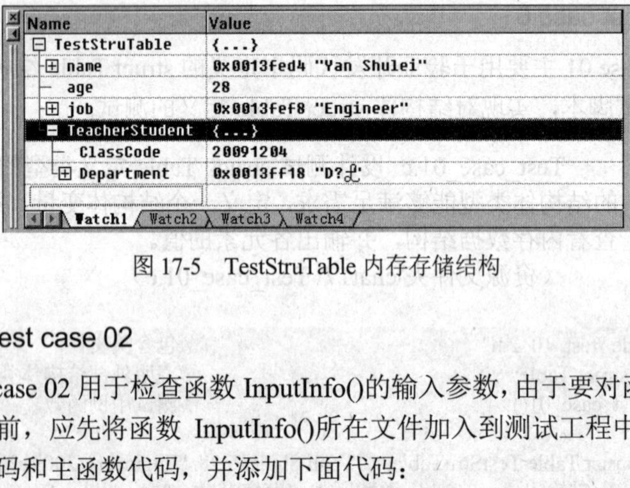

```
Name                    Value
□ TestStruTable          {...}
  ⊞ name                 0x0013fed4 "Yan Shulei"
    age                  28
  ⊞ job                  0x0013fef8 "Engineer"
  □ TeacherStudent       {...}
      ClassCode          20091204
    ⊞ Department         0x0013ff18 "D?"
◀ ▶ \Watch1 λ Watch2 λ Watch3 λ Watch4 /
```

图 17-5 TestStruTable 内存存储结构

3. 测试用例test case 02

测试用例 test case 02 用于检查函数 InputInfo() 的输入参数，由于要对函数 InputInfo() 做检查，因此在测试之前，应先将函数 InputInfo() 所在文件加入到测试工程中，屏蔽结构体类型 struct Table 定义代码和主函数代码，并添加下面代码：

```
#include "test_10_2.h"
extern struct Table;
```

设计测试脚本，用以测试用例 test case 02 的测试。

范例 17.2

Test_case_02.c

Test_case_02.c 测试用例 test case 02 脚本，调用函数 InputInfo()，并且将实参设置为 NULL 和 1，验证函数 InputInfo() 是否具有对输入参数的检查功能。

（资源文件夹\chat17\ Test_case_02.c）

```
01    #include "test_10_2.h"
```

```
02    void test_case_02()
03    {
04        InputInfo(NULL, 1);              //调用函数 InputInfo()，验证该函数的入参检查功能
05    }
```

在文件 test_10_2.c 中，设计如下代码：

```
01    #include "test_10_2.h"
02    void main()
03    {
04        test_case_02();
05    }
```

执行文件 test_10_2.c，输出结果为：

开始处理函数 InputInfo()
输入参数错误，返回

 测试脚本中应尽量多地输出信息，以方便程序执行流程的检查以及确定程序在哪个位置产生错误。

4. 测试用例test case 03

测试用例 test case 03 用于验证函数 InputInfo()的功能。函数 InputInfo()的功能是输入数据信息，用于后续设计。

范例 17.3

Test_case_03.c

Test_case_03.c 测试用例 test case 02 脚本，调用函数 InputInfo()，首先定义 struct Table 结构体类型指针 TestInfoFunc，动态分配两个 struct Table 结构体内存数据区域，以 TestInfoFunc 和 2 为实参，调用被测函数 InputInfo，验证被测函数是否能够正常工作。

（资源文件夹\chat17\ Test_case_03.c）

```
01    #include "test_10_2.h"                         //包含头文件
02    extern struct Table;                           //声明外部 struct Table 结构体类型
03    void test_case_03()                            //测试脚本函数
04    {
05        struct Table *TestInfoFunc = NULL;         //定义实参变量
06        TestInfoFunc = (struct Table *)malloc(sizeof(struct Table)*2);    //动态分配内存
07        printf("开始测试函数 InputInfo()\n");
08        InputInfo(TestInfoFunc,2);                 //调用被测函数
09        free(TestInfoFunc);                        //释放分配空间
10    }
```

由于被测函数 InputInfo 中含有输入参数，因此合理设计实参，动态分配两个 struct Table 结构体内存空间，为调用被测函数 InputInfo 做准备，程序第 6 行调用函数 malloc()分配内存空间，程序第 9 行释放动态分配的内存空间。

在文件 test_10_2.c 中，设计如下代码：

```
01    #include "test_10_2.h"
02    void main()
03    {
```

```
04        test_case_03();
05    }
```

执行文件 test_10_2.c，输出结果为：

```
开始测试函数 InputInfo()
开始处理函数 InputInfo()
------------------------------------------
请输入 No.1 个人的姓名 年龄和工作:
yanshulei
28
teacher
请输入教师的系别: Computer
请输入 No.2 个人的姓名 年龄和工作:
zhangyongchun
25
student
请输入学生的班号: 20080124
------------------------------------------
```

从上面测试结果得知，函数 InputInfo()的功能达到了开发要求。

   测试代码中动态分配的内存区域应该在测试结束时释放掉，否则系统有可能因为空间未释放而产生崩溃。

5. 测试用例test case 04

与测试用例 test case 02 类似，测试用例 test case 04 用于检查函数 OutputInfo()的输入参数，由于要对函数 OutputInfo ()做检查，因此在测试之前，应先将函数 OutputInfo ()所在文件加入到测试工程中，屏蔽结构体类型 struct Table 定义代码和主函数代码，并添加下面代码：

```
#include "test_10_2.h"
extern struct Table;
```

设计测试脚本，用以测试用例 test case 04 的测试。

范例 17.4　　Test_case_04.c 测试用例 test case 04 脚本，调用函数 OutputInfo()，并且将实参设置为 NULL 和 1，验证函数 OutputInfo()
Test_case_04.c　　是否具有对输入参数的检查功能。
（资源文件夹\chat17\ Test_case_04.c）

```
01    #include "test_10_2.h"
02    void test_case_04()
03    {
04        OutputInfo(NULL, 1);        //调用函数 InputInfo()，验证该函数的入参检查功能
05    }
```

在文件 test_10_2.c 中，设计如下代码：

```
01    #include "test_10_2.h"
02    void main()
```

```
03      {
04          test_case_04();
05      }
```

执行文件 test_10_2.c，输出结果为：

```
开始处理函数 OutputInfo()
输入参数错误，返回
```

6. 测试用例test case 05

测试用例 test case 05 用于验证函数 OutputInfo()的功能。函数 OutputInfo ()的功能是输出数据信息，用于后续设计。

范例 17.5

Test_case_05.c

Test_case_05.c 测试用例 test case 05 脚本，调用函数 OutputInfo()，首先定义 struct Table 结构体类型指针 TestOutFunc，动态分配两个 struct Table 结构体内存数据区域，并以 TestOutFunc 和 2 为实参，调用被测函数 OutputInfo，验证被测函数是否能够正常工作。

（资源文件夹\chat17\ Test_case_05.c）

```
01  #include "test_10_2.h"                              //包含头文件
02  extern struct Table;                                //声明外部 struct Table 结构体类型
03  void test_case_05()                                 //测试脚本函数
04  {
05      int loop=0;                                     //定义循环变量
06      struct Table *TestOutFunc = NULL, *CopyPointer = NULL;  //定义实参变量
07      TestOutFunc = (struct Table *)malloc(sizeof(struct Table)*2);  //动态分配内存
08      CopyPointer = TestOutFunc;                      //保存动态分配内存首地址
09      printf("开始测试函数 OutputInfo()\n");
10      for(loop =0; loop <2; loop ++)
11      {
12          printf("请输入 No. %d 个人的姓名 年龄和工作:\n", i+1);
13          scanf("%s   %d   %s", TestOutFunc->name,
14                              &TestOutFunc->age,
15                              TestOutFunc->job);
16          if('S'==TestOutFunc->job[0] || 's'==TestOutFunc->job[0])
17          {
17              printf("请输入学生的班号: ");
19              scanf("%d", &TestOutFunc->TeacherStudent.ClassCode);
20          }
21          else
22          {
23              printf("请输入教师的系别: ");
24              scanf("%s", TestOutFunc->TeacherStudent.Department);
25          }
26          TestOutFunc++;                              //指向下一个人员信息位置
27      }
28      OutputInfo(CopyPointer,2);                      //调用被测函数
29      free(CopyPointer);                              //释放分配内存
30  }
```

（第12–26行）实现函数 InputInfo() 的功能，输入人员数据信息

程序第7行为 struct Table 结构体指针 TestOutFunc 分配了两个 struct Table 结构体类型空间区域，程序第8行将动态分配的内存区域首地址进行备份。程序第10行到第27行用于输入人员信息，完成函数 InputInfo() 的功能。程序第28行调用被测函数 OutputInfo()，以验证函数 OutputInfo() 的功能。程序第29行用于释放动态分配的内存空间。

在文件 test_10_2.c 中，设计如下代码：

```
01    #include "test_10_2.h"
02    void main()
03    {
04        test_case_05();
05    }
```

执行文件 test_10_2.c，输出结果为：

```
开始测试函数 OutputInfo()
请输入 No.1 个人的姓名 年龄和工作:
yanshulei
29
teacher
请输入教师的系别: computer
请输入 No.2 个人的姓名 年龄和工作:
zhangyongchun
25
student
请输入学生的班号: 20090124
开始处理函数 OutputInfo()
------------------------------------------------------------
输出教师信息:
name          age       job        classCode
yanshulei     29        teacher    computer
输出学生信息:
name          age       job        classCode
zhangyongchun 25        student    20090124
```

程序分配动态内存后应备份内存首地址，即执行 CopyPointer = TestOutFunc; 代码。此外，调用被测函数 OutputInfo() 和内存释放函数 free 时，不要使用指针变量 TestOutFunc 作为实参，因为此时 TestOutFunc 的值已经进行了改变。

7. 测试环境头文件

测试环境头文件 test_10_2.h 用于定义结构体类型 struct Table，以及部分子函数的声明，头文件中不应包含除说明代码以外的代码信息。

范例 17.5 Test_10_2.h 测试环境头文件代码，包含了标准输入/输出头文件和标准库文件，以及对测试脚本函数的声明以及被测函数的声明。此外，还包含了 struct Table 结构体类型定义。

Test_10_2.h （资源文件夹\chat17\ Test_10_2.h）

```
01    #include <stdio.h>              //标准输入输出头文件包含
02    #include <stdlib.h>             //标准库头文件包含
```

```
03      extern void test_case_01();              //声明测试脚本函数 test_case_01()
04      extern void test_case_02();              //声明测试脚本函数 test_case_02()
05      extern void test_case_03();              //声明测试脚本函数 test_case_03()
06      extern void test_case_04();              //声明测试脚本函数 test_case_04()
07      extern void test_case_05();              //声明测试脚本函数 test_case_05()
08      extern void InputInfo(struct Table *InputTable, unsigned int n);   //声明被测函数 InputInfo
09      extern void OutputInfo(struct Table *OutputTable, unsigned int n); //声明被测函数 OutputInfo
10      struct Table
11      {
12          char name[32];
13          int  age;
14          char job[32];
15          union DifferPart
16          {
17              int   ClassCode;              定义结构体类型 struct Table，
18              char Department[20];          并使其保持与源代码定义一致
19          }TeacherStudent;
20      };
```

程序第 1 行和第 2 行包含了头文件 stdio.h 和 stdlib.h，其中 stdlib.h 用于调用动态内存分配函数 malloc 和内存释放函数 free。程序第 3 行到第 7 行分别对测试脚本函数进行外部声明。程序第 8 行和第 9 行分别对被测函数 InputInfo()和 OutputInfo ()进行声明。程序第 10 行到第 20 行定义了结构体类型 struct Table，并保持与源代码定义一致，以测试该结构体定义的正确性。

17.3.2 模块级软件测试

模块级软件测试又称为 senario 测试或者阶段测试，是一种典型的黑盒测试，这种测试是指对开发代码中某个功能阶段的测试，通常是对某个函数或者几个函数的联合测试。这种测试要求几个函数组合在一起，按照代码执行的流程，完成某个代码的功能，以验证开发代码的执行状况是否符合设计需求。

仍以对实训 10.2 的测试为例，说明模块级测试的过程。根据测试需求的不同，模块级软件测试可以沿用函数级测试的测试环境，也可以单独设计测试环境。本测试实例仍然沿用函数级测试的测试环境，添加测试脚本文件 Test_case_senario.c。

范例 17.6

Test_case_senario.c

Test_case_senario.c 模块级测试脚本，用于测试人员输入与输出的过程是否正确。测试脚本中调用函数 InputInfo()和函数 OutputInfo()，验证两个函数在开发代码中联合运行的可行性。

（资源文件夹\chat17\ Test_case_senario.c）

```
01  #include "test_10_2.h"                                //头文件包含
02  extern struct Table;                                  //声明结构体类型定义 struct Table
03  void test_case_senario()                              //测试脚本函数
04  {
05      struct Table *TestInfoFunc = NULL, *CopyPointer = NULL;
06      printf("开始进行 senario 测试.\n");
07      TestInfoFunc = (struct Table *)malloc(sizeof(struct Table)*2);   //动态分配内存
```

```
08        CopyPointer = TestInfoFunc;              //备份动态内存首地址
09        printf("开始调用函数 InputInfo()\n");
10        InputInfo(TestInfoFunc,2);               //调用函数 InputInfo
11        TestInfoFunc = CopyPointer;              //还原指针 TestInfoFunc
12        printf("开始调用函数 OutputInfo()\n");
13        OutputInfo(TestInfoFunc,2);              //调用函数 OutputInfo
14        free(CopyPointer);                       //释放动态分配的内存
15    }
```

程序第 7 行分配动态内存，第 8 行将动态分配的内存首地址加以备份，以备后续函数调用使用。程序第 10 行调用函数 InputInfo()，并在函数执行过程中向动态内存中输入人员数据信息。程序第 11 行恢复指针 TestInfoFunc 所指向的位置。程序第 13 行调用函数 OutputInfo() 输出函数 InputInfo() 中输入的人员信息。

在文件 test_10_2.c 中，设计如下代码：

```
01    #include "test_10_2.h"
02    void main()
03    {
04        test_case_senario();
05    }
```

执行文件 test_10_2.c，输出结果为：
开始进行 senario 测试.
开始调用函数 InputInfo()
开始处理函数 InputInfo()

请输入 No.1 个人的姓名 年龄和工作:
zhangyongchun
25
student
请输入学生的班号: 20090124
请输入 No.2 个人的姓名 年龄和工作:
yanshulei
29
teacher
请输入教师的系别: computer

开始调用函数 OutputInfo()
开始处理函数 OutputInfo()

输出学生信息:
    name   age   job   classCode
    zhangyongchun   25   student   20090124
输出教师信息:
    name   age   job   classCode
    yanshulei   29   teacher   computer

执行测试脚本之前应在文件 Test_10_2.h 中添加如下声明语句：
    extern void test_case_senario();

17.4 疑难解答和上机题

17.4.1 疑难解答

（1）软件测试是在开发代码后进行的吗？

解答：不是。软件测试是伴随着代码开发一起进行的，在软件开发的初始阶段，就要根据所开发的代码设计相应的软件测试用例和测试环境。

（2）软件测试必须由软件开发人员来进行吗？

解答：不是。软件测试是为了寻找软件代码中的错误，业界也称为 bug。而对于软件开发人员本人，由于对他所开发的代码经常会产生一种思维定式，有些问题特别是程序的逻辑错误有时不能被发现。因此，为了更好地检查软件代码，通常软件测试都是由开发人员以外的人执行，以更有效地验证程序的功能和潜在的问题。

（3）软件测试必须在代码开发的环境下进行吗？

解答：不是。代码的测试要根据软件测试的不同阶段而定。对于函数级软件测试，通常在代码开发和调试环境下进行。对于模块级测试，若某些情况下代码开发环境能够满足要求，可以在代码开发和调试环境下进行。若某些测试用例无法在代码开发环境下实现测试，则要另外设计测试环境完成测试。

（4）黑盒测试一定要在白盒测试结束后进行吗？

解答：不一定。白盒测试和黑盒测试都是对开发代码的功能验证和错误检查，两者相辅相成，共同完成对开发代码的验证。白盒测试和黑盒测试并没有严格的区分和说明，只根据不同的测试方向和测试内容进行定位，有时，同一段代码既要进行白盒测试也要进行黑盒测试，因此，两者并没有严格的先后顺序。

（5）测试用例必须由软件开发人员设计吗？

解答：不一定。对于函数级软件测试，通常由开发人员测试并执行，由于开发人员对每个函数功能最了解，也最清楚代码的流程，因此，设计详细的函数级测试用例，更有利于对代码的验证和重定位。

（6）测试过程中不能使用被测代码作为测试代码吗？

解答：不一定。在工程应用中，并没有明确规定被测代码的属性。当某段被测代码经过测试验证后，可以作为后续被测代码的输入。因此，当被测代码经过验证而不再进入被测名单时，为方便进行后续测试，可以考虑将其作为后续的验证输入。

（7）软件测试中如何定位错误？

解答：通常，查找和判断代码中的错误主要通过查看代码的错误信息来定位。因此，源代码中对错误信息的提示至关重要。对于专业的测试人员，如果要想高效地进行某个项目的代码测试，就要详细了解项目的设计框架和细节，与开发人员进行详细沟通，以获取设计的详细资料，对于敏感的位置，应该详细询问开发人员是否会有错误信息打印到屏幕上或文件中，以便检查。有时甚至需要测试人员去查验代码以获得更有说服力的信息。

17.4.2 上机题

（1）试编写一段程序，验证本书范例 9.17 中的函数 str_coppy()，当输入参数为 NULL 时，测试函数是否能够正确处理。

（2）试编写一段程序，测试本书范例 9.20 中函数 max() 的参数检查是否正确，当输入参数为 NULL 时验证是否能够正确识别并打印出错误信息。

（3）设计一个测试用例，测试本书实训 12.2 中函数 InputInfo() 是否能够正常工作，若能，则通过设置断点的方法调试程序，并检查输入的数值是否都正确。

（4）为本书实训 8.1 设计一个函数级测试环境。实训 8.1 中仅含有一个子函数 factorial()，设计一个简单的测试环境，完成测试用例，覆盖所有代码的功能，并执行测试过程，验证代码的功能。

（5）为本书实训 8.3 设计一个简单的测试环境。用于执行函数级测试和模块级测试，验证函数 move() 和 hanoi() 是否符合设计需求。执行模块级测试，分别验证有 3、4、5 个盘子要挪动时的测试过程，分析测试结果，验证是否能够达到设计需求。

（6）为本书实训 10.1 设计详细的测试用例，包括函数级测试和模块级测试。测试用例主要针对函数调用的测试和输入参数的检测，列出测试用例表格。

第18章 C语言常用算法

算法是解决问题的流程介绍和描述，C语言中，一个算法可以由一段或几段按照一定逻辑顺序编写的代码实现，这段代码正确而高效地表达了算法的内容和实现过程。通常解决一个问题可以有多种算法，算法选择的依据是算法的正确性、可靠性、简单性和高效性。

本章学习重点：

- 起泡排序、选择排序及合并排序算法
- 快速排序算法
- 折半查找算法
- 二叉树的概念及其简单操作

18.1 什么是算法

C 语言中，算法是编写程序、解决问题的理论基础，瑞士著名计算机科学家沃思（N.Wirth）教授曾经提出如下程序公式：

> 程序 = 数据结构 + 算法

所谓算法，就是指为解决一个问题而设计理论描述，同时也是解决问题的方法和步骤，解决问题的过程，就是算法的实现过程。

1. 计算机算法

C 语言程序编写过程中，经常遇到使用特定算法解决特定问题的情况。计算机算法主要有两类，即数值运算算法和非数值运算算法。数值运算算法主要解决数学问题，例如求自然数累加和、计算积分、计算三角函数等；非数值运算算法主要解决逻辑问题，例如进行数据排序、字符串查找等。

2. 算法的程序实现

C 语言的大部分程序都是以算法为理论依据编写出来的。由于算法是解决一类问题的理论指导依据，因此使用 C 语言实现一个算法时，应做到程序简洁明了，易读性强，执行效率高等。

例如，要实现下面的加和运算：

1+3+5+7+…+99+100

对于这样的累加计算，可以使用下面的 C 语言程序实现：

```
01      int loop = 0, sum = 0;
02      for(loop=1;loop<100;loop=loop+2)
03      {
04          sum = sum + loop;
05      }
06      sum = sum + 100;
```

上述代码通过 for 循环遍历每个加和项，实现加和运算。虽然这样的程序可以得到正确的结果，却没有使用数学算法。如果利用数学算法，可以使程序效率提高近 10 倍。数学运算中，可以使用和差算法计算这样的加和运算，公式为：

$$sum = n*(a_1+a_n)/2$$

使用 C 语言实现的程序为：

```
01      int sum = 0;
02      sum = 49 * (99 + 1) / 2.0;
03      sum = sum +100;
```

对比两段程序可以看出，使用数学算法实现的 C 语言程序比没有使用数学算法的程序效率提高了近 50 倍，因此算法在 C 语言程序编写中占有重要的指导地位。

3. 非数值算法

C 语言中最常用的非数值算法主要包括排序算法和查找算法，在这些算法的理论设计中，有时需要用到某些数学模型，通常称为数据结构，典型的数据结构类型主要有链表、二叉树、图等。

18.2 排序算法

排序是数据库处理的常用操作之一。所谓排序，是指将一系列数据按照某种规则以一定的顺序进行排列，以符合实际处理需求的操作过程。例如，对于一组数据，可以按照由大到小的顺序排序，也可以按照由小到大的顺序排序。对于人员姓名，可以按照首字母前后顺序排序，也可以按照姓名长度排序等。一个合理的排序算法可以使程序执行效率提高，程序健壮性增强。

18.2.1 起泡排序

起泡排序也叫冒泡排序,是 C 语言中最常用的排序算法之一。起泡排序是基于交换的一类数据排列算法,它的一般实现规则为首先制定排序规则,例如按照数据由大到小或由小到大的顺序,然后依次两两比较待排序的数据,若不符合排序规则,则进行交换,这样比较一遍之后,便有一个数据元素冒出到数据最前面,然后依次比较下去,直到全部元素排列有序为止。

冒泡排序就如同水里的起泡一样,一个接一个地冒出来,逐渐形成一串有序的数列。例如,有如下一组数据{85, 279, 948, 521, 616, 888},按照从大到小的顺序排列,使用起泡法排序,首先执行第一趟交换,过程如图 18-1 所示。

图 18-1 中双箭头表示两个数据进行比较并交换位置,本例中数据共执行 5 次比较与交换。第一趟数据比较与交换后,数据顺序为{279, 948, 521, 616, 888, 85},即最小的数值 85 被交换到最前面。

在第一趟数据比较的基础上,继续进行第二趟数据比较。第二趟数据比较共执行 4 次比较与交换,执行后数据顺序为{948, 521, 616, 888, 279, 85},次小值 279 将被放到倒数第二的位置,如图 18-2 所示。

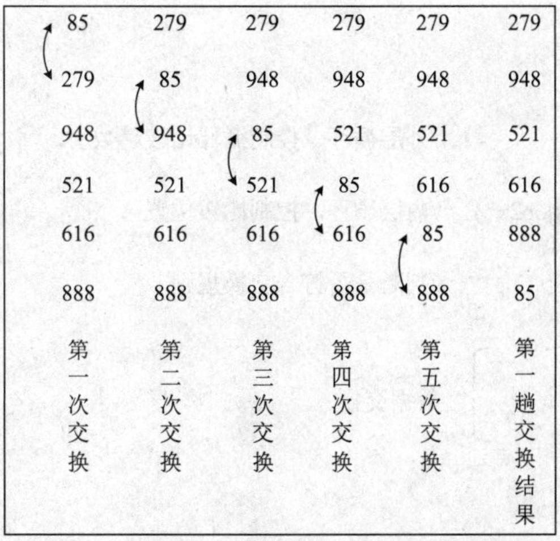

图 18-1 起泡排序第一趟数据比较与交换过程

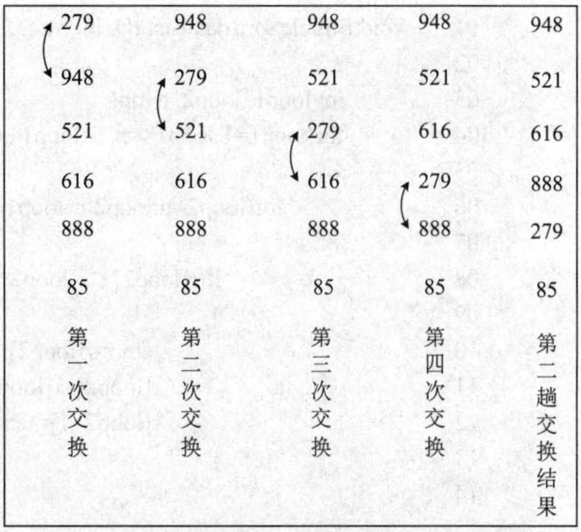

图 18-2 起泡排序第二趟数据比较与交换过程

在第二趟数据比较的基础上,进行第三趟数据比较。第三趟数据比较共执行 3 次,其中叉号双向箭头表示比较但不进行数据交换,比较之后数据顺序为{948, 616, 888, 521, 279, 85},如图 18-3 所示。

在第三趟数据比较的基础上,进行第四趟数据比较。第四趟数据比较共执行 2 次,比较之后数据顺序为{948, 888, 616, 521, 279, 85},如图 18-4 所示。

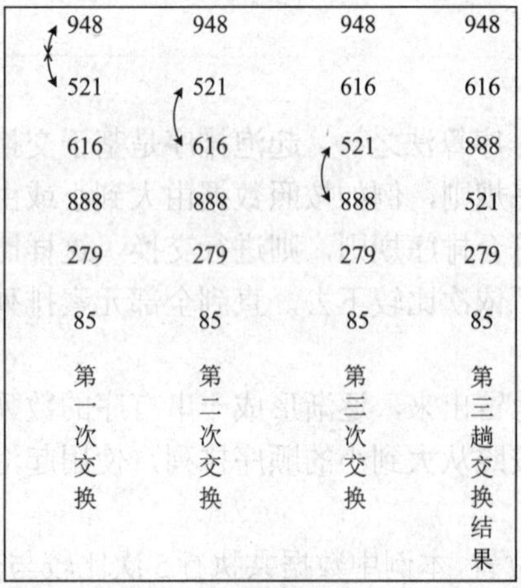

图18-3 起泡排序第三趟数据比较与交换过程 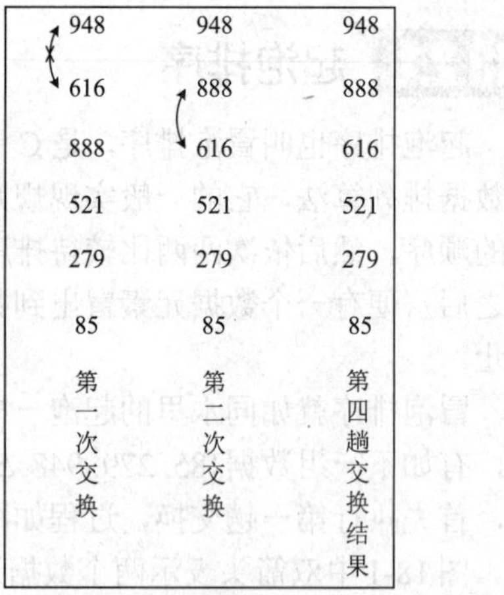　　图18-4 起泡排序第四趟数据比较与交换过程

第四趟数据比较后，执行第五趟数据比较，同时也是最后一次数据比较，由于本次比较不进行数据交换，因此比较后数据顺序为{948, 888, 616, 521, 279, 85}。

经过五趟数据比较与交换后，数据变为由大到小的有序序列，从而实现了使用起泡法排序的目的。其一般表达函数为：

```
01    void BubbleSort(dataList r[], int n)
02    {
03        int loop1, loop2, temp;
04        for(loop1=1;loop1<=n-1;loop1++)          //外层循环，控制循环比较趟数
05        {
06            for(loop2=n;loop2>=loop1+1;loop2--)  //内层循环，控制比较位置
07            {
08                if(r[loop2] < r[loop2-1])         //判断是否符合交换规则
09                {
10                    temp=r[loop2];
11                    r[loop2]=r[loop2-1];           }数据交换
12                    r[loop2-1]=temp;
13                }
14            }
15        }
16    }
```

范例 18.1

BubbleSortContryTimes.c　BubbleSortContryTimes.c 设计一段起泡排序算法的排序程序，将下面几个国家到2010年为止打入世界杯决赛圈的次数，按从大到小排列，相同次数的随机排列。国家及进入世界杯决赛圈次数：法国（13），西班牙（13），荷兰（9），美国（9），德国（13），巴西（19），英格兰（13），阿根廷（15），中国（1），澳大利亚（3），希腊（2），意大利（17），喀麦隆（6）。

（资源文件夹\chat18\ BubbleSortContryTimes.c）

```
01    #include <stdio.h>
02    void BubbleSort(int InputPara[2][13])          //起泡排序算法子函数
03    {
04        int loopi=0, loopj=0;
```

```
05        int TempTimes=0,TempIndex=0;
06        for(loopi=0;loopi<13;loopi++)
07        {
08            for(loopj=1;loopj<13-loopi;loopj++)
09            {
10                if(InputPara[0][loopj]>InputPara[0][loopj-1])
11                {
12                    TempTimes=InputPara[0][loopj-1];
13                    InputPara[0][loopj-1]=InputPara[0][loopj];
14                    InputPara[0][loopj]=TempTimes;
15                    TempIndex=InputPara[1][loopj-1];
16                    InputPara[1][loopj-1]=InputPara[1][loopj];
17                    InputPara[1][loopj]=TempIndex;
18                }
19            }
20        }
21    }
22    void main()
23    {
24        int loop1=0,loop2=0;
25        char *ContryName[] = {      "法国(France)",
26                                    "西班牙(Spain)",
27                                    "荷兰(Netherlands)",
28                                    "美国(America)",
29                                    "德国(Grmany)",
30                                    "巴西(Brazil)",
31                                    "英国(United Kingdom)",
32                                    "阿根廷(Argentina)",
33                                    "中国(China)",
34                                    "澳大利亚(Australia)",
35                                    "希腊(Greece)",
36                                    "意大利(Italy)",
37                                    "喀麦隆(Cameroon)"
38                                };
39        int ContryTimesIntoWorldCup[2][13] = {{13,13,9,9,13,19,13,15,1,3,2,17,6},
40            {0,1,2,3,4,5,6,7,8,9,10,11,12}};
41        BubbleSort(ContryTimesIntoWorldCup);           //调用起泡排序函数
42        printf("进入世界杯决赛圈次数的国家排名如下：\n");
43        for(loop1=0;loop1<13;loop1++)                  //打印函数
44        {
45            printf("      %-30s      %d\n",  ContryName[ContryTimesIntoWorldCup[1][loop1]],
46                                             ContryTimesIntoWorldCup[0][loop1]);
47        }
48    }
```

程序第 25 行到第 38 行定义了指针数组 ContryName 用于存储国家名称。程序第 39 行定义了 ContryTimesIntoWorldCup 分别存储国家进入世界杯决赛圈次数和国家对应编号，其中国家对应编号用于和指针数组 ContryName 配合输出相应的国家名称。程序运行输出运行结果为：

进入世界杯决赛圈次数的国家排名如下：
```
        巴西(Brazil)                  :19
        意大利(Italy)                 :17
        阿根廷(Argentina)             :15
        法国(France)                  :13
        西班牙(Spain)                 :13
        德国(Grmany)                  :13
        英国(United Kingdom)          :13
        荷兰(Netherlands)             :9
        美国(America)                 :9
        喀麦隆(Cameroon)              :6
        澳大利亚(Australia)           :3
        希腊(Greece)                  :2
        中国(China)                   :1
```

结果打印时可根据所打印信息种类合理设计打印格式，例如，本例中使用 %-30 s 对齐打印信息。

18.2.2 选择排序

同起泡排序类似，选择排序也是一种简单而常用的排序算法，其基本思想是，首先制定排序规则（例如按照从小到大排序原则），排序过程中首先在未排序序列中找到最小值，放在排序序列的起始位置，随后逐趟从余下未排序的数值中逐次寻找最小值，直到整个序列有序为止。

例如，有如下随机序列{6,18,45,3,77,-88}，将该序列从小到大排序，使用选择排序算法过程如下：

首先，进行第一趟排序，找出其中最小的数，如图18-5所示。

图18-5中带叉号双向箭头表示比较但不交换数据，双向箭头表示比较并交换数据。经过第一趟排序之后，数据序列中最小值-88被选出，并放到最前面的位置，此时序列顺序变为{-88,18,45,6,77,3}。

第一趟排序结束后，继续从第二个元素开始进行第二趟排序，如图18-6所示。

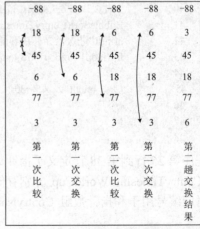

图18-5　选择排序第一趟比较与交换　　　　图18-6　选择排序第二趟比较与交换

经过第二趟排序之后，次小值3被交换到第二的位置，此时数据序列顺序为{-88,3,45,18,77,6}，然后将起始位置移到第三个参数，进行第三趟排序，如图18-7所示。

经过第三趟排序之后，数值6被交换到第三的位置，此时数据序列顺序为{-88,30,6,45,77,18}，然后排序遍历起始位置移到第四个参数，进行第四趟排序，如图18-8所示。

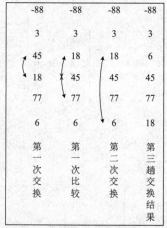

图18-7 选择排序第三趟比较与交换

图18-8 选择排序第四趟比较与交换

经过第四趟排序之后，数值18被交换到第四的位置，此时数据序列顺序为{-88,30,6,18,77,45}，然后排序遍历起始位置移到第五个参数，进行第五趟排序，第五趟排序之后，将得到从小到大的有序数列{-88,30,6,18,45,77}。

选择排序的一般表达代码为：

```
01    void SelectionSort(DataList array[],long len)
02    {
03        int loop1=0,loop2=0,temp=0;
04        for(loop1=0;loop1<=len-1;loop1++)              //外层循环，控制每一趟起始位置
05        {
06            for(loop2=loop1+1;loop2<len;loop2++)       //内层循环，控制每趟循环比较次数
07            {
08                if(array[loop1]>array[loop2])          //判断是否符合交换规则
09                {
10                    temp=array[loop1];
11                    array[loop1]=array[loop2];         //数据交换
12                    array[loop2]=array[loop1];
13                }
14            }
15        }
16    }
```

范例18.2

SelectionSortAirScheduled.c

SelectionSortAirScheduled.c 设计一段选择排序算法的排序程序，将周四由上海飞往各地的内地航班按目的地首字母先后顺序排序，并输出航班号、航班所属公司及起飞时间。

（资源文件夹\chat18\ SelectionSortAirScheduled.c）

```
01  #include <stdio.h>
02  #define N 12
03  void SelectionSort(char *Input[N])        //选择排序子函数
04  {
05      int loopi=0, loopj=0;
06      int TempTimes=0,TempIndex=0;
07      char *pTemp=NULL;
08      printf("\t 开始处理函数 SelectionSort():\n");
09      if(NULL = = Input)
10      {
11          printf("ERROR：输入参数错误，函数返回\n");          ┐
12          return;                                          ├ 入参检查
13      }                                                    ┘
14      for(loopi=0;loopi<N-1;loopi++)
15      {
16          for(loopj=loopi;loopj<N;loopj++)
17          {
18              if(Input[loopi][0]>Input[loopj][0])
19              {
20                  pTemp=Input[loopi];              ┐
21                  Input[loopi]=Input[loopj];       ├ 元素数据交换
22                  Input[loopj]=pTemp;              ┘
23              }
24          }
25      }
26  }
27  void main()
28  {
29      int loop1=0,loop2=0;
30      char *ScheduledCity[N] = {    "BeiJing(北京)         - CA5100 - 国航  - 08:10",
31                                    "HangZhou(杭州)        - MU5551 -东航   - 11:30",
32                                    "DaLian(大连)          - CA6011 - 国航  - 15:22",
33                                    "QingDao(青岛)         - SC1116 -山东   - 13:55",
34                                    "WuLuMuQi(乌鲁木齐)    - XO2010 - 新疆  - 19:15",
35                                    "LaSa(拉萨)            - CA6668 - 国航  - 16:05",
36                                    "KunMing(昆明)         - 3Q4510 - 云南  - 08:45",
37                                    "ChangSha(长沙)        - 9C8813 - 春秋  - 12:25",
38                                    "Tianjin(天津)         - MU8312 -东航   - 17:30",
39                                    "YanTai(烟台)          - SC5018 - 山东  - 09:50",
40                                    "FuZhou(福州)          - MF1907 - 厦门  - 20:15",
41                                    "GuangZhou(广州)       - CZ6011 - 南航  - 14:20"
42                                };
43      SelectionSort(ScheduledCity, SCDFlightIndex, N);              //调用选择排序函数
44      printf("\t 每周四  上海  国内出发航班到达  城市信息如下：\n");
45      printf("\t 城市\t\t 航班号    承运公司    时间\n");
46      for(loop1=0;loop1<N;loop1++)
47      {                                                       ┐
48          printf("    %s\n",     ScheduledCity[loop1]);       ├ 打印输出
49      }                                                       ┘
50  }
```

程序第 30 行到第 42 行定义了指针数组 ScheduledCity 用于存储航班信息，包括航班目的地、航班号、航空公司及起飞时间等。程序第 43 行调用选择排序函数 SelectionSort()。程序第 3 行到第 26 行定义了选择排序函数 SelectionSort()。程序运行输出结果为：

```
开始处理函数 SelectionSort():
每周四  上海 国内出发航班到达 城市信息如下：
城市                    航班号        承运公司      时间
BeiJing(北京)          - CA5100      - 国航       - 08:10
ChangSha(长沙)         - 9C8813      - 春秋       - 12:25
DaLian(大连)           - CA6011      - 国航       - 15:22
FuZhou(福州)           - MF1907      - 厦门       - 20:15
GuangZhou(广州)        - CZ6011      - 南航       - 14:20
HangZhou(杭州)         - MU5551      - 东航       - 11:30
KunMing(昆明)          - 3Q4510      - 云南       - 08:45
LaSa(拉萨)             - CA6668      - 国航       - 16:05
QingDao(青岛)          - SC1116      - 山东       - 13:55
Tianjin(天津)          - MU8312      - 东航       - 17:30
WuLuMuQi(乌鲁木齐)     - XO2010      - 新疆       - 19:15
YanTai(烟台)           - SC5018      - 山东       - 09:50
```

虽然目前已经有很多算法比选择排序效率更高，但由于选择排序简单、易懂，并且随着计算机运算能力的不断提高，选择排序的效率问题也得到弥补，因此选择排序在软件领域仍然被广泛应用。

18.2.3 合并排序

合并排序又叫归并排序，合并排序的主要目的是将两个或多个有序的数组或链表等合并成一个新的有序表，最简单的合并是将两个有序数组合并成一个有序数组。典型的合并排序算法是 2-路合并排序，即按照排序规则将两个位置相邻的有序表合并为一个有序表。

1. 两个数组合并排序

将两个有序数组 Array1 和 Array2 进行排序并放到另一个数组 ArrayMerge 的基本思想为，首先在 Array1 和 Array2 数组中各取第一个元素进行比较，将小的元素放入数组 ArrayMerge；然后，取较小的元素所在数组的下一个元素与另一数组中上次比较后较大的元素进行比较，重复上述比较过程，直到某个数组被先排完；最后，将另一个数组中的剩余元素复制到数组 ArrayMerge。

2. 合并排序算法

合并排序算法最常用的是 2-路合并排序。使用 2-路合并排序算法，可以将无序序列排列成有序序列，通常可以采用递归形式的 2-路合并排序方法。其基本思想是将含有 n 个元素的待排序序列分为 n 个子序列，然后两两进行合并，得到 n/2 或 n/2+1 个含有 2 个元素的子序列，将这些子序列再两两合并，直到生成一个长度为 n 的有序序列为止。

例如，有序列{85,279,948,521,616,888,0}，将上述序列按从小到大排列，使用合并排序算法的示意图如图 18-9 所示。

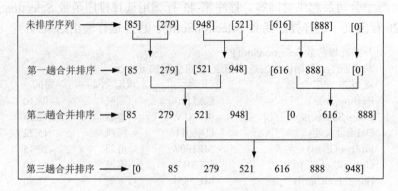

图 18-9 2-路合并排序过程

由图 18-9 可以看出，使用合并排序算法进行排序，主要是构造两个有序序列，以匹配 2-路合并排序的要求。使用递归方式的合并排序算法的一般实现函数如下：

```
01    MergeSort(int array[], int firstIndex, int lastIndex)
02    {
03        int    midIndex = 0;
04        if (firstIndex < lastIndex)
05        {
06            midIndex = (firstIndex + lastIndex) / 2;
07            MergeSort(array, firstIndex, midIndex);
08            MergeSort(array, midIndex + 1, lastIndex);
09            arrayMergeFun(array, firstIndex, midIndex, lastIndex);
10        }
11    }
```

18.2.4 快速排序

快速排序是起泡排序的一种改进，由图灵奖获得者、英国计算机系统大师霍尔（C.A.R.Hoare）在 1962 年提出并演化而来的。快速排序的基本思想是通过一趟数据比较和交换，将要排序的数据分成前后两部分，其中一部分的数据比另外一部分的数据都要小，然后再按这种方法对分开的两部分数据分别进行一次快速排序，依次执行下去，直到整个序列有序为止。

例如，有无序序列{a1, a2, a3, a4, …, an}，使用快速排序的过程为：

首先，任选一个数据（通常选第一个元素数据 a1）作为关键数据，然后，将所有比它小的元素都交换到它前面，所有比它大的元素都交换到它后面，执行这样一次比较和交换过程称为一趟快速排序。一趟快速排序的算法描述如下。

（1）设置两个变量 i 和 j，排序初始时设置初始值为：$i=1$，$j=n-1$。

（2）取第一个元素 a1 作为关键数据，赋值给临时变量 KeyTemp，令 KeyTemp = a1。

（3）从 j 开始逐渐向序列前面搜索，即执行 $j--$ 操作，依次与 KeyTemp 比较，直到找到第一个小于 KeyTemp 的元素为止，然后将找到的元素与 KeyTemp 交换。

（4）从 i 开始向序列后面搜索，即执行 i++ 操作，依次与 KeyTemp 比较，直到找到第一个大于 KeyTemp 的元素，然后将找到的元素与 KeyTemp 交换。

（5）重复上述第（3）（4）步，直到 i==j。

范例 18.3

QuickSort.c

QuickSort.c 某公司执行年度考评，考评结果放在一个二维数组 PerformanceScore 中，第一维记录员工工号，第二维记录员工年终考评成绩，使用快速排序算法，将员工考评成绩编号。

（资源文件夹\chat18\ QuickSort.c）

```
01  #include <stdio.h>
02  #define N 10
03  void QuickSort(float InputArray[2][N],int left,int right)
04  {
05      int upper,low,point, high,temp;
06      printf("\n 开始处理函数 QuickSort()\n");
07      if(left<right)
08      {
09          point=InputArray[1][left];
10          low=left;
11          high=right;
12      }
13      while(low<high)
14      {
15          while(low<high && InputArray[1][high]>point)
16          {
17              high--;
18          }
19          temp=InputArray[1][low];
20          InputArray[1][low]=InputArray[1][high];
21          InputArray[1][high]=temp;
22          temp=InputArray[0][low];
23          InputArray[0][low]=InputArray[0][high];
24          InputArray[0][high]=temp;
25          while(low<high && InputArray[1][low]<point)
26          {
27              low++;
28          }
29          temp=InputArray[1][high];
30          InputArray[1][high]=InputArray[1][low];
31          InputArray[1][low]=temp;
32          temp=InputArray[0][high];
33          InputArray[0][high]=InputArray[0][low];
34          InputArray[0][low]=temp;
35      }
36  }
37  void main()
38  {
39      int loop=0;
```

```
40          float PerformanceScore[2][N] = {0};
41          printf("请输入要排序的数组：\n");
42          for(loop=0;loop<N;loop++)
43          {
44              scanf("%f %f",&PerformanceScore[0][loop], &PerformanceScore[1][loop]);
45          }
46          QuickSort(PerformanceScore,0,N-1,N);         //调用快速排序函数
47          printf("排序结果：\n");
48          for(loop=0;loop<N;loop++)
49          {
50              printf("工号:%f考评成绩:%f\n",PerformanceScore[0][loop],PerformanceScore[1][loop]);
51          }
52      }
```

程序第 7 行到第 12 行初始化了 QuickSort 函数中需要的参数值。程序第 15 行到第 18 行判断右侧元素值是否小于关键参数值，若小于，则进行交换。程序第 25 行到第 28 行判断左侧元素值是否小于关键参数值，若大于，则交换。程序运行时输入如下信息：

```
请输入要排序的数组：
12121   98.75
11818   88.5
11787   90.5
10254   91.75
12034   86.5
11456   75.85
12545   80.65
12101   87
11124   96.5
11564   79.85
```

输出运行结果为：

```
开始处理函数 QuickSort()
排序结果：
工号：11456.000000     考评成绩：75.849998
工号：11564.000000     考评成绩：79.849998
工号：12545.000000     考评成绩：80.650002
工号：12034.000000     考评成绩：86.500000
工号：12101.000000     考评成绩：87.000000
工号：11818.000000     考评成绩：88.500000
工号：11787.000000     考评成绩：90.500000
工号：10254.000000     考评成绩：91.750000
工号：11124.000000     考评成绩：96.500000
工号：12121.000000     考评成绩：98.000000
```

18.3 查找算法

查找算法是程序设计中最常用的算法之一。所谓查找，就是要在一组数据中找出某个特

第18章 C语言常用算法

定的元素,若找到,则执行某种预定的动作;若未找到,则输出提示信息,并执行相应的操作。查找的算法很多,常用的查找算法是顺序查找算法和折半查找算法。

18.3.1 顺序查找算法

顺序查找算法是最简单的查找算法,其基本思想是从元素序列开始位置,逐个将序列中的元素与被查找关键元素进行比较,若序列中某元素与关键元素相等,则表明查找成功,否则,继续查找直到找到对应元素为止。若直到最后一个序列元素仍未找到被查找元素,则表明该序列中没有与关键元素相匹配的数据,查找失败。

例如,有数组 array[10]={101, -80, 96, 11458, -3.14, 495, 6174, 705, 56, 93.45},要在该数组中查找关键元素 key=56,并返回其数组下标位置。则可以定义遍历变量 i,然后顺次遍历数组元素,直到找到该元素值为止,查找循环代码如下:

```
01    for(i=0; i<10; i++)                    //遍历待查找数组
02    {
03        if(array[i]= =key)                  //关键参数比较与判断
04        {
05            break;
06        }
07    }
08    if(10 = =i)                             //判断是否查找成功,若不成功,打印信息
09    {
10        printf("查找失败,未找到对应元素\n");
11    }
12    else                                    //查找成功分支
13    {
14        printf("找到对应元素,下标为: %d\n", i);
15    }
```

范例 18.4

SequencSearch.c

SequencSearch.c 数组 MobileCustom[7][12]中保存着一周内某地区从早 6 点到晚 6 点之间移动话务接入量,每 1 小时统计一次,使用顺序查找算法,找出话务量为 2010 次的日期及时段信息。
(资源文件夹\chat18\ SequencSearch.c)

```
01    #include <stdio.h>
02    #define M 7
03    #define N 12
04    void SequenceSearch(int InputArray[M][N],int key)
05    {
06        int loop1, loop2;
07        for(loop1=0;loop1<M;loop1++)
08        {
09            for(loop2=0;loop2<N;loop2++)
10            {
11                if(InputArray[loop1][loop2]= =key)
```

```
12                          {
13                              printf("找到所需信息\n");
14                              printf("日期为：星期%d\n", loop1+1);
15                              printf("时间为：");
16                              if(loop2<=6)
17                              {
18                                  printf("AM %d:00\n",loop2+6);
19                              }
20                              else
21                              {
22                                  printf("PM %d:00\n",loop2-6);
23                              }
24                              break;
25                          }
26                  }
27          }
28          printf("未找到所要查找的元素，查找失败\n");
29      }
30      void main()
31      {
32          int key=2010;
33          int MobileCustom[M][N]={{85,218,800,1050,4003,7045,8012,4516,2154,1024,512,889},
34                                  {77,288,845,1750,3403,6040,8845,4017,2088,1029,412,99},
35                                  {95,201,745,1200,4111,7141,7912,4510,2194,1800,472,79},
36                                  {65,384,824,1147,4470,8410,8540,4654,2178,1450,614,889},
37                                  {103,208,854,1231,4312,9870,7984,5104,3054,1784,2010,87},
38                                  {60,312,873,1124,5100,4710,7456,4545,1978,997,547,96},
39                                  {401,407,904,1458,5021,9840,8210,4954,2009,456,566,201}
40                                 };
41          SequenceSearch(MobileCustom, key);          //调用查找函数
42      }
```

程序第 11 行到第 25 行用于与每个序列元素比较并判断是否查找到所需的参数，若查找到，则打印相关信息。程序第 16 行到第 23 行根据数组下标分析并处理打印时间信息，根据下标的不同分别输出下午和上午时间格式。程序运行输出结果为：

```
找到所需信息
日期为：星期 5
时间为：PM 4:00
```

18.3.2 折半查找算法

折半查找又称为二分查找，它是一种高效的查找算法。和前面讲述的顺序查找算法不同，折半查找要求所查找的数据序列必须为有序序列，否则，不能使用折半查找算法。折半查找的基本思想为，首先将待查找的有序序列中间位置元素与要查找的关键元素比较，如果两者相等，则查找成功，否则，利用中间位置的记录将序列分成前、后两个子序列，若中间位置元素大于要查找的关键元素，则进一步查找前一子序列，否则进一步查找后一子序列。

例如，有如下有序序列 array[10]={-985,-114,0,110,521,991,993,1024,2010,2048}，要查找

关键元素 2010，则首先需要定位序列的中间位置，然后进一步判断是否需要进行下一步查找，如图 18-10 所示为折半查找过程。

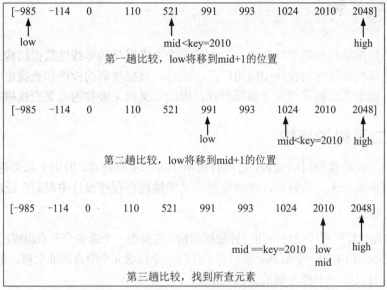

图 18-10　折半查找过程

折半查找的一般表达函数如下：

```
01    int BinarySearch(int   InputTable[N], int   KeyParameter)
02    {
03          int low=0, high=N-1,mid=0;
04          while(low<high)                                    //判断是否查找结束
05          {
06                mid=(low+high)/2;                            //选择中间位置
07                if(KeyParameter= = InputTable[mid])          //判断是否查找到所需元素
08                {
09                      return mid;                            //返回查找到的位置
10                }
11                else if(InputTable[mid]>KeyParameter)   //判断当前位置是否大于或小于要查找元素
12                {
13                      high = mid-1;                          //移动高位下标
14                }
15                else
16                {
17                      low = mid+1;                           //移动低位下标
18                }
19          }
20          printf("未查找到要查找的元素，查找失败\n");
21    }
```

18.4 二叉树

二叉树是数据结构的典型代表之一，它是一类非常重要的非线性数据结构。二叉树在数据库系统和计算机语法结构设计中应用广泛，此外，数据序列的排序和查找也广泛应用二叉树结构设计。由于二叉树常被用于数据查找，因此二叉树又被称为二叉查找树和二叉堆。

18.4.1 二叉树的结构

二叉树是一种特殊的树形结构，它拥有树形结构的所有特点，但由于二叉树的特殊结构，其本身又有很多独一无二的特点，这也使得二叉树结构在程序设计中得到广泛应用。

1. 树的定义

树形结构是计算机程序设计中的一种数据结构，它是由一个或多个节点组成的有限集合，每个节点表示实际应用中的一个数据元素。对于任何一个包含 n 个节点的非空树，都有如下特点：

（1）有且仅有一个称为根的节点（root）；

（2）若 $n>1$，则剩余节点可以被分成 m 个互不相交的集合 Tree1、Tree2、Tree2、…、Tree$m$，这些集合被称为子树（SubTree）。

如图 18-11 所示为一个典型的树形结构。其中节点 A 称为根节点，而节点 B、C 和 D 称为 A 的孩子节点，同时 A 又称为 B、C 和 D 的双亲节点，B、C 和 D 之间互相称为兄弟。根节点下可以有一个或多个子树，例如图 18-11 中，根节点 A 拥有 3 个子树 B、C 和 D。节点的子树个数称为节点的度，例如，图 18-11 中，节点 A 的度为 3，节点 B 的度为 2，节点 K 的度为 0，度为 0 的节点称为叶子节点。树中的最大层数称为树的深度，例如，图 18-11 中树的深度为 4，子树 B 的深度为 3。

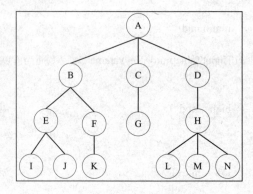

图 18-11　树形结构

除了树形图，树的结构还有多种表示方法，使用较多的是括号法，即将节点下的孩子节点包含在括号内，例如，图 18-11 中的树形结构可以表示为(A(B(E(I，J)，F(K))，C(G)，D(H(L，M，N))))。

2. 二叉树的定义

二叉树是一种特殊的树形结构，其特点是每个节点至多有两个子树，即每个节点中最多有两个孩子节点，并且二叉树的节点有左右之分，也就是说，二叉树是有序的，如图 18-12 所示为几种不同的二叉树结构。

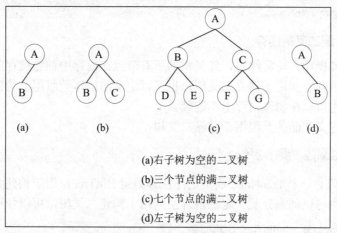

图 18-12 二叉树结构

由于二叉树的特殊结构，使得它具有很多与众不同的性质，主要有：
（1）二叉树第 k 层上最多有 2^{k-1} 个节点。
（2）深度为 k 的二叉树最多有 2^k-1 个节点。

18.4.2 C 语言实现简单的二叉树

C 语言中，二叉树可以通过结构体和指针相结合的形式实现，由于除根节点外每个二叉树节点都有双亲节点，此外，非叶子节点还有孩子节点，因此为了顺利索引到二叉树，应使用不同的数据域保留其双亲节点或孩子节点的信息。

1. 二叉树节点的存储结构

二叉树节点至少需要三个向其他节点的索引才能满足整个二叉树的结构，如图 18-13 所示为一个既有双亲节点又有孩子节点的二叉树节点数据结构索引示意图。

这种节点结构可以由三个指针域和一个数据域构成，如图 18-14 所示。

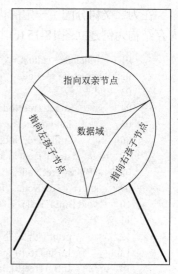

图 18-13 二叉树节点数据结构

| ParentField | DataField | LeftChild | RightChild |

图 18-14 二叉树节点结构体设计

可以使用结构体定义上述二叉树节点，定义格式如下：

```
01   struct    TreeNode
02   {
03       struct TreeNode *parent;        //指向双亲节点
04       int   data;                     //数据域
05       struct TreeNode *leftchild;     //指向左孩子节点
06       struct TreeNode *rightchild;    //指向右孩子节点
07   }BinaryTreeNode;
```

2. C语言分配二叉树内存

为便于处理和操作，通常约定，二叉树的所有节点在内存中都连续存放，因此可以动态分配一定的连续内存空间用于建立二叉树，也可以定义结构体数组用于构建二叉树，但对于某些新建节点，也可以在物理内存上不连续。

例如，可以定义下面的数组用于存储二叉树：

```
struct   TreeNode   BinTree[100];
```

上述代码定义了一个 TreeNode 类型的结构体数组 BinTree，用于构建含有 100 个节点的二叉树。另外，也可以动态分配一定的内存空间用于构建二叉树，可以使用下面的代码：

```
struct   TreeNode   *pBinTree=NULL;
pBinTree = (struct TreeNode *)malloc(100*sizeof(struct TreeNode));
```

3. 建立二叉树

在为二叉树分配了一定的内存空间后，可以根据二叉树的结构建立二叉树，下面以数组内存结构为例建立图 18-15 (c)中的二叉树。

```
01   #include <stdio.h>
02   struct    TreeNode
03   {
04       struct TreeNode *parent;        //指向双亲节点
05       int   data;                     //数据域
06       struct TreeNode *leftchild;     //指向左孩子节点
07       struct TreeNode *rightchild;    //指向右孩子节点
08   }BinaryTreeNode;
09   struct   TreeNode   InBinTree[7];   //定义二叉树存储结构
10   void BuildTree()
11   {
12       printf("开始处理函数 BuildTree()\n");
13       InBinTree[0].parent=NULL;           //双亲指针域
14       InBinTree[0].data=0;                //数据域              ⎫
15       InBinTree[0].leftchild=InBinTree+1; //左孩子指针域        ⎬ 根节点 A
16       InBinTree[0].rightchild=InBinTree+2;//右孩子指针域        ⎭
17       InBinTree[1].parent=InBinTree;                           ⎫
18       InBinTree[1].data=1;                                     ⎬ 节点 B
19       InBinTree[1].leftchild=InBinTree+3;                      
20       InBinTree[1].rightchild=InBinTree+4;                     ⎭
21       InBinTree[2].parent=InBinTree;                           ⎫
22       InBinTree[2].data=2;                                     ⎬ 节点 C
23       InBinTree[2].leftchild=InBinTree+5;                      
24       InBinTree[2].rightchild=InBinTree+6;
```

```
25      InBinTree[3].parent=InBinTree+1;
26      InBinTree[3].data=3;                        节点 D
27      InBinTree[3].leftchild=NULL;
28      InBinTree[3].rightchild=NULL;
29      InBinTree[4].parent=InBinTree+1;
30      InBinTree[4].data=3;                        节点 E
31      InBinTree[4].leftchild=NULL;
32      InBinTree[4].rightchild=NULL;
33      InBinTree[5].parent=InBinTree+2;
34      InBinTree[5].data=3;                        节点 F
35      InBinTree[5].leftchild=NULL;
36      InBinTree[5].rightchild=NULL;
37      InBinTree[6].parent=InBinTree+2;
38      InBinTree[6].data=3;                        节点 G
39      InBinTree[6].leftchild=NULL;
40      InBinTree[6].rightchild=NULL;
41   }
42   void main()
43   {
44      BuildTree();                                //调用二叉树建立函数
45   }
```

代码中结构体数组 InBinTree 各元素与二叉树节点的对应关系，如图 18-15 所示。根据这种对应关系，配置每个节点的域，使整个数组构成一个逻辑上为二叉树的结构。

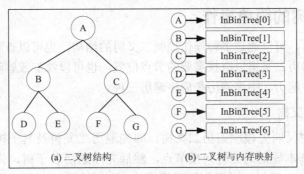

图 18-15　二叉树结构及内存映射

二叉树建立之后，可以通过设置断点来查看数组 InBinTree 形式的二叉树内存结构，如图 18-16 所示为 Visual C++内存系统中的根节点内存结构图。

4. 验证二叉树是否为空

二叉树使用前应先判断是否为空，若为空，则不能继续对二叉树进行任何操作。二叉树为空的判断程序为：

```
01   int emptyBinTree(struct TreeNode    *BinTree)
02   {
03      if(NULL = = BinTree)
04      {
05          printf("二叉树为空\n");
06          return 0;
07      }
```

```
08      else
09      {
10          printf("二叉树不为空\n");
11          return 1;
12      }
13  }
```

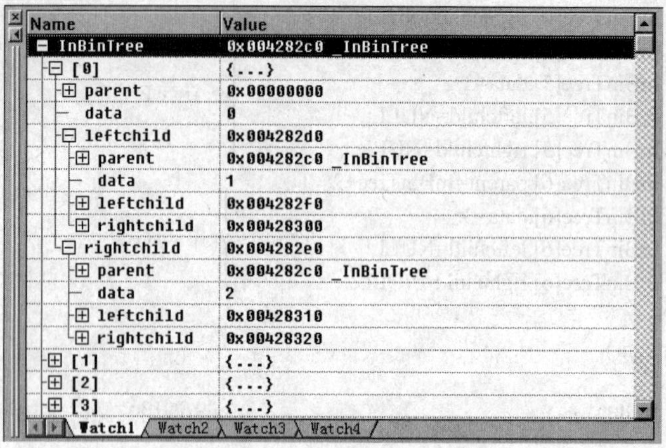

图 18-16 InBinTree 内存结构图

18.4.3 二叉树的简单操作

二叉树建立之后,可以通过多种操作控制二叉树的结构,也可以查看和修改二叉树的数据域。例如,可以遍历二叉树以查找需要的节点位置,也可以添加或删除二叉树节点等,二叉树的遍历分为先序遍历、中序遍历和后序遍历三种。

1. 先序遍历二叉树

先序遍历二叉树又叫先根序遍历二叉树,即先遍历二叉树及其子树的根节点,然后再遍历其他节点,其基本规则为先访问根节点,然后先序遍历左子树,先序遍历右子树。例如,图 18-12 (c)中的二叉树,采用先序遍历算法,各节点的先后遍历顺序为 A→B→D→E →C→F→G。先序遍历的基本代码如下:

```
01  void preOrderTreversingTree(struct   TreeNode *InBinTree)
02  {
03      if(NULL= =InBinTree)
04      {
05          printf("输入参数错误,返回\n");
06          return;
07      }
08      else
09      {
10          printf(" %d", InBinTree->data);                    //访问根节点
11          preOrderTreversingTree(InBinTree->leftchild);//先序遍历左子树
12          preOrderTreversingTree(InBinTree->rightchild);    //先序遍历右子树
13      }
```

```
14          return;
15      }
```

2. 中序遍历二叉树

中序遍历二叉树又叫中根序遍历二叉树，即先遍历左子树，再遍历根节点，然后遍历右子树。其基本规则为中序遍历左子树，遍历根节点，中序遍历右子树。例如，图18-12 (c)中的二叉树，采用中序遍历算法，各节点的先后遍历顺序为 D→B→E→A→F→C→G。中序遍历的基本代码如下：

```
01  void MidOrderTreversingTree(struct    TreeNode *InBinTree)
02  {
03      if(NULL= =InBinTree)
04      {
05          printf("输入参数错误，返回\n");
06          return;
07      }
08      else
09      {
10          MidOrderTreversingTree(InBinTree->leftchild);      //中序遍历左子树
11          printf(" %d", InBinTree->data);                    //访问根节点
12          MidOrderTreversingTree(InBinTree->rightchild);     //中序遍历右子树
13      }
14      return;
15  }
```

3. 后序遍历二叉树

后序遍历二叉树又叫后根序遍历二叉树，即先遍历左子树，再遍历右子树，然后遍历根节点。其基本规则为后序遍历左子树，后序遍历右子树，遍历根节点。例如，图18-12 (c)中的二叉树，采用后序遍历算法，各节点的先后遍历顺序为 D→E→B→F→G→C→A。后序遍历的基本代码如下：

```
01  void LastOrderTreversingTree(struct    TreeNode *InBinTree)
02  {
03      if(NULL= =InBinTree)
04      {
05          printf("输入参数错误，返回\n");
06          return;
07      }
08      else
09      {
10          LastOrderTreversingTree (InBinTree->leftchild);    //后序遍历左子树
11          LastOrderTreversingTree (InBinTree->rightchild);   //后序遍历右子树
12          printf(" %d", InBinTree->data);                    //访问根节点
13      }
14      return;
15  }
```

4. 二叉树中查找某个节点

对于任何一个非空二叉树，都可以通过遍历来查找值为 val 的某个节点，若找到，则返

回该节点位置,否则,输出提示信息。使用递归算法,代码如下:

```
01  struct TreeNode *SearchBinTree(struct TreeNode *InBinTree, int Indata)
02  {
03      struct TreeNode *pTree=NULL;
04      printf("开始处理函数 SearchBinTree()\n");
05      if(NULL= =InBinTree)
06      {
07          printf("输入参数错误,退出\n");           ⎫ 入参检查
08          return NULL;                              ⎭
09      }
10      else
11      {
12          if(InBinTree->data = = Indata)
13          {                                         ⎫
14              return InBinTree;                     ⎬ 判断当前节点是否为要查找的节点
15          }                                         ⎭
16          else
17          {/* 分别向左右子树递归查找  */
18              if(pTree = SearchBinTree(InBinTree->leftchild, Indata))    //遍历左子树
19              {
20                  return pTree;            //返回查找到的节点
21              }
22              if(pTree = SearchBinTree(InBinTree->rightchild, Indata))   //遍历右子树
23              {
24                  return pTree;            //返回查找到的节点
25              }
26              printf("没有匹配的节点\n");
27              return NULL;
28          }
29      }
30  }
```

5. 二叉树中插入一个节点

向二叉树中插入节点时应考虑二叉树的有序性,即在不破坏二叉树的有序性的前提下插入一个新的节点,若二叉树为空,则新建一个节点,构成一个仅有一个节点的二叉树。二叉树插入节点的基本代码如下:

```
01  void InsertBinTree(struct TreeNode *InBinTree, int NewData)
02  {
03      if(NULL= =InBinTree)                      //树为空,新建一个根节点
04      {
05          struct TreeNode *pNode=(struct TreeNode *)malloc(sizeof(struct TreeNode));
06          pNode->data=NewData;
07          pNode->leftchild=NULL;
08          pNode->rightchild=NULL;
09          InBinTree=pNode;
10          return;
11      }
12      else if(NewData<InBinTree->data)          //判断插入节点的位置
```

```
13          {
14              InsertBinTree(InBinTree->leftchild,NewData);   //向左子树中插入该节点
15          }
16          else
17          {
18              InsertBinTree(InBinTree->rightchild,NewData);        //向右子树中插入该节点
19          }
20      }
```

6. 二叉树中删除一个节点

删除节点时需要考虑二叉树的各种可能结构。当二叉树为空树时，无法执行删除操作，输出提示信息并返回。当二叉树根节点为要删除的节点且左子树为空时，直接删除根节点，将右子树作为保留二叉树。当二叉树根节点为要删除的节点且右子树为空时，直接删除根节点，将左子树作为保留二叉树。当二叉树仅有一个节点且为要删除的节点时，删除该节点，并结束。其他情况，将使用中序遍历算法进行递归查找并删除找到的节点。二叉树删除节点的基本代码如下：

```
01   void DeleteBinTree(struct   TreeNode *InBinTree, int DelData)
02   {
03       struct   TreeNode *pCopy=NULL, *pTemp1=NULL, *pTemp2=NULL;
04       pCopy=InBinTree;
05       if(NULL= =InBinTree)
06       {
07           printf("二叉树为空树，没有节点可删除.\n");          ⎫ 空二叉树，直接返回
08           return;                                           ⎭
09       }
10       if(DelData<InBinTree->data)
11       {
12           return DelteBinTree(InBinTree->leftchild,DelData);     //递归左子树
13       }
14       if(DelData>InBinTree->data)
15       {
16           return DelteBinTree(InBinTree->rightchild,DelData);    //递归右子树
17       }
18       if(NULL= =InBinTree->leftchild)
19       {
20           InBinTree=InBinTree->rightchild;                  ⎫ 根节点为要删除的节点，并且左
21           free(pCopy);                                       ⎬ 子树为空，删除根节点，置右子
22           printf("删除根节点，保留右子树\n");                  ⎭ 树为保留二叉树
23           return;
24       }
25       if(NULL= =InBinTree->rightchild)
26       {
27           InBinTree=InBinTree->leftchild;                   ⎫ 根节点为要删除的节点，并且右
28           free(pCopy);                                       ⎬ 子树为空，删除根节点，置左子
29           printf("删除根节点，保留左子树\n");                  ⎭ 树为保留二叉树
30           return;
31       }
```

```
32          else
33          {
34              if(NULL= =InBinTree->leftchild->rightchild)
35              {
36                  InBinTree->data=InBinTree->leftchild->data;
37                  return DelteBinTree(InBinTree->leftchild,InBinTree->data);
38              }
39              else
40              {
41                  pTemp1=InBinTree;
42                  pTemp2=pTemp1->leftchild;
43                  while(pTemp2->rightchild!=NULL)
44                  {
45                      pTemp1=pTemp2;
46                      pTemp2=pTemp2->rightchild;
47                  }
48                  InBinTree->data=pTemp2->data;
49                  return DelteBinTree(pTemp1->rightchild, pTemp2->data);
50              }
51          }
52      }
```

行 34–38：中序前驱节点为空时，把左孩子节点值赋给树根节点，然后从左子树中删除根节点

行 41–49：定位到中序前驱节点，把该节点值赋给树根节点，然后从以中序前驱节点为根的树上删除根节点

实训 18.1——合并两个有序数组

已知两个有序数组 array1 = [3　8　10]，array2[-3　9　28　101]。将这两个数组合并成一个有序数组，并将其放在 arrayMerge 中。

（1）需求分析。

分析目标需求，程序中需要做到如下几条关键模块。

需求 1，分配数组 arrayMerge 的大小应不小于两个数组 array1 和 array2 和长度之和。

需求 2，对两个数组中的元素进行比较，依次按大小顺序插入数组 arrayMerge 中。

（2）技术应用。

将两个有序数组进行合并，按照有序数组合并的基本思想，第一次比较结果如图 18-17 所示，图中 i 为数组 array1 的元素指示下标，j 为数组 array2 的元素指示下标，k 为数组 arrayMerge 的元素指示下标。

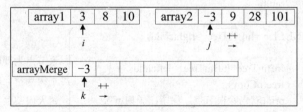

图 18-17　合并排序第一次比较与插入

进行第一次比较之后,将 array2 中的值-3 插入数组 arrayMerge 中,下标 j 和 k 分别将指向下一个元素,然后重新进行比较,如图 18-18 所示。

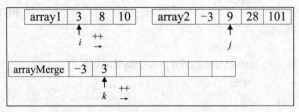

图 18-18　合并排序第二次比较与插入

进行第二次比较之后,将 array1 中的值 3 插入数组 arrayMerge 中,下标 i 和 k 分别将指向下一个元素。重复上述比较方法,依次比较下去,直到数组 array1 遍历完毕为止,然后将数组 array2 的剩余元素依次插入数组 arrayMerge 中,如图 18-19 所示。

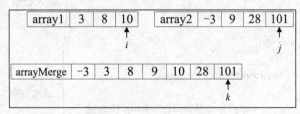

图 18-19　合并排序结果

通过上述分析,写出完整的程序如下。

文　件	功　能
ArrayMerge.c	① 设计数组合并函数 arrayMergeFun ② 输出合并后的有序数组 arrayMerge

程序清单 18.1：ArrayMerge.c

```
01    #include <stdio.h>
02    #define M 3
03    #define N 4
04    #define K 7
05    void arrayMergeFun(int InArray1[M], int    InArray2[N], int arrayMerge[K])
06    {
07        int loopi=0, loopj=0, loopk=0;
08        int TempTimes=0,TempIndex=0;
09        printf("开始调用函数 arrayMergeFun():\n");
10        if(NULL = = InArray1 || NULL = = InArray2)
11        {
12            printf("ERROR：输入参数错误，函数返回\n");
13            return;
14        }
15        for(loopi=0,loopj=0,loopk=0;loopi<M && loopj<=N; loopk++)
16        {
17            if(InArray1[loopi]<InArray2[loopj])
```

```
18              {
19                  arrayMerge[loopk]=InArray1[loopi];     } 将 array2 中元素插入
20                  loopi++;                                 数组 arrayMerge
21              }
22              else
23              {
24                  arrayMerge[loopk]=InArray2[loopj];
25                  loopj++;
26              }
27          }
28          if(loopi<M)
29          {
30              for(;loopi<M;loopi++,loopk++)
31              {                                          } 将 array1 中剩余元素
32                  arrayMerge[loopk]=InArray1[loopi];       插入数组 arrayMerge
33              }
34          }
35          if(loopj<N)
36          {
37              for(;loopj<N;loopj++,loopk++)              } 将 array2 中剩余元素
38              {                                            插入数组 arrayMerge
39                  arrayMerge[loopk]=InArray2[loopj];
40              }
41          }
42      }
43      void main()
44      {
45          int loop=0;
46          int array1[M] = {3,8,10};
47          int array2[N] = {-3,9,28,101};
48          int arrayMerge[K];
49          printf("合并前两个数组分别为:\n");
50          printf("\tarray1:");
51          for(loop=0;loop<M;loop++)
52          {
53              printf("    %d",array1[loop]);             } 输出 array1 的元素
54          }
55          printf("\n\tarray2:");
56          for(loop=0;loop<N;loop++)
57          {
58              printf("    %d",array2[loop]);             } 输出 array2 的元素
59          }
60          printf("\n");
61          arrayMergeFun(array1, array2, arrayMerge);    //调用合并排序函数
62          printf("合并后的数组为:\n");
63          for(loop=0;loop<K;loop++)
64          {
65              printf("    %d", arrayMerge[loop]);        } 输出 arrayMerge 的元素
66          }
```

```
            67            printf("\n");
            68        }
```

程序第 15 行到第 27 行遍历两个数组,并按照顺序规则插入数组 arrayMerge 中,程序第 28 行到第 34 行判断数组 1 中是否有数据未插入数组 arrayMerge,若有,则依次插入。程序第 35 行到第 41 行判断数组 2 中是否有数据未插入数组 arrayMerge,若有,则依次插入。程序运行输出结果如下。

合并前两个数组分别为:

array1: 3	8	10		
array2: -3	9	28	101	

开始调用函数 arrayMergeFun():

合并后的数组为:

-3	3	8	9	10	28	101

本实训通过合并排序的思想将两个有序数组合并为一个数组,合并排序的算法就是基于这种思想设计的,在合并排序算法中处于核心地位。

随堂实训 19.1

设计程序,将如下两个数组中的国家名称按首字母大小顺序排列为一个数组,使用合并排序算法的基本思想实现。

```
char   *AsiaList[6] = {"Afghanistan(阿富汗)", "Bangladesh(孟加拉国)", "China(中国)",
"Israel(以色列)", "Pakistan(巴基斯坦)", "Qatar(卡塔尔)" };
char   *AfricaList[10] = {"Djibouti(吉布提)", "Egypt(埃及)", "Ghana(加纳)", "Kenya(肯尼亚)", "Libya(利比亚)", "Rwanda(卢旺达)", "South   Africa(南非)", "Tanzania(坦桑尼亚)",
"Uganda(乌干达)", "Zambia(赞比亚)"};
```

18.5 疑难解答和上机题

18.5.1 疑难解答

(1)对于一个有 10 个元素的序列,使用起泡排序算法时将执行多少次比较和交换?

解答:相对于快速排序来讲,起泡排序算法是一种低效率的排序算法。对于长度一定的数据序列,其需要比较的次数是固定的,若数据长度为 n,则共需要比较 $n*(n-1)/2$ 次,但交换的次数随着序列的无序性强弱而有不同,最极端的情况下最少交换 0 次,此时序列已经排好序,为有序序列,最多为 $n*(n-1)/2$ 次,与比较次数相同。

(2)什么情况下选择排序比起泡排序效率更高?

解答:选择排序和起泡排序都是一种较低效率的排序算法,它们的效率要根据具体的数据序列分布类型区分。通常来讲，选择排序和起泡排序效率差不多，因此，选择哪一种排序方法根据个人喜好而定，从实际应用情况来看，选择排序更容易理解，使用更广泛些。

（3）快速排序的效率肯定比选择排序和起泡排序高吗？

解答：不一定。通常，对于一个无序的数据序列，使用快速排序将得到比选择排序和起泡排序更好的效果，但也有极端情况，即当原数据序列为由小到大顺序序列时，若使用快速排序将其排列为由大到小排列，则其效率将和后两种普通排序算法相同。

（4）折半查找算法比顺序查找算法效率高一倍吗？

解答：不一定。折半查找算法是一种高效的数据查找算法，通常，折半查找算法比顺序查找算法好很多，正因为它的这种高效性，在软件领域得到了广泛应用。

（5）二叉树是如何存储数据的呢？

解答：二叉树中每个节点可以设计一个或多个数据域，以保证其能够携带尽量多的数据信息。在定义二叉树节点结构时，可以根据具体需要合理设计数据域的大小和种类，例如，可以设计下面的节点：

```
struct TreeNode
{
    struct TreeNode *parent;
    struct PeopleInfo
    {
        char    name[20];
        char    sex[10];
        struct  birthday
        {
            unsigned int year;
            unsigned int month;
            unsigned int day;
        };
    };
    struct TreeNode *leftChild;
    struct TreeNode *rightChild;
};
```

（6）二叉树的节点数据类型必须相同吗？

解答：是的。通常来讲，二叉树在内存中是一段连续的存储区域，因此，为统一内存结构，通常将二叉树节点设计为同一种类型的数据结构，以方便二叉树的操作。

（7）链表可以转化为二叉树吗？

解答：不可以。链表是典型的线性数据结构，二叉树是典型的非线性数据结构。链表在内存结构上并不连续，但逻辑结构上每个节点是连续的，对于某些特殊的静态或半静态链表，可以将其指示域改变以使其转化为树形结构。但对于大部分链表，都不能实现到二叉树的转化。

（8）能否动态分配不同物理内存区域的二叉树节点建立二叉树？

解答：可以。二叉树的物理结构并没有严格限制必须连续。因此，可以动态分配内存以构成二叉树节点。通常，二叉树节点的插入应按照某些特定的二叉树结构执行。

（9）先根序遍历二叉树(A,B(C,D)，E(F,G(H)))的树形结构图是怎样的？

解答：由于是先根序遍历二叉树，因此，最先出现的节点应为根节点，即节点 A，之后是左子树根节点，即为 B，左子树中有两片叶子节点，分别为 C 和 D。然后遍历右子树，右子树中，根节点为 E，两个叶子节点分别为 F 和 G，同时右孩子 G 下还有一片叶子 H，H 可以是左叶子节点，也可以是右叶子节点。树形结构如图 18-20 所示。

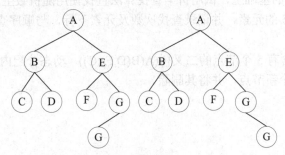

图 18-20　先根序遍历二叉树

18.5.2　上机题

（1）试使用起泡排序算法对下列数据进行排序，要求按字母先后顺序排列：

　　char　*PeopleName[8]={"Wiyao", "Yao ming", "Antonio", "Han meimei", "Li Lei", "Poliy", "Uncle Wang", "Ducy"};

（2）试使用选择排序算法对题（1）中的数组元素进行排序，要求按每个元素中字符串的长度进行排序。注意字符串长度的获取方法，例如，使用下面的方法获取字符串长度是否可以：

　　length = strlen(PeopleName[i]);

若不能，检查是什么原因，能否自己编写一个求长度的程序满足本题设的要求？

（3）试使用快速排序算法，将题（1）中的数组元素进行排序，要求按每个元素字符串中最后一个字母的大小顺序排列，注意获取每个字符串最后一个元素的方法，可以自定义一个字符数组用以存放最后一个字符，然后再对该数组排序，注意要同时记录原数组的下标。通过指针来获取字符串的末位字母。例如对于第一个数组元素，可以执行下面操作：

```
char    *p;
p=PeopleName[i];
for(;p!='\0';p++)
;
p--;
```

（4）调用随机数生成函数，生成 10 000 个随机数，存放到一个数组中，然后，使用顺序查找算法查找数值为 12345 的数，并记录查找次数。随机数生成代码为：

```
#include <stdio.h>
int    data[10000];
int    loop;
```

```
for(loop=0;loop<10000;loop++)
{
 data[loop]=rand();
}
```

（5）在题（4）的基础上，试用折半查找算法查找使用随机数生成函数 rand 生成的数据，查找数值为 12345 的元素，并记录查找次数及元素下标，与顺序查找算法进行比较，分析哪种算法更有效。

（6）新建一个含有 5 个节点的二叉树(A(B(D,E),C))，动态分配内存，并赋初值。然后，向该二叉树中插入一个新节点，并将其删除。

第19章 C语言应用实例

C语言之所以如此风靡世界，是因为它在实际中具有广泛应用。C语言灵活多变，语法结构丰富多彩，可以满足各种逻辑和算术运算。另外，C语言极强的兼容性也使得它能够立足于各种程序编写软件中。除了工程应用外，使用C语言也可以很容易解决一些日常生活中遇到的小问题。

本章学习重点：

- ◆ C语言解决实际问题
- ◆ C语言完成数学函数运算
- ◆ C语言编写万年历

19.1 C语言巧解问题实例

C语言可以解决实际生活中的许多小问题、小运算，同时，使用C语言也可以仿真和实现许多人工计算和统计难以实现的工作。下面介绍使用C语言解决实际生活中一些常见的计算问题，以展示C语言的实用性。

19.1.1 求1到1000之内的素数

素数，又称为质数，其定义为只能被1和它本身整除的自然数。也就是说，任何一个素数，它除了能表示为其本身和1的乘积外，不能表示为任何其他两个正整数的乘积。例如，自然数7，只能表示为1*7，因此，7是素数。素数是一类特殊的数字，它在实际中也有很多应用，例如使用素数构建素数表，用于进行工程测试，使用素数搭建加密系统，使密码更加难以被破解等。

随着数字数值的增加，素数越来越少。在古代，素数的计算主要靠人工计算，容易出错，现在，使用C语言则可以很容易地实现素数的统计计算。

可以使用for循环遍历自然数，同时根据素数的定义，对于自然数n，若n不能够被除1

以外小于等于 $\lceil\sqrt{n}\rceil$ 的所有自然数整除，那么这个数就是素数。根据上面描述，求 1 到 1000 之间素数的代码如下：

```
01    #include <stdio.h>
02    #include <math.h>
03    #define START 1
04    #define END    1000
05    void main()
06    {
07        int loop1=0,loop2=0,flag=0;
08        int sqVal=0,reSetLine=0,StartIndex=0;
09        printf("%d 到 %d 之间的素数为： \n", START, END);
10        if(1= =START)
11        {
12            StartIndex=START+1;
13        }
14        for(loop1=StartIndex;loop1<=END;loop1++)
15        {
16            flag=1;
17            sqVal=(int)(sqrt(loop1))+1;
18            for(loop2=2;loop2<sqVal;loop2++)
19            {
20                if(0==loop1%loop2)
21                {
22                    flag=0;
23                    loop2=sqVal+1;
24                }
25            }
26            if(1==flag)
27            {
28                reSetLine++;
29                printf("%-6d", loop1);
30                if(0==reSetLine%10)
31                {
32                    printf("\n");
33                }
34            }
35        }
36        printf("\n");
37        printf("%d 到 %d 之间的素数个数为 %d \n", START, END, reSetLine);
38    }
```

- 起始位置为 1，则调整起始位置（行 10-13）
- 检测某个数值是否为素数（行 18-25）
- 素数打印（行 26-34）
- 遍历被检测数值（行 14-35）

上述代码运行输出结果为：

```
1 到 1000 之间的素数为：
2      3      5      7      11     13     17     19     23     29
31     37     41     43     47     53     59     61     67     71
 :
877    881    883    887    907    911    919    929    937    941
947    953    967    971    977    983    991    997
1 到 1000 之间的素数个数为 168
```

当编写含有循环的程序时,在不影响程序性能的前提下,应尽量减少程序的循环次数,以提高效率,同时,应尽量避免在循环体内大量使用分支语句,以减少对循环流水作业的打断。

19.1.2 巧解古代百钱买百鸡问题

百钱买百鸡问题是中国古代经典的趣味算术问题,在今天,仍然有很多测试在沿用这一题目。这一问题的具体描述是,5吊钱可以买1只公鸡,3吊钱可以买一只母鸡,1吊钱可以买3只小鸡。用100吊钱买100只鸡,每种鸡必须有一只,那么可以买公鸡、母鸡、小鸡各多少只?共有多少种买法?

这一问题在现代方程代数数学中可以很容易解决,可以设100吊钱可以买 x 只公鸡,y 只母鸡,z 只小鸡,共100只,则可以使用下面的方程组表示:

$$\begin{cases} 5x+3y+z/2=100 \\ x+y+z=100 \end{cases}$$

其中,x,y 和 z 都是正整数,对于这样一个不定方程,只能使用试凑法解决,容易产生错误。将这一问题以 C 语言程序实现,则变得非常简单,具体代码如下:

```
01  #include<stdio.h>
02  void main()
03  {
04      int cock,hen,chicken,num=0;
05      printf("可能的组合有:\n");
06      for(cock=1;cock<=20;cock++)              //外层循环,遍历公鸡个数
07      {
08          for(hen=1;hen<=33;hen++)             //内层循环,遍历母鸡个数
09          {
10              chicken=100-cock-hen;            //计算小鸡个数
11              if((0==chicken%3) && (100 == 5*cock+3*hen+chicken/3))  //判断是否符合题设
12              {
13                  num++;
14                  printf("第%2d 种买法:公鸡=%2d 母鸡=%2d 小鸡=%2d\n",
15                              num,cock,hen,chicken);
16              }
17          }
18      }
19  }
```

程序运行输出结果为:

```
可能的组合有:
第 1 种买法:公鸡= 4 母鸡=18 小鸡=78
第 2 种买法:公鸡= 8 母鸡=11 小鸡=81
第 3 种买法:公鸡=12 母鸡= 4 小鸡=84
```

19.1.3 巧解换钱币问题

换钱币问题是外国古代趣味算术问题的经典题目,和我国古代百钱买百鸡问题极为相似,具体问题描述为,用一个 1 磅金币可以兑换 1 分、2 分和 5 分金币,试问共有多少种不同的兑换方法。其中,1 磅金币=100 分金币。

这一问题可以沿用与百钱买百鸡问题类似的程序来解决,所不同的是本题并没有限制 1 分、2 分或 5 分金币的数量。程序代码如下:

```
01      #include<stdio.h>
02      void main()
03      {
04          int OneFen,TwoFen,FiveFen,num=0;
05          printf("可能的组合有: \n");
06          for(FiveFen=0;FiveFen<=20;FiveFen++)              //5 分数目循环
07          {
08              for(TwoFen=0;TwoFen<=33;TwoFen++)             //2 分数目循环
09              {
10                  for(OneFen=0;OneFen<=100;OneFen++)        //1 分数目循环
11                  {
12                      if(100 == 5*FiveFen+2*TwoFen+OneFen)  //判断是否符合要求
13                      {
14                          num++;
15                          printf("第%2d 种换法:5 分=%2d 2 分=%2d 1 分=%2d\n",
16  num,FiveFen,TwoFen,OneFen);
17                      }
18                  }
19              }
20          }
21      }
```

程序运行后输出结果为:

```
可能的组合有:
第 1 种换法:5 分= 0    2 分= 0    1 分=100
第 2 种换法:5 分= 0    2 分= 1    1 分=98
第 3 种换法:5 分= 0    2 分= 2    1 分=96
 ⋮
第 475 种换法:5 分=19    2 分= 2    1 分= 1
第 476 种换法:5 分=20    2 分= 0    1 分= 0
```

19.1.4 求 1 至 20000 之间的平方回文数

回文数也叫对称数,是指这类数的各位数字具有对称性,例如 12121,通常可以通过使用任何一个数字与其倒序数相加,再依次执行下去获得。例如,96+69=165,165+561=726,726+627=1353,1353+3531=4884。但是也有某些数字目前为止还不能验证是否可以通过上述操作获得回文数,例如数字 196。平方回文数是指这类数字既是回文数,又是某个自然数的平方数，例如 121，就是 11 的平方数，同时也是回文数。可以编写程序，通过遍历获得平方回文数，C 语言代码如下：

```
01  #include<stdio.h>
02  void main()
03  {
04      int numInd[6],loop1=0,loop2=0;
05      int bitNum=1, reCalc=0,numCount=0,mulNum=0;
06      printf("开始计算平方回文数.\n");
07      for(loop1=1;loop1<=142;loop1++)         //遍历平方数
08      {
09          reCalc=0;
10          mulNum=1;                           初始化变量
11          bitNum=loop1*loop1;
12          for(loop2=1;bitNum!=0;loop2++)
13          {
14              numInd[loop2]=bitNum%10;        获取各位数字数值
15              bitNum=bitNum/10;
16          }
17          for(;loop2>1;loop2--)
18          {
19              reCalc=reCalc+numInd[loop2-1]*mulNum;    获得回文数值
20              mulNum=mulNum*10;
21          }
22          if((loop1*loop1)= =reCalc)          //判断是否为回文数
23          {
24              numCount++;
25              printf("%-4d%-8d%-6d\n",numCount,loop1,loop1*loop1);
26          }
27      }
28  }
```

程序运行后输出结果为：

```
开始计算平方回文数.
1    1      1
2    2      4
3    3      9
4    11     121
5    22     484
6    26     676
7    101    10201
8    111    12321
9    121    14641
```

19.1.5 验证卡布列克常数

卡布列克常数是美国数学家卡布列克在进行数学运算时发现的一个有趣的数学规律，他也因此而闻名世界。卡布列克常数是一个非常简单的数字，共有两个，一个是 495，另一个是 6174。这两个数字都具有特殊的规律，对于任何各位数字不全相同的三位数字或四位数字，都可以通过一定规律的运算得到这两个数字。其运算规律为，首先将所选数的各位数字按从大到小排列组成一个新的三位数 x，然后再将各位数字按从小到大排列得到另一个新的三位数 y，使用大的数字减去小的数字 $x-y=z$，得到差值 z 之后，对得到的结果 z 继续执行上述运算，直到每次都得到相同的数字为止。

例如，数字 132，首先将这个数的各位数字按从大到小排列组成一个新的三位数 321，然后再将各位数字按从小到大排列得到另一个新的三位数 123，使用大的数字减去小的数字 321-123=198，继续执行上述操作 981-189=792，972-279=693，963-369=594，954-459=495，954-459=495，……。同样，对于四位数字，也存在这样的规律。

有趣的是，除了三位数和四位数，再也没有能够找到符合这一规律的数字。通过编写程序，可以验证四位数字卡布列克常数的正确性。程序代码如下：

```
01  #include<stdio.h>
02  int NumCount=0;
03  void bitNumFunc(int InputNum,int InArray[4])
04  {
05      int i,j,temp;
06      for(i=0;i<=4;i++)
07      {
08          InArray[3-i]=InputNum%10;        ┐数字分解
09          InputNum/=10;                    ┘
10      }
11      for(i=0;i<3;i++)
12      {
13          for(j=i+1;j<=3;j++)
14          {
15              if(InArray[i]>InArray[j])
16              {
17                  temp=InArray[i];
18                  InArray[i]=InArray[j];   ┐按从小到大排序
19                  InArray[j]=temp;
20              }
21          }
22      }
23  }
24  void Calc_Val_MaxMin(int InArray[4],int *Inmax,int *Inmin)
25  {
26      int loop1=0;
27      int temp=1;
28      int sum=0;
29      for(loop1=0;loop1<4;loop1++)
30      {
31          sum=sum+temp*InArray[loop1];     ┐计算最大值
32          temp=temp*10;                    ┘
33      }
34      *Inmax=sum;
35      sum=0;
36      temp=1;
37      for(loop1=3;loop1>=0;loop1--)
```

```c
38          {
39              sum=sum+temp*InArray[loop1];         ⎫
40              temp=temp*10;                         ⎬ 计算最小值
41          }                                         ⎭
42      *Inmin=sum;
43  }
44  void CheckCabriKCount(int InputNum)
45  {
46      int Array[4],ValMax=0,ValMin=0;
47      if(6174!=InputNum)
48      {
49          bitNumFunc(InputNum,Array);                      //调用函数，分解数字
50          Calc_Val_MaxMin(Array,&ValMax,&ValMin);          //获取最大值最小值
51          InputNum=ValMax-ValMin;                          //计算差值
52          NumCount++;
53          printf("||%d||：  %d-%d=%d\n",NumCount,ValMax,ValMin,InputNum)
54          CheckCabriKCount(InputNum);                      //检查是否符合要求
55      }
56  }
57  void main()
58  {
59      int numCheck;
60      int Times=4;
61      printf("请输入要验证的四位数字:\n");
62      do
63      {
64          scanf("%d", &numCheck);                          //输入四位数字
65          Times--;
66          if((0!=Times) &&(numCheck<1000 || numCheck>9999))    //合法性检查
67          {
68              printf("对不起，输入错误，请重新输入，您还有 %d 次尝试机会.\n",Times-1);
69          }
70          else
71          {
72              break;
73          }
74      }while(Times>0);
75      if(0==Times)
76      {
77          printf("对不起，尝试失败，请重新启动程序.\n");
78      }
79      else
80      {
81          CheckCabriKCount(numCheck);                      //调用处理函数
82      }
83  }
```

程序运行输入四位数字，输出结果为：

请输入要验证的四位数字:
1652

```
[1]: 6521-1256=5265
[2]: 6552-2556=3996
[3]: 9963-3699=6264
[4]: 6642-2466=4176
[5]: 7641-1467=6174
```

19.2 C 语言应用实例——计算数学公式

C 语言工程编译软件 Visual C++中有很多函数库，其中数学函数库最为丰富，可以通过包含头文件 math.h 来调用数学库中的数学函数。Visual C++中的数学函数，大部分都是使用 C 语言编写来实现的，因此利用 C 语言实现数学函数逼近及数学公式计算广泛应用于工程运算中。

19.2.1 C 语言实现三角函数 sinx 逼近

数学中曾经介绍过，三角函数可以展开为无穷泰勒级数，泰勒级数可以通过循环累加实现，而循环累加操作恰好是 C 语言最容易实现的操作，因此使用 C 语言实现三角函数的逼近则变得非常简单而容易实现。

sinx 可以展开为泰勒级数如下的泰勒级数：

$$\sin x = x - \frac{x^3}{3!} + \frac{x^5}{5!} - \frac{x^7}{7!} + \cdots = \sum_{n=0}^{\infty} \frac{(-1)^n x^{2n+1}}{(2n+1)!}$$

通过 for 循环可以很容易实现对 sinx 的逼近，具体实现代码如下：

```
01    #include <stdio.h>
02    #define N 100
03    double   factorial(int Input)
04    {
05        int loop=0;
06        double multiVal=1;
07        for(loop=1;loop<=Input;loop++)
08        {
09            multiVal=multiVal*loop;
10        }
11        return multiVal;
12    }
13    double self_sinx(double InputVal)
14    {
15        unsigned int loop1;
16        int index=-1;
17        double sum=InputVal;
18        double   dev_sum=1;
19        double multval=InputVal;
20        for(loop1=3;loop1<N;loop1=loop1+2)
21        {
```

阶乘函数

```
22              multval=multval*InputVal*InputVal;          //分子计算
23              dev_sum=factorial(loop1);                   //阶乘计算
24              sum=sum+index*multval/dev_sum;              //加和
25              index=-index;                               //符号控制
26          }
27          return sum;
28      }
29      void main()
30      {
31          float x=0.0;
32          double result=0.0;
33          printf("计算 sinx 的逼近值，请输入 x 的值,x= ");
34          scanf("%f",&x);
35          result=self_sinx(x);                            //调用函数，计算逼近值
36          printf("\nsinx 的逼近值为：sinx = %lf\n", result);
37      }
```

程序运行时输入数值 1.57，输出结果为：

计算 sinx 的逼近值，请输入 x 的值，x= 1.57
sinx 的逼近值为：sinx = 1.000000

19.2.2 C 语言实现三角函数 cosx 逼近

和正弦函数类似，余弦函数 cosx 也可以展开为泰勒级数，并通过 C 语言实现，cosx 的泰勒展开式如下：

$$\sin x = 1 - \frac{x^2}{2!} + \frac{x^4}{4!} - \frac{x^6}{6!} + \cdots = \sum_{n=0}^{\infty} \frac{(-1)^n x^{2n}}{(2n)!}$$

通过下面代码，可以实现 cosx 函数的逼近：

```
01      double self_cosx(double InputVal)
02      {
03          unsigned int loop1;
04          int index=-1;
05          double sum=1;
06          double  dev_sum=1;
07          double multval=1;
08          for(loop1=2;loop1<N;loop1=loop1+2)
09          {
10              multval=multval*InputVal*InputVal;
11              dev_sum=factorial(loop1);
12              sum=sum+index*multval/dev_sum;
13              index=-index;
14          }
15          return sum;
16      }
```

由于 cosx 函数的实现和 sinx 类似，因此仅列出部分代码，阶乘计算函数可参考 sinx 代码部分。调用该函数时输入参数 1.57 时，输出结果为：

```
计算 cosx 的逼近值，请输入 x 的值,x= 1.57
cosx 的逼近值为： cosx = 0.000796
```

19.2.3 C 语言计算排列组合

排列组合是统计学应用非常广泛的一个统计运算公式，也是概率论中最基本且最实用的一种抽象概念转化，它为概率论的结果验证提供了强有力的理论依据。排列组合最常用的两个公式是计算排列数和组合数，即全排列数和组合数，下面的公式表示了全排列数和组合数的计算公式。

$$P_n^r = n(n-1)\cdots(n-r+1) = \frac{n!}{(n-r)!}$$

$$C_m^n = \frac{P_n^r}{r!} = \frac{n!}{r!(n-r)!}$$

由于 C 语言对阶乘运算的易操作性，使用 C 语言编写代码实现全排列数和组合数运算如下：

```
01    double Permutation(int n, int r)
02    {
03        double n_factorial=0;
04        double nr_factorial=0;
05        if(n<=r)
06        {
07            printf("错误，输入参数错误，返回.\n");
08            return 0;
09        }
10        n_factorial=factorial(n);
11        nr_factorial=factorial(n-r);
12        return   n_factorial/nr_factorial;
13    }
14    double Combination(int n, int r)
15    {
16        double n_factorial=0;
17        double nr_factorial=0;
18        double r_factorial=0;
19        if(n<=r)
20        {
21            printf("错误，输入参数错误，返回.\n");
22            return 0;
23        }
24        n_factorial=factorial(n);
25        nr_factorial=factorial(n-r);
26        r_factorial=factorial(r);
27        return   n_factorial/nr_factorial/r_factorial;
28    }
```

程序中阶乘计算函数可参考 19.2.1 节中的代码，输入参数值，调用上述两个函数，输出结果为：

```
请输入 n 和 r 的值:
n = 10
r = 5
排列 Pnr=30240.000000
组合 Cnr=252.000000
```

19.3 C 语言编写万年历

万年历是日常生活中必不可少的工具,现在万年历几乎随处可见,计算机系统中、手机中、电子词典中、mp4 播放器中、办公桌上、家庭摆设等。万年历之所以随处可见,一方面是由于其在人们日常生活中的重要性,另一方面也因为其易于实现的规律性和特定的算法。本节以编写 C 语言万年历为例,介绍一个项目的实现过程。

19.3.1 万年历的实现流程

项目的实现主要分为项目建立、项目需求分析、项目算法设计、代码编写与调试、代码测试和代码完善等几个环节。设计万年历的程序虽然是一个很好的项目,但也要按部就班地执行各个环节的操作,否则,编写的程序有可能出错,达不到设计的需求。

1. 项目建立

项目的建立是指要建立项目的定义、文档结构的编写、项目最初始阶段要进行的计划设计等。万年历程序设计项目中,首先要确定该项目的名称,然后设计项目执行计划和流程。本项目名称为 "C 语言实现简单万年历程序",如表 19-1 所示为该项目的执行计划流程图。

表 19-1 流程计划表

时 间	Wednesday	Thursday	Friday	Saturday	Sunday
第一阶段	项目建立				
第二阶段		需求分析			
第三阶段			算法设计		
第四阶段				代码编写	
				代码调试	
第五阶段					结果验证
					代码完善
					回归验证

表中列出了各个阶段要完成的任务以及截止时间,如果出现没有完成的工作,则应相应调整该表,以记录本项目的执行流程。

2. 需求分析

需求分析是指项目设计的目的,应明确项目要完成的结果及预期目标等。本次项目要实现 C 语言的万年历程序,针对项目的实际实现及复杂状态,提出如下设计需求。

C 语言实现简单万年历程序项目需求。

需求 1,输入要查询的年和月,输出该月的月历。例如,输入年份为 2010,输入月份为

7，则输出 2010 年 7 月的月历。

请输入要查询的年和月，格式为：xxxx-xx

2010-7

Sun	Mon	Tue	Wed	Thu	Fri	Sat
				1	2	3
4	5	6	7	8	9	10
11	12	13	14	15	16	17
18	19	20	21	22	23	24
25	26	27	28	29	30	31

需求 2，输出格式美观大方。

需求 3，程序稳定性强，可以长期运行而不出现崩溃。

3. 算法设计

实现万年历的打印，首先确定要打印月份的第一天是星期几，然后依此类推，打印出整个月份的月历。

首先，判断输入年份是平年还是闰年，若输入年份为 year，则可以通过下面的算式判断当前年份是否为闰年：

```
if((year%4= =0&&year%100!=0)||year%400= =0)
```

若 if 语句内表达式成立，则表示 year 为闰年，否则为平年。平年和闰年对当年的 2 月产生影响，当 year 为闰年时，2 月是 28 天，当 year 为平年时，2 月是 29 天。

然后，判断当前月份的 1 号是星期几；可以通过下面的公式来计算：

```
Val= year −1+（year−1）/4−（year −1）/100+（year −1）/400+day
```

上式中，year 为输入的公元年数，day 为当前月份 1 号距离当年元旦的天数，例如，输入 2010 年 2 月，则 day 应该为：day = 31+1=32。然后，使用公式：

```
WeekDay=Val % 7
```

得到的余数就是当前月份 1 号为星期几。

*注：限于项目复杂程度，本项目将不实现阴历的万年历标识功能。

4. 代码编写与调试

代码使用 C 语言编写，工程编译环境为 Visual C++ 6.0。代码编写过程中同步进行测试及调试，保证函数编写完整且无错误产生，工程可以成功运行。

5. 代码完善及结果验证

程序调试完毕后，应抽样验证工程是否运行正常，异常情况处理是否合理等，并进一步对代码进行完善。

19.3.2 万年历程序设计流程

根据算法设计,完成万年历程序的流程设计。首先,输入要查找的年份和月份,其中要对输入参数进行检查,以保证输入参数正确,不会对后续程序造成影响。其次,对输入的年份和月份进行处理和计算,判断输入年份是否为闰年,若为闰年,则置 2 月日期为 29 天,否则,置为 28 天。然后,计算输入月份的 1 号距当年元旦的天数,进而计算该月 1 号是星期几。最后,打印出当月的月历。

根据上述讨论,画出流程图,如图 19-1 所示。

19.3.3 万年历程序编写

在软件项目设计中,在当前大部分程序员掌握了基本的程序编写规则,拥有了基本程序开发经验后,程序编写已经变成软件项目中最简单也最容易实现的部分,但是代码的编写需要仔细,不能马虎,并且应严格按照程序设计流程及项目算法文档执行,以保证代码编写的成功率和正确性。根据算法设计和程序流程设计,完善各个模块的代码。

1. 参数输入与验证模块

对输入参数做验证,若输入参数不合法,则重新输入,允许输入 3 次,若 3 次均不正确,则结束程序,代码如下:

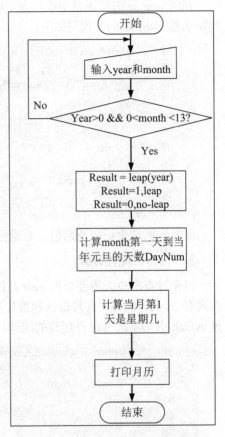

图 19-1 万年历程序设计流程图

```
01    printf("请输入要查询的年和月,格式为:xxxx-xx\n");
02    do
03    {
04        scanf("%d-%d", &year,&month);                    //输入四位数字
05        Times--;
06        if((0!=Times) &&(year<0 || (month<0 || month>12)))  //合法性检查
07        {
08            printf("对不起,输入错误,请重新输入,您还有 %d 次尝试机会.\n",Times-1);
09        }
10        else
11        {
12            break;
13        }
14    }while(Times>0);
15    if(0==Times)
16    {
17        printf("对不起,尝试失败,请重新启动程序.\n");
18        return;
19    }
```

2. year闰年判断模块

判断 year 是闰年还是平年，为后续程序设计作判断。仿照算法设计中的公式，写出闰年判断函数 leapFunc()，代码如下：

```
01  int leapFunc(int year)
02  {
03      if(year%4==0&&year%100!=0||year%400==0)
04      {
05          return 1;
06      }
07      else
08      {
09          return 0;
10      }
11  }
```

函数判断结束后将返回值，若返回 1，表示 year 为闰年，否则为平年。

3. 月份日期数计算

每个月有多少天需要根据 year 是闰年还是平年来计算，当 year 是闰年时，2 月有 29 天，否则有 28 天。因此，在月份日期数计算过程中，需要调用 year 闰年判断函数 leapFunc()。通过 switch 语句实现月份日期数的统计，实现函数为 monthDays()，代码如下：

```
01  int monthDays(int month,int year)
02  {
03      switch(month)
04      {
05          case 1:
06          case 3:
07          case 5:
08          case 7:
09          case 8:
10          case 10:
11          case 12:
12              {
13                  return 31;
14              }
15          case 4:
16          case 6:
17          case 9:
18          case 11:
19              {
20                  return 30;
21              }
22          default: break;
23      }
24      if(2==month && 1==leapFunc(year))
25      {
26          return 29;
27      }
```

```
28            else
29            {
30                return 28;
31            }
32       }
```

4. month中1号在一年中天数计算

根据输入的 month 值，计算 month 第一天在该年中是第几天，根据算法设计程序代码如下：

```
01   int dayNum(int month, int year)
02   {
03        int loop=0;
04        int daySum=1;
05        for(loop=1;loop<month;loop++)
06        {
07             daySum=daySum+monthDays(month,year);
08        }
09        return daySum;
10   }
```

5. 计算month中1号是星期几

根据算法设计公式，调用 dayNum()函数返回的结果，计算 month 中 1 号的星期值，代码如下：

```
01   int firstday(int month,int year)
02   {
03        int w;
04        w=year-1+(year-1)/4- (year-1)/100+(year-1)/400+dayNum(month,year);
05        return w%7;
06   }
```

6. 输出打印

输出打印时一定注意空格对齐，否则将无法得到正确而又美观的图形，若计算得到month月份1号为星期二，则应在其前面补空格以对其输出。输出函数代码如下：

```
01   int print(int month,int year)
02   {
03        int loop1=0,loop2=1,index=1;
04        int WhatToday=0,MonthDayBack=0;
05        MonthDayBack=monthDays(month,year);
06        WhatToday=firstday (month,year);
07        printf("-----------------------------\n");
08        printf(" Sun Mon Tue Wed Thu Fri Sat \n");
09        if(WhatToday==7)
10        {
11             for(loop1=1;loop1<=MonthDayBack;loop1++)
12             {
13                  printf("%4d",loop1);
14                  if(loop1%7==0)
15                  {
16                       printf("\n");
```

```
17            }
18          }
19    }
20    if(WhatToday!=7)
21    {
22         while(loop2<=4*WhatToday)
23         {
24              printf(" ");
25              loop2++;
26         }
27         for(loop1=1;loop1<=MonthDayBack;loop1++)
28         {
29              printf("%4d",loop1);
30              if(loop1= =7*index-WhatToday)
31              {
32                   printf("\n");
33                   index++;
34              }
35         }
36    }
37    printf("--------------------------\n");
38 }
```

7. 函数入口设计

各子模块设计好后，可以添加主函数并进行代码调试，主函数代码如下：

```
01  void main()
02  {
03       int month=0,year=0;
04       int Times=3;
05       printf("请输入要查询的年和月，格式为：xxxx-xx\n");
06       do
07       {
08            scanf("%d-%d", &year,&month);
09            Times--;
10            if((0!=Times) &&(year<0 || (month<0 || month>12)))
11            {
12                printf("对不起，输入错误，请重新输入，您还有 %d 次尝试机会.\n",Times-1);
13            }
14            else
15            {
16                 break;
17            }
18       }while(Times>0);
19       if(0==Times)
20       {
21            printf("对不起，尝试失败，请重新启动程序.\n");
22            return;
23       }
24       print(month,year);
25       printf("\n");
26  }
```

19.3.4 结果验证与代码完善

程序调试通过并消除错误和警告后，可以进一步对程序进行项目结果测试和验证，由于万年历可产生的结果非常多，因此，可以通过抽样测试来验证工程代码的稳定性。

1. 异常处理

通过输入错误数据格式验证工程代码对异常输入的处理能力，例如，输入-2101-4 和 2010-20 验证输出结果，本程序输出结果为：

```
请输入要查询的年和月，格式为：xxxx-xx
-2010-4
对不起，输入错误，请重新输入，您还有 2 次尝试机会.
2010-20
对不起，输入错误，请重新输入，您还有 1 次尝试机会.
```

2. 闰年2月验证

输入 2012-2 验证输出月历结果，如下：

请输入要查询的年和月，格式为：xxxx-xx
2012-2

```
----------------------------------------
 Sun Mon Tue Wed Thu Fri Sat
                   1   2   3   4
  5   6   7   8   9  10  11
 12  13  14  15  16  17  18
 19  20  21  22  23  24  25
 26  27  28  29
----------------------------------------
```

3. 平年2月验证

输入 2011-2 可以验证平年 2 月的打印输出。

4. 闰年其他月份验证

输入闰年的其他月份如 2012-11 可以验证输出结果。

5. 平年其他月份验证

输入平年其他月份如 2011-11 可以验证输出结果。

19.4 疑难解答和上机题

19.4.1 疑难解答

（1） C 语言可以解决很多实际的问题，那么，对于一个编译好的程序，能否将这段代码所在的工程实现为一个可执行文件,进而脱离编译工程软件,并安装到其他计算机上执行呢?

解答:可以。Visual C++ 6.0 在程序编译和链接过程中,首先对代码进行语法检查,然后进行逻辑语法的链接和库文件链接。在程序运行时会同时生成一个与工程名相同的可执行文件,这个可执行文件便是工程的可执行文件。

例如,对于 C 语言实现的万年历程序,假如工程命名为 perpetual_calendar.dsw,保存于 D:\mytest\19_section_code\perpetual_calendar\下,则整个工程编译所产生的文件将存放在这个目录及其子目录下。

注意,在当前版本中,某些 Visual C++ 6.0 不支持中文以及特殊字符的目录名称,因此,工程的保存目录尽量放在英文或拼音命名格式的目录下。

在目录 D:\mytest\19_section_code\perpetual_calendar\debug\下,存在文件 perpetual_calendar.exe。通常,通过双击可以执行该文件。

但是,由于 Visual C++ 6.0 软件在每个工程结束时都会输出一条"press any key to continue"的信息,这将导致执行结果无法显示。可以通过读控制台字符函数暂时停止程序的继续运行,以方便查看程序结果。在本例中,可以在主函数中添加如下最后一条语句:

```
getch();
```

getch()函数的功能是从控制台如键盘等读取一个字符,这样,当需要输入数据并按 Enter 键时,程序将调用该函数并将回车符保存。此时可以将结果显示在屏幕中。

例如,双击执行 D:\mytest\19_section_code\perpetual_calendar\debug\下文件 perpetual_calendar.exe,输入 2010-8,则输出结果如图 19-2 所示。

(2) 19.1.3 节中的巧解换钱币问题能否使用 2 层循环实现问题的解决?

解答:不能。由于没有对 1 分、2 分和 5 分钱币个数作限制,因此,只能通过遍历的方式来获取每一种可能,由于有三个参数参与了遍历计算,因此,只能通过 3 层循环来实现。

(3) C 语言实现三角函数 sin$x$ 逼近时,加和项越多,逼近效果越精确吗?

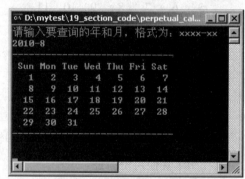

图 19-2 可执行文件输出

解答:是的。对于三角函数的泰勒级数逼近,当项数 n 越大时,说明函数的逼近效果也越精确。

(4) C 语言实现三角函数 sin$x$ 逼近时,对输入参数 x 是否有限制?

解答:没有。由于 sin$x$ 计算时,对于整个实数域都有效,因此,输入任何实数值都可以计算出对应的函数逼近值。

(5) 对函数的逼近程序,是不是加和项越多越好?

解答:不是。在计算机允许的计算范围内,可以设置较大的加和项,但当超出系统运算范围时,将得不到正确的结果,因此,使用泰勒无穷级数来计算相关函数值时,应注意不要使计算超出系统运算范围。

19.4.2 上机题

（1）试编写程序，将十进制数转换为二进制和十六进制，例如输入数字 102，则分别输出：

```
Hex=66
Bin=1100110
```

（2）试编写程序，计算个位数为 7 且能被 3 整除的 5 位数的个数，并输出各数值，每行打印 5 个数字，将全部符合的数字打印出来。例如，最小值为 10 017。

（3）试通过 C 语言代码实现输入两个正整数 a 和 b 的最大公约数和最小公倍数。例如，输入两个数值 8 和 12，则打印出信息为 4 和 24。

（4）通过无穷级数逼近公式计算 e^x，公式为：

$$e^x = 1 + x + \frac{x^2}{2!} + \frac{x^3}{3!} + \cdots + \frac{x^n}{n!} + \cdots$$

通过 for 循环实现计算，并分析 n 越大是否越精确？注意 $n!$ 的值不要数值溢出。

（5）试编写程序，验证数学定理"大于 1000 的奇数，其平方与 1 的差是 8 的倍数"。为避免验证超出系统计算范围，设置验证范围为 1000～2000。若该奇数符合定理，则输出 yes，否则，输出 no，查看是否有 no 输出。

（6）某银行存款有多种选择，其中整存整取的规定为：

0.55%	存期 = 1 年
0.59%	存期 = 2 年
0.62%	存期 = 3 年
0.74%	存期 = 5 年
0.86%	存期 = 8 年

利息计算方法为：

利息（年）= 本金 * 月息率 * 12（月）* 存款年限。

有一客户想将 50 000 元钱存入银行，编写程序，设计一种方案，使该客户将 50 000 元钱存入银行 15 年后利息最高。

（7）试编写程序，计算下面数学公式的积分：

$$\int_a^b x * \sin x \, dx$$

其中，a 和 b 由键盘输入。采用切片法，即将 a 到 b 分成很小的小段，对每段的函数值相加而得积分值。

（8）某企业发放年终奖金，奖金金额根据当年企业利润进行分红，利润低于或等于 300 万元时，奖金为利润的 1%；利润高于 300 万元低于 500 万元时，低于 300 万元的部分按 1% 提成，高于 300 万元的部分可提成 0.8%；利润在 500 万到 700 万之间时，高于 500 万元的部分可提成 0.5%；利润在 700 万到 1000 万之间时，高于 700 万元的部分可提成 0.3%。

试编写一段程序，从键盘输入当年利润，计算发放奖金总数，精确到元。

（9）有一个自然数，该数加上 100 所得的和是一个完全平方数，再加上 168 仍然是一个完全平方数，试编写一段 C 语言程序，求出这个数。

（10）试编写一段程序，从键盘输入某个大于 10 的正整数，运行程序，将这个正整数分解质因数。例如：输入 60，则屏幕应打印出 60=2*2*3*5。

（11）如果一个正整数恰好等于它分解质因数后各数字之和，例如：6=1*2*3，6=1+2+3，这样的数通常称为完数。试编写一段程序，求出所有 1000 以内的完数，并打印到屏幕上。

（12）求 1+2!+6!+12！+…+（5*6）!的值，编写程序，试计算上述算式的值，将结果打印到屏幕上。注意对于较大数项的阶乘，避免出现数值溢出。

（13）某通信产业公司为保证本公司资料不外泄，采用 IP 数据传递加密技术，IP 传输时都是按每四位整数作为整体传送，同时，加密时也按照四位整数进行加密。加密方法为：每位数字都加上 5，然后用和除以 10 的余数代替该数字，再将第一位和第四位交换，第二位和第三位交换。

试编写一段加密程序，实现上述功能。

（14）试编写一段程序，从键盘输入一段文字存储到数组中，并将输入字符中的大写字母转为小写字母，小写字母转为大写字母，数字以*代替。

（15）有两个男孩各骑一辆自行车，从相距 30 公里的两个地方开始沿直线相向骑行。在他们起步的那一瞬间，一条狗从第一个男孩身边开始向另一个男孩方向径直跑去。它与另一个男孩相遇后，就立即转向往回跑。这条狗如此往返，在两个男孩之间来回奔跑。如果每辆自行车都以每小时 15 公里的等速前进，狗以每小时 20 公里的速度奔跑，那么，狗总共跑了多少公里？

试编写程序，实现上述表述过程，并求出最后狗所跑的路程。

（16）试编写一个函数，要求使用 1、2、3、4、5 这 5 个数字，组成一个两位数和一个三位数，要求这五个数字都不能重复使用，函数返回值为三位数乘两位数的最大乘积。

（17）一包香烟长 8.5 厘米，宽 5 厘米，高 2.5 厘米，将 10 包香烟包装成一条，试编写一段程序验证如何包装使用的包装纸最少，并将所有包装所用的纸张打印在屏幕上。

（18）试编写一个函数，求出三位数中，能被 5 整除且各位数的和是 8 的数，并打印到屏幕上。

（19）试编写一段程序，在屏幕上打印 2000 以内的自然数中任意两个数之和能被 100 整除的数对。

（20）有一个 4×4 的矩阵，试编写一段程序，求出该矩阵的转置矩阵和矩阵行列式的值。

$$T = \begin{bmatrix} -5 & 1 & 9 & 55 \\ 3 & 8 & 202 & 2 \\ 6 & 4 & 13 & 8 \\ 7 & -2 & 0 & 17 \end{bmatrix}$$